三峡水库水环境特征及其演变

郑丙辉　张佳磊　王丽婧　韩超南 等　著

科学出版社
北京

内 容 简 介

本书重点论述了三峡水库运行后，干流水体水文水动力、水质、水生态演变过程，以及流域氮、磷污染源输入和水库消落带土壤与沉积物的特征。以大宁河支流回水区为典型，探讨了三峡水库支流回水区氮、磷迁移转化和水华形成机制。书中也评估了三峡水库生态安全水平，并提出了三峡水库生态安全保障建议。

本书可作为环境、水利、生态、地理等学科及工程专业高年级本科生、研究生，以及相关领域教学科研人员和工程技术人员的参考书。

审图号：GS(2020)3985 号

图书在版编目(CIP)数据

三峡水库水环境特征及其演变／郑丙辉等著．—北京：科学出版社，2020.10

ISBN 978-7-03-066436-5

Ⅰ.①三…　Ⅱ.①郑…　Ⅲ.①三峡水利工程-水库环境-水环境-研究　Ⅳ.①X143

中国版本图书馆 CIP 数据核字（2020）第 201056 号

责任编辑：周　杰　王勤勤／责任校对：樊雅琼

责任印制：吴兆东／封面设计：无极书装

科学出版社 出版

北京东黄城根北街 16 号

邮政编码：100717

http://www.sciencep.com

北京建宏印刷有限公司 印刷

科学出版社发行　各地新华书店经销

*

2020 年 10 月第　一　版　开本：787×1092　1/16

2020 年 10 月第一次印刷　印张：18 3/4

字数：450 000

定价：228.00 元

（如有印装质量问题，我社负责调换）

前　言

目前，我国已建各类水库9万余座，这些水库在产生巨大经济效益的同时，也损害了河流连续性，原有的河流生态系统演变为湖泊生态系统，由此出现了一系列生态环境问题。三峡水库是一座特大型水库，带来了防洪、发电、航运、供水等综合效益，在我国国民经济发展中具有重要的战略地位。自2003年蓄水以来，三峡水库水环境问题逐渐显现。首先，水动力特征显著变化，水流湍急的长江三峡段变为静水湖泊，干、支流回水区差异显著；其次，污染物特别是氮、磷累积效应，致使支流回水区出现富营养化，水华频发。国内外许多学者围绕三峡水库开展了大量研究，并取得了重要成果。

本书依托“十五”国家科技攻关计划“国家环境管理决策支撑关键技术研究”项目的“三峡水库水环境综合管理技术研究”子课题（2003BA614-04-06）、中德国际科技合作项目“三峡库区水环境特征及支流富营养化机制研究”（2007DFA90510）、原环境保护部财政专项项目“重点湖库生态安全调查评估与保障策略”（2008–2009）、“十一五”国家水体污染控制与治理科技重大专项课题“流域水环境预警技术研究与三峡库区示范”（2009ZX07528-03）、原国务院三峡办（国务院三峡工程建设委员会办公室）项目“三峡工程生态与环境监测系统三峡支流重点站（大宁河站）”等研究成果基础上，加以总结凝练、补充完善而成。虽然部分成果已经在国内外相关学术期刊上发表，但是本书在水库生态学理论指导下，围绕“三峡工程蓄水运行后水库环境特征的变化”这一主题，系统阐明了三峡水库运行后库区特别是支流回水区水环境的变化特征，包括水文水动力变化、入库氮磷污染负荷特征、水质时空变化、消落带土壤及沉积物特征，以及浮游植物群落带生境变化的响应，进一步构建了水库生态安全评估方法，评估了三峡水库水生态安全状况，提出了水生态安全保障策略建议，对解决三峡水库环境问题具有重要的应用价值和指导意义。

本书的研究成果是本研究团队集体智慧和辛劳的结晶，其中第1章由郑丙辉、张佳磊共同完成，第2章主要由富国、郑丙辉共同完成，第3章主要由王丽婧、李崇明、郑丙辉共同完成，第4章主要由秦延文、张万顺、郑丙辉、李虹共同完成，第5章主要由韩超南、秦延文、郑丙辉共同完成，第6章主要由张佳磊、张远、郑丙辉共同完成，第7章主要由赵云云、张佳磊、李虹、郑丙辉共同完成，第8章主要由曹承进、张佳磊、郑丙辉共同完成，第9章主要由王丽婧、郑丙辉共同完成。全书由湖北工业大学张佳磊负责统稿，以及陈佳俊、翁传松、汪业稳、沈旭舟、曾一恒和熊超军等硕士生在野外采样、室内分析测试、数据整理、模拟计算、成果总结等方面都付出了辛勤劳动。同时，本书得到了武汉大学彭虹教授、张万顺教授，巫山县环境监测站刘晓霭高级工程师、吴光应高级工程师，西南大学何丙辉教授和湖北工业大学刘德富教授等专家的大力支持帮助。在此一并对关心和支持本研究团队科研工作及本书撰写出版的所有人员表示衷心的感谢。

本书可作为环境、水利、生态、地理等学科及工程专业高年级本科生、研究生，以及相关领域教学科研人员和工程技术人员的参考书。虽然在撰写过程中经过多次修改与校对，但是由于编者水平有限，不妥之处在所难免，敬请同行学者给予批评指正。同时鉴于本书的研究工作历时十余年，相关研究成果在汇编过程中由于部分网络文献资料难以找到原作者及文献出处，难免出现引用挂漏，编者纯属吸取精华，无任何恶意剽窃之意，敬请谅解。

郑丙辉

2020 年 6 月

目　　录

第1章

三峡水库环境概况

1.1 概　　述

三峡工程是举世瞩目的特大型水利工程。三峡水库运行会产生巨大的经济效益、社会效益，但也会带来一定程度的环境影响。三峡水库运行后，三峡库区水文水动力、水化学和水生态发生显著变化，这些变化受到三峡水库运行、库区自然和社会环境双重控制。本章首先介绍三峡工程概况，为水环境影响研究提供驱动条件；其次介绍三峡水库自然、社会环境概况，为三峡水库运行对库区水环境影响研究提供背景条件；最后简要回顾国内外学者已经取得的研究成果。

1.2 三峡水库概况

1.2.1 三峡工程概况

三峡工程坝址位于长江西陵峡中段、湖北省宜昌市三斗坪镇，地理位置为东经105°44″~111°39″，北纬28°32″~31°44″。三峡水库坝顶高程185m，正常蓄水位175m，汛期防洪限制水位145m；水库回水区全长663km，水面平均宽1.1km，水面总面积1084km^2，总库容393亿m^3，其中防洪库容221.5亿m^{3}为季调节水库（焦然和余晓葵，1993）。

三峡工程的调度任务是在保证工程安全的前提下，充分发挥防洪、发电、航运、水资源利用等综合效益，即兴利调度服从防洪调度，发电调度与航运调度相互协调并服从水资源调度，协调兴利调度与水环境、水生态保护、水库长期利用的关系，提高三峡工程的综合效益。三峡水库调度运行方式如图1-1所示。

三峡水库主要采取“蓄清排浑”的运行方式，即在水库来水中含沙量高的时期，通过降低水库水位增大水流速度，水库向下游大量放水，使浑水挟带大量泥沙排出库外；在水库来水泥沙含量低的时期，抬高水位，将少量泥沙的水蓄在水库内（张祥，2010）。

每年的5月末至6月初，为腾出防洪库容，坝前水位降至汛期防洪限制水位145m；汛期6~9月，水库维持此低水位运行，下泄流量与天然来水流量基本相同。在遇大洪水时，根据下游防洪需要，三峡水库发挥拦洪蓄水作用，水位抬高，洪峰过后，仍降至145m运行。汛末9月中下旬至10月中下旬，水库开始蓄水，下泄流量有所减少，水位逐步升高至175m，只有在特枯年份，这一蓄水过程才延续到11月。12月至次年4月，水电站按电网调峰要求运行，水库尽量维持在较高水位。1~4月，当入库流量低于电站保证

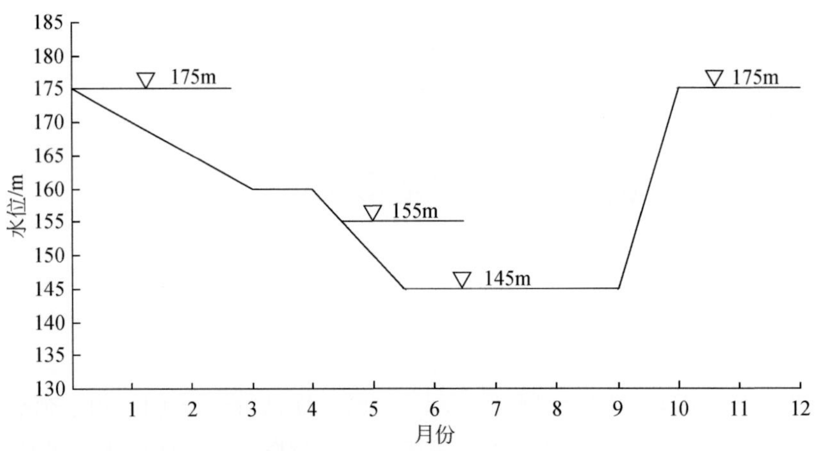

图 1-1　三峡水库调度运行方式

出力对流量的要求时，动用调节库容，此时出库流量大于入库流量，库水位逐渐降低，但4月末以前水位最低高程不低于155m，目的是保证发电必要的水头和上游航道必要的航深。每年5月开始进一步降低至汛期防洪限制水位。

1.2.2　三峡水库运行过程

自2003年以来，三峡水库蓄水运行过程主要分为以下三个阶段：①2003年6月，首次成库，目标水位为135m；②2006年10月，二期蓄水，目标水位为156m；③2009年9月，三期试验性蓄水，目标水位为175m。三峡水库坝前水位变化过程如图1-2所示。

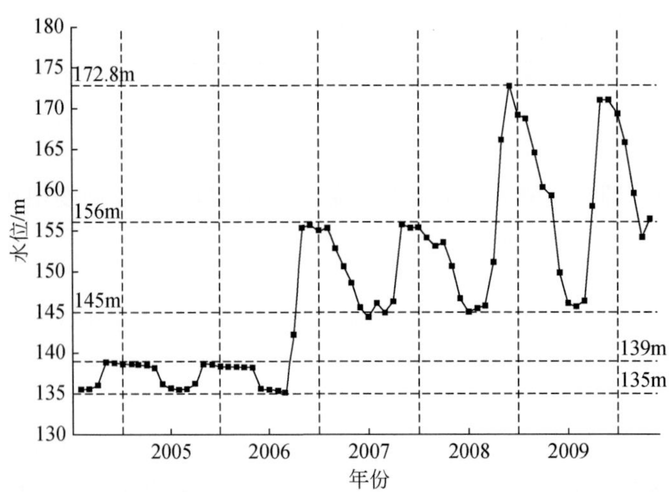

图 1-2　三峡水库坝前水位变化过程

1.3 三峡库区环境概况

1.3.1 自然环境概况

(1) 地理位置

三峡水库库区范围涉及湖北省夷陵区、秭归县、兴山县、巴东县，重庆市巫山县、巫溪县、奉节县、云阳县、开州区①、万州区、忠县、石柱土家族自治县、丰都县、武隆区②、涪陵区、长寿区、渝北区、巴南区、江津区、渝中区、沙坪坝区、南岸区、九龙坡区、北碚区、大渡口区和江北区，如图1-3所示。行政辖区面积为5.79万km^2，正常蓄水位为175m，水面总面积为1084km^2，淹没陆地为632km^2，其中重庆市淹没陆地为471km^2，约占75%。

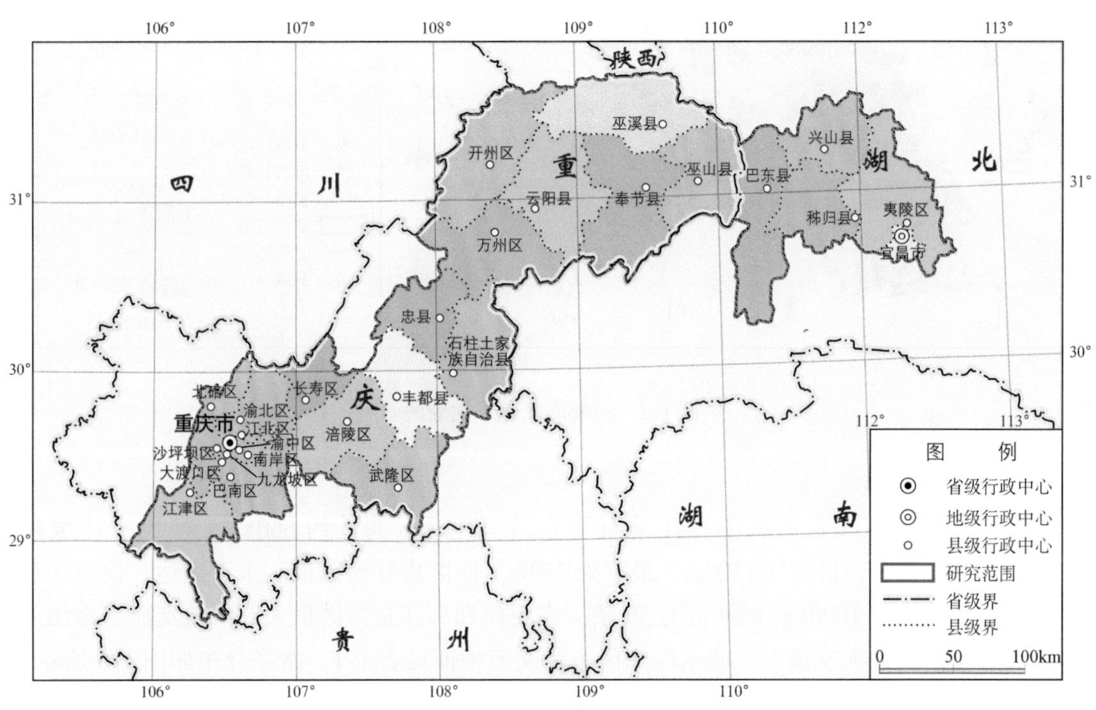

图1-3 三峡库区行政区划图

(2) 地形地貌

三峡库区跨越川、鄂中低山峡谷和川东平行岭谷低山丘陵区，北靠大巴山，南依云贵高原，处于大巴山褶皱带、川东褶皱带和川鄂湘黔隆起褶皱带三大构造单元交汇处。沿江以奉节为界，两端地貌特征迥然不同，西段主要为侏罗系碎屑岩组成的低山丘陵宽谷地形，整体地势西高东低。库区地貌以丘陵、山地为主，垂直差异大，层状地貌明显；地势

---

① 开州区，2016年6月8日之前为开县。

② 武隆区，2016年11月24日之前为武隆县。

南北高、中间低，从南北向长江河谷倾斜，如图 1-4 所示。整个地形以奉节一带高程近 1000m 为界，向西至长寿附近逐渐降至 300～500m。向东主要为埃迪卡拉系至三叠系碳酸盐岩组成的川鄂山地，高程在 800～1800m。库区内河谷平坝占总面积的 4.3%，丘陵占总面积的 21.7%，山地占总面积的 74%。

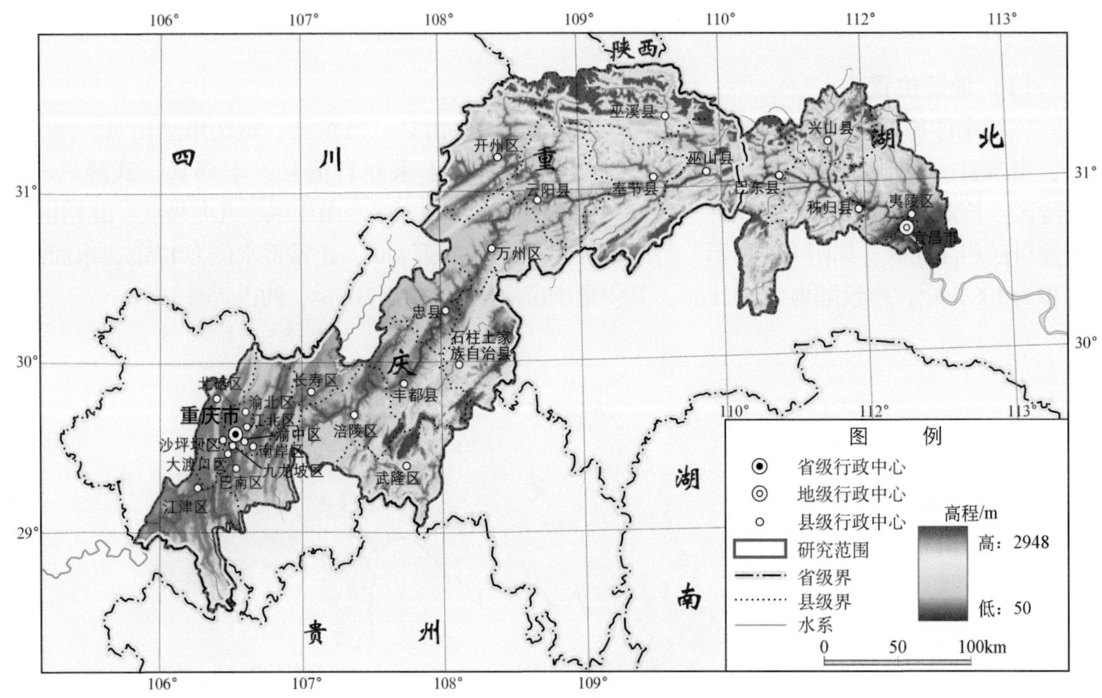

图 1-4　三峡库区地形地貌图

（3）水文水系

三峡水库长江段自重庆的江津羊石至宜昌三斗坪，共计约 660km，河道平均坡降 0.23%，落差 56m，最宽处 1500m，最窄处 250m。库区内江河纵横、水系发达，仅重庆市境内流域面积大于 1000km^{2}的河流有 36 条。嘉陵江和乌江是库区最大的两条支流，香溪河是湖北省境内的最大支流。三峡水库库区主要支流特征见表 1-1，水系分布如图 1-5 所示。

表 1-1　三峡水库库区主要支流特征

地区	编号	河流名称	流域面积/km^2	库区境内长度/km	年均流量/（m^3/s）	入长江口位置	距大坝距离/km
江津	1	綦江	4 394	153.0	122.0	顺江	654.0
九龙坡	2	大溪河	196	35.8	2.3	铜罐驿	641.5
巴南	3	一品河	364	45.7	5.7	渔洞	632.0
	4	花溪河	272	57.0	3.6	李家沱	620.0
渝中区	5	嘉陵江	157 900	153.8	2 120.0	朝天门	604.0
江北	6	朝阳河	135	30.4	1.6	唐家沱	590.8
南岸	7	长塘河	131	34.6	1.8	双河	584.0
巴南	8	五布河	858	80.8	12.4	木洞	573.5

续表

地区	编号	河流名称	流域面积/km^2	库区境内长度/km	年均流量/（m^3/s）	入长江口位置	距大坝距离/km
渝北	9	御临河	908	58.4	50.7	骆渍新华	556.5
长寿	10	桃花溪	364	65.1	4.8	长寿河街	528.0
	11	龙溪河	3 248	218.0	54.0	羊角堡	526.2
涪陵	12	梨香溪	851	13.6	13.6	蔺市	506.2
	13	乌江	87 920	65.0	1 650.0	麻柳嘴	484.0
	14	珍溪河	—	—	—	珍溪	460.8
丰都	15	渠溪河	923	93.0	14.8	渠溪	459.0
	16	碧溪河	197	45.8	2.2	百汇	450.0
	17	龙河	2 810	114.0	58.0	乌杨	429.0
	18	池溪河	91	20.6	1.3	池溪	420.0
忠县	19	东溪河	140	32.1	2.3	三台	366.5
	20	黄金河	958	71.2	14.3	红星	361.0
	21	汝溪河	720	11.9	11.9	石宝镇	337.5
万州	22	壤渡河	269	37.8	4.8	壤渡	303.2
	23	苎溪河	229	30.6	4.4	万州城区	277.0
云阳	24	小江	5 173	117.5	116.0	双江	247.0
	25	汤溪河	1 810	108.0	56.2	云阳	222.0
	26	磨刀溪	3 197	170.0	60.3	兴河	218.8
	27	长滩河	1 767	93.6	27.6	故陵	206.8
奉节	28	梅溪河	1 972	112.8	32.4	奉节	158.0
	29	草堂河	395	31.2	8.0	白帝城	153.5
巫山	30	大溪河	159	85.7	30.2	大溪	146.0
	31	大宁河	4 200	142.7	98.0	巫山	123.0
	32	官渡河	315	31.9	6.2	青石	110.0
	33	抱龙河	325	22.3	6.6	埠头	106.5
巴东	34	神龙溪	350	60.0	20.0	官渡口	74.0
秭归	35	青干河	523	54.0	19.6	沙镇溪	48.0
	36	童庄河	248	36.6	6.4	邓家坝	42.0
	37	咤溪河	194	52.4	8.3	归州	34.0
	38	香溪河	3 095	110.1	47.4	香溪	32.0
	39	九畹溪	514	42.1	17.5	九畹溪	20.0
	40	茅坪溪	113	24.0	2.5	茅坪	1.0
	41	泄滩河	88	17.6	1.9	—	—
	42	龙马溪	51	10.0	1.1	—	—
宜昌	43	百岁溪	153	27.8	2.6	偏岩子	—
	44	太平溪	63	16.4	1.3	太平溪	—

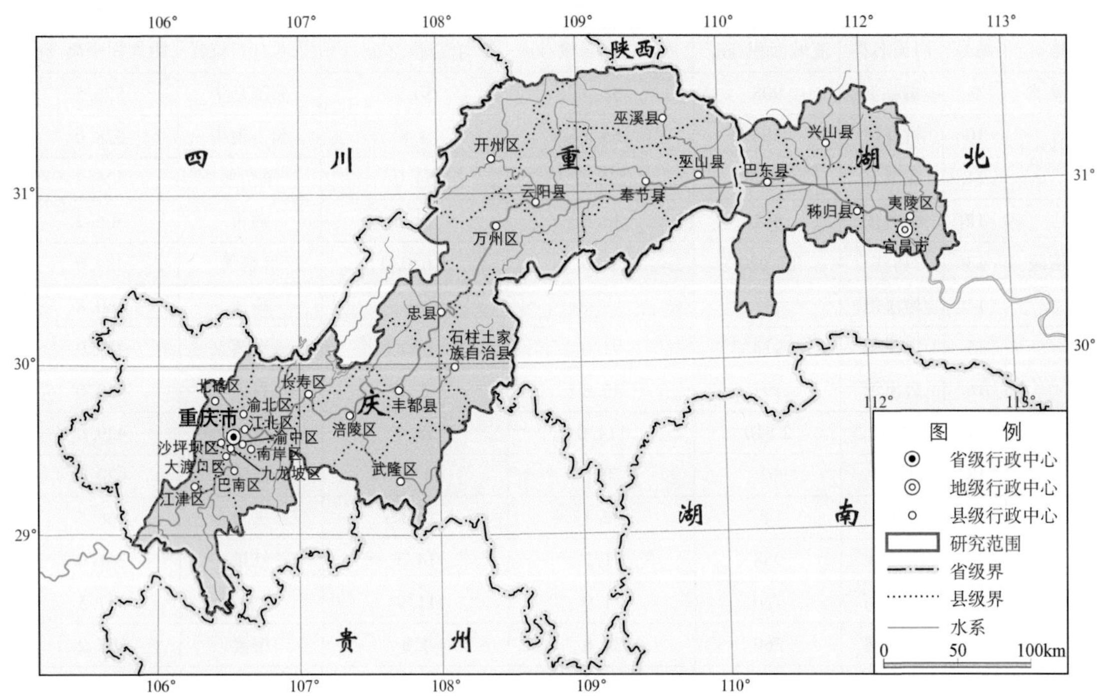

图 1-5 三峡水库水文水系图

库区径流量丰富，年径流量主要集中在汛期，入库多年平均径流量为 2692 亿 m^3，出库多年平均径流量为 4292 亿 m^3。库区当地天然河川多年平均径流量为 405.6 亿 m^3，径流系数为 0.56。其中，地下径流量为 84.33 亿 m^3，占河川径流量的 21%。

三峡水库运行水位年内变幅大。各河段因河道形态等特征不同，年内水位变幅达 30～50m。入库支流洪峰陡涨陡落，汛期水位日上涨率可达 10m，水位日降落率可达 5～7m。库区河道水面比降大、水流湍急，平均水面比降约为 2‰，急流滩处水面比降达 1% 以上。峡谷段水流表面流速洪水期可达 4～5m/s，最大达 6～7m/s，枯水期为 3～4m/s。

1.3.2 社会经济概况

三峡库区地处长江上游重庆市、湖北省的结合部，是长江经济带的重要组成部分，在促进长江沿江地区经济发展和我国东西部地区的经济交流中占有十分重要的位置。2016 年，库区各级政府认真落实党中央、国务院决策部署，统筹推进“五位一体”总体布局和协调推进“四个全面”战略布局，坚持稳中求进工作总基调，坚持新发展理念，以推进供给侧结构性改革为主线，着力深化改革开放，加强民生保障，保护生态环境，库区经济发展平稳向好，社会事业全面发展。三峡库区的地缘优势更加明显，在全国经济布局中的地位更加突出。

（1）经济发展

据《长江三峡工程生态与环境监测公报 2017》，2016 年，三峡库区 19 个区县（以下简称库区）实现地区生产总值（GDP）7761.47 亿元，比上年增长 10.5%。其中，第一产业增加值 751.54 亿元，比上年增长 4.6%；第二产业增加值 3816.06 亿元，比上年增长 11.1%；第三产业增加值 3193.87 亿元，比上年增长 11.2%。人均 GDP 达到 5.25 万元，比上年增加 0.47 万元，增长 9.9%。湖北库区实现地区生产总值 860.30 亿元，比上年增长 9.3%；重庆库区实现地区生产总值 6901.17 亿元，比上年增长 10.7%。湖北库区人均 GDP 为 5.80 万元，比上年增长 9.5%；重庆库区人均 GDP 为 5.18 万元，比上年增长 10.0%。库区近年来地区生产总值保持基本平稳的增长态势，整体趋势与全国保持基本一致，且各季增速明显高于全国水平。与 2014 年和 2015 年相比，新常态下经济增速虽有所回落，但波动幅度逐步减小。2016 年，库区地区生产总值累计增速季度间最大差距为 0.2 个百分点，而 2014 年和 2015 年的最大增速差分别为 1.0 个百分点和 1.1 个百分点，经济运行态势明显趋稳。

从产业结构来看，2016 年库区三次产业结构为 9.7：49.2：41.1，库区非农产业占比达到 90.3%，且第二产业占比接近 50%，仍是库区经济增长的支撑力量。从非农产业内部结构来看，第三产业显示出强劲的发展势头，在第二产业占比较上年降低了 0.8 个百分点的同时，第三产业占比则提高了 0.7 个百分点，第二、第三产业占比差距逐渐缩小。

（2）社会事业

据《长江三峡工程生态与环境监测公报 2017》，库区产业非农化和人口向城镇集聚进程进一步加快，城市功能和辐射能力持续增强，城镇化率逐步提高。2016 年，库区共有常住人口 1479.44 万人，比上年增长 1.0%。其中，湖北库区常住人口 148.43 万人，比上年增长 0.2%；重庆库区常住人口 1331.01 万人，比上年增长 1.0%。库区年末户籍总人口 1689.09 万人，比上年减少 1.03%。其中，湖北库区 155.96 万人，比上年减少 0.4%；重庆库区 1533.13 万人，比上年减少 1.09%。

2016 年，库区城镇化率达到 56.52%，较上年提高 1.84 个百分点。其中，湖北库区城镇化率为 46.47%，较上年提高 4.50 个百分点；重庆库区城镇化率为 57.64%，较上年提高 1.54 个百分点。

（3）土地利用/土地覆盖现状

三峡库区流域面积约为 5.54 万 km^2。根据遥感影像解译结果，2005 年，三峡库区共有林地面积 34 170.63km^2，其中高密度林地面积为 23 611.56km^2，低密度林地面积为 10 559.07km^2，分别占库区总面积的 42.63% 和 19.06%。库区共有耕地面积 14 846.28km^2，其中旱地为 10 653.49km^2，水田为 4192.79km^2，分别占库区总面积的 19.24% 和 7.57%。库区共有草地面积 4262.48km^2，占库区总面积的 7.69%。库区共有城镇建设用地 966.58km^2，占库区总面积的 1.75%；还有水域面积 1143.36km^2，占库区总面积的 2.06%。

2010 年，三峡库区共有林地面积 34 428.42km^2，其中高密度林地面积为 23 702.09km^2，低密度林地面积为 10 726.33km^2，分别占库区总面积的 42.78% 和 19.36%。库区共有耕地面积 13 684.94km^2，其中旱地为 9701.35km^2，水田为 3983.59km^2，分别占库区总面积的 17.51% 和 7.19%。库区共有草地面积 4227.37km^2，占库区总面积的 7.63%。库区共有城镇建设用地面积 1673.22km^2，占库区总面积的 3.02%。还有水域面积 1379.57km^2，占库区总面积的 2.49%，如图 1-6 所示。

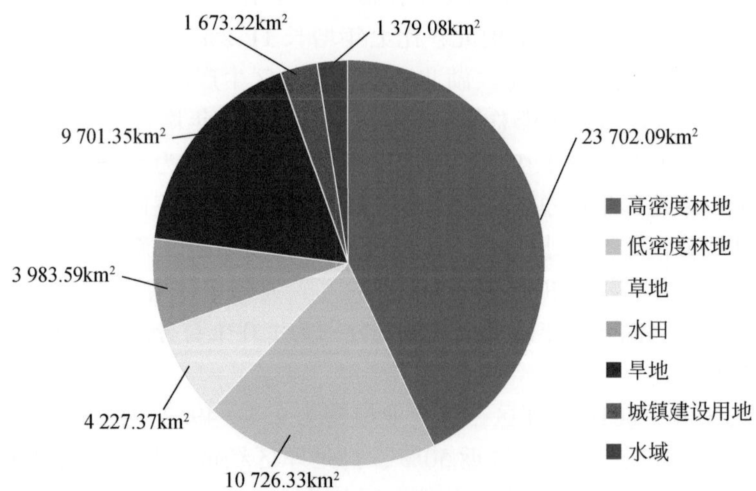

图 1-6　三峡库区 2010 年土地利用状况

研究时段内库区土地覆被以林地为主，耕地为辅，城镇建设用地和水域面积相对较小，其中林地以高密度林为主，耕地以旱地为主。库区内城镇建设用地与水域面积在研究时段内增加迅速，但并没有因此影响库区内各类型面积总量的相对大小关系。林地主要分布于库区东侧，旱地主要分布于库区中部，水田主要分布于库区东北侧，城镇建设用地于库区西侧分布较集中。

（4）土地利用/土地覆盖变化

将 2005 年和 2010 年遥感解译结果进行叠加分析，可以得到 2005 ~ 2010 年三峡库区土地利用/土地覆盖的变化情况。

从各土地利用类型的变化角度分析：2005 ~ 2010 年高密度林地增加了约 90. 53km²，主要变化区域位于涪陵区和万州区。2005 ~ 2010 年低密度林地增加了 167. 26km²，主要变化区域位于云阳县和巫山县。2005 ~ 2010 年草地减少了 35. 11km²，主要变化区域位于云阳县、巫山县、涪陵区、万州区。2005 ~ 2010 年水田减少了 209. 20km²，主要变化区域位于涪陵区、万州区和重庆市辖区。2005 ~ 2010 年旱地减少了 952. 14km²，主要变化区域位于涪陵区、万州区、云阳县、巫山县和重庆市辖区。2005 ~ 2010 年城镇建设用地增加了 706. 64km²，主要变化区域位于重庆市辖区、涪陵区、万州区。2005 ~ 2010 年水域增加了 236. 21km²，主要变化区域位于云阳县、巫山县、涪陵区和万州区。

1.4　三峡水库环境研究进展

截至 2017 年，我国已兴建各类水库 98 795 座，总库容 9035 亿 m³，其中大型水库 732 座，总库容 7210 亿 m³，占全部总库容的 79. 8%；中型水库 3934 座，总库容 1117 亿 m³，占全部总库容的 12. 4%（水利部，2018）。这些水库在带来防洪、发电、航运等社会经济效益的同时，也因水利水电工程设施的兴建破坏了河流的连续性，改变了自然河流的水文情势和水动力学条件，从而影响了河流地形地貌过程和地球化学循环过程，对生物群落带来了巨大影响（Vannote et al.，1980；Straskraba et al.，1993）。三峡水库具有河流和水库双重水环境特征，其环境的演变过程受人工调蓄和自然径流双重影响，因此开展三峡水库环境特征识别，提出相应的环境保护策略，对三峡水库环境的保护具有重要的应用价值和现实意义。

近年来，相关学者和研究人员围绕三峡水库水环境问题，从野外监测、室内外控制实验和数值模拟等方面对三峡水库成库前后水文水动力条件的改变及其环境效应，三峡水库干支流回水区氮、磷等生源要素的输入特点以及在干支流回水区的输移转化规律，三峡水库浮游植物演替规律水华形成机制和三峡水库环境保护规划及策略等方面已开展了大量研究工作。

围绕三峡水库成库前后水文水动力条件的改变及其环境效应开展研究：针对三峡水库成库后长江干流水体流速流量（Vannote et al., 1980；郭胜等，2011）、水力滞留时间（韩博平，2010；杨正健，2014）、流场分层结构（季益柱等，2012；杨正健，2014）、水体垂向掺混和水平扩散强度（林秋奇等，2003）等开展了深入研究。针对大宁河、香溪河等三峡库区主要支流，分析了在水库运行过程中支流回水区水动力过程（季益柱等，2012；吕垚等，2015；杨柳等，2015；李昶等，2018），阐明了分层异重流特征和形成机制（钱宁，1983；秦文凯等，1995；纪道斌等，2010），确定了不同时空尺度（蓄水前后、年际、季节和横、纵、垂三维空间）下三峡水库干支流回水区水文水动力特性（王光谦和方红卫，1996；刘德富，2013；纪道斌等，2013a，2013b），探索了不同水文水动力特性下三峡水库干支流回水区水体光热分层结构特征（杨正健等，2012；谢涛，2014）、营养盐迁移转化过程及浮游植物生长、演替和运动的影响机制（董克斌，2010；杨正健等，2012；杨正健，2014）。

针对三峡水库建成运行后，水体流速减缓和水力滞留时间延长问题，众多学者从野外跟踪监测、室内外控制实验和数值模拟等方面入手，确定了三峡水库干支流回水区氮、磷营养盐时空分布规律（张晟等，2005，2007；张远等，2005）；探索了三峡水库和典型支流回水区的氮、磷营养盐来源及其污染负荷特征（李锦秀等，2002；张远等，2005；郑丙辉等，2008；曹承进等，2008），以及在干流顶托和分层异重流共同作用下干支流回水区水体交换过程中氮、磷生源要素的输移过程（张晟等，2007，2009；冉祥滨等，2009；郭胜等，2011；吕垚等，2015；杨柳等，2015）。

围绕三峡水库浮游植物演替规律水华形成机制开展研究：三峡水库建成运行后，水体流速减缓，水力滞留时间延长，水库营养盐“滞留效应”显著，水下光热结构发生显著变化，浮游植物群落结构由硅藻、甲藻占优势的“河流型”向蓝绿藻占优势的“湖泊型”演变，以水体富营养化和水华这一现象表现出来（Straskraba et al., 1993；韩博平等，2010）。调查三峡水库干支流回水区浮游植物时空分布规律（况琪军等，2005；胡征宇和蔡庆华，2006；邱光胜等，2011a），分析三峡水库蓄水前后浮游植物演替规律和机制（黄钰铃等，2008a，2008b；方丽娟等，2013；彭成荣等，2014）；研究三峡水库甲藻水华优势藻种生长、增殖和运动规律，筛选影响水华优势藻种生长、增殖等生物学过程的关键要素，并构建关键要素与藻类的响应关系（胡征宇和蔡庆华，2006；黄钰铃等，2008a，2008b；李哲等，2010，2012；方丽娟等，2013；彭成荣等，2014；冯婧等，2014）。

围绕三峡水库环境保护措施开展研究：水体富营养化和水华是目前三峡水库水环境的主要问题之一。依据污染负荷来源和水华藻类生物学过程，提出上游流域氮磷通量调控、库区污染源削减的综合治理策略（蔡庆华和胡征宇，2006；许可等，2010；秦延文等，2018）。

本书在总结前人研究基础上，以三峡工程运行后水体流速减缓，水力滞留时间延长为切入点，在空间尺度上，三峡水库可划分为河流区、过渡区和湖泊区；在时间尺度上，三峡水库生态系统演变过程由新生不稳定向成熟稳定生态系统演化，准确认识蓄水前后不同类型水库区域的纵向水动力学特征。

对三峡水库的三条主要入库河流（长江、嘉陵江、乌江）中氮、磷营养盐的形态组成、分布规律以及这些生源要素污染的来源进行了定量研究，并且采用基流分割法对入库污染负荷总量进行了定量分析，阐明了三峡水库污染负荷组成和时空分布，为水环境演变和水污染控制提供基础。

研究了三峡水库一级支流回水区营养盐六大交换界面中（干-支流回水区、上游-支流回水区、藻-水、水-悬沙、水-沉积物、水-消落带）中干-支流回水区和上游-支流回水区是支流回水区营养盐的主要来源。进一步利用水体保守离子及氢氧同位素示踪技术，重点研究上游来流输入、干流倒灌补给对支流回水区营养盐的贡献，分析三峡水库典型支流回水区特殊水动力背景下营养盐输运、吸收、释放过程。研究三峡水库的兴建对三峡水库水环境系统中营养盐输运—沉积—释放过程的影响。阐明三峡水库营养盐滞留效应和蓄水成库初期“新生不稳定”生态系统发育阶段的沉积物与消落带的释放过程及机制。依据三峡水库干支流回水区水动力和水质的时空异质性，开展三峡水库干支流回水区浮游植物时空分布的监测，确定不同时空尺度下三峡水库干支流回水区浮游植物群落结构特征，分析三峡水库浮游植物群落结构演替规律。开展不同时间尺度下浮游植物生长及群落演替的相关生境因子的监测工作，确定不同时间尺度下浮游植物的演变规律，根据浮游植物生境因子同步监测结果，综合利用典型相关分析（canonical correlation analysis，CCA）和梯度分析（gradient analysis，GA）等统计方法，分析不同时期浮游植物种类与生境因子的相关关系，阐明影响三峡水库干支流回水区浮游植物生长及群落演替的主要生境因子。

针对三峡水库水华问题，选择大宁河支流回水区开展水华形成机制研究。基于三峡水库蓄水运行以来水华监测结果，确定了三峡水库支流回水区水华特征（优势种、暴发时间、暴发规模、影响范围及危害程度等）。基于大宁河支流回水区不同时空尺度（水华高发期、水华高发区、蓄水前后）的现场监测结果，运用数理统计分析方法识别影响大宁河水华期易发期和易发区以及影响浮游植物生物量及群落结构的关键因素，并以围隔模拟实验验证现场监测分析结果，提出适用于大宁河支流回水区的水华形成机制。

针对三峡水库生态安全问题，建立了适用于三峡水库的生态安全“IROW”评估方法，基于三峡水库干支流回水区水文水动力、入库污染负荷、水质演变和水生态特征及其趋势分析结果，评估了三峡水库生态健康、生态服务功能、社会经济影响、生态灾变状况，并进行了三峡水库水生态安全综合评价，提出了三峡水库生态安全总体形势、主要问题以及三峡水库水环境综合治理对策建议，为三峡水库水污染防治提供了技术支撑。

第 2 章

三峡水库回水区水动力特征与富营养化敏感性研究

2.1 概　　述

2003 年 6 月 1 日三峡水库正式蓄水，已经产生了巨大的社会经济效益，同时也改变了原有的河流生态系统，演变为介于河流与湖泊间的河道型水库生态系统（郑丙辉等，2006；韦进进等，2015）。三峡水库水位的波动导致干支流回水区水文水动力条件发生显著变化（邱光胜等，2011b）。对三峡水库主要干支流回水区观测发现干流和支流回水区平均流速远低于水库建前天然河道下的平均流速（张远等，2005；蔡庆华和胡征宇，2006），年平均流量显著降低，水力滞留时间延长，水体混合强度降低，环境容量显著下降，水体自净能力下降，污染负荷增加，水体富营养化和水华问题在回水区频发，影响三峡水库正常运行（Karp-Boss et al.，1996；蒲书箴等，2004；任实等，2015）。

截至 2017 年，我国已兴建各类型水库 98 795 座，其中大型水库 732 座，占总库容的 79.8%（水利部，2018）。我国大多数拦河大坝形成的水库属河道型水库，三峡水库作为我国特大型河道型水库，其在发挥巨大的调蓄、发电、航运等作用的同时，改变了长江自然河流原有的水文规律和河流生境条件，河流连续性遭到破坏，原河流生态系统演变为水库生态系统（蔡庆华和孙志禹，2012；李哲等，2018）；由于注入水库的支流受到水库高水位的顶托作用，形成回水区，水力滞留时间延长，水体流速减缓，水体扩散能力减弱，水体垂向混合强度减弱，水体出现分层现象。2003 年 6 月 1 日三峡水库正式蓄水，对比分析水库支流蓄水前后干支流的差异，发现营养盐水平及季节性变动的水温和光照条件均未发生显著变化，而显著变化的水动力条件（流速、流量、水力滞留时间等）正是支流回水区水华暴发的主要诱导因子（孔松等，2012；汪婷婷等，2018；董林垚等，2016；黄程等，2006；王晓青等，2014；聂学富，2017）。利用一维水流水质模型对三峡水库建成前后的水流进行预测分析（李锦秀等，2002），结果表明，回水区断面平均流速比建库前减小4 ~5 倍；三峡水库建成后长江干流基本保持一维流态（季益柱等，2012；杨正健，2014），但支流回水区出现分层异重流现象，水动力复杂，难以用一维流态概化（纪道斌等，2010）。基于这一现象，马骏等（2011）利用三维点式流速仪现场测量和分析研究，提出了一种适用于复杂水动力、微弱流场的流速测定方法。运用此方法，对三峡水库支流回水区流场有了深入的认识（吕垚等，2015；李昶等，2018；杨柳等，2015）。富国（2005a）首次提出月平均尺度上的滞留率、缓流率等水动力学概率指标。胡征宇和蔡庆华（2006）在神农溪观测到水力滞留时间增加。黄宁秋（2015）探讨了流速与紊流耗散率对三峡水库次级支流回水区藻类生长的影响，结果表明，较缓的流速以及较小的紊流耗散率能促进三峡水库次级支流回水区藻类的生长。林秋奇等（2003）研究表明，流域营养盐输送量取决于流域径流强度，由于营养盐被泥沙吸附沉积，丰水期湖泊区营养盐浓度明显低于河流区。李一平等（2004）在此基础上，发现风生流能够引起浅水湖底底泥的再悬浮，导致底泥中含有的营养盐能够快速释放到水体中。纪道斌等（2010）通过野外观测实验，表明水体形成掺混扰动将导致上游来流及区间坡面汇流挟带大量营养盐、泥沙等物质进入支流回水区，大大地改变香溪河回水区营养盐输移路径、泥沙输移过程等，也改变水体真光层深度与混合层深度之比值，进而影响回水区藻类水华生消过程。以上研究成果均表明水动力条件的改变影响了上游水位和水团运动的特征，从而影响了水体生源要素的传输、迁移和转化，同时改变了水库的生境条件，对下游及支流回水区的水质带来了严重的影响，使得生物群落逐渐演替（杨正健，2014）。因此确立三峡水库干支流回水区水文水动力特征对构建河道型生态学理论具有重要的理论价值。

本章将系统分析三峡水库蓄水后干支流回水区水文特征，包括干流水库的混合类型、流动强度等水动力特征，并以三峡水库典型回水区大宁河为例，分析其回水区水动力过程、分层异重流形成特点、运动规律，构建分层异重流的概念模型，为系统研究三峡水库水体层化结构、支流回水区水体循环过程、支流回水区营养盐补给模式及水华生消机制提供水动力背景资料。

2.2 样点布设

为系统分析三峡水库干流水动力特征，根据三峡水库干流地形条件、水位情势及污染物排放情况，主要针对三峡水库及典型支流大宁河的水流水动力变化设点调查，在干流及长江与支流汇合口以上 1km 处设置监测断面，在典型支流每间隔 3km 设置监测断面，监测断面布置见表 2-1。

表 2-1　2004 年春季调查断面统计　　（单位：个）

设计站位	区属	监测断面位置	监测断面数	采样点位
坝前	湖北秭归	干流断面	3	9
长江九畹溪汇合前 1km 断面	湖北秭归		1	3
长江香溪汇合前 1km 断面	湖北秭归		1	3
长江锣鼓河汇合前 1km 断面	湖北秭归		1	3
长江大宁河汇合前 1km 断面	重庆巫山		1	3
九畹溪支流	湖北秭归	右岸支流	3	3
香溪河支流	湖北秭归	左岸支流	10	10
锣鼓河支流	湖北秭归	右岸支流	2	2
神女溪支流	湖北巴东	右岸支流	1	1
大宁河支流	重庆巫山	左岸支流	10	10
小江支流	重庆云阳	左岸支流	6	6

2.3 三峡水库水动力条件研究

2.3.1 水库的混合类型分析

三峡水库处于东亚副热带季风区，冬暖夏凉，气温年变幅较小。河流多年平均各月水温基本保持在10℃以上。三峡水库多年平均气温及水温变化特征如图2-1所示。

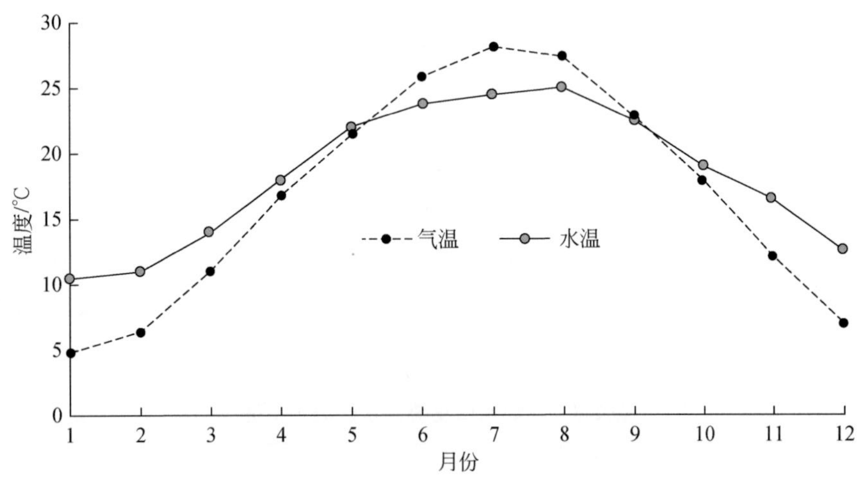

图2-1 三峡水库多年平均气温及水温

由于三峡水库水温基本可以保持在4℃以上，从混合的频率特征来看，属于暖单季回水型（warm monomictic）水库，水库年内一般出现一次因温度变化导致的水体垂向对流混合，即夏季增温，水柱出现水温层化；秋季表层水温下降，导致水柱上下对流；冬季水柱混合趋于均匀。

三峡水库属河道型季调节水库，干流水库库容与径流量之比值相对较小，夏季形成温跃层的时间不多；支流回水区夏季形成温跃层的机会可能多一些，表面水温高，深层水温低，除洪水期间外，湖底营养元素在夏季难以混合上行。

从混合的程度来看，库区的大部分区域水深较大，以175m水位计，水库平均深度在36m以上，靠近坝前的区域则更深。因此，坝前水域和支流回水区具有温度分层的条件，且如果形成较稳定的分层条件，会产生接近于深水湖泊有利于藻类停留生长的情况。

（1）年尺度分析

水库内水柱的交换程度，受密度分层程度的控制，流动性好的水库和流动性差的水库交换率有很大的差别。采用交换率（α）指标法判断水库水温分层强弱的情况：

$$\alpha = \text{年入库总流量}/\text{总库容} \tag{2-1}$$

式中，α 为水库一年可交换次数，即交换率。

分层类型包括混合型（不分层型）（$\alpha>20$）；过渡型（弱分层型）（$10<\alpha\leqslant 20$）；稳定分层型（$\alpha\leqslant 10$）。

根据寸滩水文站108年的径流统计资料的多年平均径流（3593亿 m^3），利用水库运行的水位波动区间计算 α 值，见表2-2。从计算结果 α 值的范围来看，汛期145m运行期属于混合型水库，不分层非汛期175m运行期属于稳定分层型，总体看，基本可以判断三峡水库属于弱分层型水库。

表2-2 三峡水库总体混合特征

水位/m	库容/亿 m^3	α 值
175	393	9.1
145	171.5	20.9

根据库区支流水文站约30年的径流统计资料，利用面积系数，推算支流河口的各月径流量；无水文站的支流利用附近流域水文站径流统计资料，利用面积系数，推算支流河口的各月径流量。采用经验频率的方法计算50%保证率的各月径流量，取其作为年径流量计算各支流的 α 值，见表2-3。从计算结果 α 值的范围可以看出，175m水位时30条支流中的22条（集中于库区中下段）具有稳定分层的条件；其余8条支流回水区处于混合或过渡分层条件下（主要集中于库区上段）。基本可以判断三峡水库大部分支流回水区混合条件比干流要弱，更具有湖泊特征。

表2-3 三峡水库支流回水区混合特征

支流名称	年径流量/亿 m^3	水位145m		水位175m	
		库容/亿 m^3	α 值	库容/亿 m^3	α 值
五布河	3.74			0.11	33.4
御临河	3.95			0.74	5.3
桃花溪	1.58			0.03	51.2
龙溪河	14.13			0.20	70.8
梨香溪	3.7	0.002	1644.4	0.85	4.3
渠溪河	6.11	0.007	930.2	0.58	10.5
碧溪河	1.3	0.001	2285.7	0.02	84.0
龙河	18.6	0.020	946.9	0.39	47.3
池溪河	0.6	0.001	600.0	0.15	4.0
东溪河	0.93	0.119	7.8	0.97	1.0
黄金河	6.34	0.054	118.0	0.62	10.2
汝溪河	4.76	0.319	14.9	1.48	3.2
壤渡河	1.78	0.254	7.0	0.80	2.2
苎溪河	1.51	0.046	33.0	0.55	2.8
小江	34.24	3.226	10.6	17.11	2.0
汤溪河	20.96	0.554	37.8	2.67	7.8
磨刀溪	17.62	1.071	16.5	3.46	5.1
长滩河	9.74	0.223	43.7	0.81	12.0

续表

支流名称	年径流量/亿 m^3	水位 145m		水位 175m	
		库容/亿 m^3	α 值	库容/亿 m^3	α 值
梅溪河	10.87	1.748	6.2	5.35	2.0
草堂河	2.18	0.599	3.6	2.03	1.1
五马河	10.3	1.164	8.8	3.02	3.4
大宁河	27.33	3.781	7.2	11.27	2.4
官渡河	2.05	0.126	16.3	0.27	7.6
抱龙河	2.11	0.358	5.9	0.82	2.6
神龙溪	11	1.438	7.6	3.70	3.0
锣鼓河	3.78	0.983	3.8	2.49	1.5
童庄河	1.58	1.212	1.3	3.02	0.5
凉台河	1.23	0.473	2.6	1.40	0.9
香溪河	19.34	3.465	5.6	7.80	2.5
九畹溪	3.27	0.231	14.2	0.58	5.6

（2）月尺度分析

根据文献的数值模拟结论，垂向扩散系数为 $10^{-5}m^2/s$，三峡水库坝前库区平水期 4～6 月会出现明显的水温分层现象，6 月垂向温差可达 10℃，其他月份为水温弱分层或全库均温，垂向温差小于 3℃。表 2-4 显示垂向扩散系数为 10^{-5}～$5\times10^{-4}m^2/s$，当垂向扩散系数达到 $5\times10^{-4}m^2/s$ 时，6 月垂向温差不到 3℃，斜温层消失。从模拟结果的总体来看，垂向扩散系数并不是很敏感。

表 2-4　坝前库区平水期 4～6 月温度分层模拟结果

项目	单位	4 月				5 月				6 月			
垂向扩散系数	$10^{-5}m^2/s$	1	5	10	50	1	5	10	50	1	5	10	50
表层水温	℃	13.07	12.99	12.93	12.86	18.38	18.17	18.07	17.73	22.95	22.92	22.91	22.86
地层水温	℃	11.17	11.19	11.22	11.53	11.18	11.22	11.35	12.84	11.19	11.31	11.91	20.30
斜温层顶部水深	m	75	67	55	37	69	53	47	39	47	39	31	21
斜温层底部水深	m	91	89	81	77	111	115	117	121	69	69	69	55
表底密度差	kg/m^3	0.26	0.24	0.23	0.18	1.19	1.14	1.10	0.83	2.20	2.18	2.10	0.59
平均密度	kg/m^3	999.3	999.3	999.3	999.3	998.9	998.9	998.9	998.8	998.4	998.4	998.3	997.6
临界流速	m/s	0.48	0.46	0.43	0.37	1.14	1.13	1.13	0.99	1.22	1.21	1.19	0.56

以下根据密度弗劳德数 Fr 作一简单的分析：

$$\mathrm{Fr}=\frac{U}{\sqrt{\frac{\Delta\rho}{\rho_0}gH}} \tag{2-2}$$

式中，U 为水流速度；ρ_0 为水柱平均密度；$\Delta\rho$ 为水柱密度差；g 为重力加速度；H 为水深。

Fr>1 表示动量可以克服浮力分层影响，垂线紊动强度大，破坏分层；Fr<1 表示浮力起控制作用，分层稳定。表 2-4 最后一行的临界流速由式（2-2）式按 Fr=1 计算得出。从平水期 4 ~6 月的情况来看，库区运行断面平均流速超过临界流速的可能性不大，因此，动量破坏浮力分层的可能性不大。

对于支流回水区水域而言，由于较干流的滞留时间长，流动强度低，动量克服浮力作用更弱，从动力角度来看，支流回水区 4 ~6 月流速到达 0.4 ~1.0m/s 量级的可能性非常小，因此，支流回水区的分层可能性更高，只不过由于支流回水区水深一般要低于坝前水深，库区上游区域可能不会出现斜温层。值得注意的是，4 ~6 月为水温分层的明显时段，与藻类生长的适温时段有重合，对藻华的暴发较为有利。显然，分层或水深的支流回水区对控制富营养化而言可能出现不利的情况。

2.3.2 水库流动强度特征分析

（1）水库运行对干流流速的特征

2004 年 4 月采用多普勒河流流量测量系统（ADCP）对大坝附近五个断面进行流速及流量的测量。图 2-2 和图 2-3 为坝前两个断面、图 2-4 ~图 2-6 为离坝 50km 内的三个干流断面的表层流速（水深 8.5m 以上，数据经滑动平均处理）的横向分布，五个断面的实测流量均在 7300m^3/s 左右，坝前运行水位约 139m。

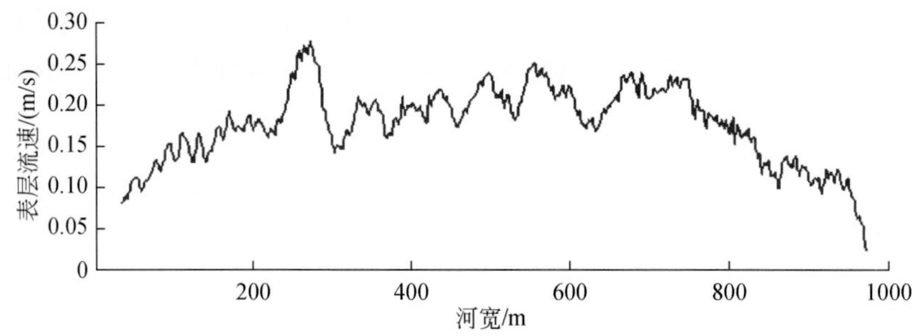

图 2-2 长江干流坝前 1 断面 2004 年 4 月 21 日 ADCP 实测的表层流速分布

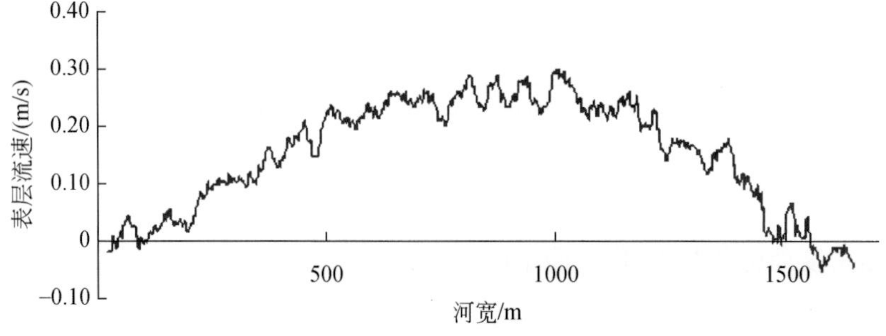

图 2-3 长江干流坝前 2 断面 2004 年 4 月 21 日 ADCP 实测的表层流速分布

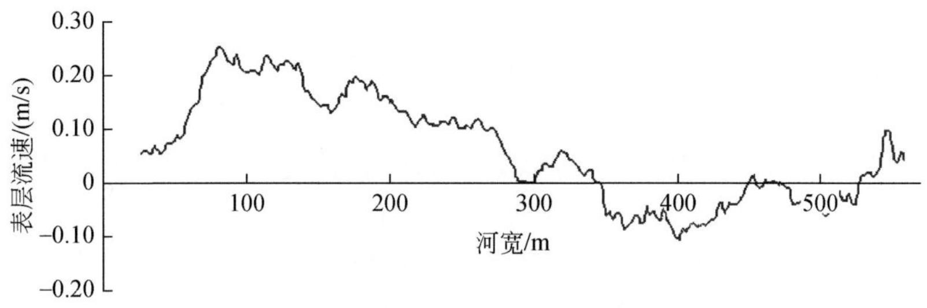

图 2-4　长江干流九畹溪断面 2004 年 4 月 21 日 ADCP 实测的表层流速分布

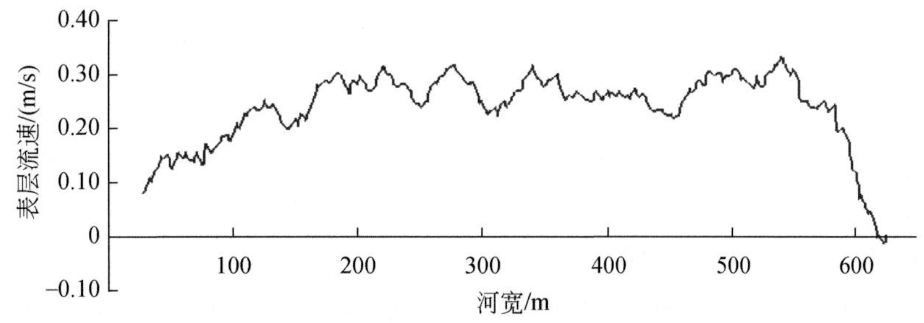

图 2-5　长江干流锣鼓河断面 2004 年 4 月 20 日 ADCP 实测的表层流速分布

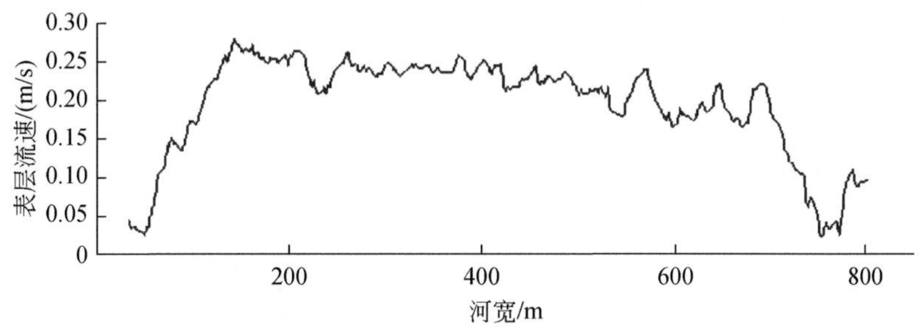

图 2-6　长江干流香溪河断面 2004 年 4 月 21 日 ADCP 实测的表层流速分布

从各断面的流速分布图可以看到：长江干流坝前 1 断面的分布状态从河岸到河心近似对数线，河段中心流速近似水平，岸边的流速变化梯度较陡，两岸流速变化高梯度区域约 500m（平均流速约 0.13m/s），较窄；假设枯水期流量降低 50%，运行水位在 175m 时，过水面积约增加 50%，流速变化高梯度区域的流速将小于 0.045m/s。

长江干流坝前 2 断面的分布状态近似抛物线，流速从河岸中心到岸边降低较为平缓，两岸有约 400m 的流速变化高梯度区域（流速小于 0.05m/s），且存在回流；假设枯水期流量降低 50%，流速变化高梯度区域的流速若同比下降，流速将小于 0.025m/s；运行水位在 175m 时，过水面积增加，流速变化高梯度区域的流速将小于 0.013m/s。因此，坝前近岸 200～300m 的区域在枯水期形成低速回流区（流速小于 0.02m/s），可能会形成富营养化问题。

长江干流九畹溪断面有表层回流区的出现，对支流回水区九畹溪的河口交换有一定的影响。

长江干流香溪河断面两岸的流速变化高梯度区域范围较窄，两岸合计约300m。假设枯水期流量降低50%，运行水位在175m时，过水面积增加，流速变化高梯度区域的流速将低于0.04m/s。

长江锣鼓河断面两岸的流速变化高梯度区域范围约250m。假设枯水期流量降低50%，运行水位在175m时，过水面积增加，流速变化高梯度区域的流速将低于0.05m/s。

整体而言，由于三峡水库属于峡谷地形，近坝干流段的横向流速分布差异不是很大。近坝前的部分区域（5～7km）可能出现岸边的（包括小的库汊）低速、静水、回流区，具有出现富营养化问题的水力条件，其他干流区域出现问题的可能性较少。

水库正常的运行水位在145～175m。一维水力学计算方案选择的坝前水位分别为135m、139m、145m、155m、175m，根据寸滩径流量资料及本研究的实际调查工况，选择平枯水期的代表流量为径流量，用一维干流水动力模型计算沿程断面平均流速变化，由于河道地形复杂，尽管河道宽度变化不大，但沿程水深变化较大，断面平均流速的沿程变化并不光滑。但总的趋势是明显的，即离大坝越远，流速越大，呈曲折向上的态势，图2-7为方案1（坝前水位175m，流量7697m^3/s）、方案2（坝前水位145m，流量7697m^3/s）库区干流断面平均流速沿程变化情况，从图中可以看到，流速变化大体可以分成三段，如方案1在前100km，流速在0.04～0.14cm/s，流动较缓慢。在100～520km，流速在0.09～0.30cm/s，流动较慢。在520km以上，流速变化很大，最大可达2m/s以上，流动较快。因此，以上三段可以大致理解为坝前库区段、过渡段、入库河段。

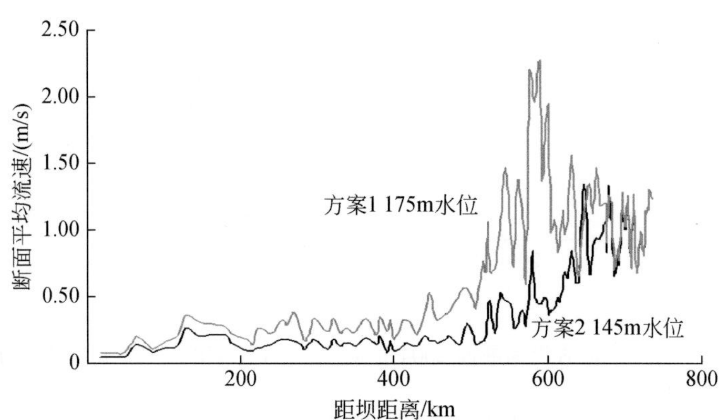

图2-7　方案1、方案2库区干流断面平均流速沿程变化

三峡水库蓄水运行水位抬高到145m、175m时，受干流水位控制，支流入库径流量小，支流回水区断面的平均流速将更小。

（2）干支流回水区的流动强度特征

三峡水库支流回水区较多，流动强度差异较大，以下采用支流回水区月平均流速作为比较的基础。月平均流速的计算公式为

$$月平均流速=月平均流量/支流回水区断面平均面积 \tag{2-3}$$

式中，月平均流量按径流量的频率分析确定。有水文观测的支流逐月流量过程，采用经验频率的方法计算30条中小支流各月不同保证率的月径流量。由于支流回水区一般流动缓慢，水力坡度很小，为简化计算，支流回水区断面平均面积按运行控制水位的静库容除以

该水位时的河长确定。对于次级河流较多的情况，按主河长确定，这相当于将次级支流回水区并到主河道上考虑。

水库正常运行，各月的库容参考水库运行曲线，计算支流回水区各月不同保证率下的平均流速。参考日本的水库分类及划分的经验，将河湖分类的流动强度定为

河流：>3cm/s。

河湖过渡：1～3cm/s。

湖泊：<1cm/s。

根据上述指标，支流回水区可分为湖泊类、过渡类、河流类。按照三峡水库运行规则，各情况可能发生的比例见表2-5。阴影数量（白色为河流类，浅色为过渡类，深色为湖泊类）对比，可以判断河流之间的水动力差别及各情况可能发生的比例。

表2-5　三峡水库干支流回水区各月平均流速控制时间比例　（单位：%）

干支流名称	流速范围		
	<0.01m/s	0.01～0.03m/s	>0.03m/s
库区干流	0	0	100
壤渡河	100	0	0
草堂河	100	0	0
童庄河	100	0	0
凉台河	100	0	0
官渡河	100	0	0
抱龙河	100	0	0
池溪河	100	0	0
锣鼓河	98	2	0
黄金河	96	4	0
东溪河	95	5	0
九畹溪	93	7	0
苎溪河	92	7	0
五马河	88	12	0
香溪河	86	14	0
神龙溪	82	18	0
梅溪河	80	19	1
汝溪河	77	21	1
长滩河	71	27	1
大宁河	66	24	10
碧溪河	64	21	15
磨刀溪	58	26	16
小江	57	21	22

续表

干支流名称	流速范围		
	<0.01m/s	0.01~0.03m/s	>0.03m/s
梨香溪	52	8	40
御临河	49	7	45
汤溪河	49	20	31
桃花溪	47	7	46
渠溪河	43	12	44
五布河	37	11	53
龙河	32	11	57
龙溪河	28	16	57

三峡水库运行初期，低水位运行，为此计算按139m水位常年蓄水保持不变的月平均流速，蓄水139m水位对五布河、御临河、桃花溪、渠溪河、龙溪河和梨香溪6条河流基本无影响，实际计算了24条河流，采用月径流量计算各月不同保证率下平均流速，各情况可能发生的比例见表2-6。与表2-5相比，湖泊类的比例明显下降，河流类的比例明显上升。这主要是因为低水位运行，平均过流断面面积小，支流回水区更多地保留了一些河流特征。

表2-6　139m蓄水条件下三峡水库干支流回水区各月控制时间比例　（单位:%）

支流名称	流速范围		
	<0.01m/s	0.01~0.03m/s	>0.03m/s
草堂河	100	0	0
抱龙河	100	0	0
童庄河	100	0	0
凉台河	100	0	0
壤渡河	100	0	0
官渡河	100	0	0
锣鼓河	96	4	0
九畹溪	91	9	0
黄金河	85	15	0
五马河	84	16	0
苎溪河	83	17	0
香溪河	83	17	0
池溪河	79	21	0
神龙溪	72	27	1
梅溪河	68	30	2

续表

支流名称	流速范围		
	<0.01m/s	0.01~0.03m/s	>0.03m/s
东溪河	67	30	3
长滩河	64	33	3
汝溪河	55	36	9
大宁河	50	32	18
磨刀溪	42	32	26
小江	39	27	34
汤溪河	20	28	52
碧溪河	1	21	78
龙河	0	0	100

2.3.3 库区水力滞留时间分析

湖泊及水库的年入流量与其有效容积之比称为滞留时间，滞留时间长的水域，封闭性高，湖泊特征明显，很容易产生富营养化，利于藻类的生长。本研究拟在国际及国内考虑滞留时间的经验分析基础上，尝试进行三峡水库滞留时间的时空变化分析。

2.3.3.1 全库特征滞留时间

根据国际湖泊环境委员会（International Lake Environment Committee，ILEC）1999年编制的《湖泊管理指南第9卷——水库水质管理》，按水力学特点划分的水库基本类型见表2-7。

表2-7 水库基本类型

指标	过流型（类似河流）	过渡型	营养型（类似湖泊）
水力停留时间	<20天	20~300天	>300天
混合类型	不分层或弱分层	中等强度分层	分层
营养类型	流动限制浮游生物的发展	增加分层流动的影响	传统的营养级别

根据美国陆军工程兵团（United States Army Crops of Engineers，USACE）的统计数据，湖泊的水力停留时间（滞留时间）几何平均数为270天，水库的水力停留时间几何平均数为135天，显然湖泊的富营养化趋势强于水库。

根据日本的经验，在滞留时间四天以下的湖泊，富营养化不发生。而形成富营养化问题的滞留时间一般为两周以上。日本主要的湖库滞留时间统计结果见表2-8。天然湖泊滞留时间超过1年的较多，占统计湖泊的55%；水库滞留时间超过一年的很少，占统计水库的4.3%，其大部分的滞留时间在1~3个月，占统计水库的38.8%。

表 2-8　日本主要的湖库滞留时间统计结果

滞留时间	<1 天	1 ~ 4 天	4 ~ 14 天	14 ~ 30 天	1 ~ 3 个月	3 ~ 6 个月	6 ~ 12 个月	≥1 年
湖泊数目/个	0	1	4	3	3	3	4	22
水库数目/个	1	18	23	42	109	61	15	12

三峡水库总库容为 393 亿 m^3，其中有效库容为 221.5 亿 m^3。三峡水库按 175m 水位设计水位运行的水力学特征见表 2-9。

表 2-9　三峡水库按 175m 水位设计水位运行的水力学特征

时段	算法	流量/(亿 m^3/d)	库容/亿 m^3	水力停留时间/天
枯季调节	按总库容计算	5.04	393	78
	按有效库容计算	5.03	221.5	44
年平均	按总库容计算	12.68	393	31
	按有效库容计算	12.31	221.5	18

由表 2-7，可以认为三峡水库作为季调节水库，不会出现停留时间超过 300 天的情况，即三峡水库与天然湖泊有明显的差别；但从枯水期的情况来看，水力停留时间可达 44 ~ 78 天。说明水库与河流也明显不同。考虑到同纬度的汉江流域藻华发生时间在 4 ~ 5 月（枯水期），而三峡水库枯水期的水力停留时间较长对藻类的生长有利。因此，可以认为三峡水库干流水体，丰水期与河流特征差别不大，更类似河流；平枯水期流动特征在河流与湖泊之间，属过渡型。

为更详细的考察分月的情况，以下按月对滞留时间进行评估，各月的库容参考水库运行曲线确定。表 2-10 为各月不同保证率下滞留时间。在藻类生长敏感的 4 月、5 月及 10 月，滞留时间超过 20 天。

表 2-10　水库月径流量滞留时间估算　　（单位：天）

保证率	1 月 173m	2 月 167m	3 月 163m	4 月 158m	5 月 150m	6 月 145m	7 月 145m	8 月 145m	9 月 145m	10 月 165m	11 月 175m	12 月 175m
95%	163	152	139	96	52	22	12	14	15	36	83	120
90%	144	146	134	91	44	19	11	12	14	35	76	113
85%	143	141	131	91	41	18	10	11	13	33	67	111
80%	140	139	129	85	38	18	10	11	12	32	66	107
75%	139	137	124	85	35	17	10	10	11	31	65	106
70%	138	133	123	83	34	16	10	10	11	28	64	104
65%	136	132	121	80	33	15	9	10	10	26	64	103
60%	135	130	119	77	32	15	9	10	10	25	63	101
55%	133	129	116	73	30	15	9	9	10	25	63	101
50%	130	127	111	72	29	14	9	9	9	25	61	100
45%	130	125	108	71	29	14	9	9	9	24	60	99
40%	129	124	106	67	28	14	9	9	9	24	59	99

续表

保证率	1月 173m	2月 167m	3月 163m	4月 158m	5月 150m	6月 145m	7月 145m	8月 145m	9月 145m	10月 165m	11月 175m	12月 175m
35%	129	122	104	65	28	14	8	8	9	22	59	98
30%	125	121	103	61	27	13	8	8	8	22	57	94
25%	122	118	101	59	26	13	7	8	8	22	56	93
20%	120	116	97	55	25	12	7	7	7	21	55	92
15%	118	114	89	51	24	12	7	7	7	20	53	90
10%	117	111	86	49	23	12	6	7	6	19	51	90
5%	113	109	81	44	20	11	6	7	6	17	48	87

2.3.3.2 坝前段滞留时间

水力学分析显示坝前流速较低，为更详细的考察坝前的情况，按离坝50km以内的容积，考察坝前段的滞留时间。表2-11为各月不同保证率下滞留时间，各月的库容参考水库运行曲线确定。在藻类生长敏感的3月、4月，滞留时间超过或接近20天，由于估算仅考虑了干流的体积，实际的滞留时间应该更长一些。

表2-11 坝前段月径流量滞留时间估算 （单位：天）

保证率	1月 173m	2月 167m	3月 163m	4月 158m	5月 150m	6月 145m	7月 145m	8月 145m	9月 145m	10月 165m	11月 175m	12月 175m
95%	25.7	27	26	20	13	6	3	4	4	7	13	19
90%	22.7	26	25	19	11	5	3	3	4	6	12	18
85%	22.5	25	25	19	10	5	3	3	4	6	11	18
80%	22.1	24	24	18	9	5	3	3	3	6	10	17
75%	21.9	24	23	18	8	5	3	3	3	6	10	17
70%	21.7	23	23	17	8	4	3	3	3	5	10	17
65%	21.4	23	23	17	8	4	2	3	3	5	10	16
60%	21.4	23	22	16	8	4	2	3	3	5	10	16
55%	21.0	23	22	15	7	4	2	2	3	5	10	16
50%	20.6	22	21	15	7	4	2	2	2	4	10	16
45%	20.5	22	20	15	7	4	2	2	2	4	10	16
40%	20.4	22	20	14	7	4	2	2	2	4	9	16
35%	20.3	21	20	14	7	4	2	2	2	4	9	16
30%	19.7	21	19	13	7	4	2	2	2	4	9	15
25%	19.3	21	19	12	6	3	2	2	2	4	9	15
20%	18.9	20	18	12	6	3	2	2	2	4	9	15
15%	18.6	20	17	10	6	3	2	2	2	4	8	14
10%	18.5	19	16	10	6	3	2	2	2	3	8	14
5%	17.8	19	15	9	5	3	2	2	2	3	8	14

2.4 三峡水库富营养化敏感性分区研究

2.4.1 水体富营养化敏感性分级概念

(1) 水体营养盐基准与标准

湖库水环境问题有别于河流，主要是水体营养盐富营养化引发的水华灾害问题。同样的水体营养盐浓度水平，湖库藻类暴发易形成灾害，重要原因是河流的流速一般较大，而湖库的流速很低、水力交换时间长。

针对水体富营养化控制问题，美国提出 14 个国家营养物质一级生态分区和 84 个二级生态分区。美国国家环境保护局（United States Environment Protection Agency，EPA）1998 年发布了《区域营养盐基准制定的国家战略》（USEPA，1998a），并于 2000 年发布了《湖泊、水库营养盐基准制定技术导则》（USEPA，2000a）。2000 年以后 EPA 陆续颁布了其 14 个生态分区的河流、湖库、湿地和海湾营养盐水质基准地的营养物水质基准（USEPA，2000b）。事实上，生态分区是一个大尺度的敏感性分区，其主要以地理、气候、水文、地形、土壤、植被及土地利用方式等多种指标进行区划。而营养盐基准则利用区域内现有水质数据采用统计方法确定。美国大尺度分区分级倾向于区域营养物质基准的制定，分区完成后，分级实际上也同时确定，只是具体的数值要进行统计分析后确定。目前，美国已经完成了大尺度分区的基准，二级分区也明确了营养盐基准的范围。

我国目前的湖库营养化问题比较严重，有较多的大型湖库发生蓝藻水华灾害。而我国的大尺度的生态分区尚需时日。富国（2005b）提出了小尺度分区的营养化敏感性分级概念。其思路是在全国已有水体功能区划的基础上，简化分区，强化分级。简化分区是指不对水体单元进行细致的以水环境、地理、生物、土地利用为判别依据的归类，其分区对象可以不是区域湖库或河流的整体，而是单个湖库或河流，甚至可以湖库的某些相对独立的部分水域。富国（2005a）提出以水体流动特征为主，兼顾高程、纬度、气候等指标，建立敏感性分级指数方法。利用现有水质数据或经验方法选择敏感性分级指数所需的参数，在河流与湖泊类型之间进行多级划分。其主要思想是在同质的急流水体与缓流水体中考虑多级别的划分，如对淡水河流-淡水湖泊类型、感潮河流-潟湖（封闭海湾）类型之间进行分级。

富国（2005c）提出小尺度分区分级将营养物质基准落实到功能区及具体的污染控制对象上，分区以相对隔离的控制水体为目标，先分区后定级，分级完成后，同级分区或可采用统一的水质控制基准。两个方法都可在基准确定的基础上，根据使用功能确定目标水体的控制标准。

从两种思路上看，在我国实施富营养化敏感性分区，或许可以采用两种取向。其一，考虑三个层次的区划：①国家级、流域级区划为大尺度区划。以识别不同的区域内河流、河口、湖库的营养盐基准的差异为目标，最终决定区划的分界及范围，进而确定国家河流、河口、湖库的营养盐基准。②区域级（省、市）区划为中尺度区划，中尺度区划范围可能涉及一个以上生态分区，而要在不同分区范围内采用不同的基准。以识别不同的分区中河流、河口、湖库的营养盐基准的差异为目标，最终决定分区的敏感级别，确定分区水体的富营养化控制标准。③大型水体级区划为小尺度区划，确定区划范围，即可根据水体特征进行水体分区，以识别不同的分区中物理等因子的差异，决定分区的敏感级别，确定不同分区水体的营养盐控制标准，作为总量控制的约束条件。其二，不考虑宏观尺度仅考虑微观尺度的区划，即根据我国目前流域水体功能区已经形成的特点，进行功能区水体动力特征值的识别，同时利用已有水体富营养化监测资料，确定营养盐的基准，进而对功能区的富营养化敏感程度进行分级，确定营养盐控制标准，作为总量控制的约束条件。目前，尚缺乏足够的实践经验，不能确定哪种方法更适合我国的实际情况，但后一种情况在管理效率上较有优势。

(2) 水体分区与敏感性分级及类别控制的关系

小尺度水体分区指将区域内水体根据地形、管理控制需要、局部水体物理等要素差异或其他因素将其分解为多个控制区域。一个控制区域可以是一条支流，也可以是湖泊内相对独立、隔离或半隔离的湖区等。富营养化敏感性分级则是对不同分区进行敏感评估。区域富营养化敏感性分区分级完成后，其结果是所有分区都有相应的敏感级别，但在一个区域的所有分区不一定涵盖所有级别。对同一敏感级别的分区中会有较高生态安全要求（如地表水Ⅲ类及以上水体的使用功能），可以采用较严的相同的水质指标。也会有较低生态安全要求（如地表水Ⅳ类、Ⅴ类水体的使用功能），可以根据使用功能的不同，采用较松的、相同的或不同的水质指标，同时要兼顾下游功能区水质的约束。简而言之，富营养化的敏感级别与控制级别会因使用功能的不同存在差异。图 2-8 为美国湖库不同功能水体与总磷质量浓度的关系。由图 2-8 可以看到，饮用水保护的要求高于生态区基准。

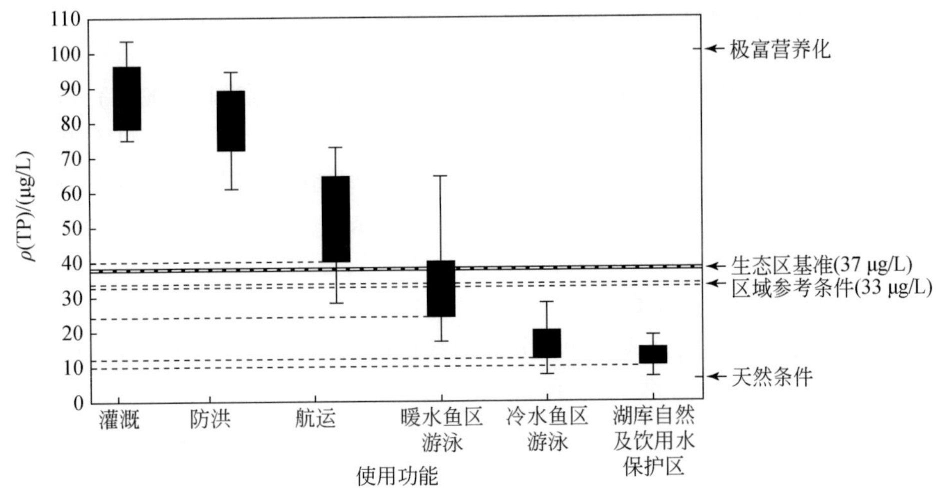

图 2-8　美国湖库不同功能水体与总磷质量浓度的关系

三峡水库 2003 年蓄水后，水体流态发生明显变化，根据 2004 年 3 月的调查，在气候条件接近的情况下，由于流态的差异在部分支流出现水华暴发的现象，如官渡河（神女溪）大面积的水面呈铁锈色及暗红色，持续多日。三峡库区蓄水后，一部分支流呈现湖泊流动特征，一部分支流保持河流流动特征，全部按湖泊考虑，标准过严；而全部按河流考虑，则标准偏松。与此同时，全部支流的流动特征呈现从河流到湖泊的不同状态，蓄水后呈现湖泊流动特征的支流也仅部分发生水华暴发的现象（其间可能也包括非流动特征变化的影响）。显然，河流与湖库基准之间分多级管理应该更符合环境管理的需要。分区对于排放标准的影响在于：对于不同富营养化敏感级别的水体，对某些物质（如氮、磷）可实行差别化的排放标准，以维持目标水体所需的生态功能。

富营养化敏感性分级指标的表达与河流和湖泊富营养化基准有紧密联系，其简单的表达形式如图 2-9 所示。以河流和湖泊富营养化基准为前提，水体从河流（分级指数为 0）到湖泊（分级指数为 1.0）之间可以人为的分成若干个区间，如图 2-9 中分成了 10 个区间。这里的河流和湖泊基准可以根据区域特点有所调整，如区域内无分层、滞留时间超过 1 年的深水湖库，湖泊基准可以松一些。分级指数由富营养化敏感性分级指标确定。图 2-9 中的关系曲线可随河流和湖泊富营养化基准或标准的修改变更而变化。0 为已发生水华暴发的水体，1 为自然河流水体。

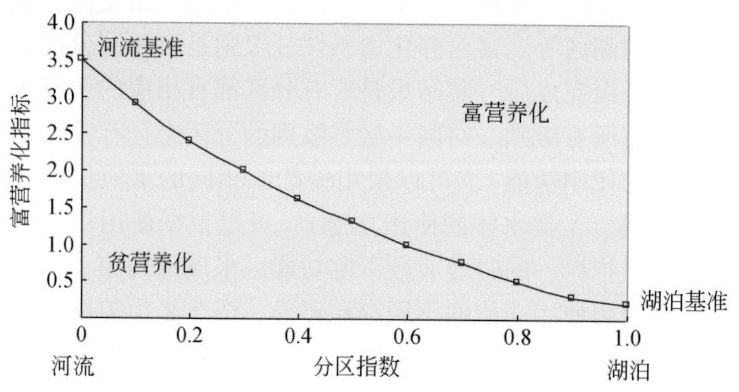

图 2-9 水体富营养化敏感性分区与河湖富营养化基准关系概化图

三峡水库为新建水库，历史的数据无法用于阈值的评估。富国（2005a）以水动力参数为主，并采用较少的水质及生物调查数据进行分级，其分级步骤如下：①分析水库水体几何及进出流特征，进行水体分区；②罗列备选物理分级指标，建立分级指标体系；③收集分区的水文资料、地形资料、位置信息等与指标体系有关的资料；④进行流量、流速、滞留时间等指标的分月频率分析；⑤建立备选分级指数公式；⑥利用部分分区实测水质及生物资料，进行指数公式系数的拟合分析，确定公式系数；⑦进行筛选，剔除影响很小的指标；⑧确定分级指数公式；⑨将分区的数据代入公式计算分级指数，确定各分区的级别。

2.4.2 水体富营养化敏感性分级的指标体系

富营养化敏感性分级的指标体系，严格地讲应包括物理、化学及生物因子等。但是生物及化学因子的背景资料的收集确定在技术上比较复杂，在经济上花费较大，有时在时间上也不可能，且生物及化学的部分因子为富营养化的控制对象。作为方法学的尝试，富国（2005b）研究的指标体系主要采用物理因子，而生物及化学因子用于确定分级指数公式中的系数。分级指标体系的建立分两步进行：①指标备选阶段，根据具体情况及可能的影响因素确定初选物理类指标；②指标筛选阶段，利用实测的生物及化学资料对初选指标进行筛选，在缺乏数据的情况下，也可采用专家咨询的方法淘汰某些指标。

（1）备选指标

藻类生长与气象因子密切相关，如云量、气温、风速风向及频率等，可以作为分级的直接指标。一般情况下，这些气象因子是地理位置及时间的函数，所以也可以地理位置作为分级的间接指标。当不考虑季节性的富营养化基准时，有纬度、经度、海拔三个指标；当考虑季节性的富营养化基准时，可再加上季节性时间指标。

当研究区域较小时，分区之间的地理及气象指标差异很小，一般可以忽略，或可保留差异相对明显的1~2个指标。当规划的区域较大以及在多个湖库之间进行分级时，分区之间的地理及气象指标差异加大，一般不可忽略，在间接指标识别分区差异时，可考虑多选直接指标。

水体形态特征指标，包括长度、深度、湿周、水深、平面面积等，形态主要通过流态对富营养化产生影响。平面一般是指河流成线，湖泊成片；立面一般是指河流垂线混合均匀。而湖泊垂向分层的机会更大一些。河流一般全断面过水；湖泊则可能部分断面过水，部分湖体处于滞留、回流及不过流状态。在指标的选择上，可以单选，也可以多选，多选时最好按组合形式构成无量纲指标，如宽长比、宽深比等。考虑分层影响时一般要考虑可能形成密度分层的重要指标——深度。

水力学特征指标，包括水文及水动力特征，如径流量、水力滞留时间、水体交换、水位变动等可以引起生命和非生命物质各种途径的传输、迁移与分布，如影响湖库水体中的营养盐浓度水平及时空分布，影响湖库生物群落的演替等。

（2）三峡水库富营养化敏感性分级指标

三峡水库为狭长的河道水库型，干流段基本无大的河湾，从地形的角度来看，差异性主要在坝前深水的低流速区和库尾浅水的相对高流速区。因此，将干流坝前作为一个分区，将干流的其他地区作为另一个分区，均按河流考虑。三峡水库建库后的入库支流受干流水位的顶托，滞留时间延长，有利于富营养化的形成，考虑到支流水体相对隔离，选择库区中、下游的30条主要支流作为独立的分区进行敏感识别。以下对干流坝前区及30条支流回水区进行富营养化敏感性的识别分级。

从地理气象特征指标来看，三峡水库处于东亚副热带季风区，冬暖夏凉，气温年内变幅较大。三峡库区各支流的水面高程差别不大，经度差别仅大致可以反映干流水深的变化，而无其他明显影响，水深的影响在水体形态及水力学特征指标中有所考虑，故未将经度作为入选指标。尽管各分区的纬度差别更小一些，但地理位置特征值仍选纬度以反映位置因素可能带来的水体温度分布及分层的影响。

三峡水库干流及支流的面状形态不突出，水体基本过流，回流区较少。从形态上考虑，选择宽长比指标反映平面特征，选择水深指标反映分层的可能性。

水力学特征指标敏感性分区分级以控制水库富营养化及水华暴发为目的。从水力学的角度讨论这一问题，将以混合特征、滞留时间、流动强度为讨论重点，其目的在于区分各目标水体在水力学等层面上更类似湖泊还是河流。三峡水库的水力学特点主要为：①季调节，较类似河流；②水库蓄水大幅度抬升使支流的滞留时间延长，使中、小支流更接近湖泊；③干流水位年内波动，快速蓄水阶段可能对部分支流形成倒灌；④垂向混合为暖单季回水型，类似湖泊；⑤支流及干流下游水较深，类似湖泊；⑥支流及干流长宽比多在100倍以上，类似河流；⑦流速较低，范围在河流与湖泊之间。选择以下水力学特征指标，结合三峡库区的运行特点，反映上述流态变化特点对富营养化产生的影响。一是滞留率（富国，2005a)。滞留时间的概率特征值，反映水体滞留及交换率的大小。二是缓流率。流速的概率特征值，反映流动强度。三是相对水深。支流口水深与预计的斜温层厚度之比，反映垂向分层的可能性。四是倒灌保证率。反映干流水位变动对支流污染物输运的影响。

2.4.3 水体富营养化敏感性分级方法

(1) 敏感性分区指数 RLI

为使敏感性分区可以量化，拟定水体类别判断的敏感性分区指数计算公式为

$$\mathrm{RLI} = \sum_{1}^{n} \alpha_i F_i \tag{2-4}$$

式中，RLI 为敏感性分区指数（河湖指数）；F_i为第 i 个特征指标的无量纲及归一化数值；α_i为第 i 个特征指标的权重系数。

RLI 的含义相当于一个分区水体更类似河流或湖泊流态的一种判断，RLI=0 意味着分区水体为典型河流；RLI=1 意味着分区水体为典型湖泊。

(2) 三峡水库富营养化敏感性分区特征指标

敏感性分级特征指标的表达为便于理解和使用，对各分区指标进行无量纲及归一化处理。同时，协调指标指示方向，设置值以不利于营养化方向增大，利于营养化方向减小，表 2-12 为特征指标的处理说明。

表 2-12　特征指标的处理

指标	基本指标	无量纲指标	无量纲指标计算说明
地理位置	纬度/(°)	相对纬度	支流回水区中心纬度/90°
水体形态	宽长比	宽长比	设计 4 月运行水位 158m，宽长比=2 倍平均河宽/支流回水区长度
	水深/m	相对水深	设平水年 4 月运行水位 158m，按支流口水深/2 倍的斜温层水深。支流回水区流速小于坝前区流速，紊动强度低，斜温层水深取 91m
水力学	滞留时间/天	滞留率	分时段百分率加权和计算。取滞留时间<20 天的加权系数为 0，20～120 天的加权系数为 0.5，>120 天的加权系数为 1
	平均流速/(m/s)	流速比率	分时段百分率加权和计算。取月平均流速<0.01m/s 的加权系数为 1，0.01～0.03m/s 的加权系数为 0.5，>0.03m/s 的加权系数为 0
	倒灌系数	倒灌保证率	按 10 月的设计水位，估算抬升速率，计算倒灌系数为 1 时的保证率

(3) 特征指标的权重系数

根据 2004 年 4 月实测的几条河流的浮游植物数量与特征指标的相关分析，得到特征指标的权重系数。

平均流速：限制藻华发生的重要因子，α_i=0.12。

滞留时间：限制藻华发生的重要因子，α_i=0.56。

纬度：同海拔地区的太阳辐射差异的反映，对藻类光合作用及水温起控制作用，α_i=0.02。

相对水深：α_i=0.07。

倒灌系数：a_i=0.23。

宽长比：$\alpha_i=0$。

很显然，湖泊水平形态因子宽长比被剔除，这说明宽长比对三峡库区各支流藻类增殖的影响差别不大。

2.4.4 水体富营养化敏感性分级结果与讨论

(1) 三峡水库水体富营养化敏感性分级结果

表2-13为三峡库区支流及坝前水体富营养化敏感性分级结果；表2-14为三峡库区2004年4月实测支流最大浮游植物密度与分级指标的关系，线性相关系数为0.866。从各分区的分级指标结果来看，库区支流间的水力学及物理特征的差别较大。从表2-14来看，在大致相同的气候条件及控制水位条件下，调查的7条河流中有4条河流的浮游植物密度达到10^8ind/L①。另外官渡河在3月也发生了较大规模的水华现象，水体大面积呈铁锈色。因此，对条件不同的河流执行不同的富营养化标准是合理的。表2-13按10级进行了敏感性分区。30条支流及坝前水体分布于6个级别中，其中3～5级的分区为富营养化高敏感区，在2004年3月、4月的调查及监测的支流中，处于4级区的河流均出现了藻类暴发的现象。6级、7级、9级的分区为富营养化不敏感区。在实际操作中，可以根据实际情况，酌情减少分级，以作为总量控制的基础。

表2-13 三峡库区支流及坝前水体富营养化敏感性分级

支流名称	RLI	敏感级别	支流名称	RLI	敏感级别
典型河流	0	10	典型湖泊	1	1
坝前	0.119	9	壤渡河	0.581	5
龙河	0.385	7	御临河	0.581	5
碧溪河	0.402	6	大宁河	0.584	5
梨香溪	0.434	6	梅溪河	0.587	5
龙溪河	0.457	6	香溪河	0.618	4
渠溪河	0.46	6	官渡河	0.618	4
苎溪河	0.488	6	九畹溪	0.62	4
池溪河	0.49	6	五马河	0.626	4
五布河	0.495	6	神龙溪	0.632	4
桃花溪	0.51	5	草堂河	0.638	4
黄金河	0.52	5	锣鼓河	0.656	4
小江	0.538	5	抱龙河	0.657	4
汝溪河	0.541	5	凉台河	0.665	4
汤溪河	0.553	5	童庄河	0.703	3
东溪河	0.568	5	长滩河	0.578	5
磨刀溪	0.568	5			

① 1ind：individual，个。

表 2-14　三峡库区 2004 年 4 月实测支流最大浮游植物密度与分级指数的关系

支流名称	RLI	浮游植物密度/(×10^4 ind/L)
坝前 1	0. 248	422. 0
坝前 2		1612. 0
坝前 3		121. 0
小江	0. 538	517. 9
大宁河	0. 584	2282. 3
香溪河	0. 618	11939. 3
神龙溪	0. 632	16288. 1
官渡河	0. 618	7813. 9
九畹溪	0. 620	13379. 8
锣鼓河	0. 656	12847. 8

总体而言，富营养化指标在干流按河流标准实施，支流根据最终的敏感性分级确定几个级别的河流-湖泊的过渡标准实施，这样支流的标准要严于干流。支流水体对干流水体的营养物质浓度起稀释作用，干流浓度的控制主要来自水库上游的入库浓度及大城市直排入库的负荷量，而干流如果在蓄水快速抬升期出现高浓度，将可能由于倒灌加重敏感支流在春季敏感时段发生水华的可能性。因此，富营养化指标在干流按河流标准实施的做法会存在一定的限制，应该采用略严于河流的标准，以保证汛后蓄水期的水质更低一些。另一种解决方法是对蓄水方式进行限制，防止水位抬升得过快。

（2）讨论

水体富营养化敏感性分区分级方法，将富营养化的控制类别从河流-湖泊类型两级扩展到多级，便于实施水体营养盐分级管理。可以在无大、中尺度富营养化基准及标准的情况下进行，主要是根据分区水体的特征指标，在河流、湖泊类型之间进行细化，确定分级，明确所需标准的级别。分级标准的具体指标，可以在区域富营养化基准确定后指定，也可以根据同级分区水体已有的水质及浮游植物密度资料进行分析，了解水华暴发的营养盐阈值水平，确定水体营养盐基准。

RLI 富营养化分级方法，反映了年内各月的频率特征，可以适应一般的基准要求。略进行改进也可以适应季节性基准的分级要求。RLI 的结构（无量纲归一化的加和形式）是一个开放的指数表达方式，在不同的区域可以根据具体情况筛选指标，也可以直接在表 2-13 和表 2-14 的项目中进行增减。在生物及水质监测数据较多的区域，可以直接利用拟合技术确定 RLI 公式的权重系数；在缺乏监测数据的区域，可以根据专家经验确定权重系数。

由于可利用的三峡水库蓄水后水质及生物监测资料较少，水华以硅藻、甲藻为主，未监测到危害较大的蓝藻、绿藻暴发的情况，今后三峡库区支流 RLI 的结构存在改进的空间。另外，RLI 的结构中未包括水体其他一些特征值，如 pH、浊度等，而对于某些区域这些指标可能是相当重要的；对于平面结构宽阔的浅水水体，由于风场对其流速的影响较大，流动强度的分析应该包括风频率的影响，但其影响权重可能降低。

2.5 小　　结

（1）干流流速减小、库容增大

三峡水库175m调度方式下，库区干流流速小于0.1m/s，已成为典型的过渡型水体水库（流速在0.05～0.2m/s）或湖泊型水体水库（流速小于0.05m/s），此时流速要比135m和156m调度方式下水库干流流速要小，库容比135m和156m调度方式下的库容要大。对支流的顶托作用加强，蓄水过程中回灌作用明显。

（2）基于三峡水库水动力特性

自三峡水库运行后，从水体混合频率特征来看，水库年内一般出现一次温度变化是水体垂向对流混合的主要原因，即夏季增温，水柱出现水温层化；秋季表层水温下降，导致对流；冬季水柱混合趋于均匀。依据交换率指标法得出三峡水库属弱分层型水库且水库大部分支流混合条件比干流要弱，更具有湖泊特征。

依据径流量确定的月平均流量法得出流动类似湖泊的支流多于类似河流的支流，更具有湖泊特征；按139m水位月平均流速下湖泊类的比例明显下降，这主要是因为低水位运行，平均过流断面面积小，使原河流与水库之间的状态更多地保留了一些河流特征。

依据水力滞留时间概念，得出三峡水库干流水体，丰水期与河流特征差别不大，更类似河流；平枯水期流动特征在河流与湖泊之间，属过渡型；支流的湖泊特征较干流要明显得多。

（3）三峡水库水体自然条件空间差异明显，干支流生境类型分化明显

三峡水库蓄水后水动力特征发生改变，干流流速明显减缓，支流回水区近似静水环境，水体自净能力大幅度下降，干流基本保持河流生态系统特征，支流回水区大多类似湖泊生态系统，或者河流-湖泊过渡型生态系统，此差异对干支流水质、水生态成库后的变化产生根本性影响。

据此，本研究以水库物理、化学及生物因子等主要考虑因素，建立分区指标体系，运用敏感分区指数RLI，对三峡水库水体进行评价区域划分，研究认为，三峡水库水体可划分两个子区域，子区域一为库区干流及其所在流域范围；子区域二为库区主要一级支流及其所在流域范围。分区结果为后续三峡水库富营养化评估管理提供了重要工作基础。

第 3 章

三峡水库入库氮磷污染负荷研究

3.1 概　　述

三峡水库蓄水后，生态系统的演变主要由河流生态系统转化为湖泊生态系统，第 2 章研究了造成生态系统变化的核心因素之一——水动力条件的变化。生态系统变化的核心因素之二是生源要素碳、氮、磷、硅等的变化，它们决定着生态系统的稳定。本章从最为关键氮、磷着手，分析三峡水库氮、磷污染负荷特征。三峡水库蓄水初期，水库氮、磷营养盐浓度升高，一方面来自蓄水初期水库淹没土壤中的营养物释放，另一方面来自流域污染负荷输入。流域污染负荷的变化取决于流域生产、生活污染源排放以及暴雨径流带来的面源负荷。三峡蓄水前后入库污染源并未发生显著变化，主要污染源来自长江、嘉陵江和乌江上游，污染形式以非点源污染为主，库区内污染负荷占入库总负荷较少（李崇明和黄真理，2005；张远等，2005；张晟等，2009）。三峡水库的建设引起河流水动力学条件的改变，导致颗粒物迁移、输运等发生显著变化，颗粒物沉积作用加速，从而使颗粒物挟带的营养盐从水体中去除，临时或永久地沉积在水库底部。

研究发现，三峡水库内的主要污染源为农田径流，其污染负荷比为 77.85%；其次为城市污水，其污染负荷比为 19.45%，工业废水的污染负荷比只占 1.62%（李崇明和黄真理，2005）。随着库区社会经济发展，污染负荷有逐步增大的趋势，到 2015 年所有污染物负荷水平，均大于 2010 年和 1998 年（李崇明和黄真理，2006）。李哲等针对悬移质和总磷进行研究，发现三峡水库建成初期，长江悬移质泥沙对水体总磷浓度有很大的影响，当丰水期悬移质泥沙含量较大时，单位水体中粒子吸附态磷的平均浓度高于溶解态磷的平均浓度；在枯水期，单位重量悬移质泥沙的吸附能远远大于丰水期，悬移质泥沙的污染更严重，但是丰水期悬移质泥沙的含量较大，所以在丰水期，悬移质泥沙对水质的影响更大；长江支流嘉陵江、乌江水体中单位重量悬移质泥沙对磷的吸附量大于长江干流水体中单位重量悬移质泥沙对磷的吸附量（王晓青等，2007）。三峡水库建成后，入库河流总氮浓度总体偏高，随季节变化较小，溶解性无机氮是入库河流氮营养盐的重要组成，主要受到上游非点源污染影响，氨氮占比较小，主要来自城市污水和工业废水；入库河流磷营养盐主要以颗粒态磷形式存在，并且在丰水期与流量、流速正相关，说明泥沙挟带的颗粒态磷是入库河流的主要污染源，与氮营养盐相似，磷营养盐的污染受到非点源污染的影响（张晟等，2007；郭胜等，2011；娄保锋等，2011）。通过三峡水库一期蓄水和二期蓄水对库区水体氮、磷分布特征调查发现，空间变化上，成库初期沿水流方向总氮浓度逐渐增高，总磷浓度逐渐降低，氮、磷营养盐在垂直方向上差异不明显。时间变化上，总磷浓度变化与流量变化有很大关系，总磷浓度最大值均出现在丰水期，最小值均出现在枯水期（张晟等，2005）。水体氮、磷营养盐浓度偏高，总磷、总氮的平均浓度分别为 0.083mg/L、

1.56mg/L。总磷浓度受蓄水的影响较大，坝前总磷浓度在蓄水后显著降低（张远等，2005）。总之，干流磷营养盐在时空分布上有两个特点：与蓄水前相比，蓄水后坝前总磷浓度显著下降；蓄水后干流磷营养盐总体上表现为上游向下游递减。

前期三峡水库入库氮、磷污染负荷研究存在的问题是没有较好地识别出主要污染物并准确定量。本章通过对长江、嘉陵江和乌江三个入库断面水文、水质数据分析，研究三峡入库河流的水文特征以及氮、磷污染物的变化特征，同时运用基流分割法估算三峡水库的点、面源污染负荷，量化整个库区的污染负荷，为接下来的库区污染治理提供依据。

进一步通过对三峡水库四个典型调度期开展野外实地调查和室内模拟实验，重点分析不同调度期库区干流水体-悬浮颗粒物磷形态的时空分布特征，研究颗粒物磷的吸附解吸特性及影响因素。在此基础上，结合库区干流水动力变化特征及悬浮颗粒分选沉降规律，揭示三峡水库调度对库区干流水体-悬浮颗粒物磷的滞留机制。

3.2 材料与方法

3.2.1 入库污染物通量监测资料收集

(1) 监测断面（点位）的设置及采样频次

本研究主要收集水文部门入库断面水质水量监测的成果，开展相关分析研究。三条主要河流的入库断面是指三峡水库175m水位回水末端在长江、嘉陵江、乌江的位置。根据回水情况和水文水质监测断面的布设，分别设置三个采样断面：①长江入库断面，朱沱水文站（距朝天门河道54km）；②嘉陵江入库断面，北碚水文站（距朝天门河道62km）；③乌江入库断面，武隆水文站（距乌江河道71km），如图3-1所示。每个采样断面分左、中、右三点，所有采样点分表、中、底三层。调查时间为2004年1月~2005年12月，每月采样监测1次，连续监测24个月。

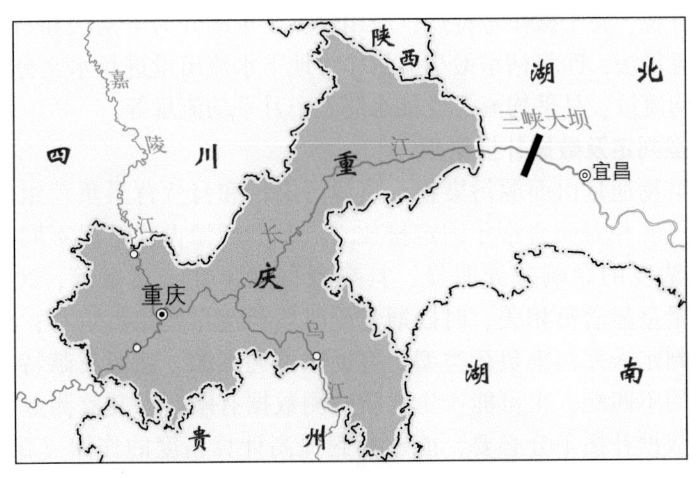

图3-1　三峡水库三条入库河流研究断面

(2) 监测项目及分析方法

监测项目包括：①物理指标，气温（AT）、水温（WT）、pH、水位、流量、流速、悬浮物（SS）；②有机物指标，高锰酸盐指数、五日化学需氧量；③氮营养盐指标，硝酸盐氮、氨氮、总氮（TN）；④磷营养盐指标，总溶解态磷（TDP）和总磷（TP）。

水样采集后立即用0.45μm醋酸纤维滤膜过滤，并加 H_2SO_4（1mol/L）酸化保存。同时分析测定过滤水样以及未过滤水样中的氮、磷等生源要素。分析测定过滤水样中的硝态氮、亚硝态氮、氨态氮以及活性磷酸盐和未过滤水样中总氮、总磷含量。

其中，pH采用玻璃电极法；温度采用温度计法；硝酸盐氮采用酚二磺酸分光光度法；氨氮采用纳氏试剂分光光度法；总氮采用碱性过硫酸钾氧化-紫外分光光度法；总磷采用碱性过硫酸钾氧化–磷钼兰分光光度法。总溶解态氮含量为硝酸盐氮、亚硝酸盐氮和氨氮浓度之积；总溶解态磷含量采用0.45μm醋酸纤维滤膜过滤，再用碱性过硫酸钾氧化–磷钼兰分光光度法，具体分析测试方法见《水和废水监测分析方法》(第四版)。水动力学参数采用多普勒河流流量测量系统（ADCP）测定，测定项目包括断面流量、流速、宽度、水深等。

3.2.2 入库污染物通量估算方法

(1) 基流及基流分割法

陆地水文学中产流过程可分为地表径流、壤中流（快速、慢速）和地下径流，由于流域产流及汇流过程较为复杂，河道基流的组分难有定论，其定义亦不统一（Arnold and Allen，1999；陈利群等，2006）。一般认为基流是河道内常年出现的那部分水流，在径流过程线中表现基本稳定，其大小主要受流域土壤、植被、地形、地质及气候等的影响。

基流分割法是从总径流中将基流分离出来的过程。由于对基流理解存在不一致，分割的理论和方法亦有争议。已提出和采用的方法主要包括电子滤波法、环境同位素法、水文模型法、加里宁水量平衡法、直线分割法、综合退水曲线法等（倪雅茜等，2005）。其中，直线分割法具有直观、易于操作等特点，应用较多，可细分为平割法和斜割法两种。平割法又称枯季最小流量法，即将枯季最小流量作为地下水流出量进行水文分割，实际操作中可采用最枯日平均流量、月平均流量或枯水期三个月平均流量等。

(2) 污染类型判定及数据补插原则

河流断面污染物通量由面源污染物、点源污染物和自然背景负荷组成。面源与降水径流密切相关，点源相对而言常年固定排放。点源和面源占优情况不同时，径流量变化对污染物通量、浓度的影响差异明显，具有各自规律性（袁宇等，2008）。点源占优时，浓度多与流量呈显著负相关，时段通量受时段径流量变化影响小；面源占优时，情况相反。对此，判定入库污染负荷类型，有助于把握点源、面源贡献特征。同时，实际条件下监测频次的不匹配，很可能产生水质监测数据有限、水文监测数据相对丰富的状况，因此合理的数据补插十分必要，能够起到提高计算精度的作用（洪小康和李怀恩，2000）。

借鉴相关性分析、回归分析，提出入库污染负荷类型判定条件及数据补插原则（表3-1）。其中，R 为Pearson相关系数；R^2 为回归方程的样本决定性系数；R_α 表示显著性水平 $\alpha=$

0.01，自由度为 $n-2$（n 为样本容量）时相关性是否显著的检验值（何晓群，2007），可由相关统计资料查得。例如，当样本容量为24时，R_α 为0.515。此外，对于不同的估算方法应注意不同的问题，在文献（富国，2003）中有相关论述，此处不再赘述。

表 3-1　入库污染负荷类型判定条件及数据补插原则

<table>
<tr><th colspan="2">判定条件</th><th>相关性</th><th>污染类型</th><th>估算方法取向</th><th>数据补插</th></tr>
<tr><td colspan="2">$|R|<R_\alpha$</td><td>不显著</td><td>点源、面源混合型</td><td>不明显</td><td>不可行</td></tr>
<tr><td rowspan="2">$R>R_\alpha$</td><td>$R^2>0.80$</td><td rowspan="2">显著</td><td rowspan="2">面源占优型</td><td rowspan="2">强化径流量作用</td><td>可行</td></tr>
<tr><td>$R^2<0.80$</td><td>不建议采用</td></tr>
<tr><td rowspan="2">$R<-R_\alpha$</td><td>$R^2>0.80$</td><td rowspan="2">显著</td><td rowspan="2">点源占优型</td><td rowspan="2">弱化径流量作用</td><td>可行</td></tr>
<tr><td>$R^2<0.80$</td><td>不建议采用</td></tr>
</table>

(3) 入库面源污染负荷估算

应用水文分割法原理（陈友媛等，2003；梁博等，2004；于涛等，2008），在河道基流、地表径流划分基础上，将基流状态下水体中的污染物视为点源及枯水期天然背景值（以下统称为点源，不再区分），将地表径流状态下水体中的污染物视为面源及丰、平水期天然背景值（以下统称为面源，不再区分），则河流入库污染总负荷 W_t 可表示为

$$W_t = \int_0^t [C_p(t)Q_p(t) + C_{np}(t)Q_{np}(t)]\mathrm{d}t \tag{3-1}$$

式中，t 为时间；$C_p(t)$ 为 t 时刻点源污染物浓度；$C_{np}(t)$ 为 t 时刻面源污染物浓度；$Q_p(t)$ 为 t 时刻河道基流；$Q_{np}(t)$ 为 t 时刻地表径流；W_t 为入库污染总负荷。由于缺乏连续观测数据，一般对式（3-1）进行离散化处理：

$$W_t = \sum_{i=1}^{n} C_{pi}Q_{pi}\Delta t + \sum_{i=1}^{n} C_{npi}Q_{npi}\Delta t \tag{3-2}$$

其中，W_t 可由监测断面的水质水量数据直接求出：

$$W_t = \sum_{i=1}^{n} C_iQ_i\Delta t \tag{3-3}$$

式中，C_i 为第 i 次监测的污染物质量浓度；Q_i 为第 i 次监测的流量；Δt 为第 i 次监测所代表的时间段。

参考表3-1的估算方法取向，从理论上而言，式（3-3）更适合面源占优型的污染物通量估算，对于侧重点源占优型的估算方法可参照文献（富国，2003）改进。由此，面源污染负荷可表示为 $W_{np}=W_t-W_p$，即

$$\sum_{i=1}^{n} C_{npi}Q_{npi}\Delta t = \sum_{i=1}^{n} C_iQ_i\Delta t - \sum_{i=1}^{n} C_{pi}Q_{pi}\Delta t \tag{3-4}$$

式（3-4）即为面源污染负荷估算公式。其中，面源污染负荷通过总污染负荷与点源污染负荷之差估算；点源污染负荷通过枯水期实测污染物浓度计算；河道基流由径流分割得到。

(4) 入库污染总负荷核算方法

本节旨在估算上游入库河流（包括干流和支流）污染物通量，核算库区入库污染物负荷，核定库区入库污染总负荷，分析入库总负荷的组成结构，不同污染来源的贡献

比例。

估算数据以2007年三峡水库水文、水质、污染物排放调查数据为基础。库区上游干支流入库污染负荷通量估算采用多年月平均流量与水质调查数据进行核定。库区城镇生活点源、农村面源污染排放、船舶污染排放采用排污系数法进行核定。库区城镇工业点源采用环境统计数据进行核定。主要关注指标为高锰酸盐指数、五日生化需氧量、氨氮、总氮、总磷等污染物。

3.3 上游入库氮磷负荷特征分析

3.3.1 主要入库河流水文特征

三峡水库三条主要入库河流在各监测断面的主要水文水质参数见表3-2。由表3-2可知，2004年和2005年三条河流断面的主要参数年均值没有明显的变化，流速为0.90~1.60m/s。另外，除了2005年朱沱断面的水温（17.8℃）较低外，其余水温在18.2~19.3℃。每年丰水期，长江朱沱断面的流速较高（0.9~2.7m/s）；而嘉陵江北碚断面、乌江武隆断面流速较低，特别是在春季，两个断面的最低流速仅分别为0.2m/s（北碚）、0.62m/s（武隆）。从监测结果看，三峡水库蓄水后的主要水文特征值已处于水华暴发的危险范围内，很容易发生水华。

表3-2 三峡水库主要入库河流的主要水文特征值（年均值）

监测断面	年份	水位/m	流量/(m^3/s)	流速/(m/s)	气温/℃	水温/℃	pH
朱沱	2004	200.3	8812	1.60	18.2	18.2	8.1
	2005	200.5	8954	1.60	19.5	17.8	8.1
北碚	2004	180.1	3453	0.90	18.4	19.3	8.2
	2005	180.2	2951	0.97	18.0	18.6	8.2
武隆	2004	172.0	1202	1.30	18.7	18.1	8.1
	2005	171.1	910	1.10	19.4	18.2	8.0

（1）入库流量的变化

2004~2005年三峡水库主要入库河流流量的月均值变化如图3-2所示。可以看出，三条河流流量监测结果呈现非常规律的季节性变化。每年6~10月流量明显变大，最大值均出现在此范围，并且三条河流的年平均流量、枯水期流量、丰水期流量2004~2005年基本持平，见表3-3。另外，长江朱沱断面流量显著高于同期的嘉陵江北碚断面和乌江武隆断面的流量。这可能与三条河流流域的地理位置有关，乌江流域多为高原山区气候影响区，而长江和嘉陵江流经陕西、甘肃、四川、重庆等省（直辖市），相对而言高原山区气候降水的季节性变化不明显，而每年5~10月则是四川、重庆等地的多雨季节，降水丰富，河流流量增加明显。

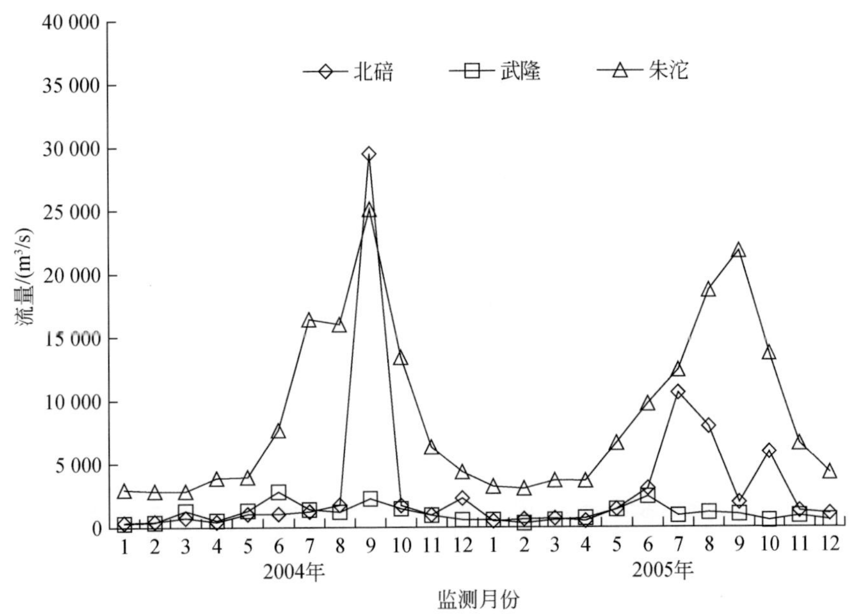

图 3-2　2004 ~ 2005 年三峡水库主要入库河流流量

表 3-3　2004 ~ 2005 年三峡水库主要入库河流流量和悬浮物的变化

监测断面	流量/(m^3/s)				悬浮物/(mg/L)			
	流量范围	枯水期	丰水期	平均值	悬浮物范围	枯水期	丰水期	平均值
朱沱	2 840 ~ 25 100	3 973	13 793	8 883	20.9 ~ 1 068.7	115.2	462.6	298.6
北碚	351 ~ 29 500	814	5 591	3 202	7.3 ~ 1 633.3	17.0	247.9	132.4
武隆	304 ~ 2 800	632	1 481	1 056	10.4 ~ 427.5	59.4	104.7	82.0

（2）入库悬浮物的变化

三峡水库主要入库河流 2004 ~ 2005 年悬浮物含量逐月变化情况，如图 3-3 所示。对比流量与悬浮物含量的关系，可以看出悬浮物含量与流量关系密切，呈高度正相关关系（R>0.8）。每年的 6 ~ 10 月是三条河流中悬浮物含量变化最为明显的时期，丰水期悬浮物含量均明显高于枯水期，这表明入库河流的悬浮物主要来自流域水土流失，以泥沙为主。因此，三条入库河流悬浮物含量随河流流量、流速呈现季节性变化趋势。

同时，对比三条河流中悬浮物含量的变化趋势，可以发现长江>嘉陵江>乌江。这可能与流域的地质条件有关。长江流域土壤以紫色砂页岩为主，成土过程快，质地松软，易于风化、流失和崩塌，加上地形陡、降雨强度大，水土流失严重，再加上长江朱沱断面的流量、流速较大，其悬浮物含量比嘉陵江北碚和乌江武隆断面要高。

3.3.2　主要入库河流氮形态特征及其来源

（1）总氮的分布

三峡水库主要入库河流的总氮逐月分布情况如图 3-4 所示。三个监测断面溶解态无机

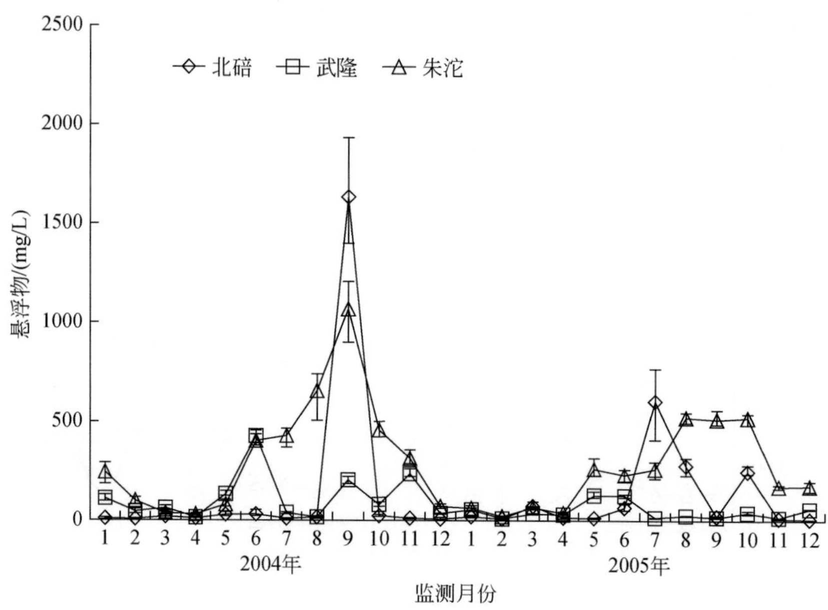

图 3-3　2004～2005 年三峡水库主要入库河流悬浮物含量月变化

氮（DIN）和总氮（TN）的数据统计结果见表 3-4。长江朱沱断面总氮含量范围为 0.96～2.77mg/L，平均值为 1.55mg/L，最大值出现于 2004 年 5 月；嘉陵江北碚断面总氮含量范围为 1.07～4.16mg/L，平均值为 1.96mg/L，最大值出现于 2004 年 9 月；乌江武隆断面总氮含量范围为 1.40～3.30mg/L，平均值为 2.15mg/L，最大值出现在 2004 年 6 月。

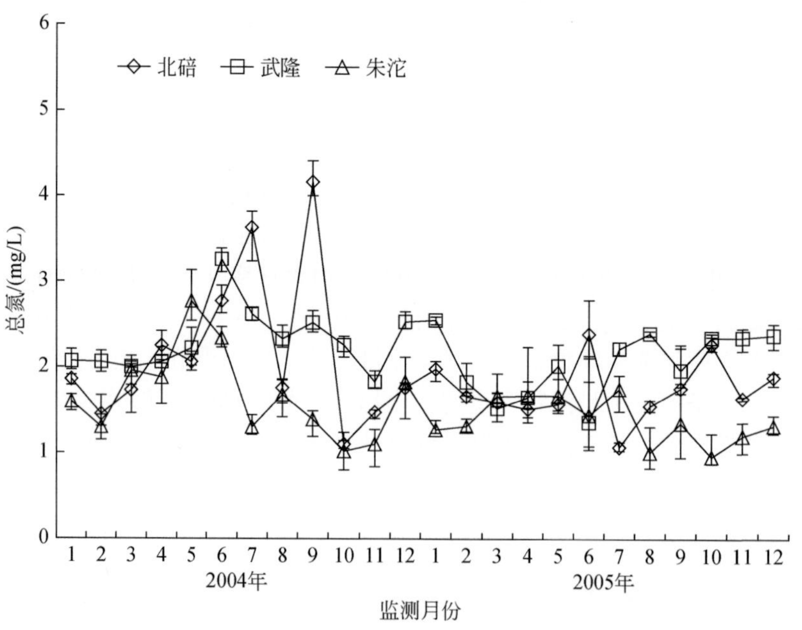

图 3-4　2004～2005 年三峡水库主要入库河流总氮含量逐月变化

表 3-4　2004～2005 年三峡水库主要入库河流氮营养盐含量变化（单位：mg/L）

监测断面	溶解态无机氮（DIN）				总氮（TN）			
	浓度范围	枯水期	丰水期	平均值	浓度范围	枯水期	丰水期	平均值
朱沱	0.78～2.05	1.41	1.20	1.35	0.96～2.77	1.51	1.53	1.55
北碚	1.14～2.12	1.49	1.59	1.54	1.07～4.16	1.73	2.18	1.96
武隆	1.53～2.44	2.17	2.11	2.13	1.40～3.30	2.07	2.28	2.15

注：表中数据经 t 检验（$\alpha=0.05$、$n=24$），可知北碚、武隆、朱沱三个断面数据间差异显著，而各个断面的枯水期和丰水期间数据差异不显著，其原因是氮营养盐多以溶解态存在于水体中，氮营养盐的总含量与浓度和流量均有关。三条河流间丰水期和枯水期的流量差异很大，其氮营养盐的总量（浓度×流量）经 t 检验差异显著，为了便于分析，本研究仍通过氮营养盐的浓度进行表述。

对于三条河流而言，乌江武隆断面的总氮含量最高，嘉陵江北碚断面次之，而长江朱沱断面最低。三条河流的氮营养盐含量总体偏高，均远远超过发生藻类疯长时总氮的含量（0.2mg/L），存在明显的污染隐患。此外，三峡水库二期蓄水之后，2004 年 4 月库区水体总氮平均含量为 1.56mg/L，而同期三条河流的总氮含量分别如下：嘉陵江北碚断面为 2.25mg/L，乌江武隆断面为 2.06mg/L，长江朱沱断面为 1.88mg/L。无机氮含量占总氮比例高达 78.6%～99.1%。

三条河流丰水期的总氮含量均高于枯水期，其中嘉陵江北碚断面丰水期与枯水期总氮含量差别最大，乌江武隆断面次之，而长江朱沱断面枯水期和丰水期的总氮含量差别不大。丰水期、枯水期总氮含量的差异从侧面反映了氮营养盐的污染来源，丰水期总氮含量高，表明这些河流中的氮营养盐主要来源于流域农业面源污染。因此，可以推断乌江和嘉陵江的氮营养盐主要来源于流域内的非点源污染，长江的氮营养盐则受点源和非点源污染的程度相当。这些可能和河流流域有关，乌江发源于贵州，流经彭水、武隆，在涪陵城东注入长江；嘉陵江发源于陕西，流经、甘肃、四川、重庆，在朝天门处汇入长江，这两条流域多为农业耕作区，工业发展相对较差，受农业非点源污染较严重。而长江则流经四川和重庆的 17 个地区，流域内多为工业较集中的区域，点源污染较严重。

（2）无机氮的分布

NO_2^--N、NO_3^--N、NH_4^+-N 含量之和即为无机氮的含量。无机氮含量及 NO_2^--N、NO_3^--N、NH_4^+-N 含量所占比例不仅能够反映河水中氮营养盐的转化情况，而且与浮游植物生长繁殖关系密切。所测三峡水库三条入库河流的无机氮含量分布见表 3-5。图 3-5 为 2004～2005 年三峡水库主要入库河流无机氮各组分含量的逐月变化。乌江武隆断面和嘉陵江北碚断面的无机氮年内变化规律不明显，而长江朱沱断面的无机氮的逐月变化特征明显，枯水期明显高于丰水期，一方面说明长江干流受上游城市、工业生活排放含氮污水的影响显著；另一方面说明丰水期面污染源中无机氮排放浓度较低，以及径流对点源无机氮浓度也具有一定稀释作用。

表 3-5　2004～2005 年三峡水库主要入库河流三种无机氮含量分布　（单位：mg/L）

项目	嘉陵江北碚断面			乌江武隆断面			长江朱沱断面		
	NO_3^--N	NH_4^+-N	NO_2^--N	NO_3^--N	NH_4^+-N	NO_2^--N	NO_3^--N	NH_4^+-N	NO_2^--N
浓度	1.05～1.71	0.01～0.39	0.01～0.08	1.32～3.40	0.01～0.19	0.01～0.03	0.68～1.73	0.07～0.28	0.01～0.08
枯水期	1.33	0.14	0.03	2.07	0.09	0.02	1.21	0.17	0.04

续表

项目	嘉陵江北碚断面			乌江武隆断面			长江朱沱断面		
	NO_3^--N	NH_4^+-N	NO_2^--N	NO_3^--N	NH_4^+-N	NO_2^--N	NO_3^--N	NH_4^+-N	NO_2^--N
丰水期	1.39	0.16	0.04	1.98	0.12	0.03	1.05	0.14	0.04
平均值	1.36	0.15	0.03	2.02	0.11	0.02	1.13	0.16	0.04

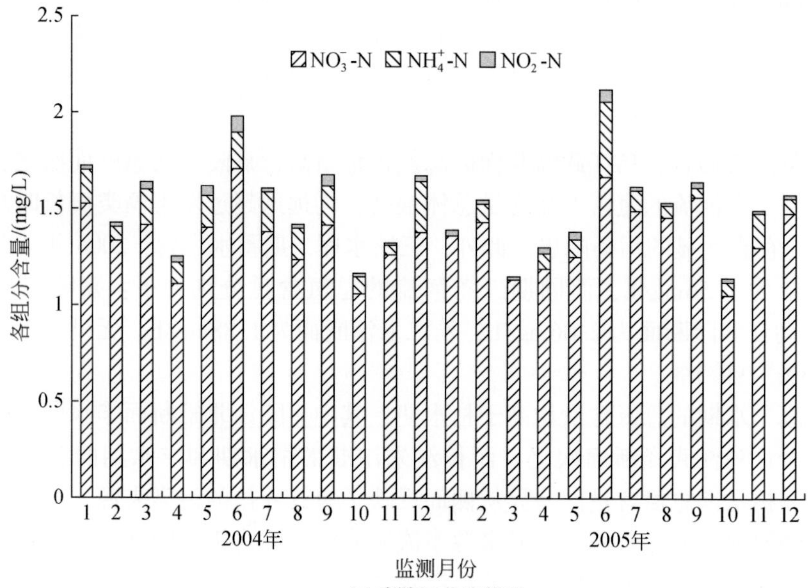

(a) 嘉陵江北碚断面

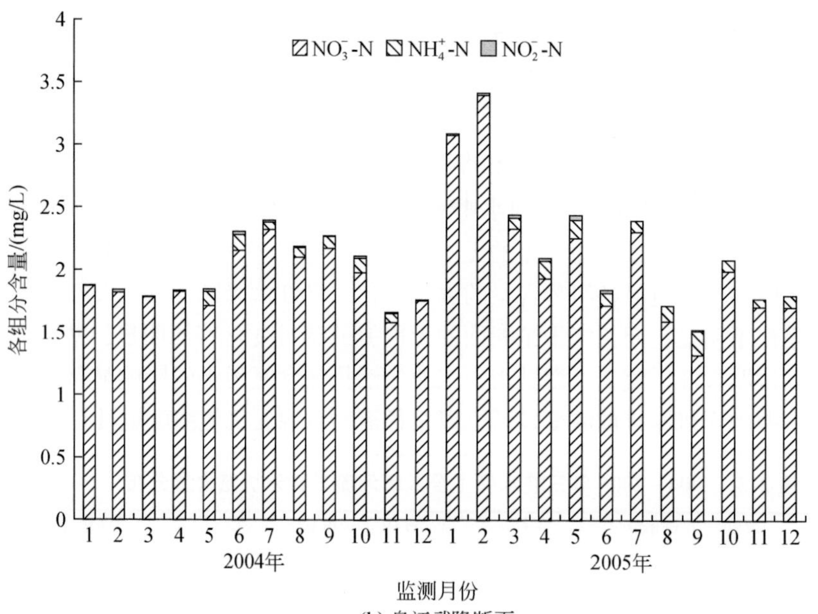

(b) 乌江武隆断面

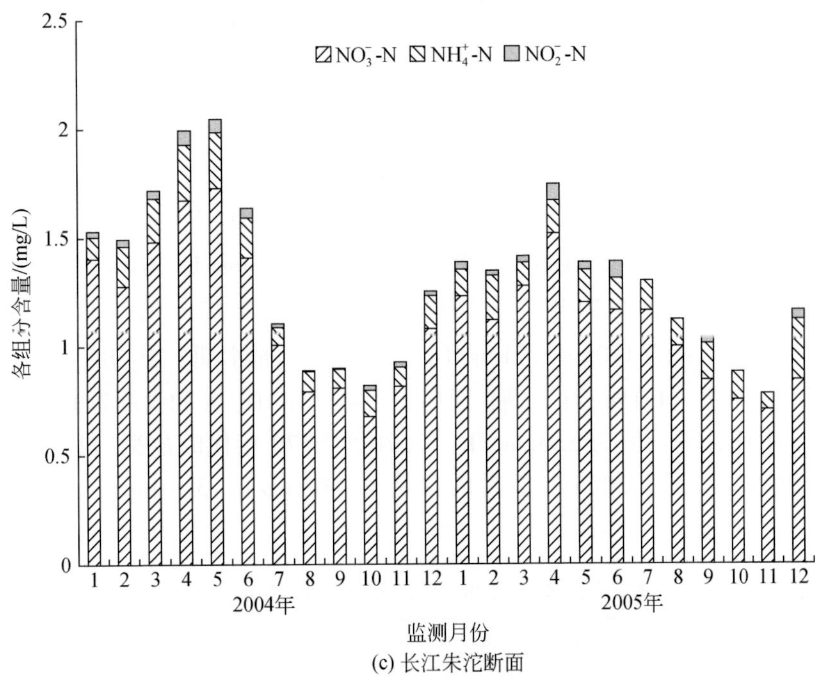

(c) 长江朱沱断面

图 3-5　2004～2005 年三峡水库主要入库河流无机氮含量逐月变化

进一步分析可知，三条河流中三种无机氮（NO_2^--N、NO_3^--N、NH_4^+-N）中又以 NO_3^--N 为主，平均占到无机氮的 85.2% 以上，其中以乌江武隆断面 NO_3^--N 所占比例最高（>93.9%），嘉陵江北碚断面次之（88.3% 左右），长江朱沱断面最低（85.2% 左右）。NH_4^+-N 在无机氮中所占比例平均为 8.8%，其中以长江朱沱断面的 NH_4^+-N 在无机氮中所占比例最高，达到 12.0%，嘉陵江北碚断面次之，为 9.7%，乌江武隆断面最低，为 5.4%。由于 NH_4^+-N 是氮的还原态，而 NO_3^--N 是氮的稳定形态，氮污染多以还原态的形式排入水体，经过硝化作用，NH_4^+-N 氧化成 NO_2^--N，然后再氧化成稳定形态的 NO_3^--N，这个过程要大量消耗水体中的氧。NH_4^+-N 升高，表明水体近期受到污染；NO_2^--N 升高，表明水体污染物正在发生分解；NO_3^--N 升高，表明水体曾受到污染但已完成自净。

1）NH_4^+-N：长江朱沱断面 NH_4^+-N 的含量在 0.07～0.28mg/L，平均值为 0.16mg/L，枯水期高于丰水期，2004 年 4 月、5 月以及 2005 年 12 月出现高值；嘉陵江北碚断面的 NH_4^+-N 浓度范围在 0.01～0.39mg/L，平均值为 0.15mg/L，丰水期高于枯水期，最高值出现在 2005 年 6 月，而 2005 年 1 月、3 月均未检出；乌江武隆断面的 NH_4^+-N 含量为 0.01～0.19mg/L，平均值为 0.11mg/L，丰水期高于枯水期，2004 年 1～4 月、2004 年 12 月以及 2005 年 1 月、2 月未检出，最高值出现在 2005 年 9 月。参照相关标准，2004～2005 年长江朱沱断面 NH_4^+-N 平均含量均超出了地表水Ⅰ类标准（0.15mg/L），而嘉陵江北碚断面 2004 年 NH_4^+-N 平均含量超出了地表水Ⅰ类标准。

综合三条入库河流的数据，可以看出长江朱沱断面 NH_4^+-N 平均含量最高，嘉陵江北碚断面次之，武隆断面最低。其中，北碚断面和武隆断面枯水期的 NH_4^+-N 含量低于丰水期，受非点源污染较大；而朱沱断面则相反，丰水期 NH_4^+-N 含量低于枯水期，其受点源影响较大。NH_4^+-N 是氮的还原态，NH_4^+-N 含量升高，表明水体近期受到污染。水体中的 NH_4^+-N 主要来自未加处理或处理不完全的工业废水和生活污水、有机垃圾和家畜家禽粪便以及农施化肥，其中最主要的来源是农田施用的大量化肥。农业面源污染往往随农田径流流入河流，因此受到降水等条件的影响，表现为丰水期高于枯水期的特征。生活污水与工业废水排放河流的 NH_4^+-N 往往表现出枯水期高于丰水期的特征。

2）NO_3^--N：三峡水库主要入库河流中 2004 ~ 2005 年 NO_3^--N 的含量随时间的变化总体上趋于平稳。其中，朱沱断面 NO_3^--N 的含量为 0.68 ~ 1.73mg/L，枯水期高于丰水期，平均值为 1.13mg/L，比 20 世纪 70 年代长江中 NO_3^--N 的含量（1.17mg/L）略有下降，见表 3-6；北碚断面 NO_3^--N 的含量为 1.05 ~ 1.71mg/L，丰水期高于枯水期，平均值为 1.36mg/L，较 20 世纪 70 年代的数据（1.15mg/L）高；而乌江武隆断面 NO_3^--N 的含量为 1.32 ~ 3.40mg/L，枯水期高于丰水期，平均值为 2.02mg/L，较 20 世纪 70 年代的数据（1.18mg/L）明显升高，并且 2005 年 1 月、2005 年 2 月的含量（3.08mg/L、3.40mg/L）明显高于其他月份。

表 3-6　三峡水库三条入库河流 20 世纪 70 年代的主要水质指标　（单位：mg/L）

氮营养盐	嘉陵江北碚断面	长江朱沱断面	乌江武隆断面
NO_2^--N	0.06	0.03	0.04
NO_3^--N	1.15	1.17	1.18

资料来源：《长江上游水文统计年鉴》（1970 ~ 1979 年）。

综合三条入库河流的数据，可以看出，乌江武隆断面 NO_3^--N 的平均含量最高，嘉陵江北碚断面次之，长江朱沱断面最低。武隆断面和朱沱断面枯水期的 NO_3^--N 含量均高于丰水期，而北碚断面则相反，说明武隆断面和朱沱断面的 NO_3^--N 的含量受点源污染影响较大，而北碚断面的 NO_3^--N 的含量与非点源污染关系密切。原因可能与 NO_3^--N 的来源有关，农田过度使用化肥、河道污水、污灌、垃圾填埋场等都是 NO_3^--N 污染的主要来源。乌江流域农业农田、污灌比较严重，导致 NO_3^--N 含量较其他两个断面高。另外，30 多年来三条入库河流 NO_3^--N 的含量也发生了一定的变化，其中长江 NO_3^--N 的含量变化不大，乌江和嘉陵江 NO_3^--N 的含量显著升高，尤以乌江最甚，流域内人口高速增长，农田过度使用化肥可能是其 NO_3^--N 含量升高的主要原因。

3）NO_2^--N：水体中 NO_2^--N 超过 1mg/L 时，会使水生生物的血液结合氧的能力降低；超过 3mg/L 时，可于 24 ~ 96h 使金鱼、鳊鱼死亡；超过 10mg/L 时，不适宜于人畜饮用。NO_2^--N 与胺作用生成的亚硝胺，有致癌、致畸作用（李崇明和黄真理，2006）。长江朱沱断面水体中的 NO_2^--N 含量最高（平均值为 0.04mg/L），嘉陵江北碚断面次之（0.03mg/L），乌江武隆断面最低（0.02mg/L）（表 3-5）。武隆断面和朱沱断面水体中的 NO_2^--N 含量在 2005 年的 7 月、8 月、10 月、11 月均未检出，而朱沱断面和北碚断面在 4 ~ 6 月均出现高峰值，其中 2004 年 6 月北碚断面和 2005 年 6 月朱沱断面最高（均达到 0.08mg/L），应该引起高度关注。与 20 世纪 70 年代三条入库河流 NO_2^--N 的数据相比（表 3-6），可知三条入库河流 NO_2^--N 的含量均有所下降。

(3) 入库河流中氮污染负荷的来源

造成三峡水库主要入库河流氮污染的来源可以分为点源和非点源两大类型。点源是指通过排放口或管道排放污染物的污染源，它的量可以直接测定或者定量化，主要包括工业废水、城镇生活污水、规模化畜禽养殖场等。非点源是指点源以外的污染源，主要包括由降水产流过程，把地表和大气中溶解的及固态的污染物带入湖泊水域而使湖泊遭受污染的所有污染源。包括城镇地表径流、农业地表径流、大气降水降尘、水产养殖业和流动船舶等。其中，点源污染对 NH_4^+-N、NO_3^--N 和 NO_2^--N 均有贡献，而非点源污染则对 NO_3^--N 和 NO_2^--N 的贡献较大。

具体而言，三个监测断面丰水期的总氮含量均高于枯水期，乌江武隆断面丰水期的含量最高，嘉陵江北碚断面次之，而长江朱沱断面枯水期和丰水期的差别不大，说明乌江和嘉陵江的总氮含量与流域内的非点源污染关系较大，长江的总氮则受到点源和非点源污染的程度相当。NH_4^+-N 则是北碚断面和武隆断面丰水期的含量高于枯水期，受非点源污染也较大；朱沱断面则相反，丰水期 NH_4^+-N 的含量低于枯水期，其受点源影响较大。NH_4^+-N 出现高值可能是由沿岸径流输入以及悬浮物颗粒的释放造成的。

3.3.3 主要入库河流磷形态特征及其来源

(1) 入库河流总磷的变化

2004 ~ 2005 年三峡水库主要入库河流总磷含量月变化情况如图 3-6 所示。三条入库河流中总磷含量在 0. 04 ~ 0. 7mg/L。其中，长江朱沱断面的总磷含量在 0. 08 ~ 0. 67mg/L，平均值为 0. 29mg/L；嘉陵江北碚断面的总磷含量在 0. 03 ~ 0. 70mg/L，平均值为 0. 13mg/L；乌江武隆断面的总磷含量在 0. 05 ~ 0. 34mg/L，平均值为 0. 12mg/L。三条入库河流总磷含量均呈现一定的季节性变化特征，即丰水期含量要高于枯水期，总磷最高值均出现在每年的7 ~ 9 月，这表明三条入库河流磷营养盐主要来自农业面源污染。

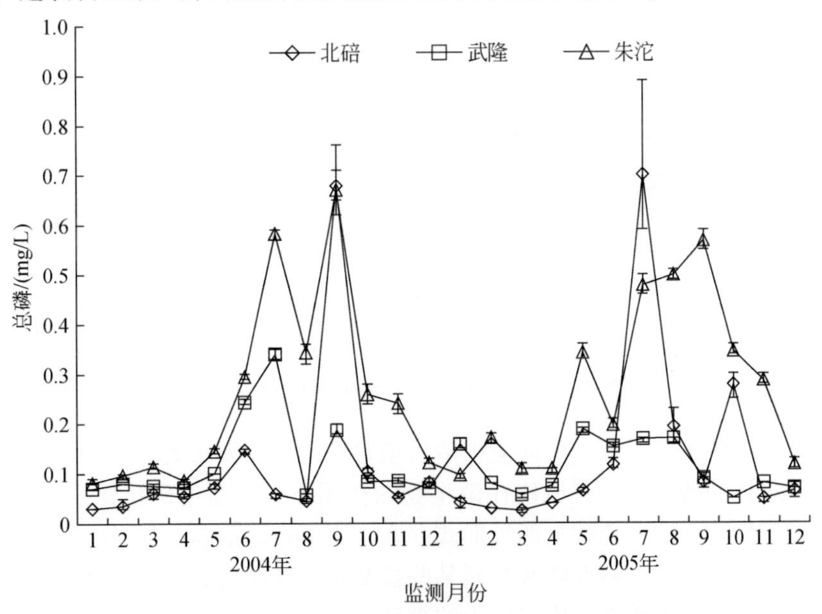

图 3-6 2004 ~ 2005 年三峡水库主要入库河流总磷含量月变化

三条入库河流中长江朱沱断面总磷的平均含量最高，嘉陵江北碚断面和乌江武隆断面总磷的平均含量相差不大。水体中的总磷含量均远远高于发生藻类疯长时的临界值（0.02mg/L）。比较三条入库河流中氮营养盐含量（1.55～2.15mg/L），可以看出三条入库河流中氮、磷营养盐含量总体已经偏高，意味着在适宜的水体和自然条件（水温、光照、流速、透明度）下，藻类可能会快速繁殖与生长，甚至造成水华暴发。有报道，近年来长江流域一级支流乌江局部江段多次发生水华，主要集中于3月枯水季。乌江自1994年以来几乎每年3月发生水华，流速减缓、总磷浓度高是主要原因。

（2）磷的形态组成

经过0.45μm微孔滤膜过滤后水样测定的总磷含量可以认为是总溶解态磷（TDP）的含量，而未经过滤水样测定的总磷含量减去总溶解态磷含量后得到总颗粒态磷（TPP）含量。三条入库河流总磷（TP）含量以总颗粒态磷为主，平均占75%以上。

藻类生长和总溶解态磷密切相关，因此有必要对总溶解态磷作进一步的分析，图3-7是2004～2005年三峡水库三条入库河流总溶解态磷在总磷中所占比例（TDP/TP）的变化趋势。从图3-7可以看出，三峡水库三条入库河流TDP/TP变化幅度很大，为0～78%，且TDP/TP的变化还呈现出一定的季节性规律。嘉陵江北碚断面TDP/TP在3～6月呈现高值之后，7～10月呈下降趋势，10月之后又出现较大反弹；而其余两个断面（长江朱沱和乌江武隆）TDP/TP高值出现在4月，4月之后均呈较大幅度的下降。因此，三峡水库三条入库河流TDP/TP的季节性变化规律的共同点是：TDP/TP高值均出现在4月（枯水期），低值均出现在9月（丰水期）。出现这种现象的主要原因是泥沙将颗粒态磷带入河流。另外，TDP/TP较小也可能是发育的水生态系统使得更多的溶解态磷转化为悬浮态磷。丰水期，随着径流量的加大，河流中的颗粒态磷所占比例将加大，因此可溶态磷所占比例反而减少。

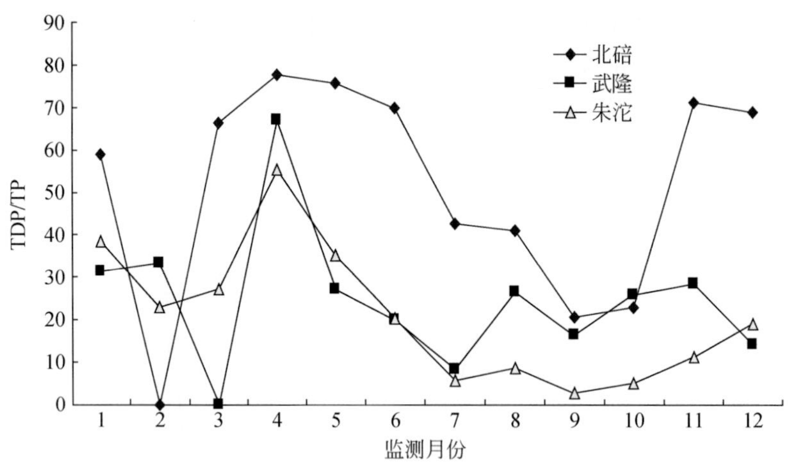

图3-7　2004～2005年三峡水库主要入库河流TDP/TP变化趋势（月平均值）

颗粒态磷是三峡水库主要入库河流中磷污染存在的最主要形态，一般不能被植物体直接利用，而是水体的磷储备。有机磷在微生物的作用下，可通过矿化作用转化为无机磷。无机磷可以不溶性和可溶性磷酸盐两种形式存在；不溶性磷酸盐在某些产酸微生物的作用下转化成可溶性磷酸盐；可溶性磷酸盐同某些盐基化合物结合，转化成不溶性的钙盐、镁盐、铁盐等。以上构成了磷在入库河流中的循环。

(3) 水文因子和不同形态磷的相关性分析

为了考察入库河流断面水质状况和磷营养盐之间的关系，对监测数据中的流量、悬浮物、总磷和总颗粒态磷进行相关性分析，相关系数见表3-7。

表3-7 三峡水库主要入库河流水文与水质的相关系数分析

项目	流量	悬浮物	总磷	总颗粒态磷
流量	1.000			
悬浮物	0.906/0.991/0.6952	1.000		
总磷	0.927/0.870/0.590	0.818/0.877/0.382	1.000	
总颗粒态磷	0.929/0.874/0.555	0.824/0.885/0.328	0.997/0.992/0.982	1.000

注：三个数据从左至右依次是朱沱/北碚/武隆。

分析结果可知，入库河流断面中的流量与悬浮物具有显著正相关性（$R>0.69$），说明流量越大，河水越浑浊，这可能与水土流失和河床的冲刷等有关，长江和嘉陵江流域的水土流失严重。三个断面中流量、悬浮物与总磷、总颗粒态磷均呈显著正相关；而三个断面中的总颗粒态磷与总磷也呈高度正相关（$R>0.9$），对照过滤水样中总磷含量，可知三条河流中的总磷以悬浮态磷为主，SS越高，总磷越高，而朱沱断面和北碚断面更甚。雨季（丰水期）总颗粒态磷与流量、流速具有良好的正相关性，说明上游泥沙挟带的颗粒态磷是主要的磷污染源。磷矿开采、加工是三条河流的支柱产业之一，水体中的磷素积累作用远大于稀释作用，除水文因素和藻类代谢作用外，沿岸磷矿开采、加工以及磷肥厂含磷废水的排放可能是主要原因，沿岸堆放的垃圾淋溶、浸泡导致水体污染。

(4) 入库河流磷负荷的来源

随着工农业生产的加快，人口的增加，含磷洗涤剂和农药、化肥的大量使用，近年来三峡水库入库河流的水体中磷污染日益加剧。造成三峡水库入库河流磷污染的污染源有点源和非点源两大类型。

由以上分析可知，入库河流水体中磷以颗粒态为主，总磷、总颗粒态磷与流量、悬浮物均呈显著正相关性，三个监测断面丰水期的磷含量明显高于枯水期，这说明磷污染主要来自水土流失，其受非点源污染影响大，因为工业污染源和生活污染源季节性变化较小，只有农田污染源和暴雨径流随流量与雨季的变化大。具体包括农田径流、城市污水、工业废水流动污染源等。

此外，自然界中含磷矿物质，经风化分解后通过雨淋随径流进入水体。库区紫色土砂页岩是入库河流泥沙的主要成分，土壤富磷、贫氮，成土过程快，质地松软，易于风化、流失和崩塌，加上地形陡、降水强度大，水土流失严重，以上这些都能造成磷污染。

3.3.4 主要入库河流营养盐结构（N/P值）特征

营养盐结构常常以N/P值来表示，这是表征水环境营养盐结构的重要指标之一。由于水体中可被生物利用的氮多为无机氮，以溶解态无机氮为主；而水体中可被生物利用的磷多为溶解态无机磷，主要以正磷酸盐形式存在，可能包含少量无机聚磷酸盐。本研究以总溶解态磷（TDP）代替溶解态无机磷（DIP）进行讨论，即N/P值为DIN/TDP。在研究河口海洋营养盐与浮游植物的关系时，提出营养盐浓度的绝对限制法则和相对限制法则，即限制浮游植物生长的营养盐只有一种（Justic et al., 1995）。限制浮游植物生长的营养盐浓度阈值为：可溶性 $SiO_2=2\mu mol/L$，$DIN=1\mu mol/L$，$P=0.1\mu mol/L$，这称为营养盐浓度的绝对限制法则。另外，当水体中Si：P>22 和 N：P>22 时，P 为浮游植物营养盐的限制因子；当 N：P<10 和 Si：N>1 时，N 为限制因子；当 Si：P<10 和 Si：N<1 时，Si 为限制因子，这称为营养盐浓度的相对限制法则。如果每种营养盐的浓度都大于浮游植物生长的阈值，那么就不存在营养盐限制因子。如果某种营养盐的浓度小于浮游植物生长的阈值，那么这种营养盐就是唯一的限制因子。如果两种或两种以上的营养盐浓度小于浮游植物生长的阈值，那么就要通过相对限制法则来判断营养盐限制因子。

北碚、武隆、朱沱三个监测断面2004～2005年平均溶解态无机氮含量分别为1.54mg/L、2.13mg/L、1.35mg/L，且三个断面的总溶解态磷分别为0.04mg/L、0.03mg/L、0.03mg/L，由于监测数据中缺少可溶态 SiO_2 数据，此处只讨论氮磷的情况。溶解态无机氮和总溶解态磷的值远远高于营养盐浓度的绝对限制和相对限制的阈值，两者均可满足三峡水库入库河流水域浮游植物的生长，氮和磷都不是入库河流浮游植物生长的限制因子。此时的N/P值只是反映哪种营养盐将首先被损耗到低值。表3-8是三峡水库主要入库河流的N/P值，分析可知，三个监测断面的N/P值均非常高，均在30以上，这表明如果出现藻类大量生长，水体中的氮和磷将会被大量消耗，磷营养盐将会优先被消耗到低值，有可能低于阈值，从而使磷成为浮游植物的限制因子。另外，三个监测断面总磷含量主要受水力学特性和泥沙悬移质变化的影响，其中，大部分的总磷是以颗粒态存在的，进入水库后随着流速逐渐减小，水体当中的颗粒态磷逐渐沉降下来，以固态磷的形式储存下来，浮游植物生长时消耗大量的无机磷，沉积下来的固态磷又逐渐释放出来，形成一个磷平衡。

表3-8　三峡水库主要入库河流的N/P值

监测断面	N/P		
	枯水期	丰水期	年均
朱沱	44	34	39
北碚	45	34	38
武隆	81	83	82

3.4　基于基流分割法的上游入库氮磷通量组成分析

3.4.1　上游入库河流基流分割

采用2004年和2005年朱沱、北碚、武隆断面逐月各旬流量观测数据，绘出流量线，如图3-8所示，分析可知，三条河流入库流量在5～10月的汛期较大，汛期径流量分别占年径流量的77.4%、80.1%和72.4%，1～3月及12月一般为最枯月份。选取直线分割法中的平割法，以最枯3个月平均流量为基流进行水文分割，得到三峡水库上游三条河流入库基流、地表径流量，见表3-9。2004年和2005年长江干流、嘉陵江、乌江入库基流流量的平均值分别为3228.33m³/s、602.17m³/s和559.50m³/s，各河流基流量占总径流量的24.7%~46.0%。

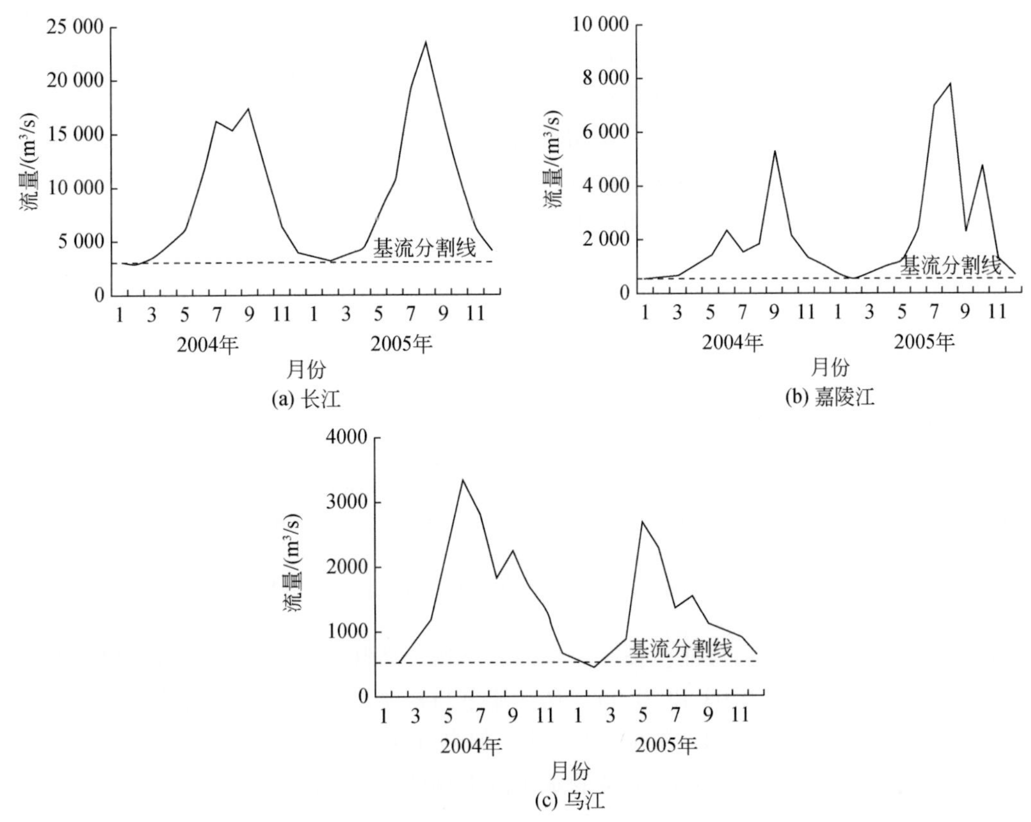

图3-8　2004~2005年长江干流、嘉陵江、乌江入库流量变化与基流分割

表3-9　三峡水库上游入库河流基流分割

河流（监测断面）	年份	总径流量/亿 m³	基流流量/(m³/s)	基流量/亿 m³	地表径流量/亿 m³
长江干流（朱沱）	2004	2674.82	3046.67	963.43	1711.39
	2005	2992.70	3410.00	1075.38	1917.32
嘉陵江（北碚）	2004	515.62	571.33	180.67	334.95
	2005	809.66	633.00	199.62	610.04
乌江（武隆）	2004	510.18	576.00	182.15	328.03
	2005	372.19	543.00	171.24	200.95

3.4.2　污染类型判定及数据补插

以高锰酸盐指数、氮、磷、悬浮物为主要指标，选取2004年和2005年朱沱、北碚、武隆断面各月实测日水质和流量观测数据，取显著性水平为0.01，进行Pearson相关系数计算，并对流量和浓度作散点图，进行线性回归。为进一步了解高锰酸盐指数、氮、磷的不同形态

特征，研究中对颗粒态、溶解态物质予以区分，以过滤样品分析值作为溶解态物质浓度，以未过滤样品分析值作为总物质浓度，不特别标注时均指未过滤状态的总物质浓度。

分析显示，对嘉陵江而言，流量与悬浮物、高锰酸盐指数、总高锰酸盐指数、溶解态磷、总磷的相关系数 R 分别为 0.99、0.94、0.91、0.97 和 0.87（$\alpha=0.01$，$n=24$，$R_\alpha>0.515$），呈显著正相关；流量大小直接影响污染物浓度，属面源占优型；样本决定性系数 R^2 大于 0.8，回归方程有意义，数据补插可行，如图 3-9 所示。由于影响氮排放的因素较多，流量与总氮的相关性相对较差，其相关系数为 0.55。此外，悬浮物不仅与流量密切相关，也与高锰酸盐指数、总高锰酸盐指数、溶解态磷、总磷组分显著相关，说明水土流失作为载体在输送大量泥沙的同时，输送了大量污染物。

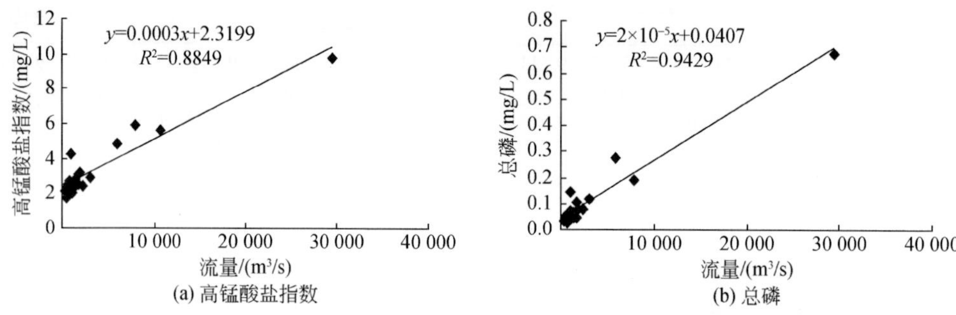

图 3-9　嘉陵江入库流量与污染物浓度线性回归分析

长江、乌江亦具有类似特征，长江流量与悬浮物、高锰酸盐指数、总磷、总氮的相关系数分别为 0.91、0.85、0.93 和 −0.35。乌江流量与悬浮物、高锰酸盐指数、总磷和总氮的相关系数分别为 0.70、0.74、0.60 和 0.29。但乌江不具备悬浮物与高锰酸盐指数等水质组分的显著相关特征，这可能与流域的水土流失特征、水体沉积特征有关。

考虑到研究中所采集的流量数据为每旬一次，而水质数据为每月一次，对符合数据补插原则的污染物指标，根据回归方程以每旬流量进行水质浓度插值。

3.4.3　入库面源负荷计算及特征分析

采用基流分割法计算得到三峡水库上游长江、嘉陵江及乌江的入库污染负荷，见表 3-10。

表 3-10　长江、嘉陵江、乌江入库污染负荷计算结果　（单位：万 t）

年份	污染物	长江干流			嘉陵江			乌江			合计
		点源	面源	总量	点源	面源	总量	点源	面源	总量	
2004	高锰酸盐指数	24.28	109.99	134.27	3.98	14.23	18.21	2.89	13.59	16.48	168.96
	总氮	17.10	26.82	43.92	2.99	10.84	13.83	3.99	8.56	12.55	70.30
	总磷	0.94	8.53	9.47	0.08	0.59	0.67	0.13	0.67	0.80	10.94
	溶解态高锰酸盐指数	17.76	34.63	52.39	3.50	11.54	15.04	2.29	4.59	6.88	74.31
	溶解态氮	14.34	17.61	31.95	2.85	5.25	8.10	3.33	7.37	10.70	50.75
	溶解态磷	0.30	0.53	0.83	0.03	0.21	0.24	0.05	0.10	0.15	1.22

续表

年份	污染物	长江干流			嘉陵江			乌江			合计
		点源	面源	总量	点源	面源	总量	点源	面源	总量	
2005	高锰酸盐指数	22.90	162.44	185.34	4.09	31.71	35.80	2.26	4.85	7.11	228.25
	总氮	15.83	26.57	42.40	3.43	11.45	14.88	5.30	4.06	9.36	66.64
	总磷	1.32	10.93	12.25	0.09	1.41	1.50	0.12	0.37	0.49	14.24
	溶解态高锰酸盐指数	16.98	43.99	60.97	3.81	14.34	18.15	1.83	2.78	4.61	83.73
	溶解态氮	14.26	21.38	35.64	2.76	9.53	12.29	4.45	3.48	7.93	55.86
	溶解态磷	0.22	0.80	1.02	0.05	0.25	0.30	0.02	0.08	0.10	1.42

（1）污染负荷来源特征

三条河流入库高锰酸盐指数、总氮和总磷的污染负荷2004年分别为168.96万t，70.30万t和10.95万t；2005年分别为228.25万t，66.64万t和14.25万t。其中，来自面源的高锰酸盐指数、总氮和总磷2004年分别占81.56%、65.75%和89.49%；2005年分别占87.19%、63.15%和89.26%。可见，三峡水库上游流域面源污染严重，面源是三条河流入库污染物的主要来源，其对总磷、高锰酸盐指数的贡献率大于80%，对总氮的贡献率亦大于60%，远远高于点源污染贡献率。

（2）面源污染负荷空间分布特征

三条河流面源污染负荷贡献对比情况（以2004年和2005年均值计算），如图3-10所示。在空间上，长江对入库面源污染负荷的贡献占绝对优势，尤其是总磷，占86%以上，嘉陵江、乌江的面源污染总贡献仅占13.5%~39.5%。嘉陵江贡献比例高于乌江，主要受嘉陵江流量大于乌江流量的影响，且这种影响在2005年比2004年表现得更为明显。

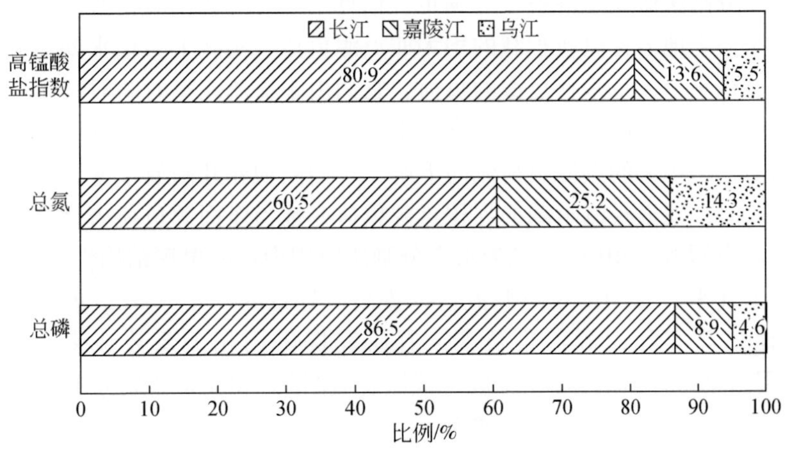

图3-10　长江、嘉陵江及乌江面源污染负荷贡献对比

（3）营养物负荷组成特征

氮、磷作为水体中的营养成分，不论其以溶解态还是颗粒态存在均直接或间接作用于水库富营养化过程。其中，溶解态物质与水生生物营养动力学过程的关系相对更直接，而颗粒态物质需要经过在介质、界面中的释放及转化等步骤，影响过程更为复杂。嘉陵江

氮、磷负荷的组成特征分析如图3-11所示，氮对水体富营养化的影响均以溶解态氮作用为主，溶解态氮占总氮的65%以上，且点源污染物中这种特征更为突出；与氮的组成特征相反，磷对水体的影响以颗粒态磷为主，颗粒态磷占总磷的55%以上，且面源负荷中这种特征更为明显。

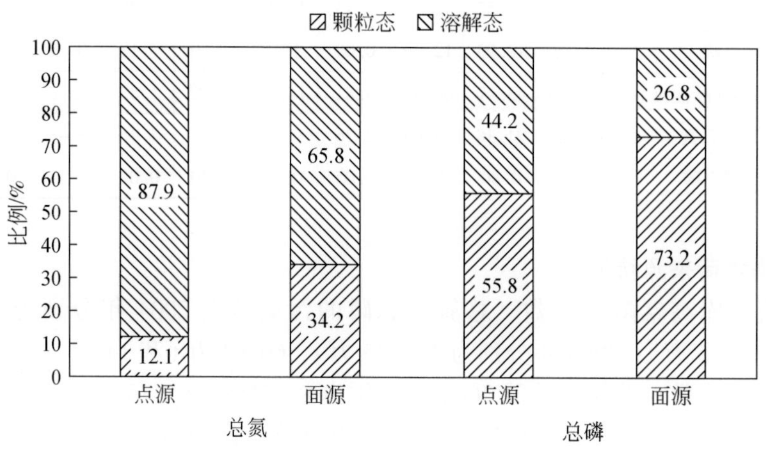

图3-11　氮、磷负荷组成特征分析（以嘉陵江为例）

3.4.4　问题与讨论

根据3.4.3节可知，三峡水库上游面源污染负荷占入库总负荷的60%~80%。将其与国内相关研究进行对比（李崇明和黄真理，2006），认为该比例较合理。然而，由于实际过程复杂，水文分割法假定条件不一定满足，估算结果可能有偏差，值得重视和讨论。

水文分割法假定地表径流所承载的均为非点源负荷。实际上，枯水期点源的流达率最低，流域中可能积累了大量来自点源的负荷，它们由于支流流量时断时续未能汇入下一级河道，或由于小型蓄水设施的拦蓄未能进入下游河道。当大面积、高强度降水发生时，支流获得足够动力输送积累的点源负荷流向下游，小型闸坝亦开闸放水使积累的点源负荷进入下游河道。此时，地表径流承载的累积点源负荷亦被当作面源负荷来计算，导致面源贡献比例偏大（陈友媛等，2013），成为水文分割法应用中可能出现结构性偏差问题的所在。

为了识别丰（平）水期由于点源流达率提高所导致的“丰（平）水期面源污染负荷增量”，更好地估算实际面源污染负荷，有研究提出用相关系数法来改进（袁宇等，2008），即采用污染物月通量-月径流量（或浓度-流量）相关系数划分丰（平）水期污染负荷增量中点源、面源比例，计算公式为

$$丰(平)水期点源通量增量=(1-R)\times 丰水期通量增量 \tag{3-5}$$

$$丰(平)水期非点源通量增量=R\times 丰水期通量增量 \tag{3-6}$$

将该方法作为水文分割法的对照方法，计算结果见表3-11。相关系数法的关键影响在于改变了点源、面源的比例，实质上是在总量估算不变的情况下，对点源、面源负荷进行了重新划分；当浓度、流量相关性十分显著时，如高锰酸盐指数和总磷，这种影响不明显；反之，这种影响十分明显，如总氮。

表 3-11　相关系数法入库污染负荷计算结果对比分析（以嘉陵江为例）

年份	污染物	点源/万 t		面源/万 t		面源比例/%	
		水文分割法	相关系数法	水文分割法	相关系数法	水文分割法	相关系数法
2004	高锰酸盐指数	3.98	4.82	14.23	13.39	78.14	73.53
	总氮	2.99	8.06	10.84	5.76	78.38	41.68
	总磷	0.08	0.09	0.59	0.57	88.06	86.36
2005	高锰酸盐指数	4.09	5.96	31.71	29.83	88.58	83.35
	总氮	3.43	8.79	11.45	6.09	76.95	40.93
	总磷	0.09	0.13	1.41	1.36	94.00	91.28

值得注意的是，相关系数法从实用角度提出，虽然从点源、面源的物理成因上能寻找到一些解释，用以支持采用相关系数 r 作为划分系数，但此类划分的科学性尚有待证明。此外，该方法仅适用于相关系数满足一定可信度条件的情况。据此，相关系数法的结果仅作为水文分割法的对照结果来认识。事实上，水文分割法的结构性偏差与人为、自然的很多因素有关，其合理、科学的改进模式尚待研究。

3.5　库区入库污染总负荷核算

3.5.1　入库河流污染负荷多年变化特征

(1)“三江”干流入库流量

选取长江朱沱、嘉陵江北碚、乌江武隆断面为三峡水库干流入库断面，1995～2007 年“三江”入库断面年平均流量变化如图 3-12 所示，1995～2007 年长江朱沱的多年平均流量为 8663m³/s、嘉陵江北碚为 2086m³/s、乌江武隆为 1483m³/s；长江朱沱的年平均流量变化较大，1998 年和 2001 年较大，分别达到 10 533m³/s 和 10 990m³/s，1997 年和 2002 年较小，分别为 6745m³/s 和 7037m³/s，2003～2007 年年平均流量有逐年降低的趋势；嘉陵江除 2000 年较大达到 4178m³/s、2004 年达到 3453m³/s 外，其余年份都基本接近多年平均流量；乌江的年平均流量保持稳定，年际变化较小。

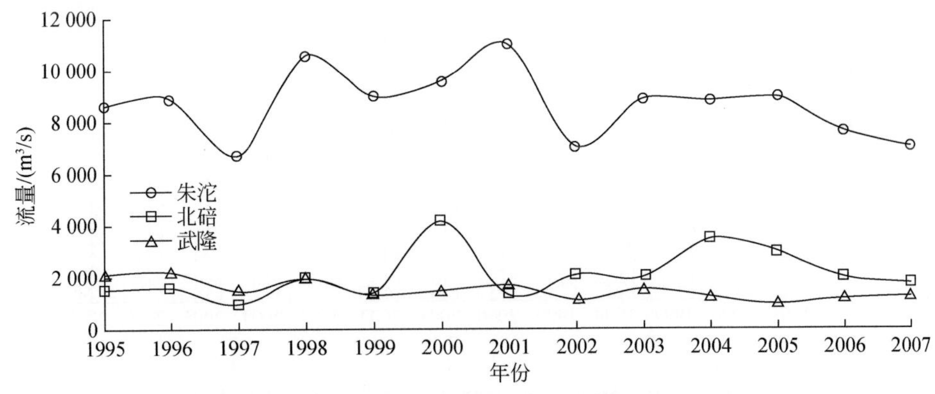

图 3-12　1995～2007 年长江、嘉陵江、乌江入库断面年平均流量变化

1995～2007年长江朱沱、嘉陵江北碚、乌江武隆断面的月平均流量变化如图3-13所示。可以看出，长江朱沱、嘉陵江北碚的丰水期最大流量均在7月和9月，呈驼峰，而乌江武隆仅在7月，为单峰；1995～2007年长江朱沱断面最大月平均流量在7月，为19 731m^3/s，最小流月平均流量在3月，为2751m^3/s；嘉陵江北碚断面最大月平均流量在7月，为5367m^3/s，最小月平均流量在2月，为368m^3/s；乌江武隆断面最大月平均流量在7月，为3984m^3/s，最小月平均流量在2月，为461m^3/s。

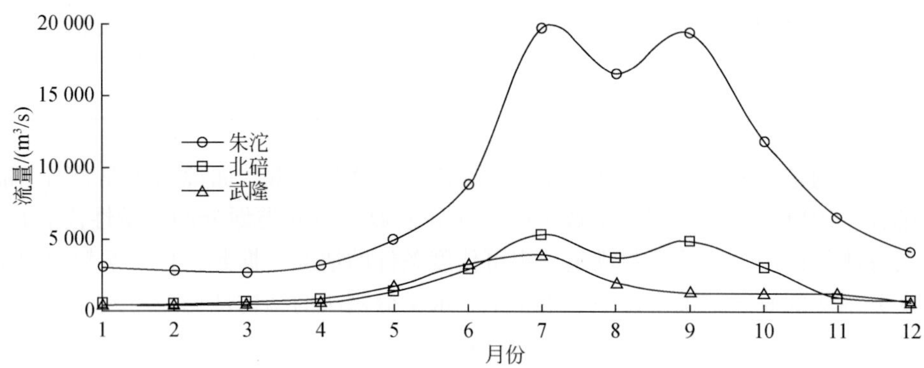

图3-13　1995～2007年长江、嘉陵江、乌江入库月平均流量变化

(2)"三江"多年入库氮磷通量变化分析

根据1995～2007年长江朱沱、嘉陵江北碚、乌江武隆断面各月的水文水质同步监测结果，计算的"三江"入库断面各年的入库高锰酸盐指数、五日生化需氧量和氨氮污染负荷分别如图3-14～图3-16所示。2002年以后"三江"总氮、总磷负荷逐年变化如图3-17和图3-18。总体来看，长江朱沱的入库负荷远高于嘉陵江北碚和乌江武隆。

长江朱沱断面的高锰酸盐指数年平均输入负荷329万t，2003年最高达518万t、1997年最低为186万t；五日生化需氧量年平均输入负荷26.4万t，2004年最高达到34.3万t、2000年最低为16.2万t；氨氮年平均输入负荷4.77万t，1996年最高达10.5万t、2007年最低为1.66万t，呈逐年下降趋势；2002～2007年总氮年平均输入负荷35万t，2003年最高达到40万t、2002年最低为22.2万t；总磷的年平均输入负荷4.74万t，2006年最高达6.18万t、2002年最低为2.19万t。

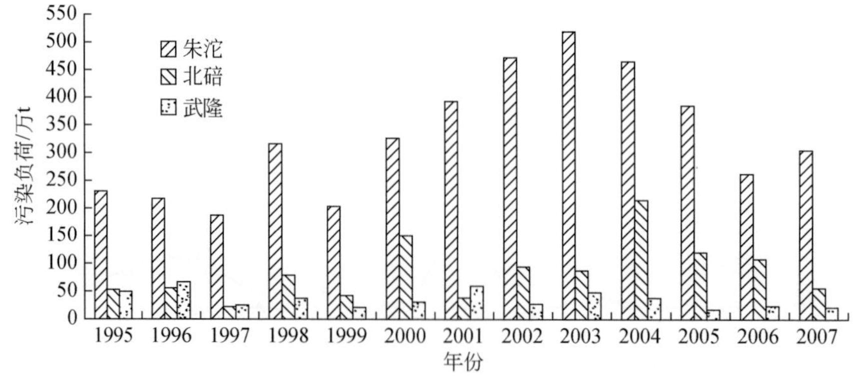

图3-14　1995～2007年"三江"高锰酸盐指数入库污染负荷

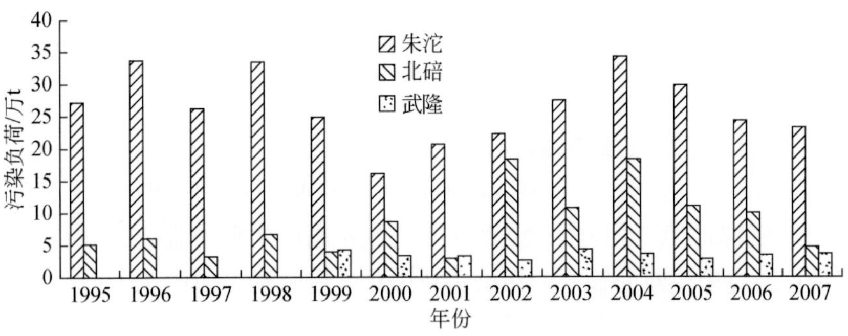

图 3-15　1995～2007 年“三江”五日生化需氧量入库污染负荷

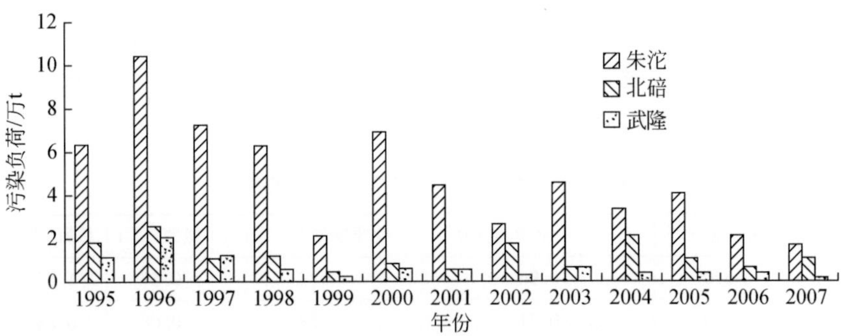

图 3-16　1995～2007 年“三江”氨氮入库污染负荷

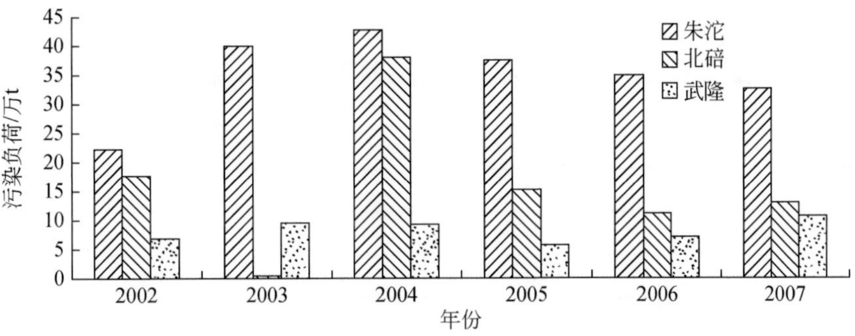

图 3-17　2002～2007 年“三江”总氮入库污染负荷

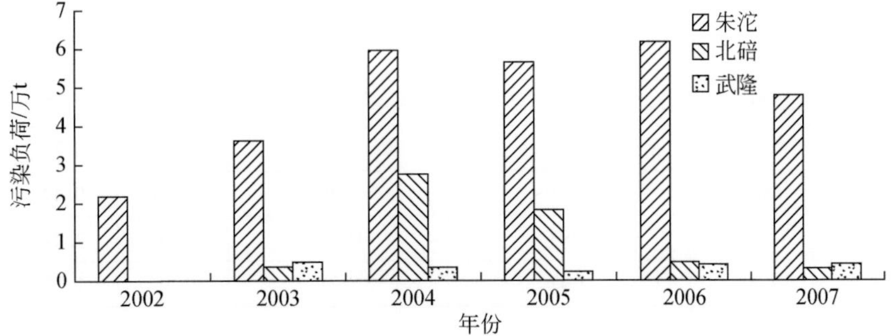

图 3-18　2002～2007 年“三江”总磷入库污染负荷

3.5.2 2007 年库区上游干支流入库氮、磷通量年内分布

(1) 2007 年“三江”入库污染负荷

根据2007年长江、嘉陵江、乌江入库断面各月的水文水质监测结果，计算出2007年“三江”入库污染负荷，见表3-12。2007年长江朱沱断面年平均流量为7012m^3/s，略低于多年平均流量；通过朱沱断面输入的污染负荷中化学需氧量为305.42万t、五日生化需氧量为23.17万t、氨氮为1.67万t、总氮为32.82万t、总磷为4.79万t。嘉陵江北碚断面年平均流量为1739m^3/s，略低于多年平均流量；通过北碚断面输入的污染负荷中化学需氧量为55.06万t、五日生化需氧量为4.71万t、氨氮为1.02万t、总氮为12.94万t、总磷为0.32万t。乌江武隆断面年平均流量为1297m^3/s，略低于多年平均流量；通过武隆断面输入的污染负荷中化学需氧量为18.08万t、五日生化需氧量为3.67万t、氨氮为0.16万t、总氮为10.69万t、总磷为0.48万t。

表 3-12 2007 年“三江”入库污染负荷

断面名称	月份	流量/(m^3/s)	五日生化需氧量/万t	化学需氧量/万t	氨氮/万t	总氮/万t	总磷/万t
朱沱	1	3 570	0.96	4.80	0.17	1.54	0.08
	2	2 810	0.71	3.38	0.08	0.88	0.03
	3	2 360	0.66	3.00	0.03	0.84	0.04
	4	3 100	0.83	4.59	0.03	0.90	0.05
	5	3 500	0.97	5.80	0.08	1.23	0.07
	6	7 480	2.09	21.72	0.24	3.30	0.38
	7	10 800	2.93	69.75	0.44	5.68	0.78
	8	15 800	4.66	79.98	0.21	4.78	1.55
	9	16 000	4.47	78.38	0.17	5.99	1.08
	10	8 610	2.36	17.58	0.09	3.66	0.44
	11	6 260	1.62	10.10	0.08	2.55	0.21
	12	3 850	0.91	6.34	0.05	1.47	0.08
	小计	84 140	23.17	305.42	1.67	32.82	4.79
北碚	1	368	0.06	0.56	0.03	0.17	0.00
	2	363	0.08	0.74	0.01	0.16	0.00
	3	332	0.08	0.69	0.03	0.18	0.01
	4	790	0.25	1.68	0.05	0.47	0.01
	5	650	0.15	1.50	0.03	0.32	0.00
	6	880	0.23	2.10	0.04	0.49	0.01
	7	3 440	0.98	11.50	0.16	2.21	0.08
	8	2 000	0.47	5.78	0.10	1.30	0.03
	9	2 400	0.51	5.73	0.04	1.04	0.03
	10	8 120	1.63	22.08	0.45	5.58	0.13

续表

断面名称	月份	流量/(m^3/s)	五日生化需氧量/万 t	化学需氧量/万 t	氨氮/万 t	总氮/万 t	总磷/万 t
北碚	11	1 000	0.17	1.65	0.04	0.65	0.01
	12	520	0.10	1.05	0.04	0.37	0.01
	小计	20 863	4.71	55.06	1.02	12.94	0.32
武隆	1	461	0.14	0.43	0.01	0.29	0.02
	2	501	0.11	0.40	0.01	0.31	0.02
	3	598	0.15	0.50	0.01	0.32	0.01
	4	1 110	0.26	1.18	0.01	0.54	0.02
	5	1 090	0.27	1.12	0.01	0.68	0.03
	6	1 250	0.28	1.32	0.01	0.99	0.03
	7	1 540	0.36	1.42	0.03	1.30	0.06
	8	3 520	0.85	6.00	0.03	2.71	0.10
	9	2 170	0.49	2.66	0.01	1.05	0.08
	10	1 330	0.30	1.50	0.01	1.01	0.03
	11	1 250	0.29	0.89	0.01	0.93	0.04
	12	742	0.17	0.66	0.01	0.56	0.04
	小计	15 562	3.67	18.08	0.16	10.69	0.48

（2）2007 年其他支流入库污染负荷

根据2007 年三峡水库43 条支流入库断面的水文水质监测结果，计算出三峡水库支流入库污染负荷，见表3-13。43 条支流年均流量为802.87m^3/s，年入库负荷累计中化学需氧量约为10.24 万 t、总氮约为2.94 万 t、总磷约为0.54 万 t。可以看出，43 条支流的累计入库负荷远小于长江、嘉陵江、乌江的入库负荷。

表3-13　2007 年三峡水库支流入库污染负荷

区域	河流名称	年均流量/(m^3/s)	入库负荷/t				
			化学需氧量	五日生化需氧量	氨氮	总氮	总磷
重庆	浦里河	8.08	672.70	573.3	79.8	160.30	12.70
	麻溪河	3.00	138.10	90.8	20.2	207.70	4.30
	赤溪河	4.20	385.40	178.8	37.7	178.50	8.90
	御临河	60.00	5 222.40	3 803.2	454.1	2 607.40	111.60
	桃花溪	4.76	893.20	375.3	159.4	469.20	30.80
	渠溪河	14.80	1 638.20	807.4	114.8	915.30	31.70
	黄金河	14.30	978.60	834.3	123.1	455.90	36.10
	汝溪河	11.90	908.20	724.3	99.8	365.10	26.60
	东溪河	18.70	1 185.30	1 073.3	149.2	521.90	47.20
	壤渡河	4.78	438.70	227.6	19.6	281.60	14.80
	五桥河	2.46	465.50	423.6	174.0	354.10	26.00

续表

区域	河流名称	年均流量/(m³/s)	入库负荷/t				
			化学需氧量	五日生化需氧量	氨氮	总氮	总磷
重庆	苎溪河	4.78	651.20	369.3	56.4	312.00	32.60
	澎溪河	116.00	10 096.60	7 974.8	1 188.9	3 391.10	186.60
	朱衣河	20.00	883.00	977.6	63.7	850.80	20.80
	梅溪河	30.00	1 352.90	1 324.5	68.1	972.60	13.20
	抱龙河	6.58	257.30	132.8	25.3	220.40	7.30
	三溪河	7.40	284.70	158.7	22.2	297.30	7.20
	神女溪	20.00	807.30	536.1	53.6	668.60	37.80
	石桥河	3.10	273.70	133	14.3	167.9	10.30
	草堂河	25.00	1 040.70	1 072.2	76.5	1 023.30	22.10
	大溪河（奉节）	25.00	1 001.30	1 103.8	78.1	952.40	18.10
	黎香溪	13.60	1 372.40	724.8	127.8	1 049.50	42.50
	龙溪河	54.00	10 064.40	3 967.9	1 588.8	4 776.80	264.00
	龙河	54.83	3 043.20	1 642.7	323.3	1 931.40	79.50
	汤溪河	56.20	1 896.40	1 860.9	69.1	1 201.60	54.90
	磨刀溪	60.30	1 882.60	1 654.4	106.5	1 439.50	78.00
	长滩河	33.10	1 096.00	949.9	30.3	529.20	34.40
	小计	676.87	48 930.00	33 695.3	5 324.6	26 301.40	1 260.00
湖北	黄柏河	—	8 453.79	—	—	690.55	118.73
	柏临河	—	1 035.39	—	—	38.44	6.85
	玛瑙河	—	71.33	—	—	2.94	0.32
	太平溪	1.30	29.71	—	—	1.10	0.25
	茅坪河	2.50	1 003.08	—	—	99.06	16.38
	青干河	19.60	12 845.84	—	—	1 474.65	720.94
	九畹溪	17.50	1 990.88	—	—	346.24	108.20
	童庄河	6.40	588.64	—	—	108.16	39.52
	吒溪河	8.30	696.95	—	—	113.09	31.56
	泄滩河	1.90	166.53	—	—	29.28	9.15
	龙马溪	1.10	84.35	—	—	15.40	4.55
	鳊鱼溪	—	2 282.00	—	—	16.63	547.68
	小溪河	—	2 400.00	—	—	24.60	486.00
	神农溪	20.00	15 312.00	—	—	48.72	1 380.40
	万福河	—	1 770.00	—	—	14.16	467.28
	香溪河	47.40	4 719.90	—	—	56.50	186.96
	小计	126.00	53 450.39	—	—	3 079.52	4 124.77
合计		802.87	102 380.39	33 695.3	5 324.6	29 380.92	5 384.77

（3）库区上游干支流入库污染负荷

2007年三峡水库长江干支流入库负荷通量见表3-14。2007年长江干支流入库负荷通量化学需氧量为388.79万t、总氮为61.73万t、总磷为5.86万t；长江干支流入库负荷主要来自长江，其化学需氧量、总磷占80%以上。

表3-14　2007年三峡水库长江干支流入库负荷通量

断面名称	流量/(m^3/s)	五日生化需氧量/万t	化学需氧量/万t	氨氮/万t	总氮/万t	总磷/万t
长江朱沱	7 012	23.15	305.40	1.66	32.84	4.79
嘉陵江北碚	1 739	4.72	55.07	1.02	12.93	0.32
乌江武隆	1 297	3.68	18.06	0.14	10.69	0.48
其余支流	805.47	—	10.26	—	5.27	0.27
合计	10 853.47	31.55	388.79	2.82	61.73	5.86

3.5.3　2007年库区入库污染负荷核算组成

（1）城镇生活污染排放

三峡库区所属各区县城镇生活污水与污染物产生、处理及排放情况见表3-15。2007年三峡库区城镇生活污水产生量为51 671.3万t，其中重庆辖区城镇生活污水产生量为48 196.3万t，占库区城镇生活污水总量的93.27%；湖北辖区城镇生活污水产生量为3475.0万t，仅占库区城镇生活污水总量的6.73%。重庆辖区城镇生活污水处理量为25 349.2万t，污水处理率达到52.6%。各主要污染物中，化学需氧量排放量为110 480.3t，五日生化需氧量排放量为49 715.5t，氨氮排放量为10 886.5t，而总氮和总磷排放量分别为16 949.6t和1652.7t。

表3-15　三峡库区所属各区县城镇生活污水与污染物产生、处理及排放情况

区域	行政区划	城镇常住人口数/万人	城镇生活污水产生量/万t	城镇生活污水处理量/万t	污水处理率/%	城镇生活污染物排放量/t				
						化学需氧量	五日生化需氧量	氨氮	总氮	总磷
重庆	万州区	73.74	3 229.8	837.5	25.9	12 876	5 650	1 244	1 538	184.6
	涪陵区	52.82	2 429.0	2 031.0	83.6	3 962	1 006	359	556	39.6
	渝中区	71.09	5 059.8	—	—	8 655	9 082	877	2 270	291.9
	大渡口区	26.96	1 722.0	—	—	4 822	2 952	590	738	94.9
	江北区	82.47	5 719.0	5 718.7	100.0	5 284	1 144	596	1 144	57.2
	沙坪坝区	89.08	5 722.5	722.2	12.6	10 456	6 111	700	1 636	199.0
	九龙坡区	79.30	4 920.6	3 364.0	68.4	15 852	3 420	1 067	1 360	121.9
	南岸区	55.67	3 657.5	3 032.3	82.9	4 798	1 666	277	871	64.4
	北碚区	45.50	1 660.8	1 363.7	82.1	2 105	1 090	226	477	39.9
	渝北区	51.77	2 796.6	1 468.3	52.5	2 764	2 492	229	843	85.4
	巴南区	58.33	872.9	753.0	86.3	4 687	662	637	279	24.0
	长寿区	35.34	1 354.0	1 120.0	82.7	1 410	692	286	341	26.2

续表

区域	行政区划	城镇常住人口数/万人	城镇生活污水产生量/万t	城镇生活污水处理量/万t	污水处理率/%	城镇生活污染物排放量/t				
						化学需氧量	五日生化需氧量	氨氮	总氮	总磷
重庆	江津区	61.65	1 462.6	861.0	58.9	2 688	959	217	369	33.9
	经济技术开发区	16.27	985.5	759.0	77.0	2 203	766	83	305	27.3
	高新技术产业开发区	17.37	887.6	219.0	24.7	3 290	1 596	208	432	52.1
	丰都县	12.80	934.4	479.0	51.3	1 149	654	91	235	22.7
	武隆县	9.12	366.2	286.0	78.1	379	192	70	91	7.2
	忠县	19.32	705.2	376.0	53.3	1 438	569	288	199	19.6
	开县	19.67	718.0	544.0	75.8	2 022	544	345	218	19.4
	云阳县	26.25	814.4	437.7	53.7	2 246	708	208	243	24.3
	奉节县	22.60	824.9	326.8	39.6	983	613	386	202	20.9
	巫山县	9.44	516.8	—	—	1 240	620	172	155	19.9
	巫溪县	5.50	361.4	270.0	74.7	476	201	56	91	7.4
	石柱土家族自治县	8.13	474.8	380.0	80.0	720	283	107	128	10.5
	小计	950.19	48 196.3	25 349.2	1 344.1	96 505	43 672	9 319	14 721	1 494.2
湖北	夷陵区	21.92	1472.1	—	—	5920.4	2560.2	664.0	944.1	67.2
	秭归县	10.78	724.1	—	—	2912.1	1259.3	326.6	464.4	33
	巴东县	13.91	933.9	—	—	3755.9	1624.2	421.3	598.9	42.6
	兴山县	5.13	344.9	—	—	1386.9	599.8	155.6	221.2	15.7
	小计	51.74	3 475.0	—	—	13 975.3	6 043.5	1 567.5	2 228.6	158.5
总计		1 001.93	51 671.3	25 349.2	1 344.1	110 480.3	49 715.5	10 886.5	16 949.6	1 652.7

(2) 城镇工业废水污染排放

三峡库区重点工业废水污染排放情况见表3-16。2007年三峡库区工业废水排放总量为48 397.03万t，其中重庆辖区工业废水排放量为46 344.9万t，占库区工业废水排放总量的95.76%；湖北辖区工业废水排放量为2052.13万t，占库区工业废水排放总量的4.24%。全年工业废水污染中，化学需氧量排放量为75 128.51t，氨氮排放量为6737.94t。

表3-16 三峡库区重点工业废水污染排放情况

区域	行政区划	废水排放量/万t	达标排放量/万t	排放达标率/%	化学需氧量去除量/t	氨氮去除量/t	化学需氧量排放量/t	氨氮排放量/t
重庆	万州区	2 340.1	2 255.6	96.4	2 885.6	8.2	1 729.5	113.6
	涪陵区	4 100.5	3 683.3	89.8	8 116.1	1 451.5	12 128.4	1 648.5
	渝中区	65.7	65.6	99.9	0	—	27.0	0
	大渡口区	3 291.3	3 275.3	99.5	4 546.4	29.9	1 347.2	15.4
	江北区	2 796.4	2 481.9	88.8	4 088.4	26.2	6 688.5	327.9
	沙坪坝区	3 483.3	3 234.3	92.9	12 984.1	1.7	10 834.0	105.6

续表

区域	行政区划	废水排放量/万 t	达标排放量/万 t	排放达标率/%	化学需氧量去除量/t	氨氮去除量/t	化学需氧量排放量/t	氨氮排放量/t
重庆	九龙坡区	5 512	5 180.4	94.0	1 724.1	573.3	5 699.3	1 396.8
	南岸区	1 942.8	1 917.6	98.7	1 760.2	31.6	3 595.8	79.1
	北碚区	2 260.9	2 252	99.6	1 376.9	7.5	4 263.1	218.8
	渝北区	1 326.3	1 226.3	92.5	5 832.3	150.9	5 347.4	825.3
	巴南区	1 028.5	1 016.2	98.8	1 803.6	1.5	689.4	58.2
	长寿区	5 912	5 541.1	93.7	9 849.5	350.8	10 361.5	826.8
	江津区	7 165.1	7 165.1	100.0	1 655.7	109.9	4 919.4	415.8
	经济技术开发区	331.6	326.2	98.4	1 315.9	19.5	229.7	22.3
	高新技术产业开发区	261.6	260	99.4	3 328.1	14.4	217.2	4.2
	丰都县	383.3	247.8	64.7	442.8	41.8	1 340.7	145.2
	武隆县	149.6	146.2	97.7	218.0	10.2	858.6	93.5
	忠县	132	119.4	90.4	191.6	7.8	647.0	78.4
	开县	2 106.4	2 021.6	96.0	4 849.0	167.2	649.6	68.3
	云阳县	72.4	67	92.6	93.6	4.6	59.9	7.3
	奉节县	221.4	208.4	94.2	105.1	3.6	48.6	20.7
	巫山县	158	1	0.6	—	—	171.6	—
	巫溪县	102.3	91.2	89.2	383.0	0	254.2	8.3
	石柱土家族自治县	1 201.4	891.7	74.2	0.5	—	2 175.5	236.4
	小计	46 344.9	43 675.2	2 142.0	67 550.5	3 012.1	74 283.1	6 716.4
湖北	夷陵区	277.00	—	—	—	—	311.01	—
	秭归县	81.14	—	—	—	—	37.48	0.54
	巴东县	87.00	—	—	—	—	157.40	21.00
	兴山县	1 606.99	—	—	—	—	339.52	
	小计	2 052.13	—	—	—	—	845.41	21.54
总计		48 397.03	43 675.2	2 142.0	67 550.5	3 012.1	75 128.51	6 737.94

(3) 农业面源污染排放

A. 化肥流失污染负荷

在农业生产过程中大量施用化肥，过剩的化肥通过地表径流、地下淋溶等方式进入水体，造成水体氮、磷污染。据相关资料，氮肥作物利用率为 35.16%，土壤残留率为 30.31%，地面径流率为 9.53%，地下淋溶率为 0.54%，气态氮挥发率为 24.46%；磷肥作物利用率为 34.16%，土壤残留率为 13.18%，地面径流率为 5.27%，地下淋溶率为 0.72%，土壤固定率为 46.47%，本研究分别取氮肥、磷肥进入水体（包括地表水与地下水）的系数为 10.07% 和 5.99%。

2007 年三峡库区氮肥施用量约为 36 万 t，磷肥施用量约为 14 万 t，根据以上流失系数，计算出施肥对水体的氮、磷污染负荷分别为 36 733.8t（总氮）和 8361.6t（总磷），见表3-17。在各区县中，湖北夷陵区流失量最高，总氮流失量达5418.0t、总磷流失量达1450.5t。

表3-17　2007年三峡库区化肥施用进入水体流失量　　（单位：t）

区域	行政区划	化肥施用量		流失量	
		氮肥	磷肥	总氮	总磷
重庆	大渡口区	1 313	789	132.2	47.3
	江北区	2 757	1 350	277.6	80.9
	沙坪坝区	4 183	2 052	421.2	122.9
	九龙坡区	1 795	627	180.8	37.6
	南岸区	1 527	684	153.8	41.0
	北碚区	4 988	989	502.3	59.2
	渝北区	7 115	2 482	716.5	148.7
	巴南区	11 265	3 343	1 134.4	200.2
	涪陵区	31 447	3 730	3 166.7	223.4
	江津区	19 618	4 803	1 975.5	287.7
	长寿区	14 062	4 757	1 416.0	284.9
	万州区	24 955	9 356	2 513.0	560.4
	丰都县	9 516	3 381	958.3	202.5
	忠县	18 158	8 913	1 828.5	533.9
	开县	25 805	7 940	2 598.6	475.6
	云阳县	31 701	15 574	3 192.3	932.9
	奉节县	18 349	1 427	1 847.7	85.5
	巫山县	10 968	3 417	1 104.5	204.7
	巫溪县	13 098	7 801	1 319.0	467.3
	武隆县	6 153	3 465	619.6	207.6
	石柱土家族自治县	8 084	2 210	814.1	132.4
	小计	266 857	89 090	26 872.6	5 336.6
湖北	夷陵区	53 803	24 216	5 418.0	1 450.5
	秭归县	13 983	9 139	1 408.1	547.4
	巴东县	21 210	12 726	2 135.8	762.3
	兴山县	8 930	4 420	899.3	264.8
	小计	97 926	50 501	9 861.2	3 025.0
合计		364 783	139 591	36 733.8	8 361.6

B. 农药流失量

有关研究表明，农药在使用时一般只有10%左右黏附在作物上，其余90%通过各种方式向环境扩散，因而在地面或空中喷洒农药，都会对大气、水体和土壤造成严重的面源污染。农药对环境的污染取决于其各自不同的化学组成和化学稳定性，有机氯农药是脂溶性的农药，易在动植物体脂肪中蓄积，其化学稳定性强，在环境中残留时间长，是造成环境污染的主要农药类型。有机磷农药化学稳定性差，易于分解，在环境中存留时间较短，在动植物体内容易分解，不易蓄积，对昆虫及哺乳动物均可呈现毒性，使昆虫及哺乳动物致死；同时有机磷农药可能具有致癌、致突变作用。

根据2007年库区各区县农药使用量，有机氯、有机磷折纯率及其流失率（30%），分别计算出农药有效成分中有机磷、有机氯及其进入水体的污染负荷，见表3-18。

表3-18　2007年三峡库区农药流失统计　（单位：t）

区域	行政区划	农药施用量				有效成分		农药流失	
		总量	有机磷农药	有机氯农药	其他农药	有机磷	有机氯	有机磷	有机氯
重庆	大渡口区	24	10.4	3.1	5.4	3.6	1.1	1.1	0.3
	江北区	52	22.3	6.6	11.5	7.8	2.3	2.3	0.7
	沙坪坝区	106	45.4	13.5	23.5	15.9	4.7	4.8	1.4
	九龙坡区	180	77.0	22.9	40.0	27.0	8.0	8.1	2.4
	南岸区	53	22.7	6.7	11.8	7.9	2.4	2.4	0.7
	北碚区	273	116.8	34.7	60.6	40.9	12.1	12.3	3.6
	渝北区	157	67.2	19.9	34.9	23.5	7.0	7.1	2.1
	巴南区	437	187.0	55.5	97.0	65.5	19.4	19.6	5.8
	涪陵区	1632	698.5	207.3	362.3	244.5	72.5	73.3	21.8
	江津区	837	358.2	106.3	185.8	125.4	37.2	37.6	11.2
	长寿区	514	220.0	65.3	114.1	77.0	22.9	23.1	6.9
	万州区	909	389.1	115.4	201.8	136.2	40.4	40.9	12.1
	丰都县	301	128.8	38.2	66.8	45.1	13.4	13.5	4.0
	忠县	735	314.6	93.4	163.2	110.1	32.7	33.0	9.8
	开县	851	364.2	108.1	188.9	127.5	37.8	38.2	11.4
	云阳县	541	231.6	68.7	120.1	81.0	24.1	24.3	7.2
	奉节县	717	306.9	91.1	159.2	107.4	31.9	32.2	9.6
	巫山县	142	60.8	18.0	31.5	21.3	6.3	6.4	1.9
	巫溪县	134	57.4	17.0	29.8	20.1	6.0	6.0	1.8
	武隆县	240	102.7	30.5	53.3	36.0	10.7	10.8	3.2
	石柱土家族自治县	471	201.6	59.8	104.6	70.6	20.9	21.2	6.3
	小计	9 306	3 983.2	1 182.0	2 066.1	1 394.3	413.8	418.2	124.2
湖北	夷陵区	1 406	601.8	178.6	312.1	210.9	62.4	63.3	18.7
	秭归县	683	292.3	86.7	151.6	102.5	30.3	30.7	9.1
	巴东县	241	103.2	30.6	53.5	36.2	10.7	10.9	3.2
	兴山县	159	68.1	20.2	35.3	23.9	7.1	7.2	2.1
	小计	2 489	1 065.4	316.1	552.5	373.5	110.5	112.1	33.1
合计		11 795	5 048.6	1 498.1	2 618.6	1 767.8	524.3	530.3	157.3

2007 年三峡库区农药施用总量为 11 795t，其中有机磷农药为 5048. 6t、有机氯农药为 1498. 1t、其他农药为 2618. 6t。有效成分中，有机磷为 1767. 8t、有机氯为 524. 3t；农药流失进入水体的污染负荷中，有机磷为 530. 3t、有机氯为 157. 3t。

C. 养殖污染现状

国外早就将禽畜养殖业对环境的影响列为“畜产公害”。在我国，禽畜养殖业虽然发展起步晚，但发展势头非常强劲。而养殖场在库区分布上多集中在水源保护区，经过多年运行后，这种直接排放已造成地表水、饮用水严重污染，同时也是大气与地下水的污染源。畜禽粪便堆放期间在微生物的作用下，有机物质被分解，产生甲烷、硫化氢、氨气、甲硫醇等有害气体。空气中这些有害气体达到一定浓度时会对人和动物产生有害影响。禽畜养殖场排放的大量而集中的粪尿与废水已成为新的污染源，也是造成面源污染的根本原因之一。因此必须高度重视禽畜粪便面源污染，使粪污处理达到无害化、资源化，以促进畜牧业可持续发展。

养殖场的粪尿与废水长期堆置或排放到低洼地，往往造成恶气熏天，蚊蝇滋生，严重影响大气质量和居民的居住条件；禽畜传染病和寄生虫的蔓延导致传播人畜共患病，直接危害人的健康。

根据 2004 年国家环境保护总局发布的《关于减免家禽业排污费等有关问题的通知》，禽粪便排泄系数和禽畜粪便中污染物平均含量见表 3-19 和表 3-20，大牲畜按照牛计，其他家禽的排泄量和粪便中污染物含量以鸡鸭的平均值计。

表 3-19　禽畜粪便排泄系数　　（单位：kg/a）

项目	猪	牛	鸡	鸭
粪	398. 0	7300. 0	25. 2	27. 3
尿	656. 7	3650. 0	—	—

表 3-20　禽畜粪便中污染物平均含量　　（单位：kg/t）

项目	化学需氧量	五日生化需氧量	总磷	总氮
牛粪	31. 0	24. 53	1. 18	4. 37
牛尿	6. 0	4. 0	0. 40	8. 0
猪粪	52. 0	57. 03	3. 41	5. 88
猪尿	9. 0	5. 0	0. 52	3. 3
鸡粪	45. 0	47. 9	5. 37	9. 84
鸭粪	46. 3	30. 0	6. 20	11. 0

目前，禽畜主要还是农户散养，对地表水体造成的污染主要途径是禽畜粪尿作为肥料被地表径流和地下径流带入水体。有关研究得出，三峡库区禽畜粪便污染物负荷流失率：化学需氧量为 12. 3%、五日生化需氧量为 12. 3%、总氮为 2. 86%、总磷为 2. 84%。由此，根据 2007 年畜禽养殖量估算得出三峡库区畜禽养殖污染负荷的产生量及进入水体量，见表 3-21，2007 年三峡库区畜禽养殖对水体的污染负荷中化学需氧量约为 17. 51 万 t、五日生化需氧量约为 15. 30 万 t、总氮为 6534. 4t、总磷为 2844. 8t。

表 3-21　2007 年三峡库区各区县畜禽养殖污染负荷估算结果　　（单位：t）

区域	行政区划	产生量				进入水体量			
		化学需氧量	五日生化需氧量	总氮	总磷	化学需氧量	五日生化需氧量	总氮	总磷
重庆	大渡口区	2 274	2 163	252	151	280	266	7.2	4.3
	江北区	5 653	5 147	841	430	695	633	24.1	12.2
	沙坪坝区	22 077	19 047	4 600	2 522	2 715	2 343	131.6	71.6
	九龙坡区	10 405	9 454	1 625	956	1 280	1 163	46.5	27.2
	南岸区	3 172	2 907	455	235	390	358	13.0	6.7
	北碚区	17 097	15 347	2 511	1 389	2 103	1 888	71.8	39.4
	渝北区	42 048	37 569	6 799	3 635	5 172	4 621	194.5	103.2
	巴南区	49 435	45 100	7 453	4 114	6 081	5 547	213.2	116.8
	涪陵区	72 833	65 414	11 188	5 513	8 958	8 046	320.0	156.6
	江津区	83 170	75 539	12 418	6 876	10 230	9 291	355.2	195.3
	长寿区	53 103	48 326	8 014	4 172	6 532	5 944	229.2	118.5
	万州区	79 243	70 372	12 386	5 316	9 747	8 656	354.2	151.0
	丰都县	124 869	104 096	23 741	7 927	15 359	12 804	679.0	225.1
	忠县	76 553	66 432	12 845	5 226	9 416	8 171	367.4	148.4
	开县	127 491	111 851	19 219	9 073	15 681	13 758	549.7	257.7
	云阳县	131 818	113 306	20 986	8 571	16 214	13 937	600.2	243.4
	奉节县	88 264	77 110	13 169	5 715	10 856	9 485	376.6	162.3
	巫山县	56 781	49 591	8 123	3 704	6 984	6 100	232.3	105.2
	巫溪县	55 657	48 428	8 163	3 782	6 846	5 957	233.5	107.4
	武隆县	75 260	64 743	12 323	4 514	9 257	7 963	352.4	128.2
	石柱土家族自治县	57 165	47 861	11 274	3 156	7 031	5 887	322.4	89.6
	小计	1 234 368	1 079 803	198 385	86 977	151 827	132 818	5 674.0	2 470.1
湖北	夷陵区	30 992	27 105	4 982	2 185	3 812	3 334	142.5	62.1
	秭归县	50 911	44 536	8 183	3 587	6 508	5 478	234.0	101.9
	巴东县	90 984	79 592	14 623	6 413	11 191	9 790	418.2	182.1
	兴山县	14 285	12 496	2 296	1 007	1 757	1 537	65.7	28.6
	小计	18 172	163 729	30 084	13 192	23 268	20 139	860.4	374.7
合计		1 423 540	1 243 532	228 469	100 169	175 095	152 957	6 534.4	2 844.8

D. 农村居民生活污水污染负荷

三峡库区农村地区的生活污水目前大多还是直接排入环境，一部分被土地吸收，一部分流进河道或溪沟。有关调查表明，三峡库区农村人均生活用水定额为 95L/(人·d)、产污系数平均为 0.7，农村生活污水入河系数为 0.3。生活污水中污染物平均浓度参考重庆市对各主要城市污水排放口水质监测结果，即化学需氧量为 292mg/L，总氮为 44.14mg/L，总磷为 4.5mg/L。

根据2007年三峡库区农村人口，得到农村生活污水排放进入环境水体的污染物量，见表3-22，其中入河污水量为11 784.4万t、化学需氧量为34 492.0t、总氮为5201.2t、总磷为528.9t。

表3-22 2007年三峡库区农村生活污水入河排放量估算结果

区域	行政区划	农村人口/万人	污水产生总量/万t	污水负荷入河排放量				
				污水量/万t	化学需氧量/t	五日生化需氧量/t	总氮/t	总磷/t
重庆	大渡口区	5.3	129.2	38.8	113.5	53.6	17.1	1.7
	江北区	7.6	186.1	55.8	163.4	77.2	24.6	2.5
	沙坪坝区	18.7	456.3	136.9	400.7	189.4	60.4	6.1
	九龙坡区	21.5	525.1	157.5	461.1	217.9	69.5	7.1
	南岸区	20.0	490.1	147.0	430.3	203.4	64.9	6.6
	北碚区	34.0	832.1	249.6	730.7	345.3	110.2	11.2
	渝北区	52.2	1 276.1	382.8	1 120.5	529.6	169.0	17.2
	巴南区	58.4	1 428.9	428.7	1 254.6	593.0	189.2	19.2
	涪陵区	89.2	2 181.0	654.3	1 915.0	905.1	288.8	29.4
	江津区	123.3	3 014.4	904.3	2 646.9	1 251.0	399.2	40.6
	长寿区	68.6	1 677.5	503.3	1 473.0	696.2	222.1	22.6
	万州区	123.2	3 013.5	904.1	2 646.1	1 250.6	399.1	40.6
	丰都县	68.7	1 679.0	503.7	1 474.3	696.8	222.3	22.6
	忠县	82.8	2 024.1	607.2	1 777.3	840.0	268.0	27.3
	开县	142.5	3 484.5	1 045.4	3 059.6	1 446.0	461.4	46.9
	云阳县	114.0	2 787.7	836.3	2 447.8	1 156.9	369.1	37.6
	奉节县	91.7	2 243.7	673.1	1 970.1	931.1	297.1	30.2
	巫山县	51.4	1 255.8	376.7	1 102.7	521.2	166.3	16.9
	巫溪县	46.3	1 131.2	339.4	993.3	469.5	149.8	15.2
	武隆县	38.3	936.8	281.0	822.6	388.8	124.1	12.6
	石柱土家族自治县	47.2	1 155.5	346.7	1 014.6	479.5	153.0	15.6
	小计	1 304.9	31 908.6	9 572.6	28 018.1	13 242.1	4 225.2	429.7
湖北	夷陵区	39.5	2 305.6	691.7	2 024.6	956.8	305.2	31.0
	秭归县	32.2	1 879.9	564.0	1 650.8	780.1	248.9	25.3
	巴东县	40.6	2 371.7	711.5	2 082.6	984.2	314.0	31.9
	兴山县	14.0	815.3	244.6	715.9	338.3	107.9	11.0
	小计	126.3	7 372.5	2 211.8	6 473.9	3 059.4	976.0	99.2
合计		1 431.2	39 281.1	11 784.4	34 492.0	16 301.5	5 201.2	528.9

E. 农村生活垃圾污染负荷

有关调查得出，三峡库区农村人均垃圾产生定额为0.67kg/(人·d)；污染负荷化学需氧量、氨氮、总氮、总磷入河系数均为0.05，生活垃圾中污染物平均浓度参考国内外相关资料，即化学需氧量50kg/t，总氮1.0kg/t，总磷0.2kg/t，进而估算出三峡库区2007年因生活垃圾排放进入水体的污染物量，见表3-23。其中农村生活垃圾入河排放量为177 977t、化学需氧量为8899.3t、总氮为178.00t、总磷为35.61t。

表3-23　2007年三峡库区农村生活垃圾入河排放量估算结果

区域	行政区划	垃圾产生总量/t	生活垃圾入河排放量/t			
			垃圾排放量	化学需氧量	总氮	总磷
重庆	大渡口区	12 921	646	32.3	0.65	0.13
	江北区	18 607	930	46.5	0.93	0.19
	沙坪坝区	45 630	2 282	114.1	2.28	0.46
	九龙坡区	52 514	2 626	131.3	2.63	0.53
	南岸区	49 005	2 450	122.5	2.45	0.49
	北碚区	83 215	4 161	208.1	4.16	0.83
	渝北区	127 614	6 381	319.1	6.38	1.28
	巴南区	142 887	7 144	357.2	7.14	1.43
	涪陵区	218 097	10 905	545.3	10.91	2.18
	江津区	301 444	15 072	753.6	15.07	3.01
	长寿区	167 753	8 388	419.4	8.39	1.68
	万州区	301 353	15 068	753.4	15.07	3.01
	丰都县	167 905	8 395	419.8	8.40	1.68
	忠县	202 414	10 121	506.1	10.12	2.02
	开县	348 448	17 422	871.1	17.42	3.48
	云阳县	278 768	13 938	696.9	13.94	2.79
	奉节县	224 370	11 219	561.0	11.22	2.24
	巫山县	125 582	6 279	314.0	6.28	1.26
	巫溪县	113 124	5 656	282.8	5.66	1.13
	武隆县	93 683	4 684	234.2	4.68	0.94
	石柱土家族自治县	115 550	5 778	288.9	5.78	1.16
	小计	3 190 884	159 545	7 977.6	159.56	31.92
湖北	夷陵区	115 300	5 765	288.3	5.77	1.15
	秭归县	93 995	4700	235.0	4.70	0.94
	巴东县	118 583	5 929	296.5	5.93	1.19
	兴山县	40 763	2 038	101.9	2.04	0.41
	小计	368 641	18 432	921.7	18.44	3.69
合计		3 559 525	177 977	8 899.3	178.00	35.61

F. 水土流失污染负荷

土壤是人类赖以生存的物质基础，是环境的基本要素，是农业生产的最基本资源。年复一年的水土流失，使有限的土地资源遭受严重的破坏，地形破碎，土层变薄，地表物质石化、沙化，特别是在土石山区，由于土层殆尽，基岩裸露，有的群众已无生存之地。水土流失破坏了生态系统的平衡，减少了降水，降低了土壤持水能力，缩短了汇流时间，导致水资源的时空分布严重不均，使本已紧缺的水资源利用受到很大的限制。同时严重的水土流失造成河流的水生态环境恶化。水土流失严重的地区，沟壑纵横、地形破碎、生态失调，由此带来了严重的自然灾害问题。河道泥沙淤积和滑坡、泥石流自然灾害等，严重地影响了我国航运事业的发展。水土流失不仅危及农村，还危及城镇及工矿企业安全。水土流失的直接后果，使人们的生活长期处于贫困的境地，甚至陷于越穷越垦、越垦越穷的恶性循环。

水土流失是库区面源污染物的一个重要来源，泥沙既是水土流失最明显的污染物，又是有机质、氨离子、磷酸盐以及金属离子的主要携带者。进入土壤的各种污染源，包括农村生活污水、生活垃圾、禽畜粪便、农药化肥等，除少数随地表和地下径流流失外，大部分污染物被土壤吸收或吸附，土壤由于受暴雨作用产生水土流失，大量污染物随泥沙进入河流或湖泊水库。

根据有关研究，重庆市土壤中污染物背景值见表3-24，三峡库区水土流失的泥沙输移比为0.046（即因暴雨冲刷的土壤有4.6%直接进入地表水体，另有95.4%积累于地表）。

表3-24　重庆市土壤中污染物背景值　（单位：g/t）

污染物	化学需氧量	五日生化需氧量	总氮	总磷
背景值	15 000	2 000	100	20

根据2007年三峡库区的泥沙流失量，统计计算出因水土流失造成的水体污染负荷，见表3-25。2007年三峡库区水土流失量为1022.8万t，化学需氧量为153 420t、总氮为1022.8t、总磷为204.4t。

表3-25　2007年三峡库区水土流失污染负荷估算结果

区域	行政区划	水土流失面积/km²	侵蚀总量/万t	侵蚀模数/(t/km²)	入河污染负荷				
					入河泥沙量/万t	化学需氧量/t	五日生化需氧量/t	总氮/t	总磷/t
重庆	巴南区	613.9	206.7	3 367	9.5	1 425	190	9.5	1.9
	北碚区	236.5	60.7	2 567	2.8	420	56	2.8	0.6
	长寿区	464.0	80.0	1 724	3.7	555	74	3.7	0.7
	大渡口区	31.3	10.2	3 259	0.5	75	10	0.5	0.1
	丰都县	1 538.1	541.8	3 523	24.9	3 735	498	24.9	5.0
	奉节县	2 290.7	1 036.9	4 527	47.7	7 155	954	47.7	9.5
	涪陵区	1 662.4	524.8	3 157	24.1	3 615	482	24.1	4.8
	江北区	57.1	14.1	2 469	0.6	90	12	0.6	0.1
	江津区	1 574.8	316.5	2 010	14.6	2 190	292	14.6	2.9
	九龙坡区	146.9	38.2	2 600	1.8	270	36	1.8	0.4
	开县	2 305.5	1 304.7	5 659	60.0	9 000	1 200	60.0	12.0

续表

区域	行政区划	水土流失面积/km²	侵蚀总量/万 t	侵蚀模数/(t/km²)	入河污染负荷				
					入河泥沙量/万 t	化学需氧量/t	五日生化需氧量/t	总氮/t	总磷/t
重庆	南岸区	67.4	15.5	2 300	0.7	105	14	0.7	0.1
	沙坪坝区	96.8	10.7	1 105	0.5	75	10	0.5	0.1
	石柱土家族自治县	1 582.2	567.9	3 589	26.1	3 915	522	26.1	5.2
	万州区	1 991.6	673.2	3 380	31.0	4 650	620	31.0	6.2
	巫山县	1 670.0	620.8	3 717	28.6	4 290	572	28.6	5.7
	巫溪县	2 174.7	581.9	2 676	26.8	4 020	536	26.8	5.4
	武隆县	1 631.3	572.0	3 506	26.3	3 945	526	26.3	5.3
	渝北区	473.3	125.4	2 649	5.8	870	116	5.8	1.2
	渝中区	0.0	0.0	750	0.0	0	0	0.0	0.0
	云阳县	2 103.1	1 219.2	5 797	56.1	8 415	1 122	56.1	11.2
	忠县	1 158.6	402.9	3 477	18.5	2 775	370	18.5	3.7
	小计	23 870.2	8 924.1	3 739	410.6	61 590	8 212	410.6	82.1
湖北	夷陵区	1 269.0	700.8	5 522	32.2	4 830	644	32.2	6.4
	秭归县	1 157.4	4 504.0	38 915	207.2	31 080	4 144	207.2	41.4
	巴东县	1 428.1	5 806.6	40 660	267.1	40 065	5 342	267.1	53.4
	兴山县	1 355.7	2 297.3	16 945	105.7	15 855	2 114	105.7	21.1
	小计	5 210.2	13 308.7	25 544	612.2	91 830	12 244	612.2	122.3
合计		29 080.4	22 232.8	7 645	1 022.8	153 420	20 456	1 022.8	204.4

G. 三峡库区面源污染负荷估算汇总

前述六大部分的库区面源污染来源污染负荷汇总见表 3-26。2007 年三峡库区面源污染负荷估算结果：化学需氧量污染负荷约为 37 万 t，总氮污染负荷约为 5 万 t，总磷污染负荷约为 1.3 万 t。在各类污染来源中，养殖污染和水土流失污染所占比例相对较高。

表 3-26　2007 年三峡库区面源污染负荷估算统计结果　（单位：t）

项目	化学需氧量	五日生化需氧量	总氮	总磷
化肥流失量			36 733.8	8 361.6
农药流失量				530.3
养殖污染	175 095	152 957	6 534.4	2 844.8
农村居民生活污水	34 492.0	16 301.5	5 201.2	528.9
农村生活垃圾污染	8899.3		178.00	35.61
水土流失污染负荷	153 420	20 456	1 022.8	204.4
合计	371 906.3	189 712.5	49 670.2	12 505.61

（4）库区船舶污染排放

船舶污水包括船舶油污染和生活污染等。三峡库区船舶污染主要是船舶油污染。船舶油污染的来源主要是船舶机舱油污水不达标排放和非法乱排，其中也包括船舶各种用油和载油“跑、冒、滴、漏”；船舶事故中，石油、燃油、机油、润滑油等的溢出；油类装卸时的溢出；清舱、洗舱油污水；船舶修理中油类的排放等都会对库区水域造成污染。生活污染包括船舶船员、游船游客等排放的污水和垃圾。

A. 船舶油污染

根据调查统计，1997～2007年三峡库区船舶污染负荷情况见表3-27。1997～2007年三峡库区船舶平均每年向库区排放油污水56.8万t，排放到三峡库区的石油类平均为46.4t，各年变化较大，其中2001年最大。2007年库区船舶机舱油污水排放量约为50.9万t，处理率约为94.9%，排放达标率为80.0%。货船是造成库区水域石油类污染的最主要船舶类型，其次为客船，控制货船石油类排放是库区防治船舶污染的关键。

表3-27　1997～2007年三峡库区船舶污染负荷

年份	油污染				生活污染		
	产生含油污废水/万t	处理量/万t	处理排放达标量/万t	石油类排放量/t	生活污水产生量/万t	化学需氧量排放量/t	五日生化需氧量排放量/t
1997	66.7	7.4	5.2	36.1			
1998	51.1	46.9		25.8			
1999	77.9	57.7	47.5	85.1			
2000	53.0			55.8			
2001	82.0	81.2	76.6	33.8	628.0	628.0	
2002	51.1	47.3	41.2	56.2	136.0	410.0	200.0
2003	42.1			65.9	130.0	363.1	128.1
2004	53.0	50.3	45.1	44.0	189.8		268.0
2005	49.7	45.4	40.0	40.5	206.8	483.9	287.5
2006	47.1	45.7	39.2	28.0	332.0	692.2	249.0
2007	50.9	48.3	40.7	39.5	358.0	1201.4	409.2
平均	56.8	47.8	41.9	46.4	282.9	629.8	257.0

B. 船舶生活污染

对三峡库区船舶生活污染情况进行调查，表明除2001年异常外，2002～2007年逐年升高，生活污水从2002年的136.0万t升高至2007年的358.0万t，年均增长21.4%。增加较多的是旅游船、客船、客货船等，其原因是船舶装修逐渐高档化和大型化。随着人们生活水平的提高，对船舶生活条件的要求也随之提高，船上配备餐厅、住宿、洗浴等设备，船上用水量逐渐增加，因此船舶生活污水产生量也逐年增多。三峡库区有100多艘船舶安装了生活污水处理装置，但大部分船舶安装了却未使用，库区船舶生活污水基本上未经处理直接排入库区水域。

C. 船舶垃圾污染

2007年库区码头接收船舶垃圾7364t，与2006年相比增加了100t，而油污水接收量减少了267t。船舶垃圾和油污水接收情况见表3-28。

表 3-28　2007 年库区接收垃圾和废弃物统计表

统计单位	接收垃圾量		接收油污水量	
	船艘次	接收量/t	船艘次	接收量/t
长江海事局	51 730	6 814	1 410	1 109
重庆地方海事局	1 400	550	300	0.025
合计	53 130	7 364	1 710	1 109.025

3.5.4　2007 年入库负荷总量分析

基于对库区点源、面源、流动源以及库区上游干支流污染负荷特征研究及核算分析，估算 2007 年进入三峡水库的污染负荷，统计结果见表 3-29，入库化学需氧量为 444.61 万 t、五日生化需氧量为 55.53 万 t、总氮为 66.04 万 t、总磷为 7.54 万 t；进入库区的污染负荷主要来自长江干支流河流输送的背景负荷，库区内的污染负荷化学需氧量仅占 12.55%、五日生化需氧量占 43.18%、总氮占 10.07%、总磷占 19.70%；库区内的污染源主要是面源污染，占库区内污染负荷的 66.64%（化学需氧量）~87.94%（总磷）；点源中城镇生活污染源大于工业废水污染源，城镇生活污染源占库区内污染负荷的比例，总磷为 12.06%、总氮为 25.41%、化学需氧量和五日生化需氧量约占 20%。

表 3-29　2007 年进入三峡水库的污染负荷统计　　（单位：万 t）

污染源种类			污染负荷			
			化学需氧量	五日生化需氧量	总氮	总磷
库区内污染源	点源	城镇生活污染源	11.05	4.97	1.69	0.17
		工业废水污染源	7.51			
	流动源	船舶	0.06	0.03		
	面源	化肥流失量			3.67	0.84
		农药流失量				0.05
		养殖污染	17.51	15.30	0.65	0.28
		农村居民生活污水	3.45	1.63	0.52	0.05
		农村生活垃圾	0.89		0.02	0.00
		水土流失污染负荷	15.34	2.05	0.10	0.02
	小计		55.81	23.98	6.65	1.41
长江干支流	长江	朱沱断面	305.42	23.17	32.82	4.79
	嘉陵江	北碚断面	55.06	4.71	12.94	0.32
	乌江	武隆断面	18.08	3.67	10.69	0.48
	其余支流	入库断面	10.24		2.94	0.54
	小计		388.80	31.55	59.39	6.13
合计			444.61	55.53	66.04	7.54

随着国家加大三峡水库水污染防治以及地方政府部门管理措施的实施，分析三峡入库污染负荷变化趋势如下。

（1）城镇生活污染源

随着《三峡库区及其上游水污染防治规划（2001 年—2010 年）》的实施，城镇污水处理厂已基本建设完成并逐步投入运行，近期各城镇的污水管网建设将逐步完善，城镇污水处理率将逐步加大；在未来几年，库区城镇生活污染治理的重点将集中在乡镇污水治理；库区城镇生活垃圾处理设施建设进展顺利，随着各地垃圾收运设施的完善，库区城镇垃圾对水体的污染将减小到最大限度。总体来看，入库的城镇生活污染负荷将逐年降低。

（2）工业污染源

近年来，库区入库重点工业污染负荷保持相对稳定，随着库区工业产业结构调整等一系列对策措施的实施、库区工业污染治理力度逐步加强，虽然库区工业在未来将得到大力发展，但工业污染负荷不会随经济的快速增长而迅速增长，仍将可能稳定在目前水平。

（3）农业面源

由于库区人均耕地面积较低，在未来较长时期内，农业种植、养殖等必将进一步发展。目前对径流产生的面源污染还缺乏有效的控制措施，农业面源仍将保持较高的污染负荷水平，尤其会加重次级河流的水污染。

（4）农村生活污染

近年来，库区的农村人口在缓慢降低，但随着农村生活水平的逐步提高，人均污染负荷产生量也将增加，目前国家和地方对于农村分散居民的生活污染治理还缺乏行之有效的技术与政策措施，农村家庭沼气技术推广进度缓慢，农村生活污染负荷在短期无明显降低的趋势。

（5）流动污染

随着库区高速公路、铁路及航空业的发展，库区旅客的水上运输量逐年减少，今后可能只有旅游业存在客运情况；库区的货运量在逐年上升，货运传播的吨位也逐步提高，因此污染控制设施水平也应逐步提高。总的看来，库区流动污染负荷相对其他污染可忽略不计，今后不会有较大的增长。

（6）入库背景负荷

随着上游生态环境的逐步改善和长江上游的水污染防治规划的实施，入库背景负荷将逐步减少；库区的支流污染较重，库区次级河流的综合整治正在全面开展，支流的入库负荷将逐步减轻。

总的来看，三峡库区点源污染已得到有效控制，而面源和流动源负荷尚未得到有效控制，但增加趋势有限，且面源负荷主要集中在丰水期，是三峡水库水位较低、水体交换频率最高的时段，污染负荷在库区的滞留时间较短，对库区的总体水质影响较小。因此，入库污染负荷处于相对安全的水平。

3.6 小　结

3.6.1 上游入库污染负荷特征

三峡水库三条主要入库河流在各监测断面的水文、气温、水温、pH（年均值）没有明显的变化差异。长江朱沱、嘉陵江北碚、乌江武隆三个断面的平均水温在 18.2 ~ 19.3℃，2 ~ 4 月气温、水温升速较快。此外，每年丰水期，长江朱沱断面的流速较高（0.9 ~ 2.7m/s）；而嘉陵江北碚断面、乌江武隆断面流速较小。流量和悬浮物呈现非常规律的季节性变化。每年 6 ~ 10 月流量和悬浮物明显变大。长江朱沱断面流量和悬浮物显著高于同期的嘉陵江北碚断面和乌江武隆断面的流量。丰水期的悬浮物含量明显高于枯水期。入库河流的悬浮物不是以浮游生物为主，而是以泥沙为主。

2004 ~ 2005 年三峡水库入库河流中总氮含量平均值在 1.55 ~ 2.15mg/L，总体偏高，乌江武隆断面的总氮浓度最高（2.15mg/L），嘉陵江北碚断面次之（1.96mg/L），而长江朱沱断面最低（1.55mg/L），并且随季节变化较小。

无机氮是三峡入库河流中氮营养盐的主要组成，其中以 NO_3^--N 为主，平均占到无机氮的 85.2% 以上，入库河流中乌江武隆断面的 NO_3^--N 浓度最高，嘉陵江北碚断面次之，长江朱沱断面最低；而 NH_4^+-N 分布差别比较小，长江朱沱断面最高，嘉陵江北碚断面次之，乌江武隆断面最低；长江朱沱断面和嘉陵江北碚断面的 NO_2^--N 浓度高于乌江武隆断面。

三条入库河流总磷含量在 0.04 ~ 0.7mg/L，丰水期的总磷含量均明显高于枯水期；长江朱沱断面总磷的平均值最高（0.29mg/L），嘉陵江北碚断面和乌江武隆断面较低（分别为 0.13mg/L 和 0.12mg/L），但均远远高于 20 世纪 70 年代的水平。

三条入库河流总磷含量中以总颗粒态磷为主，平均占 75% 以上，丰水期的总颗粒态磷与流量、流速有良好的正相关性，泥沙将颗粒态磷带入河流，是主要的磷污染源，总磷的污染受非点源污染影响较大。

三条入库河流中的悬浮物与流量呈显著正相关性（$R>0.69$）；流量、悬浮物与总磷、总颗粒态磷均呈显著正相关性；总颗粒态磷和总磷也呈显著正相关性（$R>0.9$）；长江和嘉陵江的水土流失严重，水体中磷素的积累作用远大于稀释作用。

溶解态无机氮和总溶解态磷的值远远高于限制浮游植物生长的阈值；三个监测断面的 N/P 值均非常高（>30），磷营养盐有可能会优先被消耗到低值。

3.6.2 上游入库污染物通量

借鉴水文分割法的原理，在基流分割的基础上，建立面源污染负荷估算公式。借鉴相关性分析、回归分析，提出入库污染负荷类型判定、数据补插的原则，并用于指导估算方法的取向。根据该原则，当 R 为正值，且大于 R_α 时，认为入库污染负荷为面源占优型；当 R 大于 R_α，且 R^2 大于 0.8 时，认为进行数据补插可行，否则相反。以 2004 年和 2005 年的水文水质数据为基础，将该方法应用于三峡水库上游河流入库面源污染负荷研究。

三条河流入库流量在 5 ~ 10 月的汛期较大，汛期径流量分别占年径流量的 77.4%、80.1% 和 72.4%，1 ~ 3 月及 12 月一般为最枯月份。选取直线分割法中的平割法，以最枯 3 个月平均流量为基流进行水文分割，得到三峡水库上游三条河流入库基流、地表径流量。2004 年和 2005 年长江干流、嘉陵江、乌江入库基流流量的平均值分别为 3228.33m^3/s、602.17m^3/s 和 559.50m^3/s，各河流基流量占总径流量的 24.7%~46.0%。

以包含溶解态、颗粒态成分的总物质通量来表示，三条河流入库高锰酸盐指数、总氮和总磷的污染负荷 2004 年分别为 168. 96 万 t、70. 30 万 t 和 10. 95 万 t；2005 年分别为 228. 25 万 t、66. 64 万 t 和 14. 24 万 t。在总量组成中，面源是三江入库污染物的主要来源，占总入库负荷的 60%~80%；在空间分布上，长江干流对入库面源污染负荷的贡献占绝对优势，嘉陵江、乌江的面源污染总贡献仅占 13. 5%~39. 5%；在营养物负荷组成方面，氮对水体的影响以溶解态氮作用为主，磷对水体的影响以颗粒态磷作用为主。

由于假定条件在实际状况下不一定满足，水文分割法可能导致面源估算结果偏高，方法的改进值得进一步讨论。对此，初步改进的相关系数法给予了有益的启示和对照，但在尚未出现十分科学、合理的改进算法时，水文分割法仍不失为面源负荷研究的有效方法。

3. 6. 3 库区入库污染总负荷核算

根据 2007 年对长江、嘉陵江、乌江入库断面各月的水文水质监测结果计算三江污染负荷，可知 2007 年通过朱沱断面输入的污染负荷中化学需氧量为 305. 42 万 t、五日生化需氧量为 23. 17 万 t、氨氮为 1. 67 万 t、总氮为 32. 82 万 t、总磷为 4. 79 万 t；通过北碚断面输入的污染负荷中化学需氧量为 55. 06 万 t、五日生化需氧量为 4. 71 万 t、氨氮为 1. 02 万 t、总氮为 12. 94 万 t、总磷为 0. 32 万 t；通过武隆断面输入的污染负荷中化学需氧量为 18. 08 万 t、五日生化需氧量为 3. 67 万 t、氨氮为 0. 16 万 t、总氮为 10. 69 万 t、总磷为 0. 48 万 t。

根据 2007 年三峡水库 43 条支流入库断面的水文水质监测结果，计算出三峡水库支流入库污染负荷，可知 43 条支流年均流量为 802. 87m^3/s，累计年入库负荷中化学需氧量约为 10. 24 万 t、总氮约为 2. 94 万 t、总磷约为 0. 54 万 t。可以看出，43 条支流的累计入库负荷远小于长江、嘉陵江、乌江的入库负荷。

2007 年长江干支流入库负荷通量化学需氧量为 388. 79 万 t、总氮为 61. 73 万 t、总磷为 5. 86 万 t；长江干支流入库负荷主要来自长江，其化学需氧量、总磷占 80% 以上。

2007 年城镇生活排放的各主要污染物中，库区城镇生活污水化学需氧量排放量为 110 478. 3t，五日生化需氧量排放量为 49 715. 5t，氨氮排放量为 10 886. 5t，而总氮和总磷排放量分别为 16 949. 6t 和 1652. 7t。2007 年城镇工业废水污染中，化学需氧量排放量为 75 128. 51t，氨氮排放量为 6737. 94t。

从化肥流失、农药流失、养殖污染、农村居民生活污水、农村生活垃圾污染和水土流失等方面分析 2007 年三峡库区面源污染，可知化学需氧量污染负荷约为 37 万 t，总氮污染负荷约为 5 万 t，总磷污染负荷约为 1. 3 万 t。在各类污染来源中，养殖污染和水土流失污染所占比例相对较高。

船舶污染包括船舶油污染、生活污染等。2007 年库区船舶机舱油污水排放量约为 50. 9 万 t，处理率约为 94. 9%，排放达标率为 80. 0%。2007 年库区码头接受船舶垃圾 7364t，与 2006 年相比增加了 100t，而油污水接收量减少了 267t。

基于对库区点源、面源、流动源以及库区上游干支流污染负荷特征研究及核算分析，估算 2007 年进入三峡水库的污染负荷，可知进入库区的污染负荷主要来自长江干支流河流输送入库的背景负荷，库区内的污染负荷化学需氧量仅占12.55%、五日生化需氧量占43.18%、总氮占10.07%、总磷占19.70%；库区内的污染源主要是面源污染，占库区内污染负荷的66.64%（化学需氧量）~87.94%（总磷）；点源中城镇生活污染源大于工业废水污染源，城镇生活污染源占库区内污染负荷的比例，总磷为12.06%、总氮为25.41%、化学需氧量和五日生化需氧量约占20%。

第4章

三峡水库水质演变特征研究

4.1 概　　述

三峡水库运行后，库区水体流速降低，水力滞留时间延长，导致颗粒物在迁移、运输中发生显著变化，表现为颗粒物的沉积作用加速，颗粒物挟带的营养物质通过沉积作用滞留在水库中（冉祥滨等，2009）。前期三峡水库的营养物质研究进展表明，三峡水库的水位调度一方面通过改变水库水动力学（包括水体流速、流量和水力滞留时间）的过程而影响水体中悬浮颗粒及水体营养的分布特征；另一方面通过悬浮物的沉积效应，从而影响三峡水库的滞留效应（蔡庆华和胡征宇，2006；李凤清等，2008；田泽斌等，2012；杨敏等，2014）。水库支流营养盐主要有干支流交换界面、来流入库界面、水藻交换界面、水-悬沙交换界面、水-沉积物交换界面和面源入库界面六大来源。

三峡成库后，支流回水区受干流顶托影响，营养状态、营养盐来源及分布特征和迁移转化过程均发生变化。野外跟踪调查发现，三峡成库后，支流回水区水体中氮、磷等营养物质含量均显著升高，氮、磷污染严重（张晟等，2008）；氮营养盐主要以溶解性无机氮形态赋存在回水区，不同时期溶解性无机氮占比略有波动（李哲等，2009）。早期研究认为，支流上游流域的污染物是回水区主要来源，污染物在回水区受到干流倒灌作用不易消散，从而导致支流水体富营养化（Ye et al.，2009）。但是之后，罗专溪等（2007）在大宁河研究发现，长江干流倒灌输入的营养盐远远大于上游输入；长江干流对大宁河回水区氮、磷营养盐补给分别是上游来水的4倍和11倍，长江干流倒灌是三峡水库支流营养盐的主要来源（苏青青等，2018）。三峡水库支流水体有机物污染较轻，氮、磷污染严重，大多数支流的总氮和总磷含量均远高于限制值，氮、磷浓度条件适宜藻类生长。支流营养盐、有机物的输出主要受支流流量影响，各支流碳、氮、磷输出均为丰水期>平水期>枯水期（张勇等，2007；张晟等，2009）。刘德富团队以2010年的野外观测数据为依据，分析了三峡库区典型支流香溪河水流特性及干流倒灌输入总氮、总磷的瞬时通量，发现：回水区水体表现为分层异向流动，存在明显的倒灌异重流现象，且分别以表、中、底三种形式倒灌输入香溪河回水区；水流特性为回水区营养物质的运输提供了水动力基础，2010年干流倒灌输入香溪河回水区的总氮、总磷污染负荷分别占总量的43.4%、21.5%（张宇等，2012）。以稳定同位素示踪法对香溪河回水区营养盐来源进行分析，结果表明84%营养盐来自长江干流，仅16%营养盐来自香溪河上游（Liu et al.，2015）。Holbach等（2013）和操满等（2015）相继在大宁河和梅溪河得出同样的结论。三峡水库支流回水区分层异重流的发现，使得支流回水区营养盐补给过程更为复杂。其一，长江水体常年以不同倒灌异重流的形式挟带营养盐进入支流回水区，对支流回水区营养盐形成一个明显不同于支流流域补给的新补给源；其二，虽然香溪河上游来流属于富磷水体，但该水体常年以底部顺坡异重流的形式自回水区底层流向长江干流，这部分营养盐不可能全部参与回水区表层的光合作用；其三，每年3月上游来流从回水区表层流向长江干流，对真光层内的营养盐补给可能会导致藻类水华。干支流水体交换对水生态系统影响的核心问题是三峡水库干流及支流回水区来流在不同时期对支流回水区营养盐的补给作用及贡献率问题（苏妍妹等，2008；吉小盼等，2010；张宇等，2012；陈媛媛等，2013；杨正健，2014）。本章针对三峡水库干流营养盐的迁移转化问题，在分析营养盐时空变化的基础上，深入揭示不同形态磷的迁移转化过程。

4.2 材料与方法

4.2.1 水库水质资料收集与补充调查

以库区干流及典型支流长时间序列监测数据为基础，分析三峡工程建设运行等不同阶段的库区干流水质特征及变化趋势。

库区干流的水质监测断面包括晒网坝、苎溪河、苏家、龙河、大桥、清溪场、麻柳嘴、鸭嘴石、扇沱、鱼嘴、寸滩、大溪沟、黄家渡、丰收坝、朱沱、巫峡口、黄腊石、银杏沱、木鱼岛回水区，如图4-1所示。

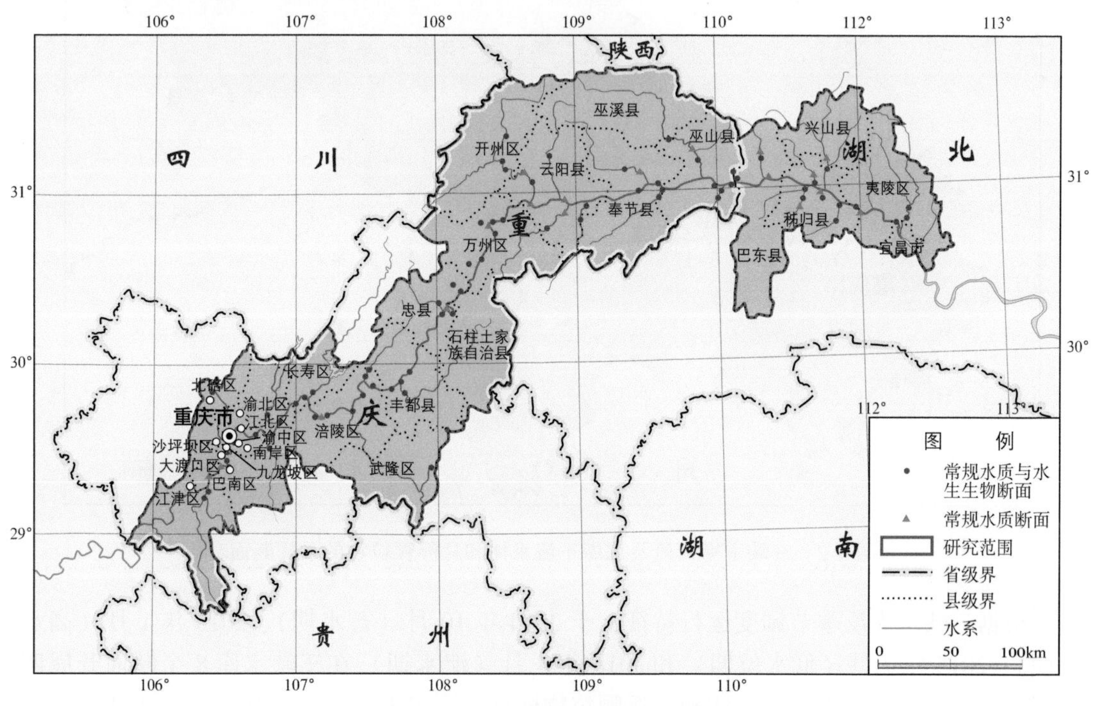

图4-1 库区水质监测断面布设

库区干流的水质调查指标包括单月和双月，其中单月24项常规项目、9项补充监测项目（流量、叶绿素a（Chla）、NO_3^--N、NO_2^--N、透明度、电导率、悬浮物、Fe、Mn）；双月监测13项常规、9项补充监测项目。

调查时间：2002~2012年。

4.2.2 三峡水库磷营养盐滞留实验

4.2.2.1 样点布设

为了分析三峡水库水体和悬浮颗粒物磷的时空分布特征，研究三峡水库水体和悬浮颗粒物磷的输移转化过程，根据三峡水库干流的地理位置和污染物排放情况，在三峡水库上游入库河流（长江上游、嘉陵江和乌江）及水库干流（重庆江津至湖北宜昌段）共设置8个采样断面，依次为朱沱（位于长江上游干流，距离入库寸滩断面149km）、北碚（位于嘉陵江干流，距离嘉陵江-长江交汇河口56km）、武隆（位于乌江干流，距离乌江-长江交汇河口65km）、寸滩（三峡入库断面，距离大坝660km）、清溪场（三峡入库断面，距离大坝470km）、晒网坝（位于库区中部，距离大坝270km）、秭归（位于坝前，距离大坝上游6km）和南津关（三峡出库断面，距离大坝下游30km），如图4-2所示。

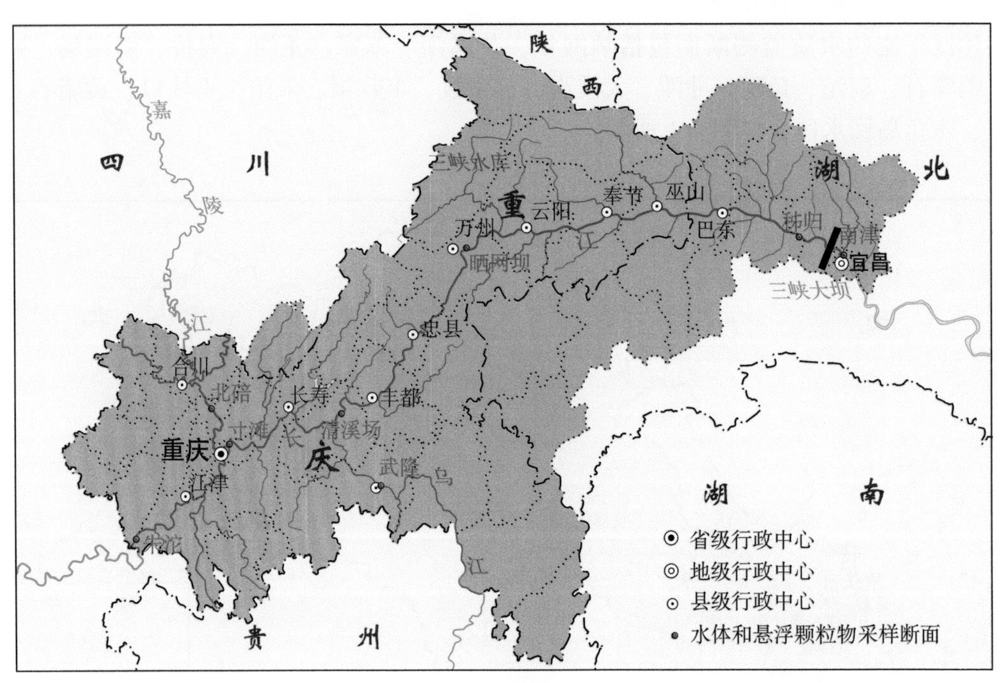

图4-2 三峡上游河流及水库干流水体和悬浮颗粒物的采样断面

根据三峡水库反季节调度运行特征，于2014年10月（蓄水期）、2015年1月（高水位期）、2015年7月（低水位期）和2016年4月（泄水期）在三峡水库8个断面开展四次野外采样调查，采集表层水体和悬浮颗粒物样品，测定水体物理化学参数、水体磷形态的含量组成、颗粒物的基本理化性质和颗粒物磷形态的含量组成。

4.2.2.2 分析测定方法

（1）水质参数及水体磷形态测定方法

现场水质参数监测：采用YSI便携式多参数水质监测仪（美国YSI6600V2型），在采样现场即时监测表层水体的水温、pH、溶解氧和电导率（EC）等水质参数。

水样预处理：采集水样后，现场用 0.45μm 醋酸纤维滤膜过滤，滤液装于聚乙烯瓶中，加入固定剂氯仿，-4℃保存，备用以测定水体磷酸盐（PO_4^{3-}）和总溶解态磷浓度；对于未过滤水样，装于聚乙烯瓶，加入 H_2SO_4（1mol/L），-4℃保存，备用以测定水体总磷浓度；将约 100L 水样经 0.45μm 醋酸纤维滤膜过滤，刮取滤膜截留的悬浮颗粒物，冷冻干燥，备用以测定悬浮颗粒物的基本理化性质和磷形态含量组成。

水体磷形态测定：水体中 PO_4^{3-}浓度采用钼酸铵分光光度法测定，总溶解态磷和总磷浓度采用过硫酸钾氧化-钼酸铵分光光度法测定，总颗粒态磷（TPP）浓度为总磷与总溶解态磷的浓度之差，溶解态有机磷（DOP）浓度为总溶解态磷与 PO_4^{3} 的浓度之差。

(2) 颗粒物理化性质及颗粒物磷形态测定方法

颗粒物样品预处理：收集悬浮颗粒物样品后，经冷冻干燥、研磨、过筛（100 目），干燥保存备用。

颗粒物基本理化性质测定：使用马尔文激光粒度仪（Mastersizer 2000）测定未经研磨的颗粒物粒径组成；使用重铬酸钾滴定法测定颗粒物的有机质含量（TOM）；使用原子吸收光谱法（原子吸收分光光度计 WFX-210）测定颗粒物所含的 Fe、Mn 和 Ca 含量。

颗粒物磷形态分级提取：使用改进 SEDEX 顺序化学提取法提取悬浮颗粒物中六种磷形态（王晓青等，2007）。详细提取步骤：第一步用 $MgCl_2$溶液提取弱吸附态磷（Exc-P），第二步用 SDS 溶液提取可提取态有机磷（Exo-P），第三步用 CDB 溶液提取铁锰结合态磷（Fe-P），第四步用 NaAC-HAC 缓冲溶液提取自生磷灰石及钙结合态磷（Ca-P），第五步用 HCl 溶液提取碎屑磷（Det-P），第六步在煅烧残渣后用 HCl 溶液提取非活性磷（Res-P）。

将 Exc-P、Exo-P、Fe-P、Ca-P、Det-P 和 Res-P 六种磷形态浓度之和作为单位质量颗粒物总磷浓度（PP），Exc-P、Exo-P 和 Fe-P 浓度之和作为单位质量颗粒物生物有效态磷浓度（Bio-P）。

质量控制：为保证实验质量，每个断面采集三个平行表层水体样品，获得三个平行悬浮颗粒物样品。颗粒物样品进行磷形态分析时，设置空白样品和三个平行样进行实验分析。使用水系沉积物成分分析标准物质（GBW07309），测定 SEDEX 顺序化学提取法回收率达到 80%~120%。

4.2.2.3 颗粒物吸附磷模拟实验方案

为了研究颗粒物对磷的吸附解吸特性，本研究选择颗粒物等温吸附磷模拟实验，使用 Freundlich（弗罗因德利希）交叉型吸附模型拟合等温吸附曲线，并通过颗粒物吸附或释放磷的判定系数判定颗粒物对磷的吸附解吸特性。考虑到悬浮颗粒物样品采集数量有限，本研究仅选择 2015 年 7 月（低水位期）在三峡水库朱沱、北碚、嘉陵江、寸滩、清溪场、晒网坝、秭归和南津关 8 个断面采集的悬浮颗粒物样品开展颗粒物等温吸附磷模拟实验。

(1) 等温吸附实验

A. 实验设计

将磷酸二氢钾（KH_2PO_4）置于 110℃干燥 2h，干燥冷却后，称取 0.2197g KH_2PO_4溶于纯水中，加入 1+1 硫酸 5ml，定容至 1000ml 容量瓶中，此溶液作为质量浓度为 50mg/L

（以P计）的磷储备溶液。通过将磷储备溶液逐级稀释，配置不同质量浓度的磷系列溶液：0、0.05mg/L、0.1mg/L、0.2mg/L、0.4mg/L、0.6mg/L、0.8mg/L、1.2mg/L、2.4mg/L、3.6mg/L和4.8mg/L（以P计）。采用0.1mol/L的HCl和0.1mol/L的NaOH溶液将以上磷系列溶液的pH统一调节至8.10±0.05。

首先称取颗粒物0.03g若干份，分别置于50ml离心管中，并加入不同质量浓度的磷系列溶液（水体初始磷质量浓度，C_0），其中每根离心管加入30ml使颗粒物浓度为1g/L。然后在25℃条件下连续振荡50h，之后在3500r/min条件下离心10min，分离上清液，经0.45μm滤膜过滤后，采用钼酸铵分光光度法测定颗粒吸附平衡后水体中PO_4^{3-}浓度，即水体平衡磷浓度（C_{eq}）。颗粒物对磷的吸附量（Q）可通过C_0与C_{eq}之差求得，计算公式为

$$Q=\frac{(C_0-C_{eq})\times V}{W} \tag{4-1}$$

式中，Q为颗粒物对磷的吸附量（g）；C_0为磷的初始浓度（mg/L）；C_{eq}为磷的平衡浓度（mg/L）；V为加入颗粒物样品中的溶液体积（本实验为30ml）；W为颗粒物样品干重（本实验为0.03g）。

为保证实验质量，颗粒物样品在进行等温吸附磷实验时，每种颗粒物样品和每种水体初始PO_4^{3-}质量浓度设置三个平行样品。

B. 等温吸附曲线拟合

对于水体磷初始浓度较高的情况，常用Langmuir（朗缪尔）模型和Freundlich模型对颗粒物等温吸附磷行为进行模拟。Langmuir模型假定颗粒物表面均匀，颗粒物之间没有相互作用，吸附作用为只发生在颗粒物外表面的单层吸附。Langmuir模型的经典公式为

$$Q=\frac{Q_{max}K_L C_{eq}}{1+K_L C_{eq}} \tag{4-2}$$

式中，Q为颗粒物对磷的吸附量（g）；Q_{max}为颗粒物对磷的最大吸附量（g）；C_{eq}为磷的平衡浓度（mg/L）；K_L为与颗粒物吸附亲和力有关的吸附系数（L/g）。

Freundlich模型既可用于单层吸附，也可用于不均匀表面吸附。其更适用于低浓度磷的颗粒物吸附情况，但其不能得到颗粒物对磷的最大吸附量。Freundlich模型的经典公式为

$$Q=K_F C_{eq}{}^{\frac{1}{n}} \tag{4-3}$$

式中，Q为颗粒物对磷的吸附量（g）；C_{eq}为磷的平衡浓度（mg/L）；K_F为与颗粒物吸附亲和力有关的吸附系数（L/g）；n为指示吸附过程的支持力。

对于水体磷初始浓度较低（0~0.12mg/L），更接近于自然河流或湖泊水体磷浓度，颗粒物对磷的吸附量与初始磷浓度的线性关系较好。有研究学者将Freundlich模型（式（4-3））进行修正，得到Freundlich交叉型吸附等温模型（式（4-4）），其可以很好地模拟实际河流环境中颗粒物对磷的吸附行为。Freundlich交叉型吸附等温模型为

$$Q=K_F\times C_p^{-n}\times(C_{eq}^{\beta}-\mathrm{EPC}_0^{\beta}) \tag{4-4}$$

式中，Q为颗粒物对磷的吸附量（g）；C_{eq}为磷的平衡浓度（mg/L）；K_F为与颗粒物吸附亲和力有关的吸附系数（L/g）；n和β为经验常数。为了简化分析，C_p^{-n}中的n取值为0。EPC_0为颗粒物吸附解吸平衡浓度（mg/L），是指溶液中磷浓度达到某一数值时，颗粒物对磷既不吸附也不解吸，此时颗粒物达到吸附解吸平衡状态。理论上，当溶液中PO_4^{3-}浓度大

于 EPC_0时，颗粒物会吸附一定量的磷；当溶液中 PO_4^{3-}浓度小于 EPC_0时，颗粒物则要解吸一定量的磷。

C. 基于拟合 EPC_0 的悬浮颗粒物吸附或释放磷的判定方法

前人研究学者定义了 λ（式（4-5））和 EPC_{sat}（式（4-6）），通过两指标数值以判定自然河流或湖库水体颗粒物是否处于吸附或释放磷的状态。然而，当吸附解吸平衡浓度 EPC_0较低时，计算出的 λ 和 EPC_{sat}比较大，容易增加估算误差。

本研究引用 Pan 等（2013）在 2013 年提出的一种新的简单的判定系数 δ（式（4-7）），可用于判定当自然河流或湖库水体 TPM 浓度相同时颗粒物吸附或释放磷的状态。当 $\delta<0$、$Q<0$ 时，颗粒物向水体释放磷；当 $\delta>0$、$Q>0$ 时，颗粒物从水体吸收磷。

$$\lambda = C/EPC_0 \tag{4-5}$$

$$EPC_{sat} = [(EPC_0 - C)/EPC_0] \times 100\% \tag{4-6}$$

$$\delta = C^{\beta} - EPC_0^{\beta} \tag{4-7}$$

式中，C 为自然河流或湖库水体 PO_4^{3-} 浓度（mg/L）；EPC_0 为颗粒物吸附解吸平衡浓度（mg/L）；λ、EPC_{sat}和 δ 均为判定系数，通过 C 和 EPC_0数值计算来判定自然河流或湖库水体颗粒物是否处于吸附或释放磷的状态。

（2）粒径对颗粒物吸附磷的影响实验

为研究不同粒径对颗粒物吸附磷的影响，首先要对颗粒物进行粒径分级处理。由于三峡水库悬浮颗粒物样品数量有限，本研究选择三峡干流“长江下”断面采集的沉积物样品，自然风干后用手轻轻地将大块颗粒按压为松散细碎颗粒，采用干筛法进行粒径分级。筛网孔径分别为 100 目（150μm 孔径）、300 目（50μm 孔径）、500 目（30μm 孔径），经过手动振荡逐层筛选出 50～150μm、30～50μm 和<30μm 的颗粒物。

采用等温吸附实验设计方法，对 50～150μm、30～50μm 和<30μm 三种粒径颗粒物样品开展等温吸附磷实验。此外，采用改进 SEDEX 顺序化学提取法提取不同粒径颗粒物样品中六种磷形态。为保证实验质量，每种粒径颗粒物样品和每种水体初始 PO_4^{3-}质量浓度均设置三个平行样进行等温吸附磷实验。

（3）有机质和金属氧化物对颗粒物吸附磷的影响实验

颗粒物是水体磷迁移转化的重要载体，其中颗粒物所含的黏土矿物、有机物和金属氧化物等组分具有较强的吸附磷能力。为研究颗粒物所含的有机质和金属氧化物组分对颗粒物吸附磷的影响，本研究采用沉积物各组分逐级化学分离方法，对三峡干流“长江下”断面沉积物中（A0 样品）的相关组分进行分离，依次得到去除碳酸盐组分的颗粒物（A1 样品）、去除碳酸盐和有机物组分的颗粒物（A2 样品）及去除碳酸盐、有机物和金属氧化物组分的颗粒物样品（A3 样品）。颗粒物组分去除后，低温烘干备用。各实验方案设计见表 4-1。

表 4-1　颗粒物组分逐级分离去除步骤

样品编号	处理方法	主要去除成分	产物主要组成
A0	颗粒物过 100 目筛	大于 150μm 粒径部分	小于 150μm 的原样品
A1	1mol/L HOAc-NaOAc 缓冲溶液（pH=5）提取	碳酸盐	有机质、金属氧化物和黏土矿物

续表

样品编号	处理方法	主要去除成分	产物主要组成
A2	浓 $H_2O_2$40℃水浴提取	有机物	金属氧化物和黏土矿物
A3	0.1mol/L $H_2C_2O_4$ ~ 0.18mol/L $(NH_4)_2C_2O_4$缓冲溶液（pH=3.2）提取	金属氧化物	黏土矿物

采用等温吸附实验设计方法，对颗粒物所含的相关组分处理前后的 A0 ~ A3 样品开展等温吸附磷实验。此外，采用改进 SEDEX 顺序化学提取法提取 A0 ~ A3 样品的单位质量颗粒物中六种磷形态，采用重铬酸钾滴定法测定 A0 ~ A3 样品中颗粒物有机质含量，采用原子吸收光谱法（原子吸收分光光度计 WFX-210）测定颗粒物中 Fe、Mn 和 Ca 含量。为保证实验质量，每种去除组分颗粒物样品和每种水体初始 PO_4^{3-} 质量浓度均设置三个平行进行等温吸附磷实验。

（4）颗粒物浓度效应对颗粒物吸附磷的影响实验

为研究水体颗粒物浓度对磷吸附的影响，首先选择三峡水库清溪场断面采集的悬浮颗粒物样品，称量 0.006g、0.015g、0.03g 和 0.09g 的颗粒物若干份，分别置于 50ml 离心管中，且每根离心管加入 30ml 的低质量浓度的磷系列溶液（0 ~ 0.8mg/L，pH 为 8.10 ± 0.05），从而使水体颗粒物浓度分别为 0.2g/L、0.5g/L、1g/L 和 3g/L。

然后，在 25℃条件下连续振荡 50h，3500r/min 条件下离心 10min，分离上清液，经 0.45μm 滤膜过滤后，采用钼酸铵分光光度法测定水体平衡 PO_4^{3-} 浓度。最后，选用 Freundlich 交叉型吸附等温模型，拟合不同颗粒物浓度下颗粒物等温吸附磷曲线。为保证实验质量，每种颗粒物浓度和每种水体初始 PO_4^{3-} 质量浓度的样品均设置三个平行进行等温吸附磷实验。

4.3 三峡水库干流水质变化特征

4.3.1 三峡水库主要水质指标平均变化

（1）总氮和总磷

2012 年，库区干流断面总氮浓度和总磷浓度分别为 1.21 ~ 2.04mg/L、0.075 ~ 0.175mg/L，平均值分别为 1.87mg/L 和 0.143mg/L，总氮浓度劣于《地表水环境质量标准》（GB 3838—2002）Ⅲ类标准（湖泊），总磷浓度优于Ⅲ类标准（河流）。

长时间序列数据分析显示，2002 ~ 2012 年库区干流断面总氮浓度为 0.71 ~ 3.40mg/L，平均值为 1.81mg/L，最大值出现在 2004 年，总体上库区干流断面总氮浓度较稳定，如图 4-3 所示。总磷浓度为 0.053 ~ 0.229mg/L，平均值为 0.114mg/L，最大值出现在 2002 年，总体上库区干流断面总磷浓度在 2002 ~ 2005 年呈稳步上升态势，2005 ~ 2007 年有阶段性小幅度下降，2008 年以后上升趋势较为明显，如图 4-4 所示。

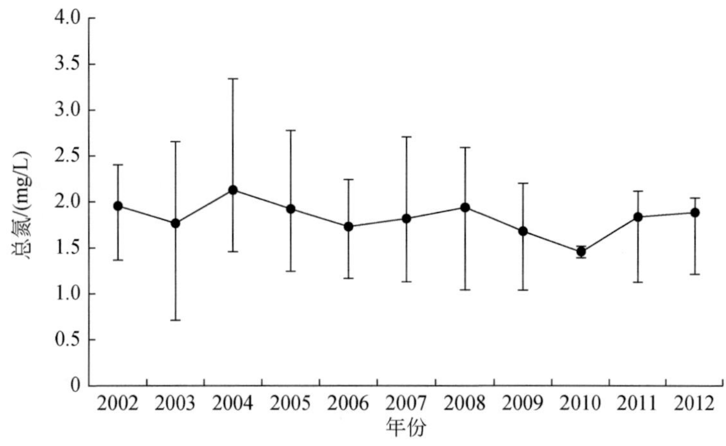

图 4-3 库区干流总氮年际变化趋势

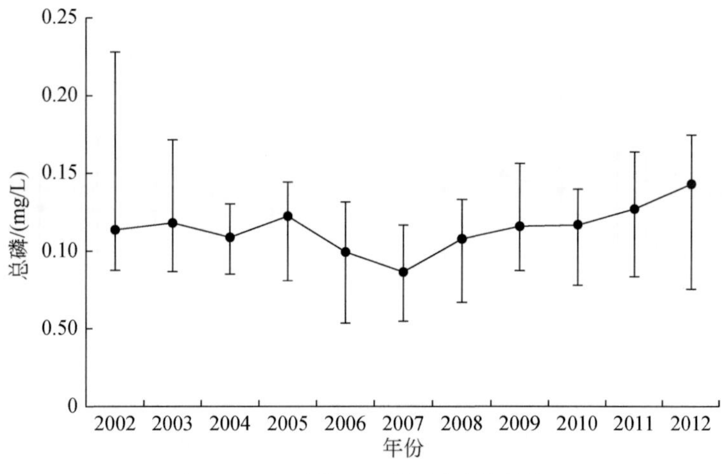

图 4-4 库区干流总磷年际变化趋势

（2）高锰酸盐指数、五日生化需氧量和氨氮

2012 年，库区干流监测断面高锰酸盐指数、五日生化需氧量和氨氮浓度分别为 1. 63 ~ 2. 65mg/L、0. 72 ~ 1. 92mg/L 和 0. 11 ~ 0. 34mg/L，平均值分别为 2. 02mg/L，1. 28mg/L 和 0. 22mg/L，均优于《地表水环境质量标准》Ⅲ类标准，达Ⅰ、Ⅱ类标准。

长时间序列数据分析显示，2002 ~ 2012 年库区干流监测断面高锰酸盐指数为 1. 46 ~ 3. 61mg/L，平均值为 2. 23mg/L，略呈下降趋势，最大值出现在 2006 年，年内变幅较大，如图 4-5 所示。五日生化需氧量为 0. 70 ~ 2. 61mg/L，平均值为 1. 37mg/L，最大值出现在 2004 年，总体上保持稳定状态，如图 4-6 所示。氨氮浓度为 0. 09 ~ 0. 59mg/L，平均值为 0. 25mg/L，最大值出现在 2003 年，总体上呈阶梯下降趋势，如图 4-7所示。

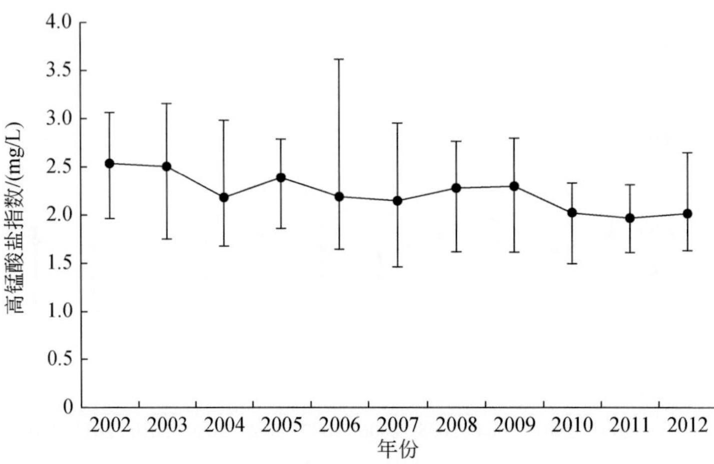

图 4-5　库区干流高锰酸盐指数年际变化趋势

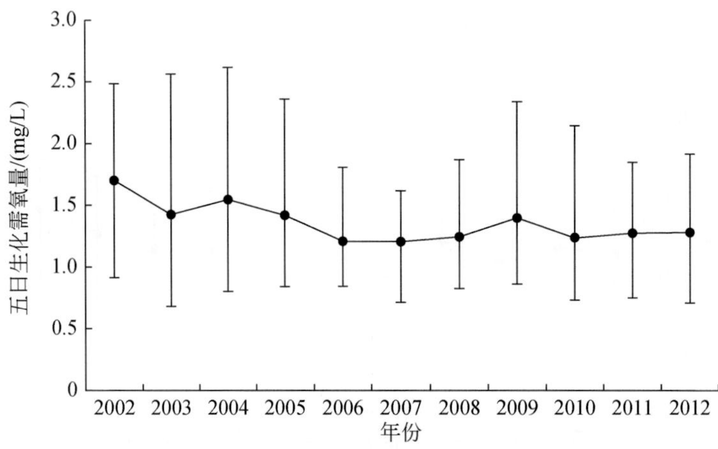

图 4-6　库区干流五日生化需氧量年际变化趋势

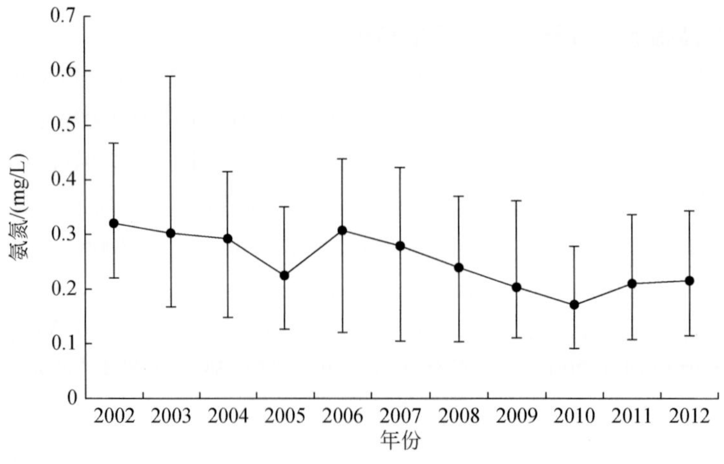

图 4-7　库区干流氨氮年际变化趋势

（3）石油类

2012 年，库区干流监测断面石油类浓度为 0.006 ~0.030mg/L，平均值为 0.020mg/L，优于《地表水环境质量标准》Ⅲ类标准。

长时间序列数据分析显示，2002 ~ 2012 年库区干流断面石油类浓度为 0.004 ~ 0.050mg/L，平均值为 0.027mg/L，最大值在 2003 ~2010 年均有出现，总体上库区干流断面石油类浓度逐年变化幅度较小，保持基本稳定状态，如图 4-8 所示。

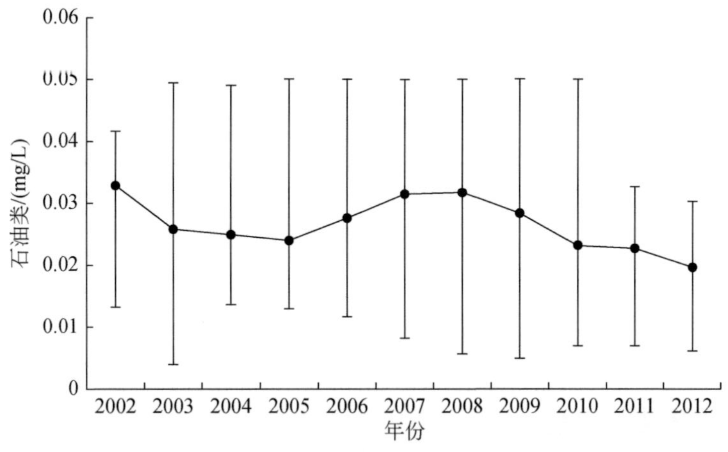

图 4-8　库区干流石油类年际变化趋势

（4）铅、汞

2012 年，库区干流监测断面铅浓度、汞浓度分别为 0.000 25 ~0.01mg/L、0.000 001 ~ 0.000 029mg/L，平均值分别为 0.0037mg/L、0.000 018mg/L，优于《地表水环境质量标准》Ⅲ类标准，均达到Ⅰ、Ⅱ类标准。

长时间序列数据分析显示，2002 ~2012 年库区干流断面铅浓度为 0.0002 ~0.0250mg/L，平均值为 0.0065mg/L，最大值在 2002 ~2005 年均有出现，总体上呈现先下降后趋于稳定的状态，如图 4-9 所示。汞浓度为 0.000 01 ~0.000 05mg/L，平均值为 0.000 023mg/L，最大值出现在 2009 年，总体上保持相对稳定状态，如图 4-10 所示。

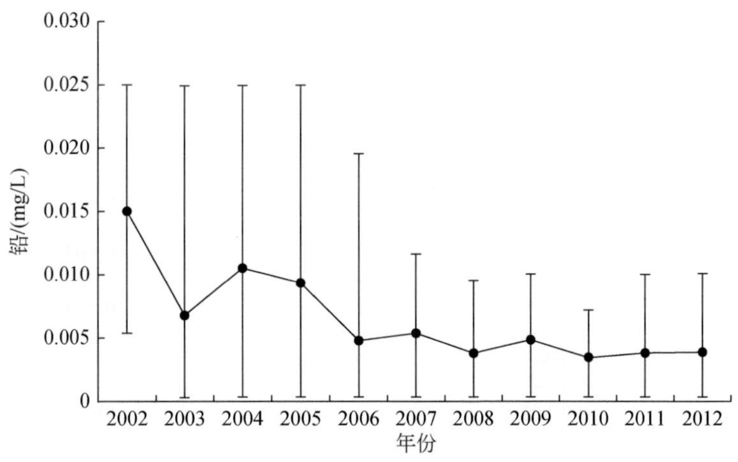

图 4-9　库区干流铅年际变化趋势

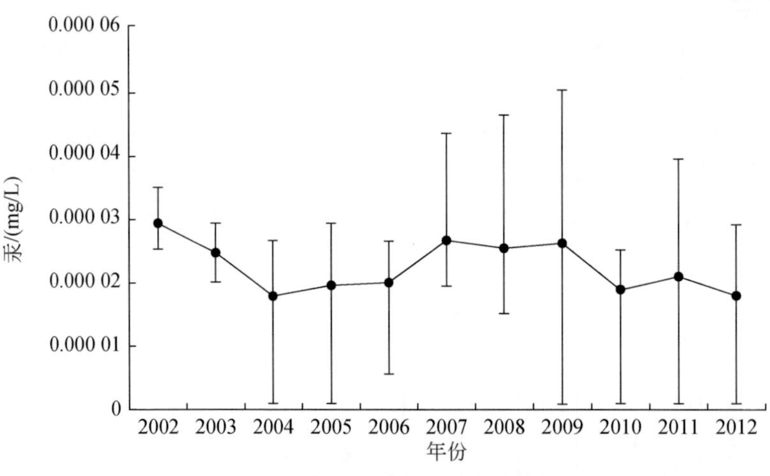

图 4-10　库区干流汞年际变化趋势

4.3.2　三峡水库水质分阶段变化趋势分析

(1) 分时段变化趋势分析

以库区 17 个断面水质监测数据为基础进行统计分析。从 1998 ~ 2002 年、2004 ~ 2012 年两个时段各断面水质指标平均值来看，pH、溶解氧、高锰酸盐指数、五日生化需氧量、挥发酚、氰化物、砷、汞、六价铬、石油类、铅、镉 12 个水质指标浓度保持稳定，总大肠菌群有较明显下降（表 4-2）。

表 4-2　三峡库区干流水质分时段统计对比

时段	1984 ~ 1990 年	1998 ~ 2002 年	2004 ~ 2012 年	2012 年
pH	8.0	7.8	7.8	7.8
溶解氧/（mg/L）	8.2	7.8	7.9	8.0
高锰酸盐指数/（mg/L）	2.9	2.6	2.2	2.0
五日生化需氧量/（mg/L）	1.2	1.7	1.3	1.2
挥发酚/（mg/L）	0.001	0.001	0.001	0.001
氰化物/（mg/L）	0.021	0.003	0.002	0.002
砷/（mg/L）	0.004	0.005	0.003	0.002
汞/（mg/L）	0.000 17	0.000 05	0.000 02	0.000 02
六价铬/（mg/L）	0.002	0.007	0.006	0.004
石油类/（mg/L）	0.110	0.045	0.026	0.020

续表

时段	1984～1990 年	1998～2002 年	2004～2012 年	2012 年
铅/（mg/L）	0.007	0.018	0.005	0.004
镉/（mg/L）	0.000	0.002	0.001	0.001
硝酸盐/（mg/L）	0.02	0.96	—	—
亚硝酸盐氮/（mg/L）	0.67	0.04	—	—
非离子氨/（mg/L）	0.01	0.02	—	—
总大肠菌群/个	2 800	72 936	20 409	7 308

（2）分水期变化趋势分析

分水期变化情况统计结果见表4-3。可以看出，蓄水后，高锰酸盐指数、五日生化需氧量、六价铬、总磷、铅等水质指标浓度均在丰水期大于枯水期，此规律基本与蓄水前一致。

表 4-3　蓄水前后主要水质指标浓度分水期统计　　（单位：mg/L）

蓄水前后	水期	高锰酸盐指数		六价铬		五日生化需氧量		氨氮		总磷		总氮		铅	
		$\overline{X}$	S	$\overline{X}$	S	$\overline{X}$	S	$\overline{X}$	S	$\overline{X}$	S	$\overline{X}$	S	$\overline{X}$	S
蓄水前（1998～2003 年）	枯	2.19	0.55	7.49	2.90	1.55	0.58	0.188	0.193	0.10	0.04	1.93	0.54	0.0105	0.0119
	平	2.72	0.60	9.68	3.48	1.71	0.66	0.169	0.159	0.13	0.05	2.14	0.70	0.0147	0.0141
	丰	2.96	0.69	11.21	4.55	1.56	0.62	0.140	0.134	0.15	0.10	1.81	0.64	0.0226	0.0167
蓄水后（2003～2012 年）	枯	1.89	0.55	8.35	2.55	1.31	0.49	0.274	0.096	0.09	0.03	1.61	0.51	0.0068	0.0075
	平	2.04	0.58	9.25	2.64	1.36	0.54	0.260	0.115	0.11	0.05	1.61	0.58	0.0071	0.0074
	丰	2.36	0.68	10.04	3.22	1.37	0.63	0.268	0.127	0.12	0.05	1.71	0.57	0.0073	0.0073

注：$\overline{X}$ 表示均值；S 表示标准差。

高锰酸盐指数、六价铬浓度不同水期变化规律相对明显，丰水期最高，其次为平水期，枯水期最低。五日生化需氧量、氨氮、总磷、总氮浓度不同水期变化相对不明显。其中氨氮浓度在枯水期相对较高，平水期、枯水期差别不明显。总磷浓度在枯水期相对较小，丰水期、平水期逐年情况不同，其中丰水期较平水期浓度大的年份较多。总氮浓度在丰水期最高，枯水期和平水期的总氮浓度差别不大，表明河流中的氮营养盐主要来源于流域农业面源污染。

4.3.3　库区干流水体总磷的变化特征

三峡水库径流量和输沙量数据来源于水文站，水体总磷浓度数据来源于水质监测断面，因此本研究在选择代表性水质监测站数据时尽量选择与相应水文站距离最近的水质监测断面，即长江朱沱断面、嘉陵江北温泉断面、乌江麻柳嘴断面、三峡库区寸滩至培石断面以及三峡出库南津关断面。

（1）总磷的空间分布

三峡水库上游河流及库区干流各断面的多年平均 TP 浓度的空间分布（2010 ~ 2015 年），如图 4-11 所示。

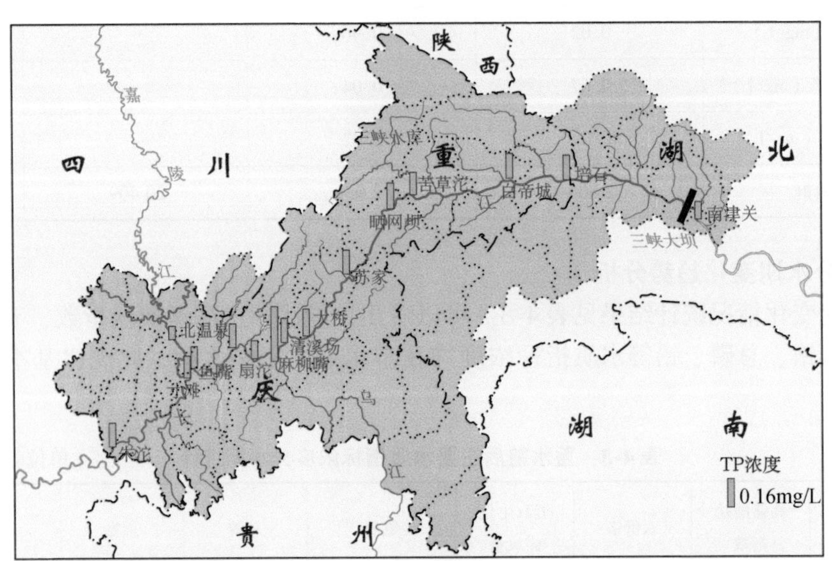

图 4-11　三峡上游河流及库区干流各断面的多年平均 TP 浓度的空间分布

2010 ~ 2015 年长江朱沱断面、嘉陵江北温泉断面和乌江麻柳嘴断面多年平均 TP 浓度分别为 0. 14mg/L、0. 07mg/L 和 0. 33mg/L，可以看出，乌江水体 TP 浓度相比长江、嘉陵江较高。三峡库区寸滩至培石断面多年平均 TP 浓度为 0. 11 ~ 0. 15mg/L，空间差异不明显，库区干流水体多年平均 TP 浓度与长江朱沱断面多年平均 TP 浓度接近，处于《地表水环境质量标准》Ⅲ类水水平。三峡出库南津关断面多年平均 TP 浓度为 0. 10mg/L，相比库区各断面水体 TP 浓度略低。

（2）总磷的时间变化

2003 ~ 2015 年，三峡水库上游河流及库区干流各断面水体 TP 浓度的年际变化情况如图 4-12 所示。2003 ~ 2015 年，长江朱沱断面、嘉陵江北温泉断面水体 TP 浓度分别为 0. 05 ~ 0. 19mg/L、0. 04 ~ 0. 09mg/L，分别处于《地表水环境质量标准》Ⅲ类、Ⅱ类水水平；乌江麻柳嘴断面水体 TP 浓度为 0. 08 ~ 0. 45mg/L。2003 ~ 2015 年，三峡库区寸滩至培石断面、出库南津关断面水体 TP 浓度分别为 0. 09 ~ 0. 15mg/L、0. 08 ~ 0. 13mg/L，均处于《地表水环境质量标准》Ⅲ类水水平。

通过 Mann-Kendall 趋势分析，可以看出 2003 ~ 2015 年长江上游朱沱断面、嘉陵江北温泉断面、库区寸滩断面和清溪场断面以及出库南津关断面水体 TP 浓度的年际变化不显著，但是乌江麻柳嘴断面水体 TP 浓度呈现显著的升高趋势（Z_s = 2. 81**），见表 4-4。从图 4-12 可以看出，2003 ~ 2008 年乌江麻柳嘴断面水体 TP 浓度由 0. 08mg/L 升高至 0. 15mg/L（Ⅲ类水水平），2009 ~ 2011 年迅速升高至 0. 45mg/L（劣Ⅴ类水水平），2012 ~ 2015 年又迅速降低至 0. 12mg/L（Ⅲ类水水平）。

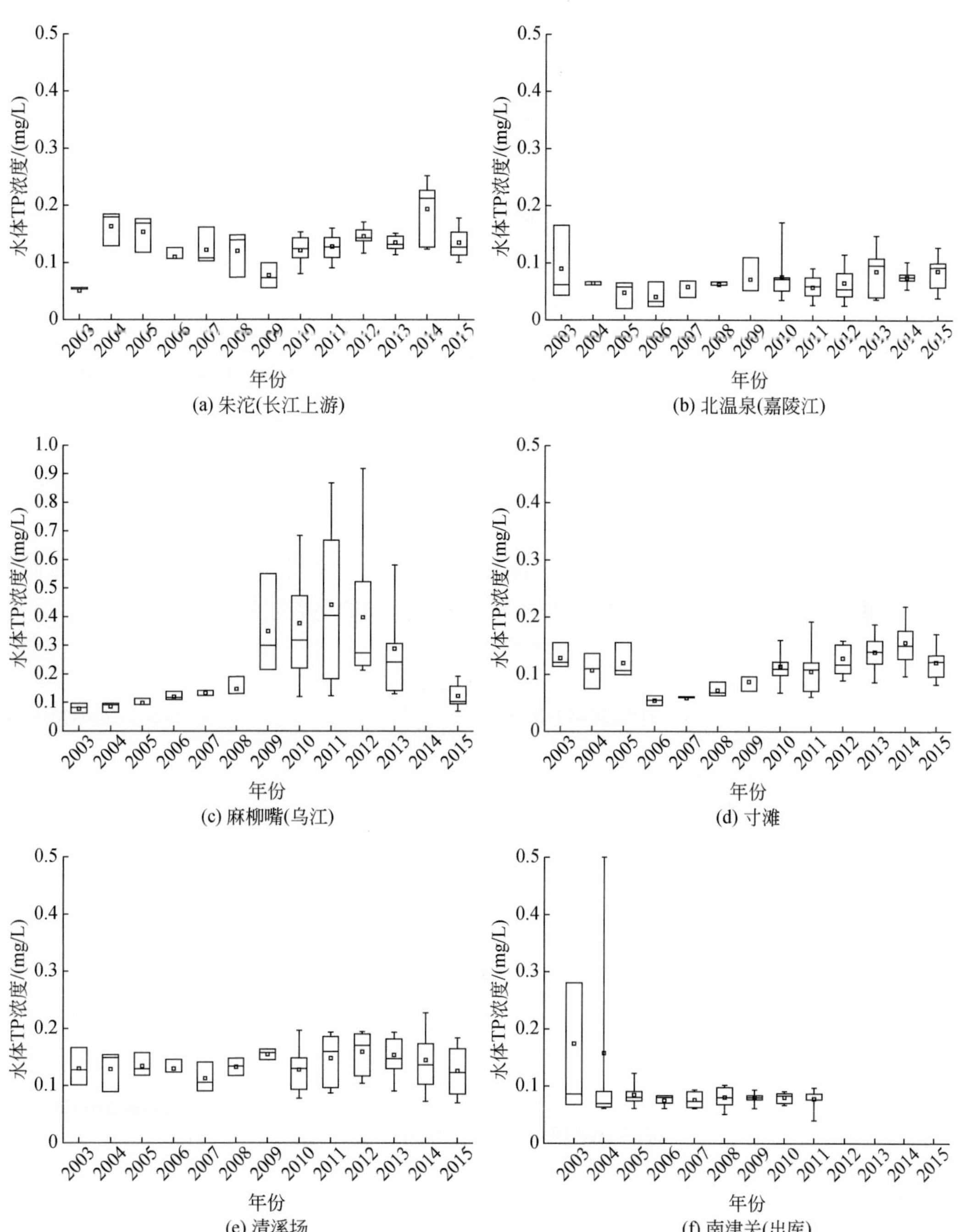

图 4-12 2003～2015 年三峡上游河流及库区干流各断面水体 TP 浓度的年际变化

表 4-4 三峡上游河流及水库干流水体 TP 浓度的 Mann-Kendall 趋势检验分析

检验指标	标准化统计量	朱沱	北温泉	麻柳嘴	寸滩	清溪场	南津关
TP 浓度	Z_s	1.28	1.53	2.81**	1.65	0.92	-0.31

注：各断面水体 TP 浓度的分析年限为 2003～2015 年。

** 表示统计上显著性趋势达到 1% 水平。

2003～2011年乌江水体TP浓度迅速增加，这主要由乌江中上游地区大型磷矿开采和磷化工生产所致。乌江流域贵州段是典型的喀斯特地貌，分布有中国大型富磷矿区（如开阳磷矿（现为贵州开磷（集团）有限责任公司）、瓮福磷矿），其生产过程中产生数量巨大的磷石膏，经过多年累积堆放、雨水溶解冲淋作用，高浓度的含磷废水进入乌江水体，从而对乌江中下游水质产生巨大影响。2009～2010年，乌江流域贵州段水体死鱼事件不断发生，乌江磷污染问题逐渐受到广泛关注。根据长江流域水环境水质监测数据，截至2015年，乌江麻柳嘴断面水体TP浓度已达到《地表水环境质量标准》Ⅲ类水水平，可见乌江水体磷污染治理效果显著。

三峡水库上游河流及库区干流各断面水体TP浓度的季节变化情况（2010～2015年逐月平均值），如图4-13所示。对比分析可以发现，三峡水库各断面水体TP浓度的季节变化特征与径流量、输沙量的季节变化特征不一致。长江朱沱断面水体TP浓度的季节变化规律不明显，而嘉陵江北温泉断面水体TP浓度均表现为“丰水期（6～7月）高于枯水期、平水期”的季节变化特征，且具有非点源污染特征。乌江麻柳嘴断面水体TP浓度则表现为“平水期（2～5月）高于丰水期、枯水期”的季节变化特征，这也说明乌江水体受到点源污染和非点源污染的综合影响。南津关断面位于三峡水库坝下，受三峡水库调蓄泥沙沉降影响，其水体TP浓度反映出与入库和库中断面的显著差异。

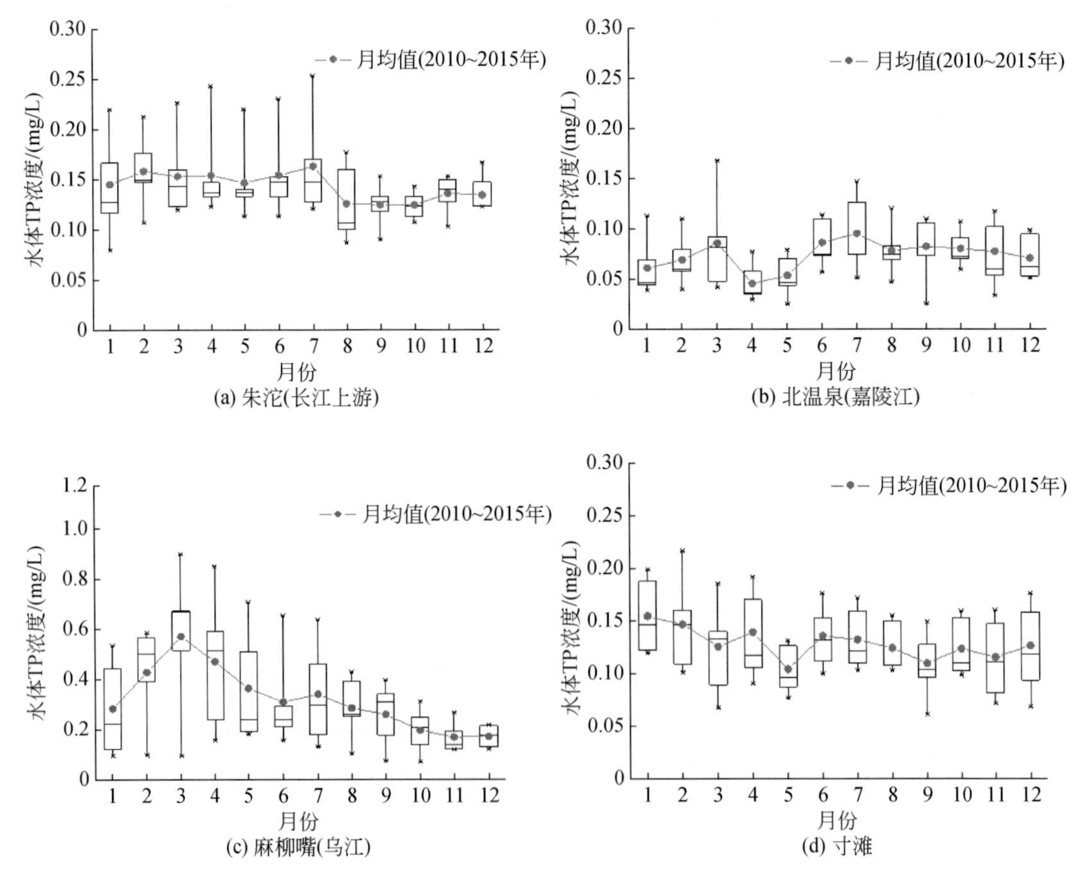

(a) 朱沱(长江上游)　(b) 北温泉(嘉陵江)

(c) 麻柳嘴(乌江)　(d) 寸滩

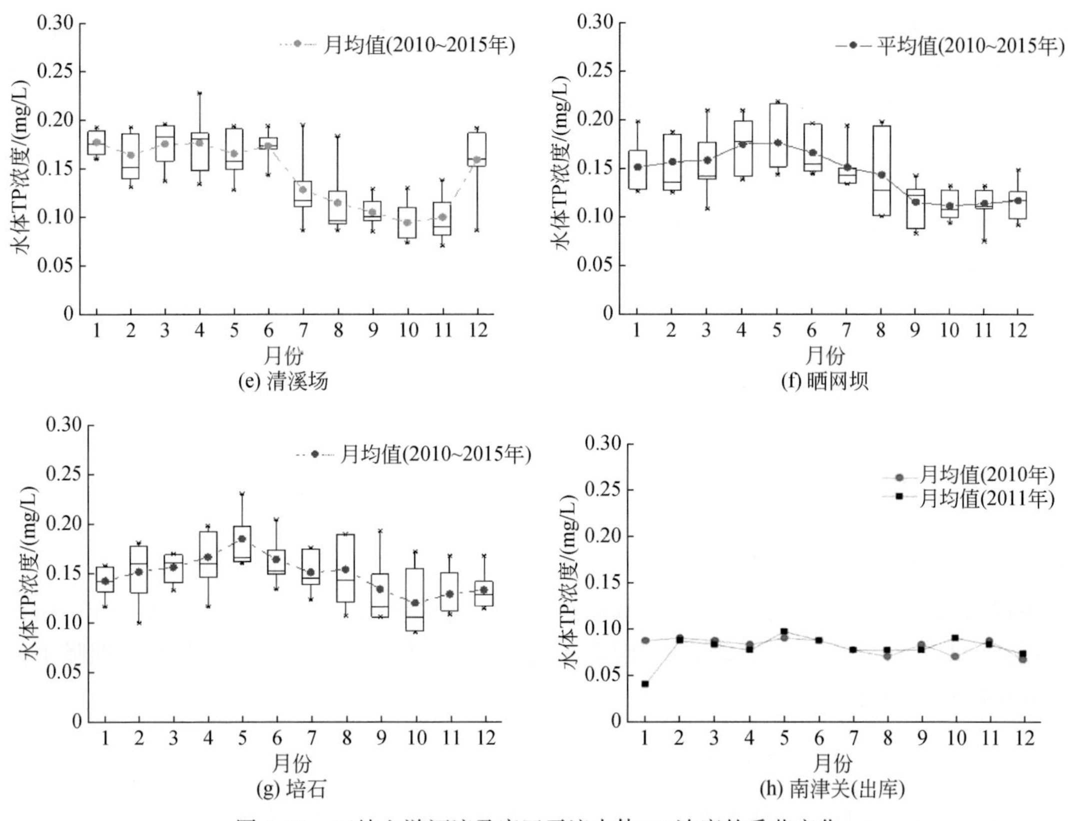

图 4-13　三峡上游河流及库区干流水体 TP 浓度的季节变化

对于三峡库区，寸滩断面水体 TP 浓度季节变化特征也不显著，尤其是丰水期水体 TP 浓度并不突出，可能受到重庆主城区生活污水、工业废水等点源污染输入的影响。相比之下，库区清溪场、晒网坝和培石断面水体 TP 浓度基本表现为“平水期（4 ~5 月）较高，丰水期、枯水期较低”的季节变化特征，这也说明库区内各断面水体受到点源污染和非点源污染的综合影响。总之，在丰水期，三峡库区干流各断面水体 TP 浓度相对平水期、枯水期不突出，这可能与 7 ~8 月库区径流量较大、9 ~10 月水库蓄水而使水力停留时间延长，颗粒态磷沉降作用有关。三峡出库南津关断面水体 TP 浓度的季节变化特征不明显。

4.4　三峡水库水体迁移转化特征研究

4.4.1　不同水库调度期三峡干流表层水体磷形态的分布特征

4.4.1.1　表层水体物理化学参数

四个水库调度期，上游入库河流、三峡库区和出库干流各采样断面（朱沱、北碚、武隆、寸滩、清溪场、晒网坝、秭归、南津关）现场监测的水质参数，见表4-5。可以看出，表层水体 pH 为 7. 16 ~8. 73；水温为 10. 7 ~27. 0℃，其中低水位期水温最高（平均为

24.6℃)，高水位期水温最低（平均为13.4℃）；DO含量为5.06～9.70mg/L，其中低水位期DO最低（平均为5.65mg/L），高水位期DO最高（平均为8.93mg/L）；EC为291～489μS/cm，高水位期EC（平均为471μS/cm）相比其他时期较高。

表4-5　四个水库调度期三峡上游河流及水库干流表层水体的物理化学参数

采样时间	水库调度期	pH	水温/℃	DO/(mg/L)	EC/(μS/cm)
2014年10月	蓄水期	7.90～8.08(8.03)	20.3～22.8(21.5)	6.93～9.70(8.12)	324～396(349)
2015年1月	高水位期	—	10.7～14.8(13.4)	8.26～9.39(8.93)	454～489(471)
2015年7月	低水位期	7.16～8.45(7.71)	21.0～27.0(24.6)	5.06～7.48(5.65)	308～404(360)
2016年4月	泄水期	7.90～8.73(8.24)	15.1～19.0(17.2)	6.05～9.35(8.32)	291～385(328)

河流水温变化会直接影响水体中氧气的溶解度、水生生物和微生物的生长繁殖等。在高水位期，三峡水库水温低、DO高；在低水位期，三峡水库水温高、DO低，这与冬季、夏季日照强度差异所导致的表层水体复氧能力不同有关。EC不仅可以反映水体离子强度，也可以指示总离子组成与溶解态无机物质组成。在高水位期，三峡水库表层水体EC相对较高，说明高水位期三峡水库水体溶解态无机离子组成相对较高，这可能与枯水期降水稀释作用影响较小有关。

4.4.1.2　表层水体磷形态的含量组成

四个水库调度期，三峡上游河流及水库干流各断面水体总磷、总颗粒态磷和总溶解态磷浓度及百分含量组成的空间分布和时期变化如图4-14～图4-16所示。对于三条上游入库河流：长江朱沱断面水体总磷浓度为0.17～0.25mg/L（平均为0.21mg/L），其中总颗粒态磷、总溶解态磷分别占总磷浓度的44%、56%；嘉陵江北碚断面水体总磷浓度相比其他断面最低（0.06～0.23mg/L，平均为0.12mg/L），其中总颗粒态磷、总溶解态磷分别占总磷浓度的43%、57%；乌江武隆断面水体总磷浓度相比其他断面最高（0.20～0.28mg/L，平均为0.23mg/L），其中总颗粒态磷、总溶解态磷分别占总磷浓度的30%、70%。可见，上游三条入库河流水体总溶解态磷浓度相比总颗粒态磷浓度较高，尤其是乌江水体，磷形态主要为总溶解态磷，而总溶解态磷均以PO_4^{3-}为主要形态，PO_4^{3-}浓度均占总溶解态磷浓度的68%以上。

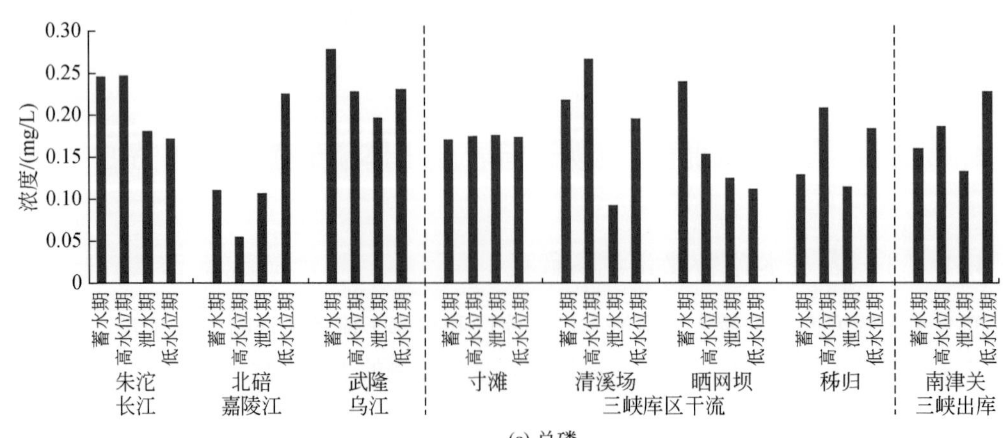

(a) 总磷

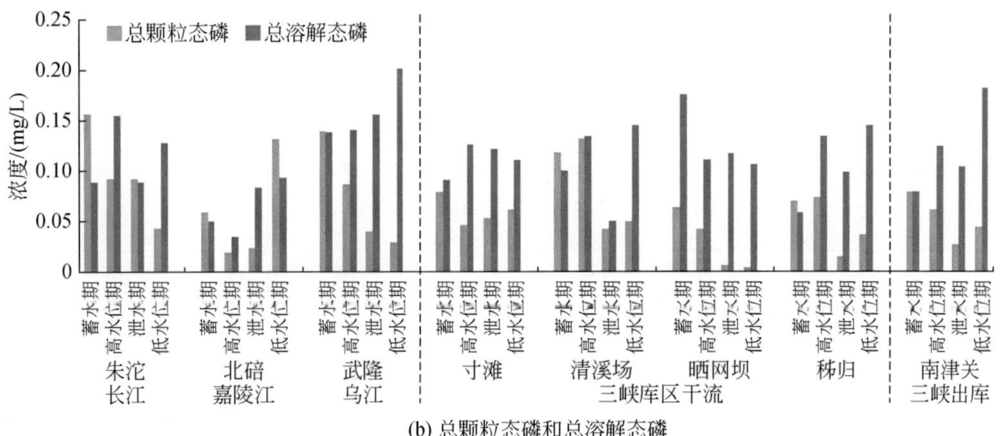

(b) 总颗粒态磷和总溶解态磷

图 4-14　四个水库调度期三峡上游河流及水库干流水体磷形态含量的时期变化

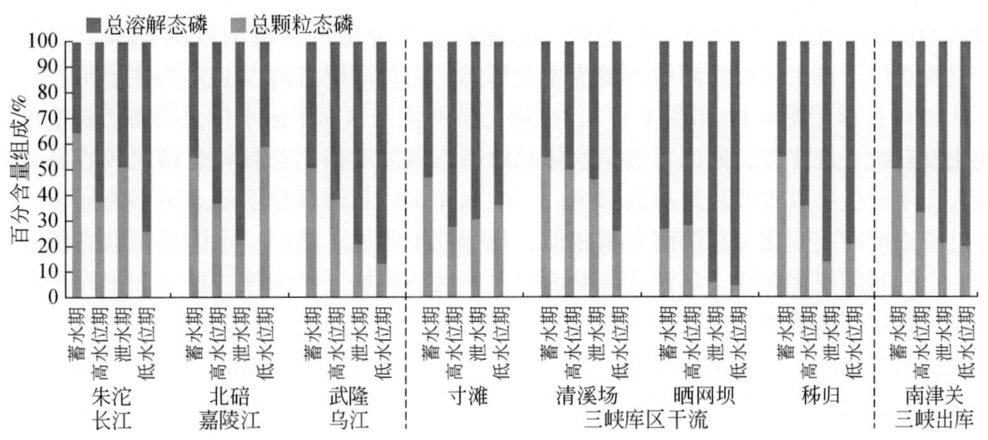

图 4-15　四个水库调度期三峡上游河流及水库干流水体磷形态组成的时期变化

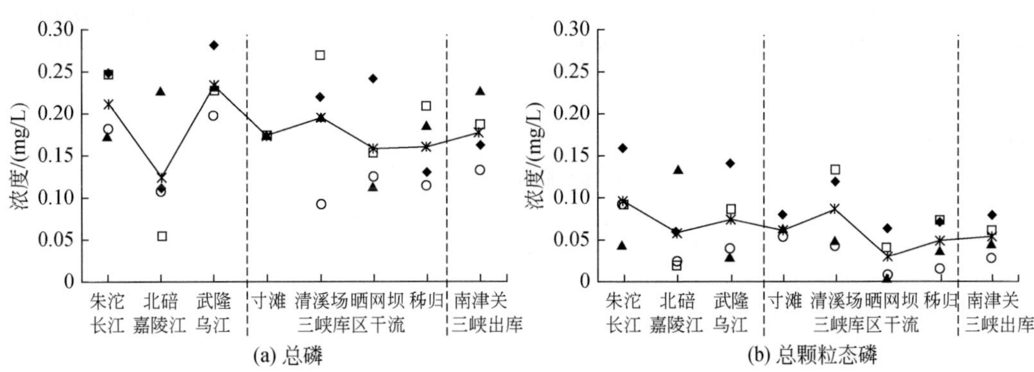

(a) 总磷　　(b) 总颗粒态磷

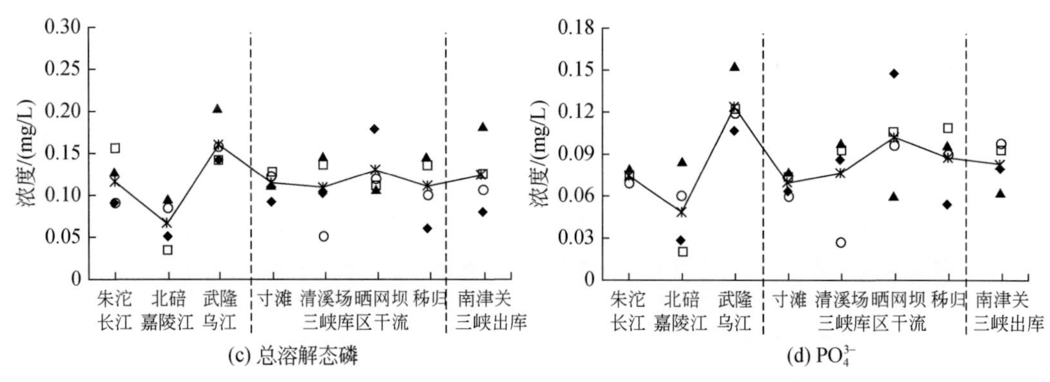

◆ 蓄水期 □ 高水位期 ▲ 低水位期 ○ 泄水期 —✳— 四期均值

图 4-16 四个水库调度期三峡上游河流及水库干流水体磷形态的空间分布

对于三峡库区干流，寸滩、清溪场、晒网坝和秭归断面水体总磷浓度为 0. 16 ~ 0. 19mg/L（平均为 0. 17mg/L），其中总溶解态磷占总磷浓度的 56%~84%，总颗粒态磷占总磷浓度的 16%~44%。对于三峡出库干流，南津关断面水体总磷浓度为 0. 13 ~ 0. 23mg/L（平均为 0. 18mg/L），其中总溶解态磷、总颗粒态磷分别占总磷浓度的 69%、31%。可见，三峡水库干流水体以总溶解态磷为主要形态，而总溶解态磷以 PO_4^{3-} 为主要形态。

从时间上看（图 4-14 和图 4-15），三峡上游河流及水库干流水体总溶解态磷浓度的时间变化没有统一规律性，原因可能是水体总溶解态磷浓度相比总颗粒态磷比较容易受到外源输入、浮游生物吸收或释放等的影响。三峡水库水体总磷以总溶解态磷形态居多，所以水体总磷浓度时间变化与总溶解态磷相似，规律性不明显。然而，水体总颗粒态磷浓度表现出一定的时间变化规律。乌江武隆断面以及库区清溪场、晒网坝、秭归和出库南津关断面水体总颗粒态磷浓度及总颗粒态磷百分含量均表现为蓄水期>高水位期>泄水期、低水位期。从蓄水期、高水位期至泄水期、低水位期，三峡库区干流各断面（寸滩、清溪场、晒网坝和秭归）水体总颗粒态磷百分含量分别从 27%~54%（平均为 46%）、28%~49%（平均为 35%）降低至 6%~46%（平均为 24%）、4%~36%（平均为 22%）。

从空间上看（图 4-16），三峡库区、出库干流水体总磷、总溶解态磷浓度低于长江上游、乌江，但高于嘉陵江。三峡库区及出库干流总溶解态磷浓度沿程变化不大。然而，长江上游朱沱和清溪场（入库断面）总颗粒态磷浓度最高；库区干流从寸滩至清溪场断面总颗粒态磷浓度有所升高，可能受乌江带来的高浓度磷的影响；从清溪场至晒网坝（库中断面）总颗粒态磷浓度显著降至最低（ANOVA，$P<0.05$），这可能与清溪场至晒网坝河段悬浮泥沙颗粒沉降作用有关。从晒网坝至秭归（坝前断面）、南津关（坝后断面）又有所升高，可能受此区段外源输入及坝前淤积含磷泥沙下泄过程中再悬浮的影响。

4. 4. 2 不同水库调度期三峡干流悬浮颗粒物磷形态的分布特征

4. 4. 2. 1 悬浮颗粒物基本理化性质

（1）含沙量和悬浮颗粒粒径

通过查阅《中华人民共和国水文年鉴》（长江上游干流分册），收集得到 2015 年长江上游朱沱断面、库区干流的寸滩、清溪场和万县（晒网坝）断面以及出库干流的黄陵庙断面的悬浮颗粒粒径分布及含沙量情况。

从长江朱沱至黄陵庙断面悬移质颗粒粒径分布来看（图 4-17（a）和（b）），粒径小于 16μm 的悬移质颗粒物占总颗粒物的 50% 以上，中数粒径范围为 9～12μm，平均粒径范围为 16～36μm。悬移质颗粒的平均粒径从长江朱沱至库区寸滩、清溪场和万县断面均从 36μm 减小至 28.5μm、26.5μm 和 16μm，再至出库黄陵庙断面又增大至 27μm。由于重力沉降作用影响，粒径粗的颗粒在沿河流水体流动的过程中容易发生沉降作用，而粒径细的颗粒在沿水流方向能够输移更远的距离。长江朱沱至库区万县断面悬移质颗粒粒径逐渐变细，这是由悬移质泥沙沿程分选沉降作用导致的。

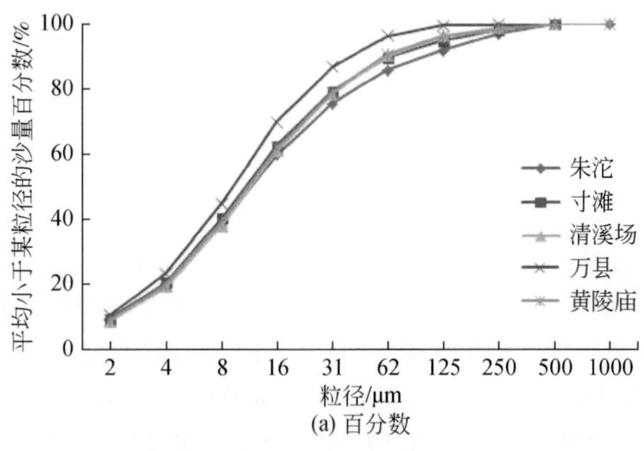

(a) 百分数

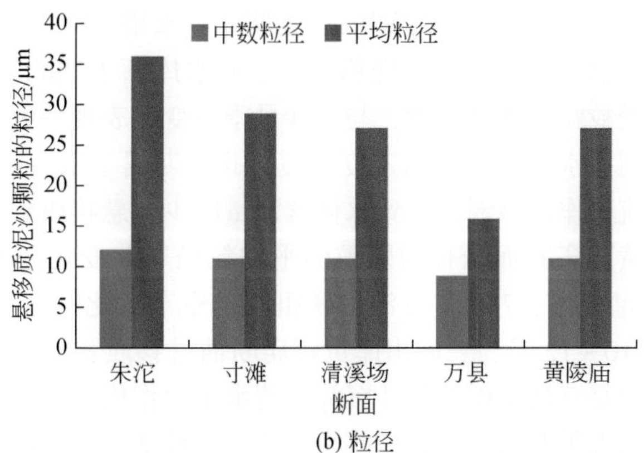

(b) 粒径

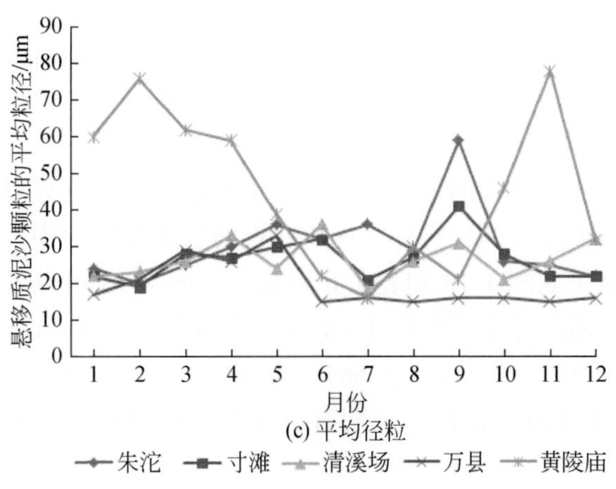

(c) 平均径粒

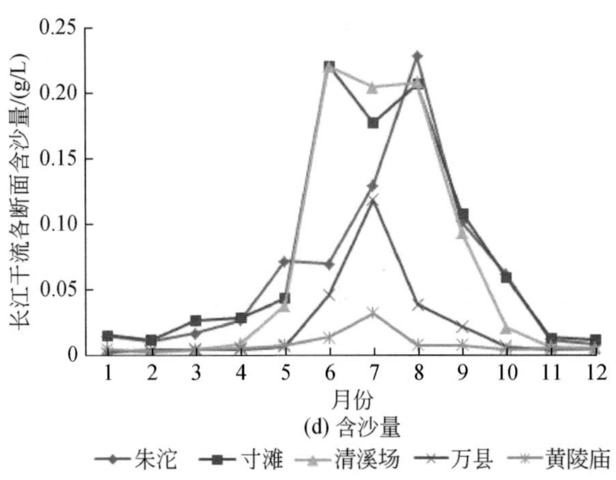

图 4-17　长江上游至三峡出库干流悬移质泥沙的粒径分布和含沙量分布

资料来源：《中华人民共和国水文年鉴》（长江上游干流分册）（2015 年）

从悬移质颗粒的平均粒径的逐月分布图（图 4-17（c））可以看出，长江朱沱、库区寸滩和清溪场断面悬移质颗粒的平均粒径基本呈“1～6 月逐渐变粗，6～9 月波动性变粗，9～12 月再逐渐变细”的季节变化特征；库区万县（晒网坝）断面悬移质颗粒的平均粒径呈“1～5 月逐渐变粗，6 月快速变细，6～12 月保持稳定”的季节变化特征。由此说明，在三峡水库泄水期间（2～6 月），长江上游及库区干流悬移质颗粒粒径逐渐变粗，这与含沙量的季节变化表现一致（图 4-17（d））。泄水期间，三峡大坝开闸泄水，水体流动速度加快，此时期属于平水期至丰水期的过渡期，雨水增多，土壤冲刷流失作用加强，导致水体含沙量增多，悬移质颗粒粒径变粗。在三峡水库蓄水期间（9～12 月），长江上游及库区干流悬移质颗粒粒径逐渐变细，与含沙量季节变化表现一致（图 4-17（d））。蓄水期间，三峡大坝关闸蓄水，水体流动速度减缓，此时期属于汛后期至枯水期的过渡期，雨水减少，土壤冲刷流失作用减弱，导致水体含沙量减少，悬移质颗粒粒径变细。

然而，三峡出库黄陵庙断面悬移质颗粒的平均粒径季节变化与库区干流断面表现相反，呈现“1～7 月逐渐变细，7～11 月波动变粗”的季节变化特征。同时从图 4-17（c）可以看出，1～5 月和 10～12 月，三峡出库黄陵庙断面悬移质颗粒的平均粒径相比三峡库区干流断面较粗，原因是三峡水库的拦沙沉淀和清水下泄作用下坝下河床泥沙再悬浮粗化所致。泄水期间，三峡大坝开闸泄水，三峡库区内粒径较细的悬移质颗粒随下泄水体进入下游河道，从而混合并细化了出库黄陵庙断面水体悬移质颗粒粒径。蓄水期间，三峡大坝关闸蓄水，切断了三峡库区输入坝后河道的输沙来源，突出了坝后河道区间产沙和河床冲刷的输沙来源，从而使出库黄陵庙断面水体悬移质颗粒粒径逐渐粗化。

（2）悬浮颗粒物有机质和重金属含量

由于前两次野外采样所获得的悬浮颗粒物数量有限，本研究只对低水位期（2015 年 7 月）、泄水期（2016 年 4 月）两次野外采样所获得的悬浮颗粒物中的 TOM、Fe、Mn 和 Ca 含量进行分析测定，结果如图 4-18 和表 4-6 所示。从图 4-18 可以看出，低水位期，长江朱沱至三峡出库南津关断面悬浮颗粒物 TOM 含量范围为 2.28%～4.57%，平均为 3.10%；泄水期，悬浮颗粒物 TOM 含量范围为 3.56%～7.25%，平均为 5.65%。从时间变化上看，泄水期悬浮颗粒物 TOM 含量相比低水位期有所升高。从空间分布上看，两时期库区清溪场断面悬浮颗粒物 TOM 含量相比其他断面均较高。

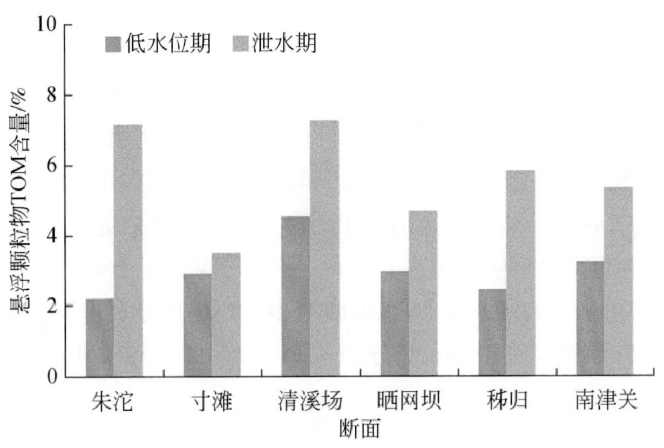

图 4-18 长江上游至三峡出库干流悬浮颗粒物的 TOM 含量分布

从表 4-6 可以看出，低水位期，长江朱沱至三峡出库南津关断面悬浮颗粒物 Fe、Mn 和 Ca 含量范围分别为 8.08 ~ 35.78mg/g、0.16 ~ 0.80mg/g 和 0.02 ~ 0.93mg/g。泄水期，悬浮颗粒物 Fe、Mn 和 Ca 含量范围分别为 1.13 ~ 21.29mg/g、0.89 ~ 1.30mg/g 和 0.07 ~ 0.82mg/g。从时间变化上看，泄水期悬浮颗粒物中 Mn 含量相比低水位期有所升高。

表 4-6 长江上游至三峡出库干流悬浮颗粒物 Fe、Mn 和 Ca 含量 （单位：mg/g）

采样断面	低水位期（2015 年 7 月）			泄水期（2016 年 4 月）		
	Fe	Mn	Ca	Fe	Mn	Ca
朱沱	20.90	0.55	0.06	5.30	0.89	0.07
寸滩	29.17	0.37	0.02	1.63	1.27	0.08
清溪场	9.11	0.16	0.19	1.13	1.30	0.18
晒网坝	8.93	0.80	0.93	—	—	—
秭归	35.78	0.50	0.23	—	—	—
南津关	8.08	0.27	0.07	21.29	1.03	0.82

4.4.2.2 悬浮颗粒物磷形态的含量组成

本研究采用改进 SEDEX 顺序化学提取法提取悬浮颗粒物中六种磷形态：弱吸附态磷（Exc-P）、可提取态有机磷（Exo-P）、铁锰结合态磷（Fe-P）、自生磷灰石及钙结合态磷（Ca-P）、碎屑磷（Det-P）和非活性磷（Res-P）。Exc-P 通常指与颗粒物不稳态结合磷，容易被脱附或被置换而进入水体且被生物吸收利用。Exo-P 主要指来源于水生（微）生物细胞残骸或者与腐殖质结合的磷等，在一定环境条件下可分解释放溶解态磷，而进入水体被生物吸收利用。Fe-P 指与铁锰氧化物或氢氧化物结合的磷，在还原环境中，三价铁氧化物或氢氧化物容易发生还原反应，同时释放 Fe^{2+} 和 PO_4^{3-}，进入水体被生物吸收利用。Ca-P 主要来源于自生的氟磷灰石、钙磷灰石等或生物成因的钙结合态磷（生物骨骼碎屑、贝壳等）。Det-P 指陆地自然风化作用所形成的含磷岩石碎屑（火成岩、变质岩等）。Res-P 指化学提取剂难以提取的残渣态磷。Exc-P、Exo-P、Fe-P、Ca-P、Det-P 和 Res-P 六种磷形态浓度之和即为单位质量颗粒物总磷浓度（PP），Exc-P、Exo-P 和 Fe-P 浓度之和即为单位质量颗粒物生物有效态磷浓度（Bio-P）。

四个水库调度期，三峡水库各采样断面悬浮颗粒物中 PP、Bio-P、Exc-P、Exo-P、Fe-P、Ca-P、Det-P 和 Res-P 含量的时空分布，如图 4-19 和图 4-20 所示。对于上游入库河流：长江上游朱沱断面悬浮颗粒物 PP 浓度为 1.04～1.56mg/g（平均为 1.24mg/g），其中以 Det-P、Exo-P 形态组成居多，Det-P、Exo-P 分别占 PP 的 31%、23%；嘉陵江北碚断面和乌江武隆断面悬浮颗粒物 PP 浓度分别为 0.59～1.88mg/g（平均为 1.26mg/g）和 1.23～1.80mg/g（平均为 1.45mg/g），两者均以 Exo-P 形态组成居多，Exo-P 分别占 PP 的 37% 和 41%。长江上游、嘉陵江和乌江悬浮颗粒物中 Bio-P 分别占 PP 的 43%、58% 和 63%。

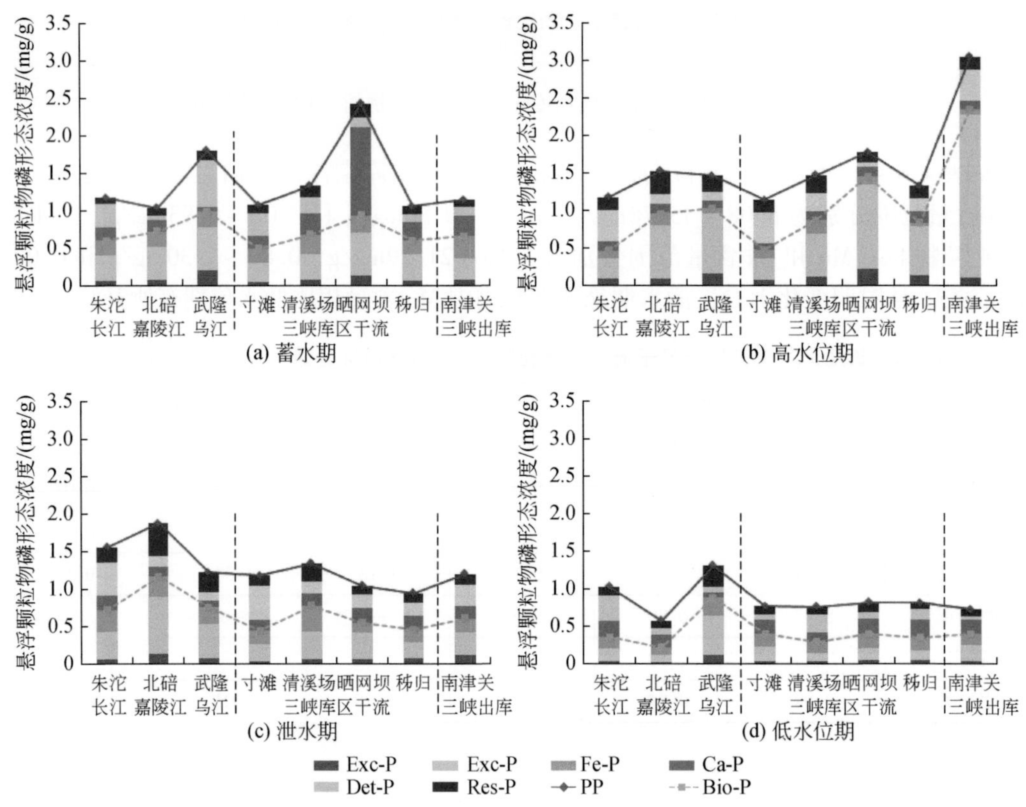

图 4-19　四个水库调度期三峡上游河流及水库干流悬浮颗粒物磷形态含量分布

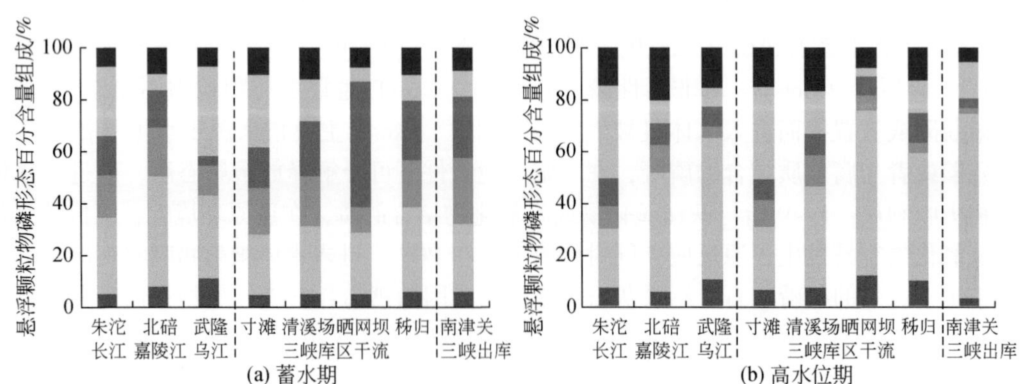

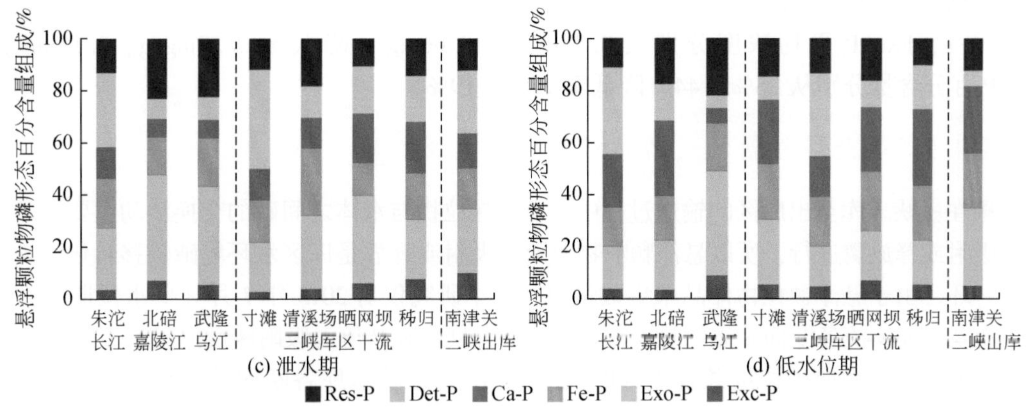

图 4-20　四个水库调度期三峡上游河流及水库干流悬浮颗粒物磷形态组成分布

三峡库区干流各断面悬浮颗粒物 PP 浓度为 0.77 ~ 2.42mg/g（平均为 1.21mg/g），其中寸滩、清溪场、晒网坝和秭归断面悬浮颗粒物 PP 浓度分别为 0.78 ~ 1.18mg/g（平均为 1.04mg/g）、0.77 ~ 1.47mg/g（平均为 1.23mg/g）、0.82 ~ 2.42mg/g（平均为 1.52mg/g）和 0.82 ~ 1.32mg/g（平均为 1.04mg/g），Bio-P 分别占 PP 的 44%、52%、55% 和 53%。三峡出库南津关断面悬浮颗粒物 PP 浓度为 0.73 ~ 3.05mg/g（平均为 1.53mg/g），其中 Bio-P 占 PP 的 60%。库区干流寸滩断面悬浮颗粒物以 Det-P、Exo-P 居多，两者分别占 PP 的 28%、23%，与长江朱沱断面悬浮颗粒物磷形态组成相似。除寸滩断面外，库区干流清溪场、晒网坝、秭归和南津关断面悬浮颗粒物 Exo-P 浓度及其百分含量均高于其他五种磷形态，Exo-P 分别占 PP 的 27%、35%、30% 和 38%。

从空间上看，在蓄水期和高水位期，从长江朱沱断面至库区干流的寸滩、清溪场、晒网坝断面悬浮颗粒物 PP、Bio-P 和 Exo-P 浓度及 Exo-P 占 PP 的百分含量均逐渐升高，但 Det-P 浓度及 Det-P 占 PP 的百分含量均逐渐降低；从晒网坝至秭归断面悬浮颗粒物 PP、Bio-P 浓度有所降低，从秭归至南津关断面又有所升高。与之相比，在低水位期和泄水期，悬浮颗粒物 PP 及其磷形态浓度在库区干流的空间分布特征不如蓄水期和高水位期明显。

从长江朱沱至库区晒网坝断面，悬浮颗粒物 PP、Bio-P 浓度的空间分布与水体总颗粒态磷浓度的空间分布特征相反。水体总颗粒态磷浓度属于颗粒磷的体积浓度，它的浓度高低主要由单位质量悬浮颗粒物磷浓度（PP，颗粒物所含磷的质量浓度）与水体含沙量（颗粒物的体积浓度）共同控制。从朱沱至晒网坝断面含沙量均呈现明显下降特征，这说明从朱沱至晒网坝断面颗粒物沿程逐渐沉降。虽然三峡库区干流寸滩至晒网坝区段悬浮颗粒物 PP 浓度逐渐升高，但含沙量沿程却逐渐降低。因此，与悬浮颗粒物 PP、Bio-P 浓度空间分布特征相反，三峡库区干流水体总颗粒态磷浓度从朱沱至晒网坝断面呈下降特征。

从时间上看，与水体总颗粒态磷浓度时间变化特征相似，乌江武隆断面以及库区干流清溪场、晒网坝、秭归和出库南津关断面悬浮颗粒物 PP、Bio-P、Exo-P 浓度及 Exo-P 百分含量均表现为蓄水期、高水位期>泄水期、低水位期，尤其是低水位期浓度值显著低于其他时期。由于三峡水库多数断面悬浮颗粒物中 Exo-P 浓度和百分含量组成相比其他磷形态较高，四个水库调度期悬浮颗粒物 PP 和 Bio-P 浓度时间变化主要由 Exo-P 浓度变化所贡献。从蓄水期、高水位期至泄水期、低水位期，三峡库区干流各断面（寸滩、清溪场、晒网坝和秭归）悬浮颗粒物 PP 平均浓度分别从 1.47mg/g、1.43mg/g 降低至 1.13mg/g、0.80mg/g，Exo-P 平均浓度分别从 0.38mg/g、0.66mg/g 降低至 0.29mg/g、0.15mg/g，Exo-P 百分含量分别从 26%、44% 降低至 26%、19%。

4.4.2.3 悬浮颗粒物对磷的吸附解吸特性

磷在三峡入库至出库区间输送过程中，悬浮颗粒物与水体之间磷的交换活动主要通过颗粒物吸附或释放磷进行，所以悬浮颗粒物对磷的吸附或释放是库区水环境磷输移转化过程的重要一环。由于悬浮颗粒物样品采集数量有限，本研究仅对 2015 年 7 月（低水位期）在三峡上游及水库干流各断面采集的悬浮颗粒物样品开展颗粒物等温吸附磷模拟实验。

在不同水体初始磷浓度条件下（0 ~ 0.8mg/L），三峡水库各断面悬浮颗粒物的磷吸附量，如图 4-21 所示。可以看出，当水体初始磷浓度低于 0.6mg/L 时，颗粒物磷吸附量大多为负值，说明颗粒物呈现向水体释放磷的特征；当水体初始磷浓度达到 0.8mg/L 时，除乌江武隆断面外，其余断面颗粒物磷吸附量均为正值，颗粒物开始呈现向水体吸附磷的特征。

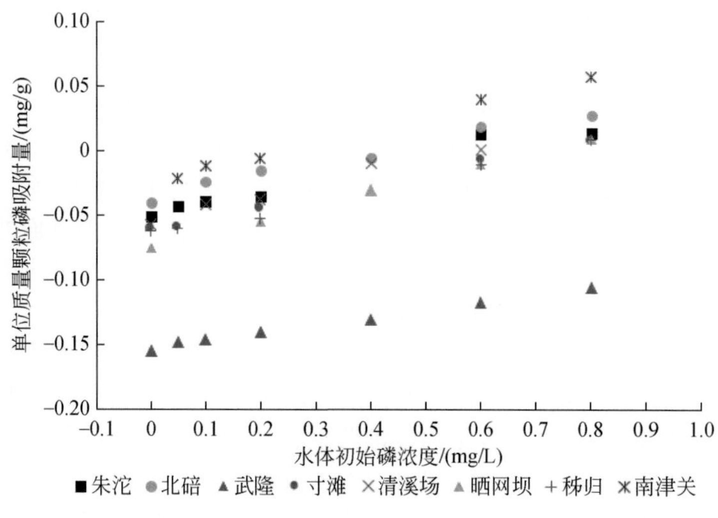

图 4-21 三峡水库各断面悬浮颗粒物的磷吸附量的分布差异

采用 Freundlich 交叉型吸附等温模型对三峡水库各断面悬浮颗粒物的吸附磷等温线进行拟合，结果如图 4-22 所示，所得吸附等温方程如下：

$$
\begin{aligned}
&\text{长江朱沱：} Q=0.097\times(C_{eq}^{0.734}-0.545^{0.734}) && R^2=0.934\\
&\text{嘉陵江北碚：} Q=0.092\times(C_{eq}^{0.673}-0.392^{0.673}) && R^2=0.963\\
&\text{乌江武隆：} Q=0.063\times(C_{eq}^{1.012}-2.550^{1.012}) && R^2=0.990\\
&\text{库区寸滩：} Q=0.101\times(C_{eq}^{0.648}-0.678^{0.648}) && R^2=0.954\\
&\text{库区清溪场：} Q=0.106\times(C_{eq}^{0.691}-0.570^{0.691}) && R^2=0.945\\
&\text{库区晒网坝：} Q=0.110\times(C_{eq}^{0.948}-0.709^{0.948}) && R^2=0.945\\
&\text{库区秭归：} Q=0.115\times(C_{eq}^{0.529}-0.663^{0.529}) && R^2=0.799\\
&\text{出库南津关：} Q=0.197\times(C_{eq}^{0.262}-0.188^{0.262}) && R^2=0.961
\end{aligned}
\tag{4-8}
$$

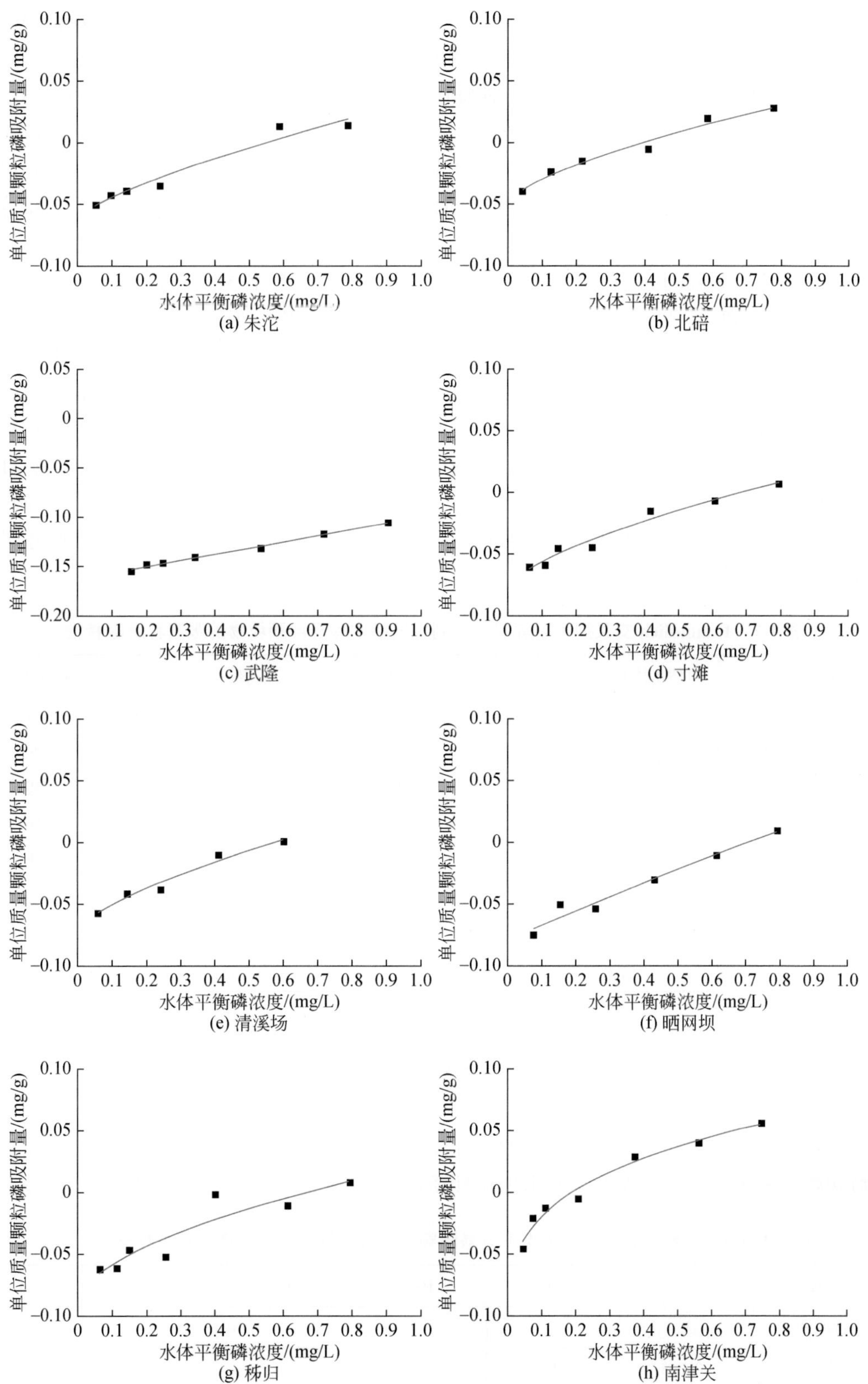

图 4-22　三峡水库各断面悬浮颗粒物对磷的吸附等温线

黑点为实验数据，红线为 Freundlich 交叉型吸附等温模型拟合曲线可以看出，三条上游入库河流长江朱沱、嘉陵江北碚和乌江武隆断面悬浮颗粒物吸附系数（K_F）分别为 0.097L/g、0.092L/g 和 0.063L/g；库区干流寸滩、清溪场、晒网坝（万县）和秭归断面悬浮颗粒物 K_F 分别为 0.101L/g、0.106L/g、0.110L/g 和 0.115L/g；出库干流南津关断面悬浮颗粒物 K_F 为 0.197L/g。可以看出，乌江武隆断面悬浮颗粒物对磷的吸附能力相比其他断面低，而长江朱沱至库区干流寸滩、清溪场、晒网坝、秭归以及出库干流南津关断面悬浮颗粒物对磷的吸附能力表现为沿水流方向逐渐增强的空间分布特征。

同时，基于 Freundlich 交叉型吸附等温模型拟合得到三峡各断面悬浮颗粒物的吸附解吸平衡浓度（EPC_0浓度）与同时期各断面实际水体 PO_4^{3-}浓度，采用式（4-7）对其悬浮颗粒物吸附、平衡或释放磷的状态进行判定，结果见表 4-7。三峡上游河流及水库干流各断面悬浮颗粒物含磷量较高，并且模拟实验中当水体初始磷浓度低于 0.6mg/L 时，颗粒物磷吸附量大多为负值。然而同时期三峡上游河流及水库干流各断面实际水体 PO_4^{3-}浓度均低于 0.15mg/L，且均低于 Freundlich 交叉型吸附等温模型拟合得到的各断面悬浮颗粒物 EPC_0 浓度。该结果表明，在低水位期（2015 年 7 月），三峡上游河流及水库干流悬浮颗粒物在水体输移过程中均呈现向水体释放磷的状态，尤其是乌江悬浮颗粒物单位质量含磷量最高且释放磷能力最强。

表 4-7　Freundlich 交叉型吸附等温模型判定三峡水库悬浮颗粒物的吸附释解吸特性

区域	断面	自然水体 PO_4^{3-}/(mg/L)	拟合计算 EPC_0/(mg/L)	β	δ	吸附/解吸判定
长江	朱沱	0.08	0.545	0.734	−0.48	解吸
嘉陵江	北碚	0.08	0.393	0.673	−0.34	解吸
乌江	武隆	0.15	2.550	1.012	−2.43	解吸
三峡库区	寸滩	0.08	0.678	0.648	−0.59	解吸
	清溪场	0.10	0.570	0.691	−0.48	解吸
	晒网坝	0.06	0.709	0.948	−0.65	解吸
	秭归	0.10	0.663	0.529	−0.51	解吸
	南津关	0.06	0.188	0.262	−0.16	解吸

4.4.3　颗粒物理化性质与颗粒赋存磷形态的关系

将长江上游及三峡水库干流的朱沱、寸滩、清溪场、晒网坝、秭归和南津关断面悬浮颗粒物磷形态组成与悬浮颗粒物基本理化性质进行 Pearson 相关性分析，结果见表 4-8。

表 4-8　三峡上游河流及水库干流悬浮颗粒物理化性质与磷形态的相关性分析

指标	含沙量	平均粒径	TOM	Fe	Mn	Ca
含沙量	1					
平均粒径	−0.063	1				
TOM	−0.516	0.364	1			

续表

指标	含沙量	平均粒径	TOM	Fe	Mn	Ca
Fe	0.466	−0.062	−0.553	1		
Mn	−0.726*	0.549	0.523	−0.452	1	
Ca	−0.11	−0.431	−0.007	0.039	0.248	1
PP	−0.495*	−0.079	0.730**	−0.432	0.766**	−0.062
Bio-P	−0.444*	−0.183	0.845**	−0.428	0.729*	0.057
Exc-P	−0.486*	−0.382	0.420	0.154	0.415	0.689*
Exo-P	−0.378	−0.248	0.779**	−0.451	0.678*	−0.036
Fe-P	−0.146	0.331	0.734**	−0.508	0.701*	−0.027
Ca-P	−0.135	−0.281	−0.433	0.597	−0.196	−0.026
Det-P	−0.146	0.593*	0.276	−0.302	0.464	−0.196
Res-P	−0.465*	0.198	0.798**	−0.57	0.771**	0.027

** 表示在0.01水平（双侧）上显著相关，* 表示在0.05水平（双侧）上显著相关。

从表4-8可以看出，悬浮颗粒物中PP、Bio-P、Exc-P和Res-P浓度与含沙量呈显著负相关（$P<0.05$），这说明三峡干流水体含沙量越大，单位质量悬浮颗粒物所吸附的PP、Bio-P、Exc-P和Res-P含量越低；反之水体含沙量越小，单位质量悬浮泥沙颗粒所吸附的PP、Bio-P、Exc-P和Res-P含量越高。

悬浮颗粒物中Det-P浓度与平均粒径呈显著正相关（$P<0.05$）。这与前人研究结果表现一致，这是由于Det-P主要来源于陆源输入的含磷原生矿石碎屑，通常在粗粒径颗粒物中富集。因此，通常来说，颗粒物的粒径越粗，颗粒所含Det-P浓度越高。

相反，悬浮颗粒物中PP、Bio-P、Exc-P、Exo-P和Ca-P浓度均与平均粒径呈非显著负相关。同时，悬浮颗粒物中PP、Bio-P、Exo-P、Fe-P和Res-P浓度与TOM、Mn含量呈显著正相关（$P<0.05$）。这说明长江上游及水库干流悬浮颗粒物中Exo-P、Fe-P和Res-P主要在高TOM和Mn含量的细粒径颗粒中富集。

悬浮颗粒物中Mn浓度与平均粒径呈显著负相关（$P<0.05$），TOM浓度与平均粒径呈非显著负相关。细粒径颗粒比表面积大于粗粒径颗粒，细粒径颗粒表面容易吸附有机物及金属氧化物（大多为铁、锰氧化物）等，进而使其与溶解态磷发生吸附络合等反应，从而造成单位质量细粒径颗粒中Exo-P、Fe-P、Res-P、PP、Bio-P浓度相比粗粒径颗粒更高。

4.4.4 粒径对颗粒物吸附磷的影响

4.4.4.1 不同粒径颗粒物磷形态的含量组成

颗粒物吸附磷主要受颗粒物中黏土矿物、有机物及金属氧化物等组分的控制，而颗粒粒径是影响颗粒物组分含量与组成的重要因素。由于悬浮颗粒物样品采集数量有限，本研究选择三峡库区干流“长江下”断面沉积物样品，采用干筛法分离出粒径为50～150μm、

30 ~ 50μm 和<30μm 的颗粒物样品。不同粒径颗粒物样品 PP、Bio-P 及六种磷形态的含量与组成分布，如图 4-23 和图 4-24 所示。

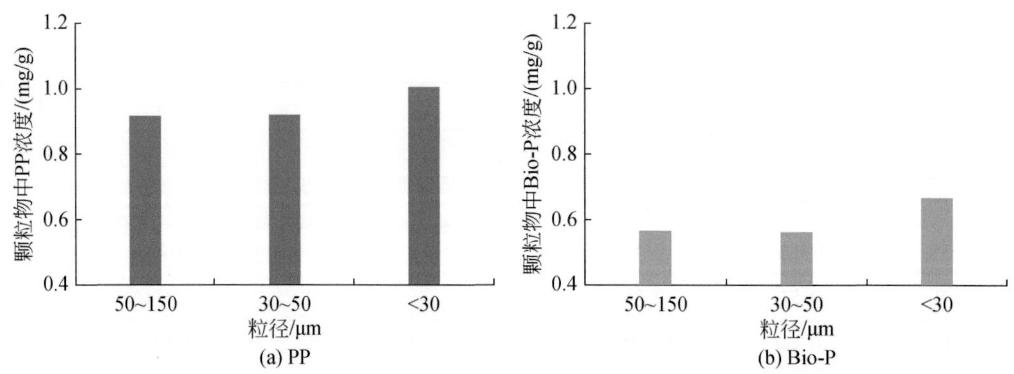

图 4-23 不同粒径颗粒物样品 PP 和 Bio-P 含量

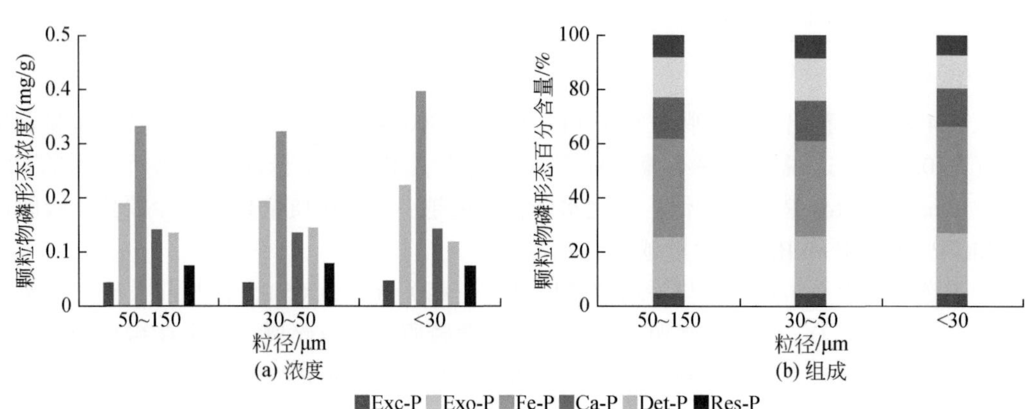

图 4-24 不同粒径颗粒物样品磷形态的含量与组成

50 ~ 150μm、30 ~ 50μm 和<30μm 的颗粒物样品 PP 含量分别为 0. 92mg/g、0. 92mg/g 和 1. 01mg/g，Bio-P 含量（Exc-P、Exo-P 和 Fe-P 含量之和）分别为 0. 57mg/g、0. 56mg/g 和 0. 67mg/g，Bio-P 分别占 PP 的 62%、61% 和 66%。虽然不同粒径颗粒物样品 PP 和 Bio-P 含量差异比较小，但基本呈现随着颗粒物粒径逐渐变细，单位质量颗粒物中 PP、Bio-P 含量逐渐增多的变化趋势。

从图 4-24 可以看出，粒径最细的颗粒物样品（<30μm）Exo-P 和 Fe-P 含量及百分含量均相比粗粒径颗粒物（50 ~ 150μm）有所增高，但是 Det-P 含量相比有所降低。这说明细粒径颗粒物中相对较高的 PP、Bio-P 主要是由 Exo-P 和 Fe-P 贡献的。同时，这也验证了 4. 4. 3 节野外观测的结果，即 Det-P 在粗粒径颗粒物中富集，而 Exo-P 和 Fe-P 一般在细粒径颗粒物中富集。因此，细粒径颗粒物中 Bio-P 含量（Exc-P、Exo-P 和 Fe-P 含量之和）相比粗粒径颗粒物较高。

不同粒径颗粒物样品磷形态含量与组成差异主要是由颗粒物比表面积差异导致的，细粒径颗粒物比粗粒径颗粒具有更大的比表面积。以粉末活性炭为例，研究表明粒径为

19μm 粉末活性炭的吸附比表面积和总孔容相比粒径 76μm 粉末活性炭增加了 10%~20%。由于细粒径颗粒物比表面积较大，单位质量细粒径黏土矿物拥有更多的吸附位点，从而能够吸附更多的有机物及金属氧化物（大多为铁、锰氧化物）组分。黏土矿物可以与水体 PO_4^{3-} 发生表面物理吸附；此外，带有孤对电子的磷酸根可作为配体与颗粒物中有机物含有的羟基、金属氧化物含有的氢氧根进行交换，从而与有机物或金属阳离子等中心原子形成络合物而附着在颗粒物表面。因此，单位质量细粒径颗粒中 PP、Bio-P 及其 Exo-P、Fe-P 含量相比粗粒径颗粒更多。

4.4.4.2 不同粒径颗粒物对磷的吸附解吸特性

在不同初始磷浓度条件下，粒径 50 ~ 150μm、30 ~ 50μm 和 0 ~ 30μm 的颗粒物样品在 25℃等温吸附 50h 后的颗粒磷吸附量，如图 4-25 所示。可以看出，当水体初始磷浓度低于 0. 4mg/L 时，颗粒物磷吸附量均为负值，说明颗粒物呈现向水体释放磷而不是吸附磷的特征；当水体初始磷浓度高于 0. 4mg/L 时，颗粒物磷吸附量均为正值，并随着初始磷浓度升高，颗粒磷吸附量逐渐增大，最后达到饱和状态。同时也可以看出，在同一种初始磷浓度条件下（PO_4^{3-}>0. 4mg/L 时），颗粒物粒径越小，颗粒物磷吸附量越大。

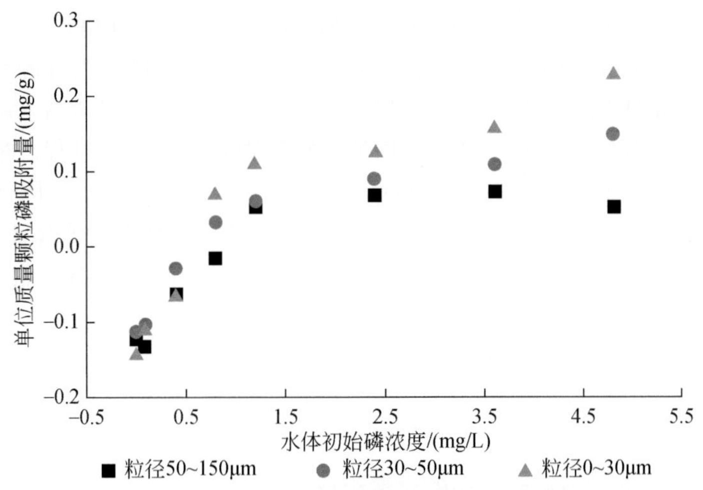

图 4-25 不同粒径颗粒物的磷吸附量的分布差异

在低初始磷浓度条件下，颗粒物对磷的吸附等温线用 Freundlich 交叉型吸附等温模型拟合，拟合效果较好（图 4-26）。不同粒径颗粒物在低初始磷浓度条件下拟合的吸附等温线方程如下：

$$
\begin{aligned}
&\text{粒径 } 50\sim150\mu\text{m}: Q=0.172\times(C_{eq}^{1.142}-0.880^{1.142}) && R^2=0.951 \\
&\text{粒径 } 30\sim50\mu\text{m}: Q=0.313\times(C_{eq}^{0.372}-0.612^{0.372}) && R^2=0.960 \\
&\text{粒径 } 0\sim30\mu\text{m}: Q=0.335\times(C_{eq}^{0.677}-0.580^{0.677}) && R^2=0.910
\end{aligned}
\tag{4-9}
$$

可以看出，粒径 50 ~ 150μm、30 ~ 50μm 和<30μm 颗粒物样品的 K_F 分别为 0. 172L/g、0. 313L/g 和 0. 335L/g。K_F 可以反映颗粒物对溶液中磷吸附亲和力强弱，K_F 数值越大，颗粒物吸附磷亲和力越强。该结果表明，细粒径颗粒物比粗粒径颗粒物对水体磷的吸附能力更强。

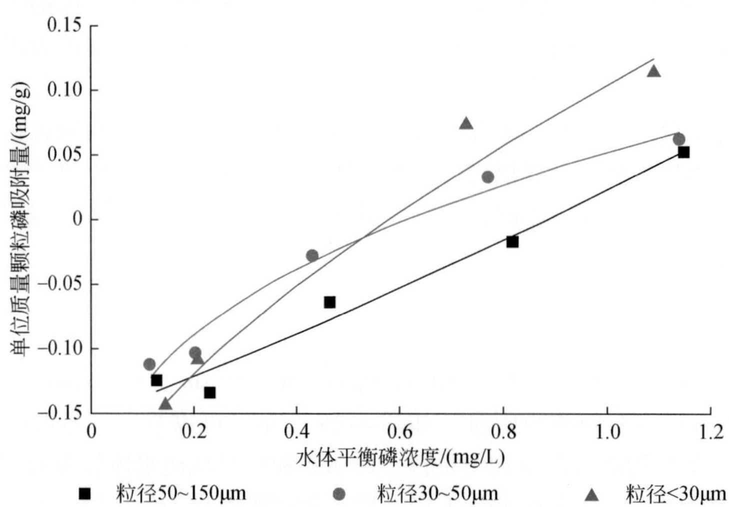

图 4-26 不同粒径颗粒物对磷的吸附等温线

散点为实验数据，曲线为 Freundlich 交叉型吸附等温模型拟合曲线

同时，粒径 50～150μm、30～50μm 和 0～30μm 颗粒物样品的 EPC_0 分别为 0.880mg/L、0.612mg/L 和 0.580mg/L。EPC_0 为颗粒物吸附解吸磷的平衡浓度。当外源磷输入自然河流或湖库水体中时，水体悬浮颗粒物或沉积物会吸附部分磷；当外源磷输入减少时，水体悬浮颗粒物或沉积物会释放部分磷；经过长期的颗粒物吸附、释放磷过程，最终达到颗粒物对磷的零吸附、零释放状态，此时水体 PO_4^{3-} 浓度在 EPC_0 值左右波动。因此，通过对比颗粒物吸附磷的 EPC_0 值与自然河流或湖泊水体中 PO_4^{3-} 浓度，可以判定水体中颗粒物呈吸附、平衡或释放磷的状态。三峡水库水体中 PO_4^{3-} 浓度在 0.16～0.19mg/L，低于 50～150μm、30～50μm 和 0～30μm 三种粒径颗粒物 EPC_0 值，因此三种粒径颗粒物均呈现向三峡水库水体释放磷的状态，颗粒物粒径越小，颗粒物释放磷风险越大。

4.4.4.3 有机质和金属氧化物组分对颗粒物吸附磷的影响

（1）颗粒物组分处理前后磷形态的含量组成

本研究同样选择三峡库区干流“长江下”断面沉积物样品，采用逐级化学分离方法将颗粒物中的碳酸盐（碳酸金属沉淀体系，如碳酸钙、碳酸镁等）、有机物及金属氧化物部分去除，研究去除部分组分后的颗粒物磷形态的含量组成及颗粒物对磷的吸附能力变化情况。

表 4-9 是颗粒物组分处理前后 TOM、Fe、Mn 和 Ca 含量的变化情况，图 4-27 是颗粒物组分处理前后颗粒物六种磷形态的变化情况。对于“长江下”断面沉积物原样品（A0），Ca 含量为 9.70mg/g，TOM 含量为 1.89%，颗粒物 PP 含量为 0.82mg/g，其中以 Exo-P 和 Fe-P 磷形态组分居多。相比三峡上游河流及水库干流各断面悬浮颗粒物，“长江下”断面沉积物 Ca 含量较高，TOM 和颗粒物 PP 含量较低。“长江下”断面地处大宁河汇入三峡干流区域，其表层沉积物颗粒主要来源于大宁河和三峡干流悬浮颗粒物的沉积。大宁河流域以石灰质土壤为主，碳酸钙或碳酸氢钙等含量较高，因此“长江下”断面沉积物相比其他区域颗粒物样品 Ca 含量较高。

表 4-9 颗粒物相关组分处理前后的 TOM、Fe、Mn 和 Ca 含量

样品说明	编号	TOM/%	Fe/(mg/g)	Mn/(mg/g)	Ca/(mg/g)	PP/(mg/g)
颗粒物原样品（0～150μm）	A0	1.89	36.54	0.66	9.70	0.82
去除部分碳酸盐的样品	A1	2.40	36.67	0.26	—	1.11
去除部分碳酸盐和有机物的样品	A2	1.15	32.67	0.37	0.91	0.96
去除部分碳酸盐、有机物和金属氧化物的样品	A3	1.11	32.98	0.18	0.14	0.16

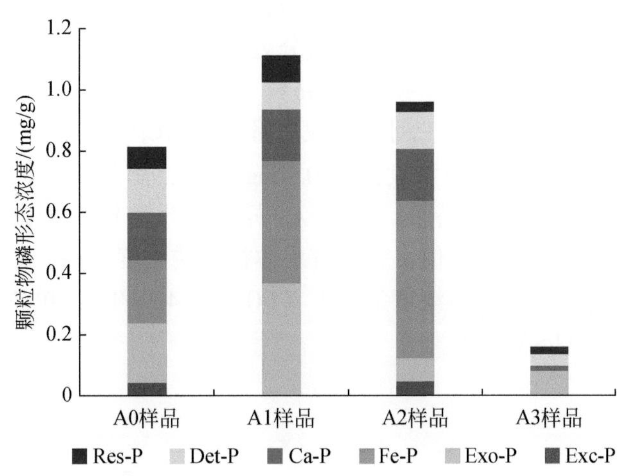

图 4-27 颗粒物相关组分处理前后的颗粒物磷形态的含量分布

从表 4-9 可以看出，A1 样品中颗粒物 Ca 含量很低以至于未检出，A1 样品颗粒物 Ca 含量相比 A0 样品大幅度降低。H_2CO_3、HCO_3^-以及 H_3PO_4、$H_2PO_4^-$和 HPO_4^{2-}在水体中的解离常数 $pK_a^\ominus$ 分别为 6.38、10.25 以及 2.12、7.20 和 12.36，所以在水体中酸性强弱排序为 $H_3PO_4>H_2CO_3>H_2PO_4^->HCO_3^->HPO_4^{2-}$。逐级化学分离法中的第一步，用 HOAc-NaOAc 缓冲溶液（pH=5）充分提取，理论上“长江下”断面沉积物颗粒所含 $Ca(HCO_3)_2$（水体可溶）、$CaCO_3$（$pK_{sp}^\ominus=8.54$）大多数可被溶解为 Ca^{2+}、CO_2 和 H_2O，颗粒所含 $Ca_3(PO_4)_2$（$pK_{sp}^\ominus=28.70$）、$CaHPO_4$（$pK_{sp}^\ominus=7.0$）、$Ca(H_2PO_4)_2$（水体可溶）大部分可被溶解为 Ca^{2+}、$H_2PO_4^-$，再经过去离子水洗涤后将溶解出的 Ca^{2+}、$H_2PO_4^-$ 洗净。然而，实际上虽然 A1 样品中颗粒物 Ca 含量仪器未检出，但是 A1 样品中的 Ca 并没有完全被溶解后去除，因为 A2 和 A3 样品中还检测到少量的颗粒物 Ca 含量存在。从图 4-28 也可以看出，A1 样品中Ca-P 含量相比 A0 样品变化不明显，这也印证了 A1 样品中的 Ca 及其结合态磷并没有完全被溶解后去除。同时，由于 A1 样品中大部分的碳酸钙组分被溶解去除后，单位质量 A1 样品颗粒物 TOM、PP 及其所含 Exo-P、Fe-P 形态含量相比 A0 样品也有所升高。

逐级化学分离法中的第二步，用浓 H_2O_2氧化处理颗粒物中有机物，A2 样品中颗粒物 TOM 含量相比 A0 样品减少了约 39%。相应地，A2 样品中 Exo-P 含量也相比 A0 样品减少了约 63%。因此，该实验结果表明，颗粒物表面所包裹的有机物在颗粒物吸附磷中起着重要作用，颗粒物吸附磷量的高低与其 TOM 含量密切相关。

逐级化学分离法中的第三步，用 $H_2C_2O_4$-$(NH_4)_2C_2O_4$缓冲溶液（pH=3.2）提取颗粒物中金属氧化物。$C_2O_4^{2-}$具有很强的配合作用，可以与 Fe^{3+} 发生络合反应生成可溶性的 $[Fe(C_2O_4)]^{3+}$，另外 $C_2O_4^{2-}$具有很强的酸性和还原性，可以将高价态锰还原为 Mn^{2+}，因此颗粒物样品经过 $H_2C_2O_4$-$(NH_4)_2C_2O_4$缓冲溶液提取并去离子水冲洗后，颗粒物所含 Fe、Mn 含量相比 A0 样品分别减少了约 10%、73%。同时，A3 样品中 PP 及其 Fe-P、Ca-P 和 Det-P 相比 A2 样品均大幅度降低，A3 样品中 PP 含量相比 A0 样品 PP 含量减少了约 80%。该实验结果表明，铁、锰金属氧化物是控制颗粒物吸附磷的重要基质，颗粒物铁、锰金属氧化物的含量高低直接影响着颗粒物吸附磷量。

（2）颗粒物组分处理前后对磷的吸附解吸特性

在不同初始磷浓度条件下，颗粒物相关组分处理前后的 A0、A1、A2 和 A3 样品颗粒物对磷的吸附量变化情况（25℃等温吸附，50h），如图 4-28 所示。对于 A0、A1 和 A2 样品，当水体初始磷浓度低于 0.4mg/L 时，单位质量颗粒物磷吸附量均为负值，颗粒物呈现向水体释放磷特征；当水体初始磷浓度高于 0.4mg/L 时，单位质量颗粒物磷吸附量为正值，颗粒物呈现从水体中吸附磷特征。对于 A3 样品，当水体初始磷浓度达到 0.1mg/L 时，单位质量颗粒物磷吸附量为正值，并随着水体初始磷浓度升高，单位质量颗粒物磷吸附量逐渐增大。在同一水体初始磷浓度条件下（PO_4^{3-}>0.4mg/L），单位质量颗粒物磷吸附量从大到小依次为 A3>A1>A2>A0。

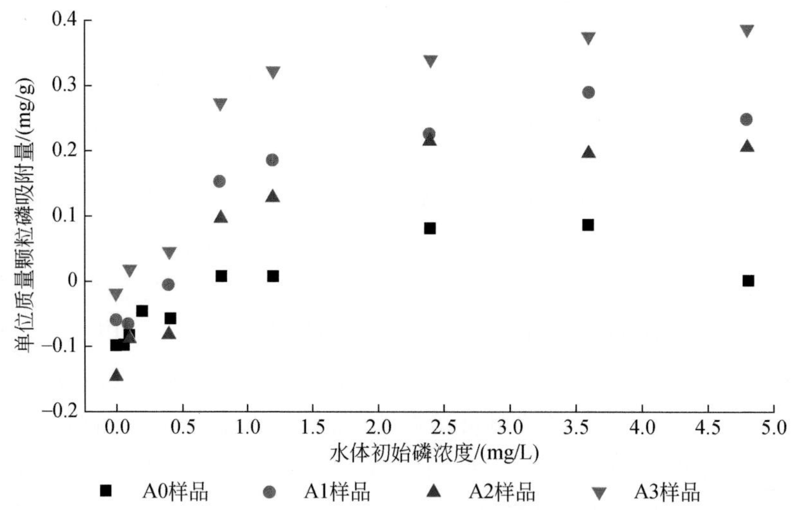

图 4-28　颗粒物所含组分处理前后的颗粒物磷吸附量的分布差异

本研究选择在 0～1.2mg/L 低初始磷浓度范围，采用 Freundlich 交叉型吸附等温模型对处理前后颗粒物对磷的吸附等温线进行拟合，结果如图 4-29 所示，所得等温吸附线方程如下：

$$
\begin{aligned}
&\text{A0 样品：} Q=0.309\times(C_{eq}^{0.185}-0.926^{0.185}) \quad R^2=0.853\\
&\text{A1 样品：} Q=0.300\times(C_{eq}^{0.940}-0.311^{0.940}) \quad R^2=0.803\\
&\text{A2 样品：} Q=0.311\times(C_{eq}^{0.896}-0.567^{0.896}) \quad R^2=0.762\\
&\text{A3 样品：} Q=0.422\times(C_{eq}^{1.004}-0.069^{1.004}) \quad R^2=0.751
\end{aligned}
\tag{4-10}
$$

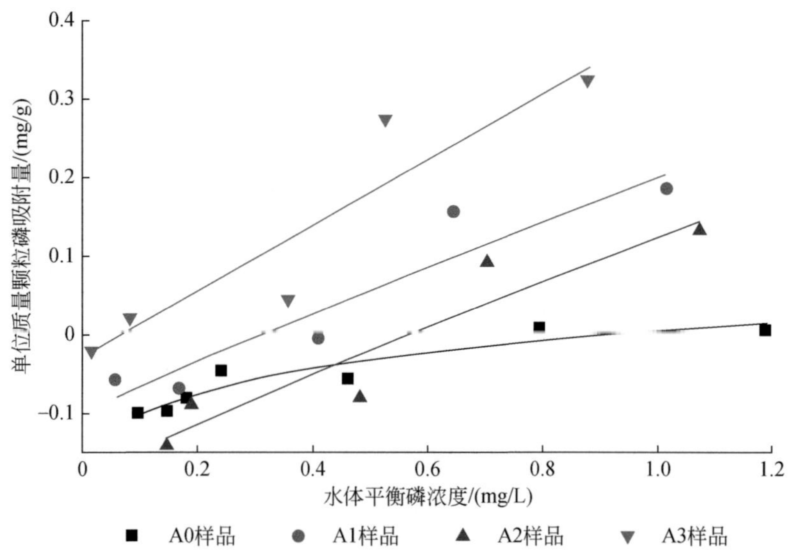

图 4-29　颗粒物相关组分处理前后颗粒物对磷的吸附等温线

散点为实验数据，曲线为 Freundlich 交叉型吸附等温模型拟合曲线

可以看出，A0、A1 和 A2 颗粒物样品的 K_F 值变化不明显，但是 A3 颗粒物样品的 K_F 相比前三者明显增大，表明 A3 颗粒物样品对磷的吸附能力最强。相比 A0 样品，A3 样品中碳酸盐、有机物及金属氧化物组分因均进行了化学提取去除而降低。理论上颗粒物有机物和金属氧化物组分部分去除可使颗粒物吸附能力减弱。实际上逐级化学分离法去除有机物、金属氧化物组分的同时也使得有机物、金属氧化物吸附的磷被去除，A3 样品颗粒物 PP 及其磷形态含量大幅度减少，也表明 A3 样品颗粒物中剩余的有机物、金属氧化物及黏土矿物表面磷吸附位点空置。因此，在同一水体初始磷浓度下，A3 样品颗粒物磷吸附量最高，对磷的吸附能力相比 A0 样品不减弱反而提升。从吸附拟合结果还可以看出，A3 样品颗粒物的吸附解吸平衡浓度（EPC_0）仅为 0.069mg/L，远低于其他三种颗粒物样品，这意味着 A3 样品颗粒物吸附磷能力强，但释放磷风险也较大。

4.4.4.4　颗粒物浓度效应对颗粒物吸附磷的影响

本研究选择三峡干流清溪场断面悬浮颗粒物样品，配置水体 TPM 浓度分别为 0、0.2g/L、0.5g/L、1g/L 和 3g/L。水体初始磷浓度（C_0）为 0～0.8mg/L，测定了五种 TPM 浓度在 25℃下对磷吸附 50h 后的平衡磷浓度（图 4-30）。可以看出，当水体初始磷浓度在 0～0.4mg/L 时，五种 TPM 浓度的水体平衡磷浓度均高于相应的初始磷浓度，这是因为水体颗粒物本身含有的颗粒态磷在 50h 实验过程中脱附成为溶解态磷并释放到水体中；当水体初始磷浓度为 0.6mg/L 和 0.8mg/L 时，五种 TPM 浓度的水体平衡磷浓度低于相应的初始磷浓度，说明颗粒物在 50h 实验过程中吸附水体溶解态磷，从而使水体溶解态磷浓度降低。

水体不同 TPM 浓度下单位质量颗粒磷吸附量的分布，如图 4-31 所示。当水体初始磷浓度为 0～0.4mg/L 时，四种 TPM 浓度（0.2g/L、0.5g/L、1g/L 和 3g/L）的单位质量颗粒磷吸附量均为负值，说明颗粒物本身所含磷在实验过程中向水体释放溶解态磷；对于相

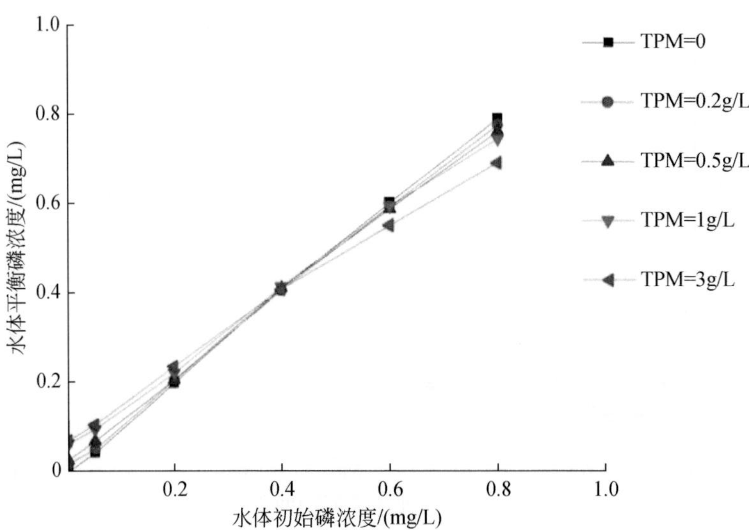

图 4-30　不同 TPM 浓度下水体初始磷浓度与平衡磷浓度的分布

同 TPM 浓度的水体，随着水体初始磷浓度的增加（0～0.4mg/L），单位质量颗粒释放磷的数量基本呈减少趋势；对于相同水体初始磷浓度（0～0.4mg/L），随着水体 TPM 浓度的增加，单位质量颗粒的磷释放量基本呈减少趋势。

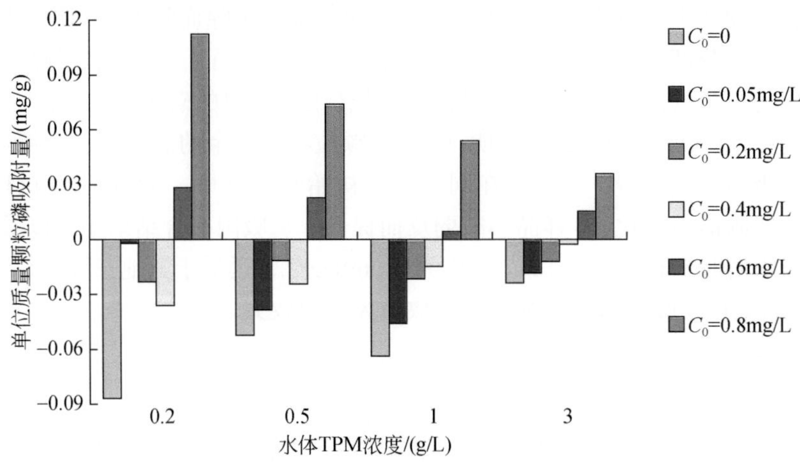

图 4-31　不同 TPM 浓度下单位质量颗粒磷吸附量

然而，当水体初始磷浓度为 0.6mg/L 和 0.8mg/L 时，四种水体 TPM 浓度的单位质量颗粒磷吸附量均为正值，说明颗粒物从水体吸附了部分溶解态磷；对于相同 TPM 浓度的水体，随着水体初始磷浓度的增加（0.6mg/L 和 0.8mg/L），单位质量颗粒磷吸附量基本呈增加趋势；对于相同水体初始磷浓度（0.6mg/L 和 0.8mg/L），随着水体 TPM 浓度的增加，单位质量颗粒磷吸附量基本呈减少趋势。

图 4-32 是不同 TPM 浓度下颗粒物去除磷浓度能力。可以看出，只有当水体初始磷浓度为 0.6mg/L 和 0.8mg/L 时，四种 TPM 浓度的水体去除磷浓度能力为正值，颗粒物从水

体吸附溶解态磷转化为颗粒态磷；对于相同 TPM 浓度，随着水体初始磷浓度的增加（0.6mg/L 和 0.8mg/L），水体去除磷浓度能力越强；对于相同水体初始磷浓度（0.6mg/L 和 0.8mg/L），随着水体 TPM 浓度的增加，水体去除磷浓度能力越强。

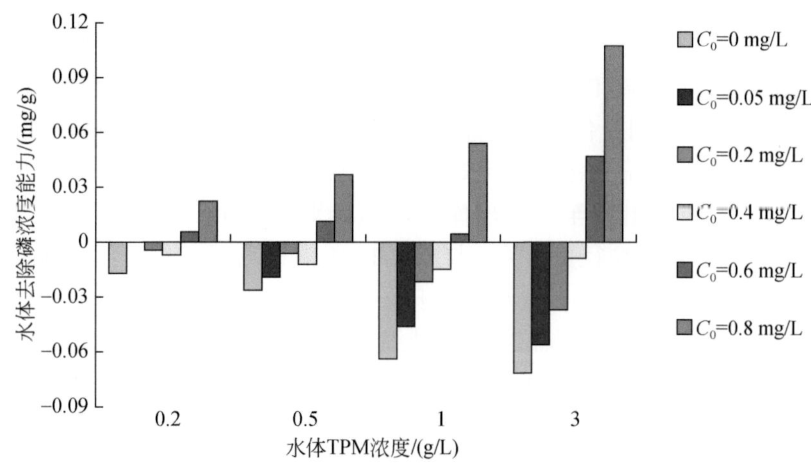

图 4-32　不同 TPM 浓度下颗粒物去除磷浓度能力

由此可知，当水体初始磷浓度达到一定程度时（0.6mg/L 和 0.8mg/L，水体颗粒物从水体吸附溶解态磷状态），随着水体初始磷浓度增加，单位质量颗粒磷吸附量也增加，水体去除磷浓度能力也增强；随着水体 TPM 浓度增加，单位质量颗粒磷吸附量减少，但水体去除磷浓度能力增强，水体平衡磷浓度（相当于水体剩余磷浓度）降低。

4.4.5　水库调度对水体–悬浮颗粒物磷输移转化的影响机制探讨

根据第 3 章分析结果，三峡水库水量、沙量主要来源于上游的长江、嘉陵江和乌江，三条上游河流总磷输入通量约占三峡水库总磷输入总量 80%。在长江流域自然水文影响下，上游入库河流输入三峡水库的水量、输沙量和磷通量呈现“丰水期高、枯水期低”的季节变化特征。然而，三峡水库秋冬季节拦坝蓄水、春夏季节开闸泄水的调度运行使得三峡水库水位表现为“丰水期低水位、枯水期高水位”的反季节变化特征。三峡水库水位变动也引发了库区水动力条件发生规律性时间变化：9 月至次年 1 月（蓄水期、高水位期）库区水体流速逐渐减缓、水力滞留时间逐渐延长；2 ~ 8 月（泄水期、低水位期）库区水体流速逐渐加快、水力滞留时间逐渐缩短。

在上游河流水、沙、磷输入量的季节变化和三峡水库水动力特征的人为反季节变化的耦合影响下，三峡库区及出库干流悬浮颗粒物在沿水流方向输送过程中颗粒理化性质表现出明显的时空变化特征。三峡水库拦坝蓄水运行使得从长江上游朱沱至三峡库区晒网坝（万县）区段水体流速沿程逐渐减缓，直接促使悬浮颗粒在沿水流方向输送过程中沉降作用加强、输沙能力减弱，即粗粒径颗粒物沿长江干流水流方向不断沉降，细粒径颗粒物则输送相对更远的距离。这也就造成长江上游至三峡库区干流水体含沙量沿程降低、悬浮颗粒物的平均粒径沿程细化的现象。在时间变化方面，蓄水期至高水位期三峡库区寸滩、清溪场、晒网坝（万县）悬浮颗粒物粒径逐渐细化，而泄水期至低水位期则粒径相比前两时期粗化。

由于颗粒物是磷在河流或湖库环境中迁移转化的重要载体，三峡水库悬浮颗粒物在输送过程中发生改变势必影响颗粒物挟带磷的输移转化过程。2014～2016 年三峡水库实地调查结果表明，长江上游朱沱至三峡库区晒网坝断面水体总磷、总溶解态磷浓度的空间分布无规律，但是水体总颗粒态磷浓度沿程下降趋势明显，同时单位质量悬浮颗粒物 PP、Bio-P 和 Exo-P 浓度沿程升高、Det-P 浓度沿程降低，尤其是在蓄水期和高水位期，颗粒磷空间分布规律最为明显。在时间变化方面，蓄水期、高水位期水体总颗粒态磷浓度及单位质量悬浮颗粒物 PP、Bio-P、Exo-P 浓度相比低水位期较高。

相关分析显示，长江上游至三峡出库干流悬浮颗粒物 PP、Bio-P、Exo-P、Fe-P 和 Res-P 浓度与含沙量、颗粒粒径负相关，与颗粒 TOM、Mn 含量正相关；但 Det-P 浓度与颗粒粒径呈正相关，这是由于 Det-P 主要来源于粒径较粗的陆源输入含磷原生矿石碎屑。颗粒物吸附磷模拟实验结果显示，颗粒物粒径越细，单位质量颗粒物的磷吸附能力越强，单位质量颗粒磷吸附量越大；颗粒物 TOM 及 Fe、Mn 金属氧化物组分在颗粒物吸附磷中起着重要作用；TPM 浓度越大，单位质量颗粒磷吸附量越小。单位质量细粒径颗粒比表面积相比粗粒径颗粒较大，单位质量细粒径黏土矿物拥有更多的吸附位点，因此能够吸附更多的有机物及金属氧化物（大多为铁、锰氧化物）组分，而黏土矿物、有机物及金属水合氧化物而容易与磷酸根发生表面吸附或络合沉淀等反应，所以单位质量细粒径颗粒中 PP、Bio-P 及其 Exo-P、Fe-P 含量相比粗粒径颗粒更多。

在三峡水库自然水文和人为调度造就的特殊水动力特征背景下，本研究根据长江上游至库区干流悬浮颗粒物在输送过程中颗粒理化性质和颗粒磷形态含量组成的空间分布规律，结合实验模拟获得颗粒物理化性质与颗粒物吸附磷的关系，对不同水库调度期三峡水库水体-悬浮颗粒物中磷形态的输移转化过程进行解析（图 4-33）。

蓄水期（9～10 月）和高水位期（11 月至次年 1 月）分别处于汛后期和枯水期，受降雨变化影响，上游河流流量、输沙量及磷输入通量从蓄水期至高水位期逐渐降低。同时，该时期三峡库区水体流速减缓，水力滞留时间延长，水动力条件趋于稳定，促进三峡库区悬浮颗粒物的沉降作用，悬浮颗粒物粒径沿程细化现象明显。长江朱沱至库区晒网坝断面在悬移质泥沙沿水流方向输送过程中，挟带着丰富 Det-P 的粗粒径颗粒物沿程不断沉降，从而使长江朱沱至库区晒网坝断面悬浮颗粒物 Det-P 浓度及 Det-P 百分含量逐渐降低；相对地，挟带着丰富 Exo-P 的细粒径颗粒物能够输移更远的距离，从而使长江朱沱至库区晒网坝断面悬浮颗粒物 Exo-P 浓度及 Exo-P 百分含量逐渐升高。由于三峡水库各断面悬浮颗粒物 Exo-P 浓度相比其他磷形态最多，悬浮颗粒物 PP、Bio-P 浓度的沿程变化与 Exo-P 相似，也从朱沱至晒网坝断面逐渐升高。然而，三峡库中晒网坝至出库南津关断面，输沙量和悬浮颗粒物的平均粒径均升高，同时悬浮颗粒物 PP、Bio-P 和 Exo-P 浓度也升高，这可能是受到了外源输入或大坝断续式开闸下泄的影响。

在时间变化方面，蓄水期至高水位期，三峡库区水体流速减缓，水力滞留时间延长，颗粒物沉降作用导致两时期悬浮颗粒物粒径相比低水位期较细。由于颗粒物粒径基本与颗粒 TOM 含量、颗粒物吸附磷含量呈负相关关系，蓄水期、高水位期库区干流单位质量悬浮颗粒物 PP、Bio-P 浓度相比低水位期、泄水期较高。另外，蓄水期至高水位期，水温逐渐降低，促使浮游生物逐渐死亡分解，生物死亡分解残骸也贡献了部分悬浮颗粒物磷，也

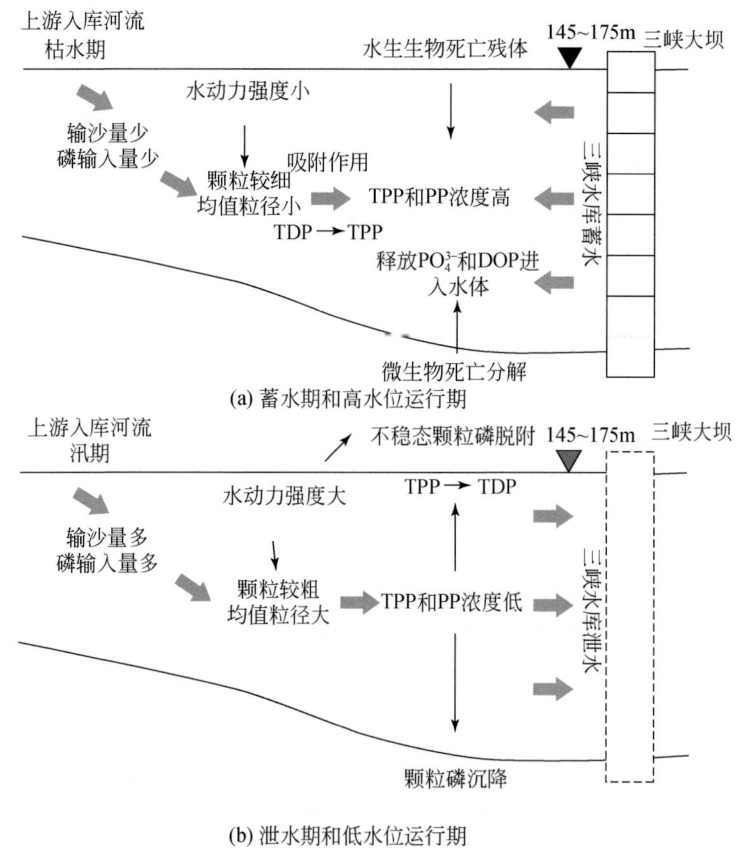

(a) 蓄水期和高水位运行期

(b) 泄水期和低水位运行期

图 4-33 三峡水库调度影响库区水体–悬浮颗粒物中磷输移转化过程的原理

会在一定程度上造成蓄水期、高水位期库区干流单位质量悬浮颗粒物 PP、Bio-P 浓度相比低水位期、泄水期较高。

泄水期（2 ~6 月）和低水位期（7 ~8 月）分别处于平水期和丰水期，受雨水冲刷和水土流失作用影响，上游入库河流流量、输沙量、含沙量、磷输入通量从泄水期至低水位期逐渐升高。同时，该时期三峡库区干流水体流速加快，水力滞留时间缩短，水动力条件趋于强烈。虽然三峡水库干流悬浮颗粒物的平均粒径也呈现沿程不断降低特征，但由于河道周边水土流失补给颗粒物数量多、来源复杂，该时期悬浮颗粒物 PP 及其磷形态含量的沿程分布规律不如高水位期明显。

在时间变化方面，雨水冲刷和水土流失导致土壤颗粒输入量大，低水位期三峡水库干流悬浮颗粒物粒径相比高水位期有所增大，因此单位质量悬浮颗粒物的 PP、Bio-P 含量相对蓄水期、高水位期较低。另外，泄水期、低水位期，三峡水库干流相对强烈的水动力条件和相对较多的泥沙含量可能加剧悬浮颗粒的碰撞频率与强度，从而引起悬浮颗粒物弱吸附态或不稳结合态磷（如 Exc-P）从颗粒表面脱附而进入水体转化为溶解态磷，一定程度上造成单位质量悬浮颗粒物 PP、Bio-P 含量降低。通过开展低水位期（2015 年 7 月）悬浮颗粒物吸附磷模拟实验，Freundlich 交叉型吸附等温线拟合结果也表明，长江上游及水库干流悬浮颗粒物在沿程输送过程中均呈向水体释放磷的状态。

通过以上分析，自然季节性变化和水库反季节调度是影响三峡水库水体及悬浮颗粒物中磷输移转化过程的两个重要因素，其影响机制可简单总结为：一方面三峡水库反季节调度运行改变了库区干流水体动力条件，悬移质泥沙颗粒在输送过程中沿程分选沉降；另一方面长江流域自然季节性水文条件变化影响着悬移质泥沙颗粒的输入量。此两方面作用使三峡库区干流悬浮颗粒物粒径及其组分呈现规律性的时空变化特征，颗粒物理化性质直接关系着颗粒物吸附磷行为，进而使三峡库区干流水体和悬浮颗粒物磷在不同水库调度期的输移与转化特征具有其各自特点。

4.4.6　三峡水库调度背景下磷的水库滞留特征和下游输送特征

考虑到上游入库河流总磷输入通量占库区输入总量的80%以上，忽略库区其他磷输入量来源（包含重庆市污染源磷排放、三峡库区支流磷输入、大气沉降磷输入和沉积物内源磷释放等），本研究通过计算不同调度期三峡水库各断面水体磷通量，简单分析三峡水库磷的水库滞留特征和下游输送特征。基于四次野外采样调查获得的三峡水库各断面水体总磷、总溶解态磷和总颗粒态磷实测浓度以及同时期径流量数据，计算四个水库调度期各断面水体总磷、总溶解态磷和总颗粒态磷通量。根据三峡入库清溪场断面水体磷通量与出库南津关断面水体磷通量之差，计算得到三峡水库磷形态的库区滞留率和下游输送率，见表4-10。

表4-10　四个水库调度期三峡水库磷形态的库区滞留率和下游输送率　（单位:%）

	指标	蓄水期	高水位期	泄水期	低水位期
库区滞留率	水量	10	5	−15	−1
	总磷通量	34	34	−64	−18
	总溶解态磷通量	28	12	−138	−27
	总颗粒态磷通量	39	56	24	10
下游输送率	水量	90	95	115	101
	总磷通量	66	66	164	118
	总溶解态磷通量	72	88	238	127
	总颗粒态磷通量	61	44	76	90

注：蓄水期、高水位期、泄水期和低水位期计算数据分别根据2014年10月、2015年1月、2016年4月和2015年7月三峡水库清溪场、南津关断面水体总磷、总溶解态磷和总颗粒态磷实测浓度以及同时期径流量计算得到。

蓄水期（9～10月），三峡水库拦坝蓄水，坝前水位逐渐从145m提升至175m，三峡入库水量和水体总磷通量约有10%和34%被拦截在库区，90%和66%输送至长江中下游河道。由于此时期三峡水库水动力条件减弱，悬移质泥沙颗粒挟带颗粒磷的沉降作用增强，三峡库区总颗粒态磷滞留率高于总溶解态磷滞留率，总颗粒态磷的库区滞留率和下游输送率分别为39%和61%，总溶解态磷的库区滞留率和下游输送率分别为28%和72%。

高水位期（11月至次年1月），三峡水库坝前水位保持在175m高水位。由于高水位期处于枯水期，三峡入库水量较小，此时期三峡水库水量和总磷的滞留率分别为5%和34%，下游输送率分别为95%和66%。相比其他时期，高水位期三峡水库水体流速最为缓慢，水力滞留时间最长，水动力条件最弱，相应地水体悬浮泥沙颗粒沉降作用最强，所以此时期库区总颗粒态磷滞留率最高，其中 56% 沉降滞留在库区，44% 输送至长江中下游河道。

泄水期（2 ~6 月），三峡水库开闸泄水，坝前水位逐渐从 175m 下降至 145m，此时期三峡水库下泄水量高于三峡入库水量，三峡水库水量、总磷和总溶解态磷的滞留率均为负值，而下游输送率分别达到 115%、164% 和 238%。在泄水期，三峡水库开闸泄水加快了水体流速，增强了水动力条件，从而使此时期库区总颗粒态磷滞留率降低至 24%，76% 的总颗粒态磷通量下泄至长江中下游河道。

低水位期（7 ~8 月），汛期雨量增加使此时期三峡入库水量远高于其他时期。为保证坝前水位保持在 145m，低水位期三峡水库下泄水量也高于入库水量，三峡水库水量、总磷和总溶解态磷的滞留率也均为负值，下游输送率分别为 101%、118% 和 127%。在低水位期，三峡水库水动力条件最强，水力滞留时间最短，因此此时期总颗粒态磷的库区滞留率最低，上游河流入库的总颗粒态磷通量仅有 10% 被滞留在库区，90% 被下泄输送至长江中下游河道。

从表 4-10 可以看出，蓄水期和高水位期，三峡库区水量、总磷和总溶解态磷滞留率均为正值，说明此时期三峡水库下泄水量、总磷和总溶解态磷通量低于入库水量、总磷和总溶解态磷通量。泄水期和低水位期，三峡库区水量、总磷和总溶解态磷滞留率均为负值，说明此时期三峡水库下泄水量、总磷和总溶解态磷通量高于入库水量、总磷和总溶解态磷通量。在三峡水库人为反季节调度影响下，三峡水库水体总颗粒态磷在四个水库调度期均表现为水库滞留效应，库区滞留率为 10%~56%，其时期变化表现为高水位期>蓄水期>泄水期>低水位期，而总颗粒态磷的下游输送率则表现为相反的变化特征。

4.5 小　　结

4.5.1 水库干支流水质变化特征

通过对三峡水库主库区干流与大宁河水文和水质特征进行对比分析，发现两种水体水质特征具有一定的差异性。干流水体总氮和总磷的平均浓度分别为 2.0mg/L 和 0.15mg/L，而大宁河上游来水总氮和总磷的平均浓度分别为 1.3mg/L 和 0.04mg/L，水库干流总氮和总磷浓度远大于大宁河上游来水。因此，水库调度运行引起的干流倒灌对大宁河水质造成明显影响，其也是大宁河水体富营养化和藻类水华的主要原因。

4.5.2 水库磷营养盐分布特征与滞留效应

本章通过野外实地采样调查和室内实验模拟的方法，分析了蓄水期、高水位期、泄水期、低水位期三峡水库干流水体和悬浮颗粒物中磷形态的时空变化规律，并结合三峡水库水动力、泥沙输送路径及泥沙颗粒物吸附磷特征的研究，对三峡水库调度运行影响下库区干流水体和悬浮颗粒物中磷形态的输移转化过程进行了解析，主要结论如下：

1）2014～2016 年四个水库调度期调查结果显示，三峡水库干流水体总磷浓度为 0.09～0.27mg/L，总溶解态磷为水体主要磷形态，总溶解态磷占总磷浓度的 45%～96%。水体总溶解态磷浓度分布具有时空异质性，但是总颗粒态磷浓度从长江朱沱至库区晒网坝断面沿程下降趋势明显。蓄水期和高水位期水体总颗粒态磷浓度相比泄水期和低水位期较高。

2）三峡水库干流悬浮颗粒物 PP 浓度为 0.77～2.42mg/g，其中以 Exo-P 形态居多，Exo-P 占 PP 的 15%～64%。长江朱沱至库区晒网坝断面悬浮颗粒物 PP、Bio-P 和 Exo-P 沿程升高，而 Det-P 沿程降低，此空间分布特征在蓄水期和高水位期更为明显。蓄水期和高水位期悬浮颗粒物 PP、Bio-P 和 Exo-P 浓度较高，低水位期 PP、Bio-P 和 Exo-P 浓度最低。

3）相关分析显示，三峡水库干流悬浮颗粒物 PP、Bio-P 和 Exo-P 浓度与含沙量呈显著负相关（$P<0.05$），与颗粒粒径呈负相关，与颗粒 TOM 及 Mn 含量呈显著正相关（$P<0.05$）；Det-P 与颗粒粒径的正相关性显著（$P<0.05$）。颗粒物吸附磷实验结果表明，颗粒物粒径越细，单位质量颗粒物的磷吸附能力越强，单位质量颗粒磷吸附量越大；颗粒物 TOM 及 Fe、Mn 金属氧化物组分在颗粒物吸附磷中起着重要作用；当水体初始磷浓度达到一定程度时（水体颗粒物从水体吸附溶解态磷状态），随着水体 TPM 浓度增加，单位质量颗粒磷吸附量减少，但整体颗粒物吸附去除水体磷浓度也升高，水体平衡磷浓度降低。

4）蓄水期和高水位期，三峡水库调度运行直接减缓水动力条件，使干流悬浮颗粒粒径由长江上游朱沱至库区晒网坝段沿程明显细化，进而使富集于细颗粒表面的 Exo-P 沿程逐渐升高，而富集于粗颗粒的 Det-P 浓度沿程逐渐降低。泄水期和低水位期，由于雨水冲刷和水土流失作用，三峡水库干流水体含沙量逐渐增大，悬移质泥沙颗粒的平均粒径相对粗化，单位质量颗粒吸附 TOM、Mn 组分相对较少，从而使单位质量颗粒所含 PP、Bio-P 和 Exo-P 浓度相比蓄水期和高水位期较低。

5）三峡水库干流悬浮颗粒物对磷的吸附实验结果表明，长江上游至水库干流悬浮颗粒物吸附磷的能力逐渐增强，但由于水体 PO_4^{3-} 浓度低于悬浮颗粒物 EPC_0 浓度，悬浮颗粒物在沿程输送过程中均呈向水体释放磷的状态。从整体上看，在三峡水库调度背景下，四个水库调度期三峡水库悬浮颗粒物磷在输移过程中均以沉降滞留作用为主，以向水体释放磷作用为辅，总颗粒态磷水库滞留率为 10%～56%。

第5章

三峡水库消落带土壤和沉积物磷分布及释放特征研究

5.1 概　　述

三峡水库颗粒磷随着悬移质泥沙沿程沉降积累于库区，沉积物是三峡水库磷储存的重要场所。根据2000～2016年《长江泥沙公报》，三峡水库约7%的泥沙沉积在水库145～175m高程的河床（消落带沉积物），约90.7%的泥沙沉积在水库145m高程以下常年淹没区内。三峡水库每年30m水位涨落调度运行使变动回水区岸边土地被周期性淹没或出露，并形成干湿交替环境的成陆地带——水库消落带（刁承泰和黄京鸿，1999）。据统计，三峡水库消落带总面积为348.92km^2，175m水位岸线长5578.21km，其中湖北境内消落带面积占三峡水库消落带总面积的12.22%，重庆境内消落带面积占三峡水库消落带总面积的87.78%（张彬，2013）。从地貌上看，三峡水库消落带在长江干流（重庆江津至湖北三斗坪）及其两岸164条大小支流（如嘉陵江、乌江、小江、大宁河、香溪河、梅溪河、汤溪河等）均有分布，长江干流和支流消落带面积分别占三峡水库消落带总面积的44.53%和55.60%（Bao et al.，2015）。

韩勇（2007）研究表明，三峡水库消落带土壤中磷的含量为0.037%～0.071%，其中潮土和紫色土磷含量比黄壤土含量高，消落带土壤中磷含量没有显著差异。张彬（2013）研究表明，2003～2011年三峡水库消落带土壤淹水-落干时期，重庆至巫山段消落带土壤表现为有机质和磷的释放源、氮的累积汇。曹琳（2011）研究表明，覆水消落带土壤总磷含量（5月）高于出露土壤总磷含量（8月），消落带干湿交替有利于土壤中钙磷、闭蓄态磷排出，也有利于有机磷、活性磷累积。

此外，三峡水库沉积物磷累积及内源磷释放也是研究学者关注的重点。潘婷婷等（2016）研究表明，三峡水库干流沉积物中总磷含量为0.781～1.026mg/g，其中无机磷占总磷的79.5%～94.7%，沉积物无机磷以钙结合态磷为主要形态。牛凤霞等（2013）研究表明，三峡库区沉积物孔隙水中PO_4^{3-}呈微量释放状态，释放量对上覆水影响较小（-0.011%～0.098%）。Wu等（2016）研究表明，三峡库区沉积物总磷平均含量为0.911mg/g，其中生物有效态磷含量为0.177mg/g，生物有效态磷年均沉积量约为21 400t，年均释放量仅为0.16～2.75t。

近年来，新型的沉积物孔隙水磷酸盐原位监测技术迅猛发展，较为成熟的有薄膜扩散梯度技术（diffusive gradients in thin-films technique，DGT）、薄膜扩散平衡技术（diffusive equilibrium in thin-films technique，DET）和平衡式孔隙水采样技术（pore water equilibrators，Peeper）等（Stockdale et al.，2008；Ding et al.，2010；Panther et al.，2011）。传统沉积物孔隙水磷形态监测技术不仅破坏了沉积物的原始物理化学结构，而且分样间距多为厘米级以至于分辨率较低。相比于传统监测技术，DGT、DET 和 Peeper 技术可以不破坏沉积环境条件而快速测定沉积物-孔隙水可溶性磷浓度，最高分辨率可达 1mm（罗婧等，2014）。目前，新型的原位监测技术被广泛应用于水体、沉积物和土壤等研究中，尤其是在获取沉积物-孔隙水溶解性反应磷及其他元素同步变化等方面优势较为突出（陈宏等，2011）。

三峡水库调度导致消落带土壤环境每年循环干湿变化，促使消落带磷的物理迁移和化学释放；同时三峡水库调度导致相当数量的颗粒磷沉积在库区水体，此部分沉积磷呈现向上覆水体缓慢释放状态，不排除在水库外源磷输入得到控制后，沉积物内源磷释放对库区水质产生潜在风险。因此，在三峡水库每年周期性 30m 水位涨落变化影响下，消落带土壤/沉积物和永久沉积物中磷的释放过程也是三峡水库磷输移转化过程的重要一环。本章通过采集三峡水库干流出露的消落带土壤、覆水-出露不同区域的消落带土壤和三峡干支流沉积柱，采用 SEDEX 顺序化学提取法、颗粒物吸附磷模拟实验、薄膜扩散梯度技术等，研究水库调度影响下消落带土壤中磷的迁移转化特征，探究三峡干支流沉积物磷的释放特征及释放机理。

5.2 研究区概况与研究方法

5.2.1 三峡库区消落带基本特征

5.2.1.1 消落带面积、分布特点

随着三峡水库蓄水运行，库区近岸地带将受水位涨落的影响而形成不同类型的消落带，消落带在冬季高水位（175m）运行时淹没，而在夏季低水位（145m）运行时则出露。据统计，三峡库区消落带总面积为 348.93km^2、175m 岸线长为 5578.21km。其中，重庆段消落带面积为 306.28km^2，占三峡库区消落带总面积的 87.78%，175m 岸线长为 4881.43km，涉及巫山县、巫溪县、奉节县、云阳县、开县、万州区、忠县、丰都县、石柱土家族自治县、涪陵区、武隆县、长寿区、渝北区、巴南区、江北区、南岸区、渝中区、沙坪坝区、北碚区、九龙坡区、大渡口区和江津区 22 个区县，遍布长江干流和库区大大小小百余条次级河流。湖北境内消落带面积为 42.65km^2，占三峡库区消落带总面积的 12.22%，175m 岸线长为 696.78km，主要涉及兴山县、巴东县、秭归县和夷崚区 4 个区县。三峡库区消落带空间分布呈现如下几个方面的特点。

支流消落带面积略大于干流消落带面积，见表 5-1。蓄水后，长江干流库区段消落带总面积为 155.37km^2，占库区消落带总面积的 44.53%。干流两岸大小支流共 164 条，支流消落带总面积为 193.56km^2，占库区消落带总面积的 55.47%，略大于干流消落带。三峡库区支流消落带分布相对集中，以小江流域消落带面积最大，连同其余 9 条主要次级河流（大宁河、乌江、香溪河、梅溪河、汤溪河、梨香溪、嘉陵江、神农溪、磨刀溪）消落带总面积为 119.88km^2，占库区支流消落带总面积的 61.93%。

表 5-1 三峡库区干支流消落带面积及其所占比例（按流域划分）

河流名称	消落带长度/km	两岸消落带宽度/km	消落带面积/km^2	比例/%
长江干流	614.42	0.25	155.37	44.53
小江	67.33	0.84	56.60	16.12
大宁河	56.92	0.23	13.32	3.82
乌江	78.19	0.16	12.59	3.61
香溪河	35.92	0.21	7.40	2.12
梅溪河	31.71	0.18	5.55	1.59
汤溪河	36.89	0.14	5.16	1.48
梨香溪	19.46	0.26	4.99	1.43
嘉陵江	67.46	0.07	4.92	1.41
神农溪	25.45	0.18	4.68	1.34
磨刀溪	27.89	0.17	4.67	1.34
童庄河	9.32	0.31	2.86	0.82
黄金河	6.92	0.40	2.78	0.80
渠溪河	11.68	0.23	2.66	0.76
御临河	24.75	0.11	2.64	0.75
大溪河	12.52	0.15	1.94	0.55
龙河	14.07	0.11	1.54	0.44
五布河	9.12	0.10	0.87	0.25
九畹溪	8.27	0.08	0.65	0.19
其他	—	—	57.74	16.55
合计	—	—	348.93	100

三峡库区各区县消落带面积差异较大，主要分布于涪陵区下游的区县，见表 5-2。其中，开县、涪陵区、云阳县是库区消落带面积最大的三个区县，三个区县消落带总面积达 118.61km^2，是库区消落带总面积的 33.99%。

表 5-2 三峡库区各行政区县不同高程消落带分布及其所占比例

行政区划	145～155m /km^2	155～165m /km^2	165～175m /km^2	小计 /km^2	占消落带总面积的比例 /%
江津区	0.00	0.00	0.09	0.09	0.03
主城区	0.00	7.50	4.82	12.32	3.53
巴南区	0.00	7.44	5.82	13.26	3.80

续表

行政区划	145～155m /km²	155～165m /km²	165～175m /km²	小计 /km²	占消落带总面积的比例 /%
渝北区	0.00	3.96	4.01	7.97	2.29
长寿区	0.80	3.16	3.69	7.65	2.19
武隆县	0.00	2.10	4.98	7.08	2.03
涪陵区	10.08	13.57	15.18	38.83	11.13
丰都县	6.11	6.20	7.52	19.83	5.68
石柱县	1.67	2.32	2.36	6.35	1.82
忠县	8.18	13.53	12.00	33.71	9.66
万州区	8.81	10.43	11.43	30.67	8.79
云阳县	11.77	13.94	11.29	37.00	10.60
开县	2.63	18.67	21.48	42.78	12.26
奉节县	7.07	8.61	8.47	24.15	6.92
巫溪县	0.02	0.45	0.44	0.91	0.26
巫山县	6.97	8.53	8.18	23.68	6.79
巴东县	2.42	3.71	2.99	9.12	2.61
秭归县	6.57	10.60	7.40	24.57	7.04
夷陵区	1.29	2.15	0.98	4.42	1.27
兴山县	0.99	2.36	1.20	4.55	1.30
总计	75.38	139.23	134.33	348.93	100.00
占总消落带面积的比例/%	21.60	39.90	38.50	100.00	—

注：表中主城区指九龙坡、渝中、江北和南岸。

高程分布上，155m以上消落带面积较大，出露时间长，且以坡度小于15°的平缓消落带为主，库湾、湖盆和岛屿消落带较多；高程分布上（表5-2），库区海拔145～155m的消落带面积为75.38km²，占消落带总面积的21.60%；155～165m的消落带面积为139.22km²，占消落带总面积的39.90%；165～175m消落带总面积为134.33km²，占消落带总面积的38.50%。各高程出露时间见表5-3。

表5-3 三峡水库不同水位高程消落带出露面积和时间

指标	175m	165m	155m	145m
出露面积/km²	0	134.33	273.55	348.93
出露面积所占比例/%	0	38.49	78.40	100

续表

指标	175m	165m	155m	145m
出露时间段/天	0	60～305	80～290	150～270
出露时间/天	0	245	210	120

库区内坡度小于15°的平缓消落带面积为216.43km^2，占消落带总面积的62.03%，是库区消落带的主要组成部分，且主要分布在长江干流沿岸和小江、梅溪河等较大支流的宽敞河谷平坝地区。坡度在15°～25°的中坡消落带面积为69.97km^2，占消落带总面积的20.05%。坡度在25°以上的陡坡消落带在库区中所占比例相对较小。

此外，三峡库区重庆段内库湾、湖盆和岛屿消落带较多，有岛和半岛152个。库区长江干流消落带长达614.42km，但两岸平均宽度仅为0.25km，面积相对较小。而蜿蜒于丘陵之中的长江支流，河床纵比降小，岸坡平缓，有利于形成面积较大的消落带。支流消落带的宽度变化较大，在80～600m，位于巫山大宁河的大昌、云阳汤溪河的南溪、小江高阳和养鹿盆地周边的消落带较宽，一般为300～500m，最宽达800～1000m，是三峡库区中典型的库湾、湖盆河段。三峡库区典型库湾、湖盆和岛屿消落带见表5-4。另外，忠县城市组团，被长江干流及钳井河、呜玉溪等支流消落带环绕，冬季高水位期时在城市周边形成库湾、湖盆和岛屿、半岛景观；夏季145m水位时在城市周边形成大片消落带陆地，成为三峡水库消落带对城市影响的特殊区域。

表5-4 三峡库区典型库湾、湖盆和岛屿消落带面积 （单位：km^2）

行政区划	位置	面积	行政区划	位置	面积
奉节	寂静	3.49	开县	铺溪	4.76
	白帝城	2.41	巫山	大昌	2.41
	朱衣	2.18	忠县	涂井	5.14
云阳	南溪	2.28		黄金	3.51
巴南、渝北	清溪	2.52		东溪	2.07
开县	厚坝	3.47		新生	1.85

5.2.1.2 消落带类型划分

根据消落带地表物质、岩性特点，三峡库区消落带土地可划分为硬岩型、软岩型和松散堆积型（表5-5）。

表5-5 三峡库区段消落带基本类型统计

消落带类型	d<5m			d：5～15m		d：15～30m		d：0～30m	总面积
	s<7°	s：7°～15°	s：15°～25°	s：<15°	s：15°～25°	s：<15°	s：15°～25°	s：>25°	
硬岩型	5.65	0.85	1.55	2.79	1.84	2.38	1.77	20.72	37.55
软岩型	13.19	10.85	5.43	47.93	16.22	35.43	34.93	22.49	186.47

消落带类型		d<5m			d：5～15m		d：15～30m		d：0～30m	总面积
		s<7°	s：7°～15°	s：15°～25°	s：<15°	s：15°～25°	s：<15°	s：15°～25°	s：>25°	
松散堆积型	沿岸	4.59	10.57	2.58	12.97	2.68	18.18	2.00	2.11	55.78
	库尾	5.28	1.93	0.49	7.12	2.65	4.49	1.92	2.85	26.73
	湖盆	1.50	2.02	0.42	8.43	2.93	12.69	2.44	2.41	32.84
	岛屿	0.29	0.35	0.24	4.08	0.38	3.64	0.27	0.30	9.55
合计		30.50	26.67	10.71	83.32	26.70	76.81	43.33	50.88	348.93

注：d 为水深；s 为坡度。

1）硬岩型消落带：面积为 37.55km^2，占消落带总面积的 10.76%，该区地形陡峭，坡度一般在 30°以上；消落带河谷狭窄，宽度仅为 100～300m，主要由坚硬的碳酸盐类岩石和砂岩等组成，地表基岩裸露，松散堆积物和植被较少。大多数硬岩陡坡型消落带地处农村，保持原有自然状态，耕地和居民很少，主要生态环境问题是危岩（崩塌）。

2）软岩型消落带：面积为 186.47km^2，占消落带总面积的 53.52%，广泛发育在向斜构造，由三叠系巴东组钙质泥岩、泥灰岩或侏罗系紫色砂、泥岩互层构成，该类型区域除分布大量软岩外，还断续存在河漫滩、阶地，因此消落带呈阶梯状。

3）沿岸松散堆积型消落带：面积为 55.78km^2，水深一般在 5～15m，坡度一般小于 25°，由于水流速度缓慢，河流泥沙大量沉积形成较宽的河滩和阶地。经过长期的开发利用，阶地和缓坡地大多开发成耕地。

4）库尾松散堆积型消落带：地处消落带库尾末端，由此将其称为库尾松散堆积型消落带，面积为 26.73km^2，水深一般在 15～30m，坡度一般小于 15°，该类型区域位于三峡水库的回水末端，库水流速慢，河流带来的泥沙在回水末端大量沉积，形成库尾沉积三角洲。另外，河流带来的大量污染物也会在回水末端聚集，使回水末端成为严重污染的地带。该类型区域四周基岩破碎，易风化侵蚀，又多开垦为耕地，暴雨期水土流失严重，加之地处水库末端，泥沙将在消落带内大量淤积，抬高河床，加重洪灾。

5）湖盆松散堆积型消落带：属于湖盆消落带，面积为 32.84km^2，坡度在 5°～15°，水深在 15～30m。

6）岛屿松散堆积型消落带：此类消落带指 175m 水位还有陆地分布的周围消落带，不包括 145m 水位时成陆的滩涂地，如忠县皇华岛，丰都县丰收坝，涪陵区坪西坝、太平坝，渝北至巴南河段的中坝、中江坝、南坪坝、大中坝，南岸区广阳坝等总面积为 9.55 km^2。

5.2.1.3 消落带潜在的生态环境影响分析

消落带是三峡库区典型的生态脆弱区，其引发的潜在生态环境问题主要包括以下几个方面。

（1）对三峡水库水质的影响

三峡库区消落带水环境问题包括近岸污染带与水陆交叉污染两方面：一方面，蓄水后水体自净能力的减弱、点面源污染的加重使消落带周围的近岸水体污染有加重的趋势，在城市岸段尤其严重；另一方面，蓄水后，原来生长在沿江两岸的大量动植物被淹没后，部分动物淹死腐烂，植物在长期浸泡之下，根、茎、叶逐渐腐烂变质、分解、释放污染物质，同时淹耕地中残留的有机物、农药、化肥也将向水中逐步释放污染物质。水位的季节性涨落可能促使这些污染物质向库区水体迁移，造成消落带水体富营养化、化学毒物污染等环境问题。

(2) 对近岸区生态系统的影响

三峡库区消落带湿地生态系统是陆地生态系统、水生生态系统以及两种生态系统相互交错的复杂系统，极易受到自然因素与人为因素的干扰，因而表现为敏感性强，波动频率大、适应范围窄，容易发展灾变等不稳定特点，成为脆弱的生态系统。三峡水库蓄水后，消落带生态系统的变迁可能会出现一些新的物种或发生物种变异，尤其是植物物种将逐步消亡，使动物物种或迁移或灭绝，而适应水生环境生长的物种又因消落带的季节性出露水面，成活率降低。因此，消落带生态系统稳定性可能降低，脆弱性增强。

(3) 对水土流失和近岸区地质环境的潜在威胁

三峡库区地形坡度较大，降水较集中，三峡水库蓄水运行后，在干流及各次级河流的回水变动段，将引起大量的泥沙淤积，造成港口淤塞，阻碍通航，抬高河床形成洪患，危及人民的生命财产安全。三峡库区地质构造复杂、地层岩性差异大、地形坡度较大、地貌类型复杂，在三峡水库消落带及其影响范围内易发生山体滑坡、危岩、泥石流、库岸再造（塌岸）等地质环境问题。

(4) 对人群健康的潜在危害

消落带滞留的大量垃圾、粪便及工农业废弃物等，将导致有害物种或病原体沿消落带迁移，并使致病微生物，如甲肝病毒、痢疾杆菌、（副）伤寒杆菌、霍乱弧菌进入近岸污染带，污染水体。生态环境的恶化会使一些已有疾病的发病率、死亡率上升，还可能引起一些新的健康问题。

5.2.2 材料与方法

5.2.2.1 样点布设

(1) 消落带土壤样品采集

为了研究三峡水库调度影响下库区干流消落带土壤磷分布及迁移转化特征，本研究在2015年7月（低水位期，坝前水位约145m）和2016年4月（泄水期，坝前水位约160m），采集三峡库区干流寸滩、清溪场、晒网坝和秭归断面呈出露状态的消落带土壤样品，如图5-1（a）所示。此外，选择三峡水库干流“长江下”断面（临近重庆巫山县，图5-1（b））作为消落带土壤的加密采样区域。“长江下”断面的岸边消落区为一处自然形成且基本未受人类活动影响的消落带区域，土质为黄壤土。2017年6月（泄水期，坝前水位约148m），采集“长江下”断面不同覆水-出露区域的消落带土壤样品，包括深水区永久沉积物（S1样品，相对水面高程为-20m）、覆水与出露消落带之间半覆水土壤（S2样品，相对水面高程为0）、出露消落带出露土壤（S3和S4样品，相对水面高程分别为2m和10m）和陆地区土壤（S5样品，相对水面高程为20m）。

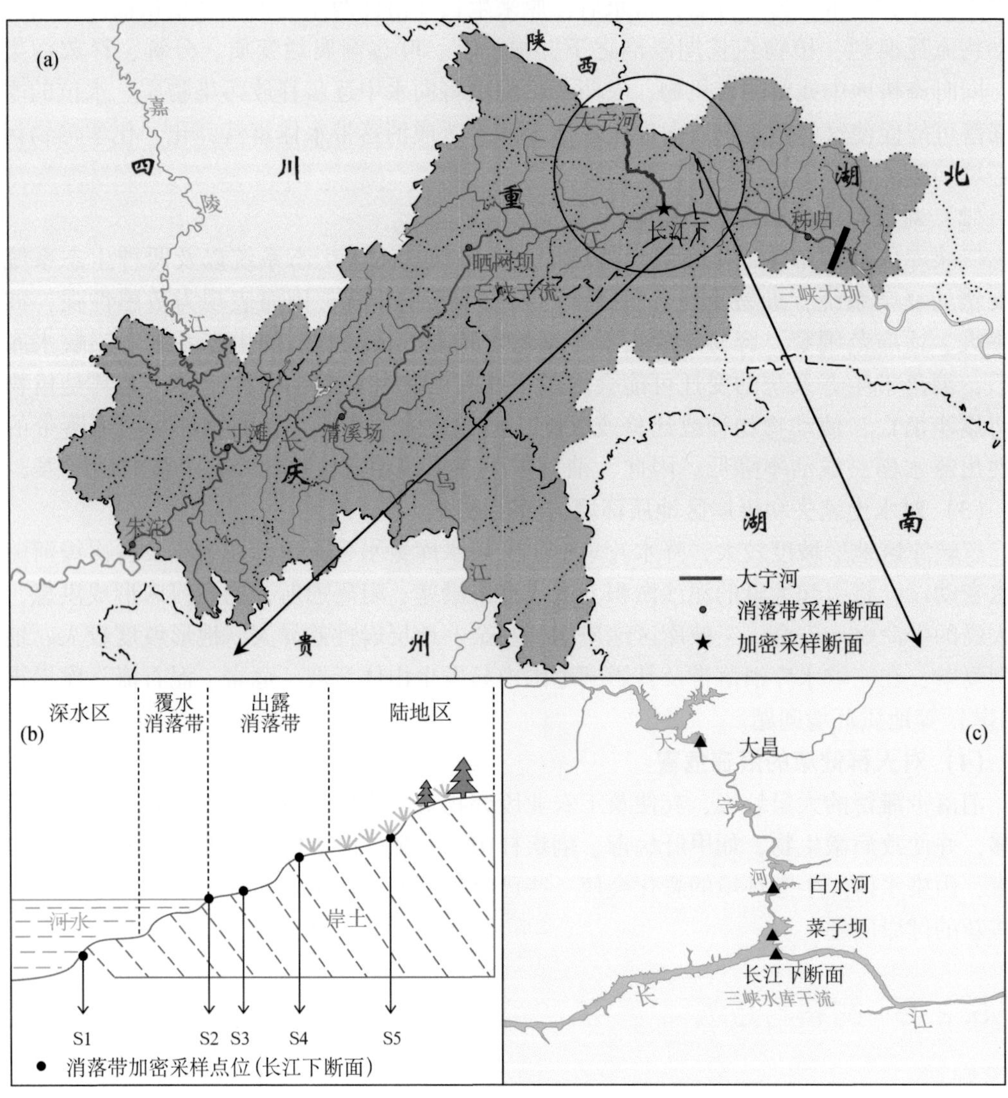

图 5-1　三峡水库消落带土壤和沉积物的采样断面

(2) 沉积物样品采集

选择三峡干流"长江下"断面采集沉积物，同时也在该断面附近汇入的三峡支流大宁河水域采集沉积物，采样断面共4个：干流"长江下"断面（距离干支流交汇点的干流下游约1km处）以及大宁河上游大昌、中游白水河和下游菜子坝断面（分别距离干支流交汇点的支流上游约35km、8km和1km处），详细位置如图5-1（c）所示。本研究于2017年6月（泄水期）采集4个断面的沉积柱（直径84mm，上覆水层深15cm，沉积物层深15cm），采用SEDEX顺序化学提取法和薄膜扩散梯度技术，对比研究三峡干流与支流沉积物磷的分布及释放特征。

5.2.2.2　分析测定方法

消落带土壤和沉积物样品经过冷冻干燥、研磨、过筛（100目）等预处理后，使用

4.2.2.2 节的方法测定颗粒物的粒径组成，TOM、Fe、Mn 和 Ca 含量，使用改进 SEDEX 顺序化学提取法测定颗粒物六种磷形态的含量。

5.2.2.3 颗粒吸附磷模拟实验方案

为了研究消落带土壤对磷的吸附解吸特性，本研究对三峡干流"长江下"断面加密采集的消落带土壤样品（图 5-1（b））开展等温吸附磷模拟实验，使用 Freundlich 交叉型吸附等温模型（式（4-4））拟合等温吸附曲线，并通过颗粒物吸附或释放磷的判定系数（式（4-7））判定消落带土壤颗粒对磷的吸附解吸特性，实验方法同 4.2.2.3 节。

5.2.2.4 沉积物-水界面有效态 P、Fe^{2+}、S^{2-}测定方法

本研究采用 DGT 对三峡水库干、支流沉积柱中有效态 P、Fe^{2+}和 S^{2-}的同步垂向浓度变化进行分析测定。DGT 是一种原位监测沉积物、土壤和水体中 P、Fe、S 及重金属元素的生物有效形态的新型原位分析技术。DGT 基于 Fick（菲克）扩散第一定律，可定量化测量一定时间内穿过一定厚度扩散膜而固定在凝胶固定膜上的某离子浓度值。DGT 测定的离子形态一般是游离态、小分子络合态的金属阳离子和氧化型阴离子。与传统的破坏性测定技术相比，DGT 能够在原位状态下比较真实地反映环境介质中目标物的可移动性和生物的可利用性，从而更好地反映环境介质的营养或污染水平。

（1）DGT 装置投放

本研究采用平板式 DGT 装置（长 150mm×宽 20mm）测定沉积物有效态 P、Fe^{2+}和 S^{2-}浓度，DGT 结构组成及组装详细信息参照相关文献（Panther et al.，2011；Ding et al.，2012）。DGT 装置由过滤膜、扩散膜和固定膜及固定塑料外套组成。其中过滤膜（0.1mm 厚度，0.45μm 过滤孔径）主要用来避免待测环境中的颗粒物进入 DGT 装置，扩散膜（0.8mm 厚度）能够让溶解态的离子自由扩散，固定膜（0.4mm 厚度）可根据实验目的选择不同的吸附材质。本研究选择 ZrO-Chelex DGT 装置和 AgI DGT 装置同步分析沉积柱中有效态 P、Fe^{2+}和 S^{2-}浓度的垂向变化，垂向分辨率达 2mm。在 DGT 装置投放前，ZrO-Chelex DGT 装置和 AgI DGT 装置在室温下避光保存，并对装置充氮气去氧 16h 以上。

采集沉积柱后，2h 内带入当地实验室竖直静放，室内温度保持 25℃，并将已充氮去氧的 DGT 装置垂直且缓慢插入沉积物中，保留 2～4cm 上覆水、11～13cm 沉积物（装置有效长度 15cm），放置 24h。待放置结束后，取出 DGT 装置，标记沉积物-水界面位置，充分清洗装置表面，保证装置表面泥土完全去除，将固定膜取出后洗净，装入自封袋内，滴入几滴去离子水保湿，密封保存待分析。

（2）DGT 有效态 P 和 Fe^{2+}测定分析

首先从自封袋中取出待测的 ZrO-Chelex 固定膜，将固定膜置于陶瓷刀片上，按一维（垂向）方向 2mm 间隔切成等宽度长条状，然后将每条切片放入 1.5ml 离心管中，加入 0.4ml HNO_3溶液（1mol/L）提取固定膜，室温静置提取 16h；同时将固定膜切片取出洗净后放入另一个 1.5ml 离心管中，加入 0.4ml（V（0.4mol/L NaOH）：V（1mol/L H_2O_2）= 1：1）混合提取液，4℃静置提取 4h。采用邻菲啰啉法测定 HNO_3提取液中有效态 Fe^{2+}浓度，采用磷钼蓝显色法测定 NaOH-H_2O_2混合提取液中有效态 P 浓度，微量样品采用 96 微孔板分光光度计法 1min 内一次性比色分析 96 个样品（Xu et al.，2012）。

DGT 有效态浓度（C_{DGT}）计算过程如下：

$$M = \frac{C_e(V_g + V_e)}{f_e} \tag{5-1}$$

式中，M 为固定膜中有效态元素的累积量（μg）；C_e为提取液有效态元素浓度（mg/L）；V_e为提取剂体积（ml）；f_e为固定膜中有效态元素提取率（有效态 Fe^{2+}和 P 的提取率分别为 88.9% 和 86.2%）（Wang Y et al.，2016；Ding et al.，2016）。

$$C_{DGT} = \frac{M \times \Delta g}{D \times A \times t} \tag{5-2}$$

式中，C_{DGT}为 DGT 有效态元素浓度（mg/L）；Δg 为扩散层厚度（cm）；D 为有效态元素在扩散层中的扩散系数（25℃时，有效态 Fe^{2+}和 P 的扩散系数分别为 $6.40\times10^{-6}cm^2/s$ 和 $6.86\times10^{-6}cm^2/s$）（Wang Y et al.，2016）；A 为每一个固定膜切片的面积（cm^2，分辨率长度 2cm×固定膜宽度 2cm）；t 为 DGT 装置的放置时间（s）。

(3) DGT 有效态 S^{2-}测定分析

从自封袋中取出待测的 AgI 固定膜，湿滤纸擦干表面，放置于 Canon-5600F 扫描仪上（沉淀面朝下），设置分辨率为 600 DPI（相当于 0.0423mm×0.0423mm）扫描固定膜的正面。利用 Image J 软件将扫描获得的图像转成灰度数值，利用校正曲线将灰度数值转换成 S^{2-}累积量：

$$y = -171e^{-x/7.23} + 220 \tag{5-3}$$

式中，x 为固定膜单位面积有效态 S^{2-}累积量（$\mu g/cm^2$）；y 为对应的灰度数值。

然后，利用式（5-2）计算 DGT 有效态 S^{2-}浓度，其中有效态 S^{2-}扩散系数为 $18.02\times10^{-6}cm^2/s$（Ding et al.，2012）。

(4) 沉积物-水界面 DGT 有效态元素的扩散通量计算

基于 Fick 扩散第一定律，利用 DGT 有效态 P、Fe^{2+}和 S^{2-}在沉积物-水界面附近的浓度扩散梯度，计算获得沉积物-水界面有效态 P、Fe^{2+}和 S^{2-}的扩散通量，计算公式如下：

$$F_d = J_W + J_S = - D_W \left(\frac{\partial C_{DGT}}{\partial x_W}\right)_{(X=0)} - D_S \left(\frac{\partial C_{DGT}}{\partial x_S}\right)_{(X=0)} \tag{5-4}$$

$$D_S = \frac{D_W}{1 - \mathrm{In}(\psi^2)} \tag{5-5}$$

式中，F_d为沉积物-水界面有效态元素扩散通量（mg/（m^2·d）），F_d值为正值，表明有效态元素由沉积物向上覆水释放，F_d值为负值，表明上覆水有效态元素被沉积物吸附；J_W和 J_S分别为有效态元素从上覆水到沉积物的扩散通量、从沉积物到上覆水的扩散通量（mg/（m^2·d））；D_W为有效态元素在水体中的扩散系数，25℃时有效态 Fe^{2+}、P 和 S^{2-}在水体中的扩散系数分别为 $7.19\times10^{-6}cm^2/s$、$8.46\times10^{-6}cm^2/s$ 和 $6.95\times10^{-6}cm^2/s$（Li and Gregory，1974）；D_S为有效态元素在沉积物中的扩散系数，可通过经验公式（式（5-5））由 D_W和沉积物孔隙度（ψ）计算得到（Harper et al.，1998）；ψ 经验值通常为 0.80～0.99（Harper et al.，1998），本研究 ψ 取值为 0.88；$\left(\frac{\partial C_{DGT}}{\partial x_W}\right)_{(X=0)}$ 为有效态元素在上覆水层的浓度梯度（mg/(L·cm)），$\left(\frac{\partial C_{DGT}}{\partial X_S}\right)_{(X=0)}$ 为有效态元素在沉积物层的浓度梯度（mg/(L·cm)），

$\left(\frac{\partial C_{DGT}}{\partial X_W}\right)_{(X=0)}$ 和 $\left(\frac{\partial C_{DGT}}{\partial X_S}\right)_{(X=0)}$ 分别采用界面（X=0）以上10mm、界面以下10mm的有效态元素的浓度梯度范围进行直线拟合。

（5）沉积物其他测定指标与方法

从沉积柱中取出DGT装置后，每隔3cm均匀切割沉积柱，其中0～3cm段切割样品作为表层沉积物，后续分析其颗粒物理化性质及颗粒物磷形态，测定方法同4.2.2.2节。

5.3 三峡干流消落带土壤磷形态的分布特征

5.3.1 消落带土壤理化性质

在低水位期（2015年7月）和泄水期（2016年4月），三峡水库寸滩、清溪场、晒网坝和秭归断面消落带土壤的基本理化性质调查结果，见表5-6。

表5-6 低水位期和泄水期三峡水库消落带土壤的基本理化性质

调查时间	理化指标	寸滩	清溪场	晒网坝	秭归
低水位期（2015年7月）	平均粒径/μm	31	121	292	11
	TOM/%	1.79	2.11	0.34	4.51
	Fe/（mg/g）	39.09	1.50	16.25	21.79
	Mn/（mg/g）	1.03	0.84	0.22	0.52
	Ca/（mg/g）	0.34	0.02	—	8.74
泄水期（2016年4月）	平均粒径/μm	27	26	9	30
	TOM/%	1.25	1.58	0.62	2.33
	Fe/（mg/g）	9.60	16.80	1.17	16.31
	Mn/（mg/g）	0.63	0.58	0.03	0.41
	Ca/（mg/g）	1.02	0.35	—	7.94

从表5-6可以看出，三峡库区寸滩至秭归断面消落带的理化性质具有较大的空间异质性，消落带土壤的平均粒径为9～292μm，TOM含量为0.34%～4.51%，Fe、Mn和Ca含量分别为1.17～39.09mg/g、0.03～1.03mg/g和0～8.74mg/g。从时间变化上来看，相比低水位期（2015年7月），泄水期（2016年4月）寸滩、清溪场和晒网坝断面消落带土壤的平均粒径均变细，且TOM和Mn含量均有所降低。

与相同采样时期、相同采样断面悬浮颗粒物理化性质相比，三峡库区消落带土壤的平均粒径粗于悬浮颗粒物（粒径为16～36μm，图4-18）；消落带土壤TOM含量低于悬浮颗粒物（TOM为2.28%～7.25%，图4-19）；消落带土壤Ca含量略高于悬浮颗粒物（Ca为0.02～0.93mg/g，表5-6），Mn含量略低于悬浮颗粒物（Mn为0.16～1.30mg/g，表5-6），Fe含量范围相当。

5.3.2 消落带土壤磷形态的含量组成

在低水位期（2015 年 7 月）和泄水期（2016 年 4 月），三峡库区消落带土壤磷形态的含量分布，如图 5-2 所示。

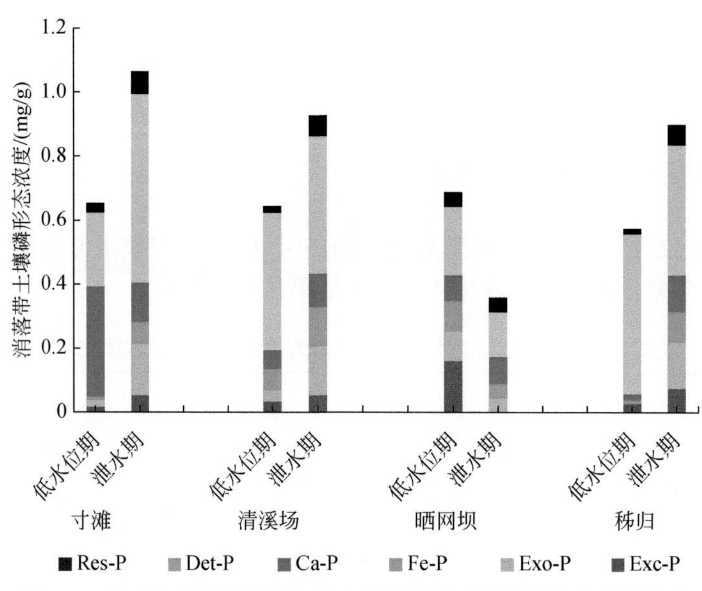

图 5-2 低水位期和泄水期三峡水库消落带土壤磷形态的含量分布

低水位期，三峡库区消落带土壤中提取的 PP 浓度为 0.57～0.69mg/g（平均为 0.64mg/g），其中 Bio-P 浓度（Exc-P、Exo-P 和 Fe-P 三者之和）为 0.04～0.35mg/g（平均为 0.14mg/g），Bio-P 占 PP 浓度的 6%～50%（平均为 21%）。三峡库区消落带土壤以来源于原生矿石碎屑的 Det-P 为主要磷形态，Det-P 浓度为 0.21～0.50mg/g（平均为 0.34mg/g），Det-P 占 PP 浓度的 31%～87%（平均为 55%）。

泄水期，三峡库区消落带土壤中提取的 PP 浓度为 0.36～1.07mg/g（平均为 0.81mg/g），其中 Bio-P 浓度为 0.08～0.33mg/g（平均为 0.25mg/g），Bio-P 占 PP 浓度的 24%～35%（平均为 30%）。三峡库区消落带土壤中主要磷形态仍然是 Det-P，Det-P 浓度为 0.14～0.59mg/g（平均为 0.39mg/g），Det-P 占 PP 浓度的 40%～55%（平均为 47%）。

三峡库区寸滩、清溪场、晒网坝和秭归断面消落带土壤中可提取的 PP 及其六种磷形态浓度呈现一定的空间异质性。泄水期，三峡库区寸滩、清溪场和秭归断面消落带土壤 PP、Bio-P 及其 Exc-P、Exo-P 和 Fe-P 浓度相比于低水位期均明显升高。

与相同采样时期、相同采样断面的悬浮颗粒物磷形态含量相比（图 4-20），三峡库区消落带土壤 PP、Bio-P 及其 Exc-P、Exo-P、Fe-P、Ca-P 和 Res-P 浓度均低于悬浮颗粒物，但消落带土壤 Det-P 浓度均高于悬浮颗粒物。这主要与消落带土壤粒径相对较粗、TOM 和 Mn 含量相对较低，单位质量土壤颗粒磷吸附位点相对较少有关。

5.4 覆水-出露区域消落带土壤磷形态分布特征

5.4.1 覆水-出露区域消落带土壤理化性质

为了研究覆水-出露区域消落带土壤磷形态分布特征，本研究选择一处自然形成未受人类活动影响的消落带区域——三峡干流“长江下”断面消落区（图5-1（a）），于2017年6月采集深水区永久沉积物（S1样品）、覆水与出露消落带之间的半覆水土壤（S2样品）、出露消落带出露土壤（S3和S4样品）和陆地区土壤（S5样品），采样位置详细如图5-1（b）所示。

“长江下”断面覆水-出露不同区域消落带土壤的基本理化性质，见表5-7。依据Shepard（1954）沉积物分类方法，永久沉积物S1样品颗粒类型为黏土质粉砂，平均粒径为8μm，S2～S5样品颗粒类型为粉砂质砂或砂质粉砂，平均粒径为12～42μm。

表5-7　覆水-出露不同区域消落带土壤的基本理化性质

相关指标	S1样品	S2样品	S3样品	S4样品	S5样品
相对水面高程/m	-20	0	2	10	20
干湿状态	永久覆水	半覆水	出露	出露	出露
黏土/粉砂/砂的组成/%	20/67/13	9/34/57	19/56/25	8/36/56	12/53/35
颗粒类型	黏土质粉砂	粉砂质砂	砂质粉砂	粉砂质砂	砂质粉砂
平均粒径/μm	8	42	12	39	19
TOM/%	1.62	—	0.12	—	0.06
Fe/（mg/g）	36.54	28.41	27.47	26.72	24.23
Mn/（mg/g）	0.66	0.58	0.65	0.55	0.56
Ca/（mg/g）	9.70	23.79	54.75	74.76	116.44

对比不同区域消落带土壤粒径组成，可以推断深水区表层沉积物颗粒主要来源于水体悬浮泥沙沉积，因为永久沉积物（S1样品）颗粒组成中粉砂和黏土占比最多，粒径最细；位于覆水与出露消落带之间的半覆水土壤（相对水面高程为0）容易受到河流冲刷和涌浪侵蚀，细颗粒组分冲刷进入水体随水流输移，导致半覆水土壤（S2样品）中砂粒组成最高，粒径最粗；采样期间正值丰水期，消落带上层河岸陆地土壤受雨水冲刷侵蚀后，粗颗粒容易发生近源沉积，导致出露消落带出露土壤（S4样品）砂砾组成也较高，粒径较粗。

S1～S5样品TOM、Fe、Mn和Ca含量分别为0～1.62%、24.23～36.54mg/g、0.55～0.66mg/g和9.70～116.44mg/g。对比来看，S1样品TOM和Fe含量均大于其他。随着相

对水面高程的升高，S1 ~ S5 样品土壤 Ca 含量呈现明显增大的趋势，S5 样品 Ca 含量约是 S1 样品 Ca 含量的 12 倍。

不同深度土层的消落带土壤/沉积物的基本理化性质见表 5-8。对于 S1 样品，土层深度 0 ~ 3cm、3 ~ 6cm 和 6 ~ 9cm 的沉积物颗粒类型相同，平均粒径、TOM、Fe 和 Mn 含量变化不大，但 Ca 含量具有随土层深度增加而减小的趋势，这反映出该样点沉积物有部分来源于当地风化作用产生的含 $CaCO_3$ 的陆源碎屑。对于 S3 样品，土层深度 0 ~ 3cm、3 ~ 6cm 和 6 ~ 9cm 的沉积物颗粒类型相同，表层土壤（0 ~ 3cm）粒径相比 3 ~ 9cm 土层深度较细，表层土壤 TOM、Ca 含量相比 3 ~ 9cm 土层深度较高。这可以间接反映出该样点表层消落带土壤与中层、下层土壤来源不同，出露的表层土壤可能主要来源于消落带淹水期间悬浮颗粒物（粒径细、TOM 高）的沉积，而中层、下层土壤可能属于当地山体本身。

表 5-8 不同深度土层的消落带土壤/沉积物的基本理化性质

相关指标	S1-1 样品	S1-2 样品	S1-3 样品	S3-1 样品	S3-2 样品	S3-3 样品
土层深度	0 ~ 3cm	3 ~ 6cm	6 ~ 9cm	0 ~ 3cm	3 ~ 6cm	6 ~ 9cm
黏土/粉砂/砂的组成/%	20/67/13	24/64/12	26/65/9	19/56/25	12/44/44	12/43/45
颗粒类型	黏土质粉砂	黏土质粉砂	黏土质粉砂	砂质粉砂	砂质粉砂	砂质粉砂
平均粒径/μm	8	7	6	12	25	26
TOM/%	1.62	1.71	1.94	0.12	0.09	—
Fe/（mg/g）	37.72	37.26	37.48	27.47	30.62	30.28
Mn/（mg/g）	0.79	0.78	0.74	0.65	0.68	0.72
Ca/（mg/g）	11.35	9.90	—	54.75	7.13	11.62

注：S1-1、S1-2、S1-3 分别为 S1 样品的 0 ~ 3cm、3 ~ 6cm 和 6 ~ 9cm 深度的分层样品，S3-1、S3-2、S3-3 分别为 S3 样品的 0 ~ 3cm、3 ~ 6cm 和 6 ~ 9cm 深度的分层。

5.4.2 覆水-出露区域消落带土壤磷形态的含量组成

长江下断面覆水-出露区域消落带土壤磷形态的含量组成如图 5-3 所示。S1、S2、S3、S4 和 S5 样品中提取法得到的单位质量颗粒 PP 浓度分别为 0.65mg/g、0.81mg/g、1.14mg/g、0.64mg/g 和 0.86mg/g，其中 Bio-P 分别占 TP 浓度的 45%、36%、61%、11% 和 13%。S3 样品采集于相对水面高程 2m 处，其单位质量颗粒 PP 浓度最高，主要由 Fe-P 形态贡献。

对于 S1 样品，沉积物中 Exo-P、Fe-P、Ca-P 和 Det-P 浓度分别为 0.10mg/g、0.15mg/g、0.16mg/g 和 0.15mg/g，四种磷形态浓度之和占 PP 浓度的 86%。对于 S2 和 S3 样品，土壤中磷均以 Fe-P 和 Det-P 形态居多，两者之和占 PP 浓度的 80% 以上。对于 S4 和 S5 样品，土壤磷则以 Ca-P 和 Det-P 形态居多，两者之和占 PP 浓度的 79% 以上。S5 样品采集

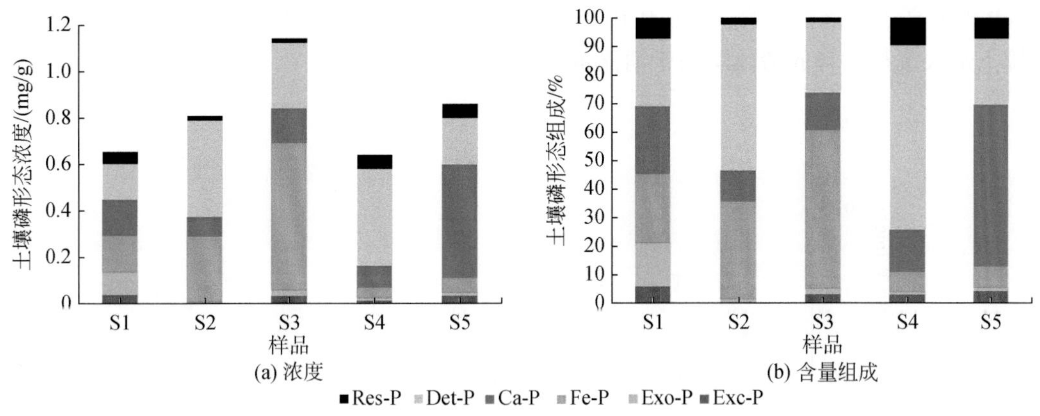

图 5-3　覆水-出露区域消落带土壤磷形态的含量组成

于相对水面高程 20m 处，其单位质量颗粒所含 Ca-P 浓度远高于其他样品，这与 S5 样品土壤所含 Ca 浓度最高一致，与当地石灰质土壤背景有关。

S1 和 S3 样品的不同深度土层的消落带土壤/沉积物磷形态的含量组成如图 5-4 所示。S1 样品土层深度 0 ~ 3cm、3 ~ 6cm 和 6 ~ 9cm 的颗粒磷形态的含量与组成变化不大，而 S3 样品消落带土壤中 PP、Bio-P 和 Fe-P 浓度则随着 0 ~ 3cm、3 ~ 6cm、6 ~ 9cm 土壤深度增加而降低。这也进一步反映了该样点出露的表层土壤可能主要来源于消落带淹水期间悬浮颗粒物（单位质量颗粒 PP、Bio-P 浓度高）的沉积。

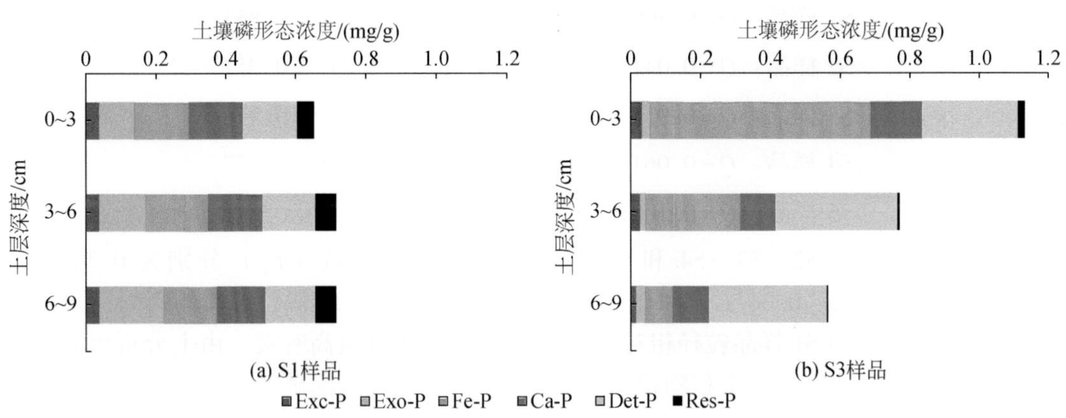

图 5-4　不同深度土层的消落带土壤/沉积物磷形态的含量组成

5.4.3　覆水-出露区域消落带土壤磷的吸附解吸特性

在不同初始磷浓度条件下（0 ~ 1.2mg/L），消落带土壤的磷吸附量（25℃ 等温吸附，50h）如图 5-5 所示。当水体初始磷浓度在 0.2mg/L 以下时，S2 ~ S5 样品土壤颗粒磷吸附量基本为负值，土壤呈释放磷特征。同时，S1 样品直到初始磷浓度为 0.6mg/L 时，其颗粒磷吸附量仍为负值，沉积物一直呈释放磷特征。这表明，在同等低磷浓度水体中，沉积物相比消落带土壤颗粒释放磷能力强、数量高。从图 5-5 也可以看出，S1 样品 Exc-P、Exo-P 含量高于消落带土壤，Exc-P 和 Exo-P 是颗粒物中最容易脱附的磷形态，所以同等环境下永久沉积物释放磷风险高于消落带土壤。

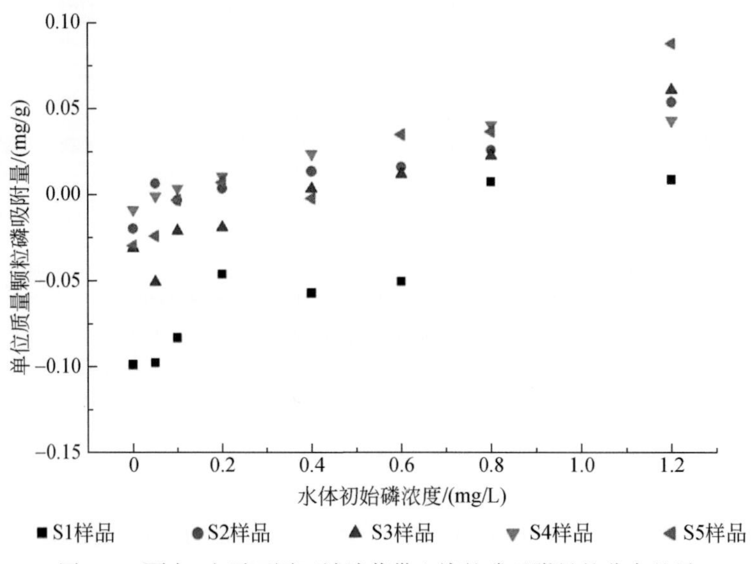

图 5-5　覆水-出露不同区域消落带土壤的磷吸附量的分布差异

使用 Freundlich 交叉型吸附等温模型（式（4-4））对 S1 ~ S5 样品颗粒物对磷的吸附等温线进行拟合，如图 5-6 所示，拟合方程如下：

$$
\begin{aligned}
&\text{S1 样品：} Q=0.309\times\left(C_{eq}^{\ 0.185}-0.926^{0.185}\right) \quad R^2=0.853\\
&\text{S2 样品：} Q=0.041\times\left(C_{eq}^{\ 0.579}-0.163^{0.579}\right) \quad R^2=0.952\\
&\text{S3 样品：} Q=0.051\times\left(C_{eq}^{\ 1.518}-0.581^{1.518}\right) \quad R^2=0.976\\
&\text{S4 样品：} Q=0.061\times\left(C_{eq}^{\ 0.399}-0.054^{0.399}\right) \quad R^2=0.977\\
&\text{S5 样品：} Q=0.102\times\left(C_{eq}^{\ 0.741}-0.209^{0.741}\right) \quad R^2=0.916
\end{aligned}
\tag{5-6}
$$

可以看出，S1、S2、S3、S4 和 S5 样品的颗粒吸附系数（K_F）分别为 0.309L/g、0.041L/g、0.051L/g、0.061L/g 和 0.102L/g，S1 样品单位质量颗粒对磷的吸附能力相比其他断面最高，这与 S1 样品粒径相对最细、TOM 含量相对最高有关。由上分析可知，在同等环境条件下，永久覆水沉积物相比消落带土壤释放磷和吸附磷能力均较强。

S1、S2、S3、S4 和 S5 样品的 EPC_0 浓度分别为 0.926mg/L、0.163mg/L、0.581mg/L、0.054mg/L 和 0.209mg/L。四次野外调查结果表明，三峡水库水体 PO_4^{3-} 浓度为 0.02 ~ 0.15mg/L，相比于 S1、S2 和 S3 样品吸附磷拟合得到的 EPC_0 浓度在其范围之内。这说明，当三峡水库蓄水运行时，低高程消落带土壤将先逐渐被库区水体淹没，覆水消落带土壤颗粒与水体之间发生磷交换，覆水消落带土壤颗粒将呈现向水体释放磷，直到达到吸附解吸平衡的状态。然而，当 S4 样品也被提升的水位淹没时，若淹没水体 PO_4^{3-} 浓度小于 0.054mg/L，此消落带土壤也呈现向水体释放磷的状态；若淹没水体 PO_4^{3-} 浓度大于 0.054mg/L，此消落带土壤呈现从水体吸附磷的状态；若淹没水体 PO_4^{3-} 浓度等于 0.054mg/L，此消落带土壤则不吸附也不释放磷。

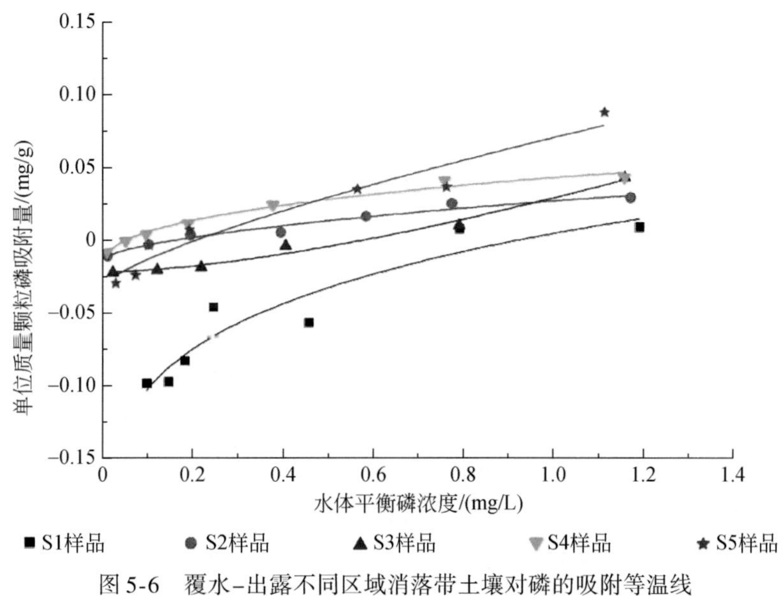

图 5-6 覆水–出露不同区域消落带土壤对磷的吸附等温线

5.5 水库调度对消落带土壤磷迁移转化的影响机制探讨

5.5.1 消落带土壤磷的物理性迁移

相比于自然河流消落带，三峡水库消落带土壤中磷的迁移转化过程受到长江流域自然季节性水文特征和水库人为反季节水位调节过程的共同作用。一般来说，水体悬浮泥沙沉积和消落带侵蚀产沙是消落带土壤的重要物源（唐强等，2014）。在悬浮泥沙沉积和消落带侵蚀产沙活动的同时，泥沙颗粒挟带磷在消落带区域进行着物理性迁移。现场野外调查表明，2015 年 7 月（低水位期）~2016 年 4 月（泄水期），三峡库区各断面消落带出露表层土壤的粒径变细，PP、Bio-P 及其 Exc-P、Exo-P 和 Fe-P 含量升高。这主要是由库区消落带土壤从低水位期的出露状态至次年泄水期的过渡性半出露状态，中间经历了蓄水期、高水位期的过渡性覆水、覆水状态，覆水期间水体悬浮颗粒物（具有粒径细、颗粒磷形态含量高）部分沉降累积在消落带土壤所造成的。

研究表明，消落带泥沙沉积厚度随高程升高而递减，145~155m 高程的消落带泥沙沉积迅速，沉积厚度平均达 14.9cm，而 155~168m 高程的消落带泥沙沉积厚度平均仅为 2.6cm（唐强等，2014）。“长江下”断面消落带加密监测结果也表明，出露消落区的 S3 样品颗粒粒径、TOM 及 PP、Bio-P 和 Fe-P 含量相比于高程更高的 S4 与 S5 样品较高，同时 S3 样品表层土壤相比于中层、下层土壤粒径较细，TOM、PP、Bio-P 和 Fe-P 含量较高。这也都反映了低水面高程的消落带表层土壤部分来源于覆水期间水体悬浮颗粒物的沉积。

相反地，“长江下”断面消落带加密监测结果也表明，相比于 S3 样品，同处于消落区的 S2 样品水面高程更低，但是 S2 样品土壤粒径较粗，PP、Bio-P 及其磷形态含量较低。主要原因是，S2 样品位置处于覆水与出露之间的消落区，直接与水面接触，河流冲刷和涌浪侵蚀作用导致细颗粒冲刷进入水体输移，进而导致 S2 样品颗粒粒径偏粗、颗粒磷含量偏低。从以上分析可以看出，低高程的消落带土壤磷的物理性迁移明显，主要由覆水期间悬浮泥沙沉积和落干期间河流冲刷侵蚀所驱动；覆水期间悬浮泥沙挟带磷沉积造成消落带土壤粒径细化、PP 和 Bio-P 含量升高，而落干期间河流冲刷侵蚀河岸造成消落带土壤粒径粗化、PP 和 Bio-P 含量降低。

5.5.2 消落带土壤磷的化学性转化

三峡水库周期性水位变化造成岸边消落带处于干湿交替的变化环境。这种干湿交替的变化环境不但容易造成消落带土壤磷的物理性迁移，而且可能造成消落带土壤磷吸附或释放性质的化学性转化。Huang 等（2017）在长寿湖消落带的研究表明，从深水区至浅水区再至消落区，DO 和氧化还原电位（ORP）随着水深递减、水位升高而递增，EC 随着水位升高而递减。本研究在“长江下”断面消落带的加密监测结果表明，从永久覆水沉积物（S1 样品）至半覆水土壤（S2 样品）再至完全出露土壤（S3 样品），水深递减，水面高程递增，单位质量颗粒物中 Fe-P 含量递增，使得 PP 含量递增。

S1 样品覆水水深达 20m，水底沉积物处于缺（厌）氧环境，沉积物中 Fe-P 容易发生还原反应而释放部分可溶性磷进入上覆水体，从而导致沉积物中 Fe-P 和 PP 含量最低；在覆水消落区，随着覆水深度减小，覆水消落带沉积物所处环境 DO 和 ORP 逐渐升高，不利于消落带沉积物中 Fe-P 的还原释放，导致消落带沉积物（土壤）中 Fe-P 和 PP 含量逐渐增大。相应地，颗粒磷吸附实验表明，S1 样品颗粒对磷的吸附能力相比 S2 ~ S5 样品较高。一方面，这可能与 S1 样品粒径相对较细，TOM 含量较高，单位质量颗粒比表面积相对更大，颗粒物对磷的吸附位点数量更多有关；另一方面，这可能与 S1 样品沉积物相比其他样品还原释放更多的 Fe-P，剩余空闲吸附位点数量相对更多有关。

考虑到三峡水库不同时期自然水文和人为调度的影响，根据本研究野外调查得到的三峡水库低水位期和泄水期库区消落带土壤粒径、TOM 及其磷形态含量的分布特征，结合“长江下”断面不同区域消落带土壤加密监测结果，初步解析三峡水库周期性蓄水、泄水运行下库区岸边消落带土壤磷的迁移模式。

在三峡水库蓄水期（蓄水期 9 ~ 10 月和高水位期 11 月至次年 1 月），库区水位从 145m 逐渐升高至 175m，消落带土壤逐渐覆水直至完全覆水，消落带土壤逐渐被水淹没，促进低高程覆水消落带土壤中易脱附的 Exc-P 脱附，以降低颗粒磷浓度与水体 PO_4^{3-} 浓度匹配达到颗粒吸附解吸磷平衡状态（化学性转化为水体磷源）；随着淹水深度加深，水体 DO 和 ORP 降低，可能促使覆水消落带土壤中 Fe-P 发生还原反应，释放溶解性磷进入水体，且随覆水深度逐渐增加，覆水土壤 Fe-P 还原释放能力加强（化学性转化为水体磷源）；除此之外，同期也伴随着悬浮泥沙挟带磷沉降累积在消落带沉积物中（物理性迁移为水体磷汇）。

在三峡水库泄水期（泄水期 2 ~ 6 月和低水位期 7 ~ 8 月），库区水位从 175m 逐渐降低至 145m，消落带土壤逐渐出露直至完全出露，DO 和 ORP 升高，可能促使消落带土壤中 PO_4^{3-} 和 Fe^{2+} 重新氧化生成 Fe-P，并累积在消落带土壤中，且随覆水深度逐渐减小，消落带土壤 Fe-P 氧化生成能力加强（化学性转化为水体磷汇）；同时，春季至夏季雨水增多容易促使出露消落带土壤被风力侵蚀或水力侵蚀，重量较轻的细颗粒土壤挟带磷冲刷进入水体（物理性迁移为水体磷源）。

5.6 三峡干流与支流沉积物磷形态分布的对比分析

本研究于2017年6月（夏季，丰水期，坝前水位148m）在三峡干流“长江下”断面（临近重庆巫山县，大宁河汇入三峡干流附近）采集沉积柱，同时在三峡支流大宁河上游大昌、中游白水河和下游菜子坝断面也分别采集沉积柱（图5-1（c））。对比分析干流与支流沉积物磷形态分布，并利用DCT原位高分辨率监测沉积柱垂向可溶性反应P、Fe^{2+}、S^{2-}的同步分布，估算干流与支流沉积物磷的释放通量，并探讨其释放机理的差异。

5.6.1 表层沉积物基本理化性质

三峡干流“长江下”和大宁河上游大昌、中游白水河和下游菜子坝（支流汇入干流的河口区）断面表层沉积物基本理化性质见表5-9。采用Shepard（1954）沉积物分类方法对三峡干流与支流四个断面表层沉积物进行分类，结果显示，干流与支流沉积物颗粒粒径组成差异不明显，黏土（<3.9μm）、粉砂（3.9～62.5μm）和砂（>62.5μm）各占总颗粒的21%～31%、60%～70%和2%～19%，沉积物的平均粒径为5.11～9.05μm，均属于黏土质粉砂。

表5-9 三峡干流与支流大宁河表层沉积物的基本理化性质

沉积物基本理化性质	大宁河上游大昌断面	大宁河中游白水河断面	大宁河下游菜子坝断面	三峡干流“长江下”断面
黏土/粉砂/砂的组成/%	31/67/2	26/70/4	21/60/19	22/65/13
颗粒类型	黏土质粉砂	黏土质粉砂	黏土质粉砂	黏土质粉砂
平均粒径/μm	5.11	6.41	9.05	7.84
TOM/%	1.60	1.38	1.73	1.66
Fe/（mg/g）	32.89	31.23	36.43	37.49
Mn/（mg/g）	0.66	0.52	0.82	0.78
Ca/（mg/g）	30.02	60.99	1.39	10.63

三峡干流与支流四个断面表层沉积物TOM含量为1.38%～1.73%，Fe、Mn和Ca含量分别为31.23～37.49mg/g、0.52～0.82mg/g和1.39～60.99mg/g。从表5-9可以看出，大宁河上游大昌、中游白水河断面表层沉积物的平均粒径、TOM、Fe及Mn含量相比下游菜子坝和干流“长江下”断面略低，但Ca含量却相对菜子坝、“长江下”断面较高。大宁河流域土壤背景为石灰质，碳酸钙或碳酸氢钙等含量较高（吴旭东等，2008），由于受到河岸侵蚀和颗粒沉降等影响，大宁河及其汇入干流区域沉积物中Ca含量较高并沿支流汇入干流方向呈降低趋势。

5.6.2 表层沉积物磷形态分布

三峡干流与支流四个断面表层沉积物磷形态的含量组成如图 5-7 所示。三峡干流与支流四个断面表层沉积物中提取的 TP 浓度为 0.42 ~ 0.76mg/g，Bio-P（Exc-P、Exo-P 和 Fe-P 之和）浓度为 0.19 ~ 0.32mg/g，Bio-P 占总量的 36% ~ 50%。三峡干流与支流四个断面表层沉积物磷形态以 Det-P 和 Fe-P 形态居多，Det-P 和 Fe-P 分别占 TP 浓度的 22% ~ 41% 和 18% ~ 32%；其他磷形态组成分布依次为 Ca-P、Exo-P、Exc-P 和 Res-P。从空间上看（图 5-7），从大宁河上游大昌、中游白水河断面至下游菜子坝、干流“长江下”断面表层沉积物 PP 浓度从 0.42mg/g、0.52mg/g 升高到 0.76mg/g、0.69mg/g，Bio-P 浓度也从 0.21mg/g、0.19mg/g 升高到 0.32mg/g、0.32mg/g。大宁河下游及汇入干流断面表层沉积物 PP、Bio-P浓度升高主要是由 Exo-P 和 Fe-P 浓度升高贡献的。

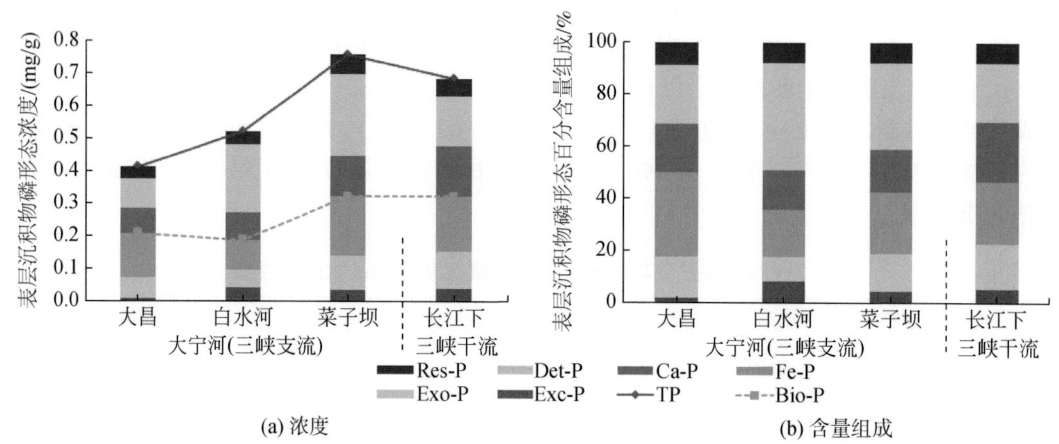

图 5-7 三峡干流与支流大宁河表层沉积物磷形态的含量组成

沉积物中 TOM、金属氧化物和黏土等组分控制着其赋存磷含量的高低（Wang et al., 2009）。从大宁河上游至下游汇入干流区域表层沉积物的平均粒径、TOM、Fe 和 Mn 含量空间分布差异性较小（表 5-9），这意味着表层沉积物对磷的吸附能力分布差异性也较小。所以，从大宁河上游至下游汇入干流区域表层沉积物 TP、Bio-P 浓度升高可能与水体磷浓度的空间分布有关。研究表明，三峡水库干流水体营养盐浓度高于大宁河，水库蓄水水位升高导致干流水流倒灌进入支流，补给了大宁河回水区域水体营养盐来源（Zhao et al., 2016）。大宁河下游河口区菜子坝和干流“长江下”断面处于干支流交汇混合区域，受三峡干流回水倒灌作用影响，相比大宁河上游、中游更大。另外，大宁河两岸为狭窄峡谷，其下游菜子坝及汇入干流“长江下”断面毗邻重庆巫山县城，受城镇人类生活污染影响相对更大。因此，受干支流交汇混合作用和附近城镇人类生活污染源影响，大宁河下游及汇入干流水体磷浓度相对较高，进而使其表层沉积物 TP、Bio-P、Exo-P 和 Fe-P 浓度相比大宁河上游、中游均较高。

5.7 三峡干流与支流沉积物磷释放特征的对比分析

5.7.1 沉积物中有效态 P、Fe^{2+}、S^{2-}的同步垂向分布

三峡干流“长江下”和支流大宁河大昌、白水河和菜子坝（支流汇入干流的河口区）断面沉积物-水界面（界面上 20mm，界面下 80mm）DGT 有效态 P、Fe^{2+}和 S^{2-}浓度的垂向同步变化如图 5-8 所示。DGT 所测定的有效态 P、Fc^{2+}、S^{2-}主要是指在液相（孔隙水或上覆水）本身存在的以及从固相（沉积物）脱附补充给液相（孔隙水）的游离溶解态或小分子络合态的 P、Fe^{2+}和 S^{2-}。

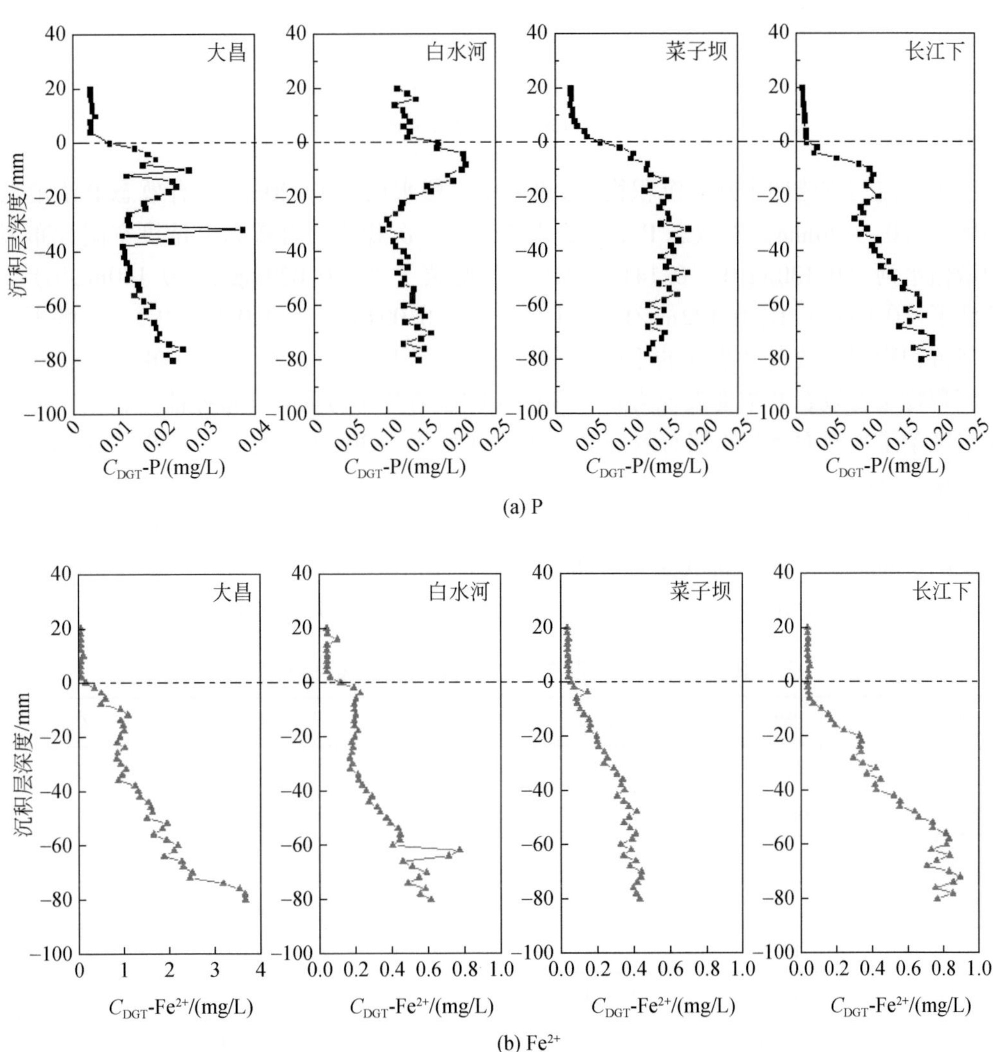

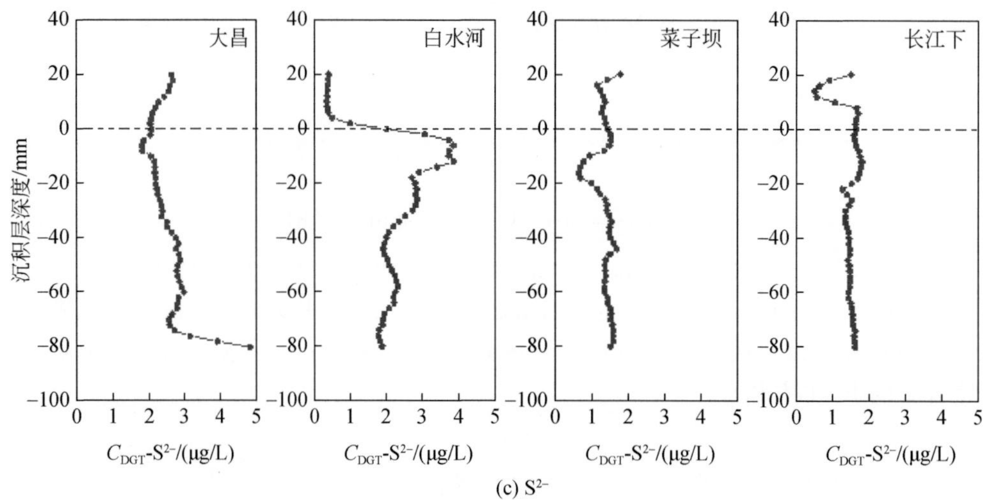

图 5-8　三峡干流与支流大宁河沉积物有效态 P、Fe^{2+}和 S^{2-}的垂向浓度分布

虚线为沉积物-上覆水界面

三峡干流与支流四个断面沉积物-水界面中上覆水层（0 ~ 20mm）有效态 P 浓度低于沉积物层（0 ~ -80mm）有效态 P 浓度，上覆水层、沉积物层有效态 P 浓度空间分布表现为中游白水河（0.130mg/L、0.141mg/L）>下游菜子坝（0.029mg/L、0.140mg/L）>干流长江下（0.011mg/L、0.122mg/L）>上游大昌（0.004mg/L、0.016mg/L）。三峡干流与大宁河沉积物层有效态 P 浓度的垂向分布特征表现不同（图 5-8）。在三峡干流长江下断面，沉积物层有效态 P 浓度表现为 0 ~ -80mm 层逐渐升高的垂向分布特征。在大宁河，下游河口区菜子坝断面沉积物层有效态 P 浓度表现为 0 ~ -30mm 层升高，-30 ~ -80mm 层又稳定或略降低的垂向分布特征；而上游大昌和中游白水河断面沉积物层有效态 P 浓度垂向分布类似，均表现为 0 ~ -10mm 层升高，-10 ~ -30mm 层降低，-30 ~ -80mm 层又略微升高的垂向分布特征。Pearson 相关性分析显示（表 5-10），菜子坝、"长江下" 断面沉积物层垂直剖面有效态 P 浓度与沉积物深度呈显著负相关关系（$P<0.05$）。

表 5-10　沉积物深度及有效态 P、Fe^{2+}和 S^{2-}的相关性分析

断面	指标	深度	C_{DGT}-P	C_{DGT}-Fe^{2+}	C_{DGT}-S^{2-}
大昌	深度	1			
	C_{DGT}-P	-0.121	1		
	C_{DGT}-Fe^{2+}	-0.926**	0.264	1	
	C_{DGT}-S^{2-}	-0.804**	0.063	0.827**	1
白水河	深度	1			
	C_{DGT}-P	0.424**	1		
	C_{DGT}-Fe^{2+}	-0.873**	-0.054	1	
	C_{DGT}-S^{2-}	0.798**	0.629**	-0.583**	1

续表

断面	指标	深度	C_{DGT}-P	C_{DGT}-Fe^{2+}	C_{DGT}-S^{2-}
菜子坝	深度	1			
	C_{DGT}-P	-0.337*	1		
	C_{DGT}-Fe^{2+}	-0.943**	0.563**	1	
	C_{DGT}-S^{2-}	-0.497**	0.051	0.531**	1
长江下	深度	1			
	C_{DGT}-P	-0.891**	1		
	C_{DGT}-Fe^{2+}	-0.970**	0.903**	1	
	C_{DGT}-S^{2-}	0.260	-0.164	-0.335*	1

**表示在0.01水平上显著相关，*表示在0.05水平上显著相关。

对于有效态Fe^{2+}，三峡干流与支流四个断面沉积物-水界面中上覆水层（0～20mm）有效态Fe^{2+}浓度远低于沉积物层（0～-80mm）。三峡干流与大宁河沉积物层有效态Fe^{2+}浓度的垂向分布类似，均表现为0～-80mm层逐渐升高的垂向分布特征（图5-8），有效态Fe^{2+}浓度与沉积物深度呈显著负相关关系（$P<0.05$）（表5-10）。此外，大宁河上游大昌断面沉积物层有效态Fe^{2+}浓度平均为1.515mg/L，相比白水河、菜子坝和“长江下”断面沉积物层有效态Fe^{2+}浓度（0.285～0.486mg/L）较高。

对于有效态S^{2-}，三峡干流与支流四个断面沉积物-水界面中上覆水层（0～20mm）和沉积物层（0～-80mm）的有效态S^{2-}浓度远低于有效态P和Fe^{2+}浓度。大宁河中游白水河断面沉积物剖面有效态S^{2-}浓度最高，其垂向分布特征与其他三个断面不同，表现为在10～-10mm层升高，-10～-80mm层又降低的垂向变化特征（图5-8）。然而，大昌、菜子坝和干流“长江下”断面沉积物剖面有效态S^{2-}浓度非常低，除了分别在-2～-10mm层、-10～-20mm层和-22mm层有凹形分布外，三者沉积物层有效态S^{2-}浓度基本表现为稳定或略升高的垂向变化特征。

5.7.2 沉积物-水界面有效态P、Fe^{2+}、S^{2-}的扩散通量计算

基于Fick扩散第一定律，DGT所测定的沉积物有效态P包含孔隙水中游离溶解态P以及从沉积物表面脱附而补充给孔隙水的小分子络合态P两部分（Ding et al.，2015）。前人研究表明，DGT所测定的沉积物有效态P浓度低于实际孔隙水溶解态P浓度（Machel，2006），但DGT装置测得的有效态P浓度的垂向分布趋势与孔隙水溶解态P十分相似（Huo et al.，2014）。

因此，沉积物有效态P浓度的垂向分布（分辨率达2mm）可以直接反映沉积物-水界面溶解态P的扩散特征。从图5-8可以看出，三峡干流与支流四个断面沉积物DGT装置测得的有效态P浓度从沉积物-水界面上10mm至界面下10mm呈现逐渐升高的垂向分布特征。根据离子自由扩散规律，即溶液中离子从高浓度向低浓度扩散，三峡干流与支流四个断面沉积物-水界面有效态P的扩散方向为从沉积物向上覆水体扩散。这说明三峡干流与支流四个断面沉积物均呈向上覆水体释放磷的特征。

根据沉积物-水界面有效态物质扩散通量的计算方法，对三峡干流与支流四个断面沉积物-水界面有效态P的扩散通量进行计算（图5-9）。结果表明，三峡干流与支流四个断面沉积物-水界面有效态P的扩散通量均为正值（0.110～0.581mg/(m^2·d)），这进一步说明了沉积物呈向上覆水释放磷的特征。与其他湖泊沉积物相比，三峡干流与支流四个断面沉积物-水界面有效态P扩散通量小于太湖（-0.01～6.67mg/(m^2·d)）和洪泽湖（0.172～0.793mg/(m^2·d)），但相比洞庭湖较大（0.088～0.197mg/(m^2·d)）。

此外，本研究也对三峡干流与支流四个断面沉积物-水界面有效态Fe^{2+}和S^{2-}的扩散通量进行了计算（图5-9）。结果表明，三峡干流与支流四个断面沉积物-水界面有效态Fe^{2+}的扩散通量为0.267～3.415mg/(m^2·d)，说明沉积物有效态Fe^{2+}呈向上覆水体释放的特征。但是，沉积物-水界面有效态S^{2-}的扩散通量仅为-0.24～18μg/(m^2·d)，远低于沉积物-水界面有效态P和Fe^{2+}的扩散通量。大宁河中游白水河断面沉积物-水界面有效态S^{2-}的扩散通量为18μg/(m^2·d)，而其他三个断面沉积物-水界面有效态S^{2-}的扩散通量基本为0。这说明大宁河中游沉积物向上覆水体释放有效态S^{2-}，而其他区域沉积物与上覆水体有效态S^{2-}的源汇基本平衡。

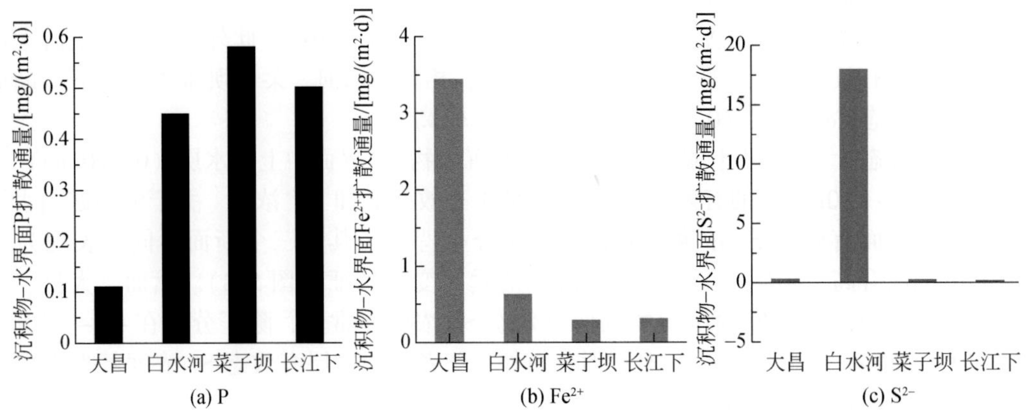

图5-9　三峡干流与支流大宁河沉积物-水界面有效态P、Fe^{2+}和S^{2-}的扩散通量

5.7.3　沉积物磷的释放机理探讨

为了深入研究三峡干流与支流沉积物内源磷的释放机理，将沉积物层有效态P、Fe^{2+}和S^{2-}浓度进行相关性分析，结果见表5-10。对于大宁河下游菜子坝、干流"长江下"断面，沉积物层有效态P与有效态Fe^{2+}呈显著的正相关关系（$P<0.01$），有效态P和有效态S^{2-}的相关性不显著。然而，对于大宁河中游白水河断面，沉积物层有效态P与有效态Fe^{2+}的相关性不显著，但有效态P与有效态S^{2-}呈显著的正相关关系（$P<0.01$）。对于大宁河上游大昌断面，沉积物层有效态P与有效态Fe^{2+}、有效态S^{2-}的相关性均不显著。

（1）干流及支流河口区沉积物中铁氧化物的还原作用

在沉积物磷铁耦合循环经典理论中（Einsele，1936；Anschutz et al.，1998），沉积物中铁结合态磷是潜在可释放磷，在缺氧和还原条件下铁结合态磷发生溶解而同步释放溶解态 P 和 Fe^{2+}，造成孔隙水中 P 含量升高，并通过界面扩散作用向上覆水体释放（Petticrew and Arocena，2001）；在氧化条件下沉积物中 Fe^{2+} 被氧化为 Fe^{3+} 氧化物，Fe^{3+} 氧化物与溶解态 P 发生络合，形成铁结合态磷（Chambers and Odum，1990；Wang J et al.，2016）。本研究在大宁河下游菜子坝和干流“长江下”断面沉积物剖面的高分辨分析也证实，DGT 有效态 P 和 Fe^{2+} 呈显著正相关（$P<0.05$），两者均随沉积层深度增加而同步增加，且沉积物-水界面处的有效态 P 和 Fe^{2+} 均为正值。有学者在太湖、洞庭湖等也发现沉积物 DGT 有效态 P 和 Fe^{2+} 的垂向同步变化现象，主要由沉积物厌氧环境下铁氧化物-磷的耦合还原释放引起（Gao et al.，2016；Yao et al.，2016；Ding et al.，2018）。

由于采样和实验条件的限制，本研究未能对三峡干流与支流四个断面沉积物 ORP 进行测定。但是，考虑到大宁河与三峡干流交汇区域水深超过 60m，上层、中层水体浮游动植物呼吸耗氧作用导致大气中氧气难以补充至 60m 水深以下的沉积物中（Wang J et al.，2016），大宁河与三峡干流水底沉积物很可能为缺氧或厌氧环境。因此，大宁河下游及其汇入临近干流区域沉积物呈向上覆水释放磷状态，厌氧环境下沉积物中铁氧化物-磷的耦合还原释放是控制沉积物内源磷释放的主要因素。

（2）支流上游沉积物中过剩 Fe^{2+} 的再氧化作用

对于以铁氧化物的厌氧还原作用为主的沉积物系统，沉积物有效态 Fe^{2+} 向上扩散至沉积物-水界面处，很容易被重新氧化为 Fe^{3+} 氧化物，而新形成的铁氧化物能够通过吸附或络合作用对向上扩散的溶解态 P 或有效态 P 进行固定（Lehtoranta et al.，2009）。研究表明，当沉积物中 Fe^{2+} 与 P 的摩尔比值（Fe^{2+}/P）高于 2 时，沉积物-水界面处新形成的铁氧化物能够有效去除从沉积物向上覆水扩散的溶解态 P 或有效态 P（Gunnars et al.，2002；Blomqvist et al.，2004；Ma et al.，2017）。本研究将三峡干流与支流四个断面沉积物剖面有效态 Fe^{2+} 与有效态 P 摩尔浓度进行线性拟合（图 5-10），将线性拟合曲线的斜率作为沉积物 Fe^{2+}/P 比值。从图 5-10 可以看出，大宁河上游大昌断面沉积物 Fe^{2+}/P 比值为 23.99，远远高于白水河、菜子坝和“长江下”断面沉积物 Fe^{2+}/P 比值（-0.168、1.60 和 2.90）。

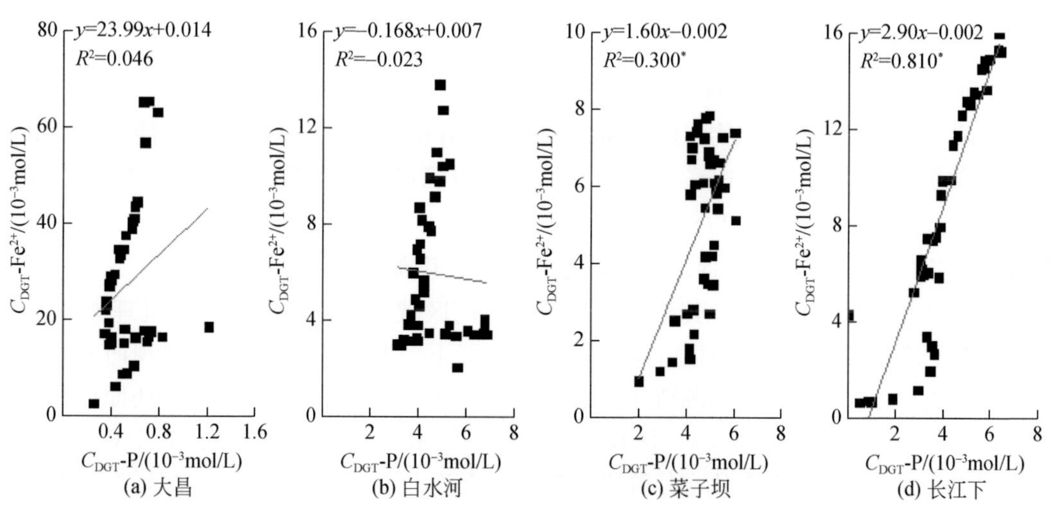

图 5-10　三峡干流与支流大宁河沉积物有效态 P 与 Fe^{2+} 摩尔浓度的线性拟合

这意味着大宁河上游大昌断面沉积物中有效态 Fe^{2+} 在向上扩散至沉积物-水界面附近时具有很大的形成铁氧化物的风险，从而能够大量吸附或络合向上扩散的溶解态 P 或有效态 P。这可能是大昌断面沉积物有效态 P 浓度较低、沉积物-水界面有效态 P 扩散通量较低但表层沉积物 Fe-P 的百分含量组成较高的原因（图 5-7 ~ 图 5-9）。此外，大昌断面沉积物 Ca 含量相对较高，沉积物有效态 P 可能与 Ca^{2+} 发生沉淀反应（Chen et al.，2015），从而造成沉积物有效态 P 浓度降低。

（3）支流中游水华发生区沉积物中死亡藻体的分解作用

除沉积物中铁磷循环机制外，厌氧沉积物环境中硫酸盐还原作用也是影响沉积物磷释放的主要因素。在厌氧环境下，沉积物硫酸盐还原为 S^{2-}，S^{2-} 可以与 Fe^{2+} 形成 FeS 或 FeS_2，从而间接促进沉积物中有效态 P 的释放（Barker and Regensen，1982）。此外，据相关研究报道，在沉积物藻体死亡分解过程中，有机质矿化作用能够释放有效态 P 和 S^{2-}，但基本不能释放有效态 Fe^{2+}。同时，在沉积物藻体死亡分解过程中，水体 DO 下降明显，容易在水底形成厌氧或缺氧环境，从而也可促使沉积物中铁结合态磷还原释放溶解态 P 和 Fe^{2+}（侯金枝等，2012）。

在大宁河中游白水河断面，沉积物有效态 P 与有效态 S^{2-} 浓度在 10 ~ -30mm 层垂向变化类似（均呈先升高再降低特征），在-30 ~ -80mm 层有效态 P 浓度呈缓慢升高的垂向变化特征，而有效态 S^{2-} 浓度却呈缓慢降低的垂向变化特征（图 5-8）。相关性分析也表明，白水河断面沉积物层有效态 P 与有效态 S^{2-} 浓度呈显著的正相关关系（$P<0.05$，表 5-10），有效态 P 与有效态 Fe^{2+} 的相关性不显著。Han 等（2015）在研究巢湖部分区域沉积物剖面时也发现有效态 P 和有效态 S^{2-} 垂向同步变化的现象。Yao 等（2016）研究结果显示，洪泽湖藻类分解作用是表层沉积物有效态 P 释放的主要因素，尤其是在 0 ~ -30mm 沉积物层，有效态 P 浓度达到峰值。大宁河中游白水河断面处于水华易发区，2017 年 6 月采样期间，本研究调查期间观测到其水体呈酱油色，表层水体叶绿素 a 含量高达 130.41μg/L，说明采样期间大宁河中游正发生着水华现象。因此推测藻体沉降至沉积物后死亡分解作用是白水河断面有效态 P 和有效态 S^{2-} 浓度从沉积物水-界面上 10mm 至界面下 10mm 升高的原因。

然而，在白水河断面-10mm 沉积层以下，有效态 S^{2-} 浓度随深度增加而降低，这可能归因于两方面：①随着沉积物深度增加，沉积物中有机质逐渐被矿化，从而使有效态 P 和 S^{2-} 的释放量逐渐减少（Joshi et al.，2015）；②随着沉积物深度增加，沉积物中有效态 S^{2-} 与 Fe^{2+} 发生沉淀反应，形成 FeS 或 FeS_2（Rozan et al.，2002），从而使-10mm 沉积层以下有效态 S^{2-} 浓度呈降低趋势，促进了有效态 P 浓度的升高。

通过以上分析，大宁河及其汇入三峡干流不同区域沉积物内源磷释放机理如图 5-11 所示。在干流及支流下游河口区（菜子坝和“长江下”断面），沉积物均呈现向上覆水体释放磷的状态，控制沉积物内源磷释放的主要因素为沉积物铁氧化物的厌氧还原作用；在支流水华发生区（白水河断面），沉积物也呈向上覆水体释放磷的状态，其中 0 ~ -10mm 层沉积物释放磷主要由藻类死亡分解所贡献；在支流上游（大昌断面），沉积物中过剩的 Fe^{2+} 在向上扩散至沉积物-水界面附近可能再次被氧化为铁氧化物，进而重新固定向上扩散的有效态 P，降低沉积物-水界面有效态 P 的扩散通量。

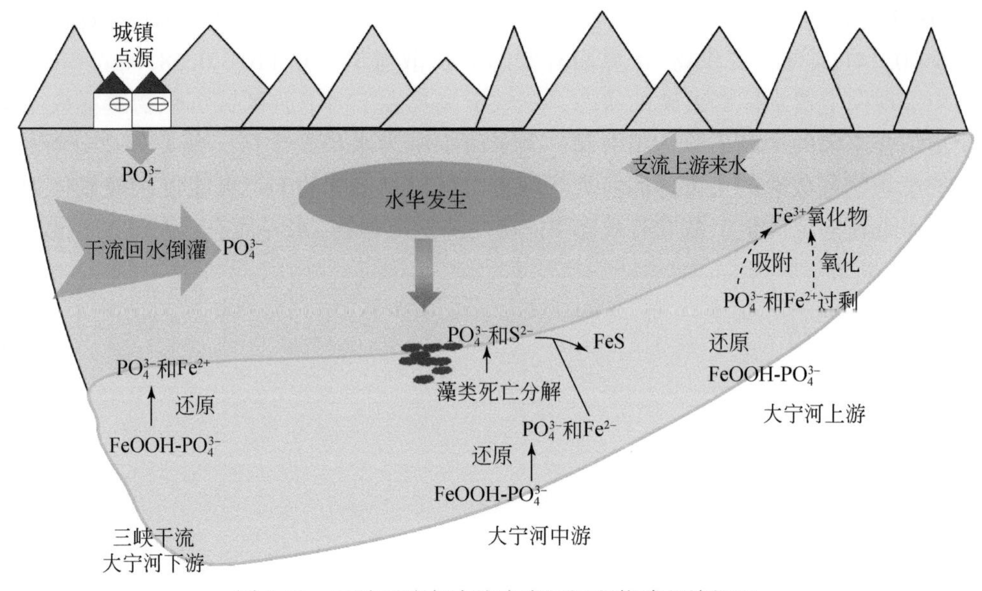

图 5-11 三峡干流与支流大宁河沉积物磷释放机理

5.8 小 结

本章通过野外采样调查和室内模拟实验，分析了三峡水库消落带土壤磷的分布特征和吸附解吸特性，探讨了三峡水库调度影响下消落带土壤磷形态的迁移转化过程，同时对比研究三峡干流与支流沉积物中磷形态分布和释放特征的差异。主要结论如下：

1）2015 年 7 月（低水位期）和 2016 年 4 月（泄水期），三峡水库干流消落带土壤 PP 浓度为 0.36 ~ 1.07mg/g，其中主要磷形态为 Det-P，Det-P 占 PP 浓度的 31% ~87%。泄水期三峡水库干流消落带土壤 PP、Bio-P 及其 Exc-P、Exo-P 和 Fe-P 浓度均明显高于低水位期。消落带土壤 Det-P 浓度高于悬浮颗粒物，其他磷形态及 PP、Bio-P 浓度均低于悬浮颗粒物。

2）从 S1 样品至 S2 样品再至 S3 样品，随水深递减和水面高程递增，单位质量颗粒 PP 和 Fe-P 含量逐渐升高。S1 样品单位质量颗粒对磷的吸附能力相比其他断面最高，这与 S1 样品颗粒粒径相对最细、TOM 含量相对最高有关。

3）消落带土壤对磷的吸附实验结果表明，消落带土壤 EPC_0浓度高于水体 PO_4^{3-}浓度，蓄水期和高水位期消落带逐渐覆水环境可促使 Exc-P 物理性脱附进入水体，覆水环境 DO 减小可能促使 Fe-P 发生还原反应而释放溶解性磷进入水体，同时该时期部分悬浮泥沙挟带磷沉降累积在消落带沉积物中。泄水期和低水位期消落带土壤逐渐出露环境可能促使消落带土壤中 PO_4^{3-} 和 Fe^{2+}重新氧化生成 Fe-P，并累积在消落带，同时风力或水力侵蚀作用也会冲刷细颗粒土壤挟带磷进入水体。

4）2017 年 6 月野外实测数据显示，三峡干流“长江下”断面及其附近支流大宁河四个断面表层沉积物 PP 浓度为 0.42 ~0.76mg/g，沉积物磷形态以 Det-P 和 Fe-P 磷形态居多。大宁河下游和三峡干流表层沉积物 PP、Bio-P 浓度相比大宁河上游和中游较高，主要归因于干支流交汇混合作用和附近城镇人类生活污染源影响。

5）DGT 原位分析结果表明，三峡干流与支流四个断面沉积物层中 DGT 有效态 P 浓度为 0.016 ~ 0.141mg/L，沉积物-水界面有效态 P 扩散通量为 0.110 ~ 0.581mg/（m^2 · d），沉积物均呈现向上覆水体释放磷的状态。三峡干流及大宁河下游区域沉积物磷释放主要由铁氧化物结合态磷的厌氧还原作用引起；大宁河中游为水华发生区，藻类死亡分解是 0 ~ -10mm层沉积物释放磷的主要原因；大宁河上游沉积物过剩的 Fe^{2+} 可能再次被氧化为铁氧化物，进而重新固定向上扩散的有效态 P，从而降低沉积物-水界面有效态 P 的扩散通量。

第6章

三峡水库浮游植物群落及其对生境变化的响应

6.1 概述

浮游植物群落能敏感地表征生态系统生境要素的改变（宋芳芳等，2014），影响藻类生长及演替的主要生境要素包括物质基础（二氧化碳、营养盐、微量元素等）、能量要素（光照、温度等）、生物要素（浮游动物捕食等）以及水动力过程（水流掺混扰动条件等）等（李哲，2009）。水动力条件也是影响藻类生长、演替的重要条件，一方面水体扰动能够使底泥再悬浮，促进营养盐释放；另一方面扰动能影响浮游植物在水体中的位置，进而决定其生长条件（孙小静等，2007）。氮、磷等营养盐作为物质基础最先被人们关注，构建诸多营养盐与藻类生长的关系，如 Grover（1989）开发出 11 种淡水藻类的磷依赖生长模型（毛战坡等，2015）、Liebig 于 1925 年指出藻类生长和氮、磷之间的关系式可用米氏方程近似表示。氮、磷浓度除对藻类生长、演替有影响外，对氮和磷的比值也会产生影响，Atkinson 和 Smith（1983）对海洋藻类体内元素的构成分析指出，藻类 C：N：P=106：16：1；经济合作与发展组织（Organization for Economic Cooperation and Development，OECD）随后提出藻类经验分子式可表达为 $C_{106}H_{263}O_{110}N_{16}P$，Atkinson 和 Smith（1983）指出不同藻类生长所需的最适 N/P 具有异性，每种营养元素限制的状况决定了藻类竞争的结果。Shimth 于 1995 年进一步提出 TN：TP<29（质量比，下同）和 TN：TP<22 分别是蓝藻种群和固氮型蓝藻种群生长极其重要的条件。自然水体中，光照沿水深呈指数递减，不同藻类对光的竞争机制不同，最能成功捕获光照的藻类个体生长不会被限制。温度的变化会影响浮游植物的光合、呼吸作用速率，适宜的温度有利于藻类进行光合作用，加快酶促反应，增加生物量。Goldman 和 Carpenter（1974）、美国国家环境保护局（United States Environment Protection Agency，EPA）在大量藻类调查的基础上，分别提出了藻类生长速率与温度之间的关系。不同藻类由于生理生态结构功能的区别，生长、繁殖的最适温度也不尽相同，甲藻、硅藻的最适温度为 10～20℃，蓝绿藻类相对较高，为 25～35℃。

水库蓄水后，较大程度地改变了原有河流生境条件，河流连续性遭到破坏，原河流生态系统演变为水库生态系统。河道型水库从河流生态系统向水库生态系统演变时，随之改变的是水生态系统中水动力、营养盐、光照强度等生境要素，而浮游植物对生境要素的改变具有强敏感的表征，导致水华等生态环境问题频发（Robarts and Zohary，1987）。三峡水库蓄水后，对水文的直接影响就是降低了流速，增大了水库的水力滞留时间，这使得藻类在水库中更易聚集（况琪军等，2005）。三峡水库的建设通过改变水温进而影响浮游植物的群落演替，干支流回水区水温及水体层化结构发生显著变化，浮游植物群落结构随之发生演替（陈杰，2008）。三峡水库的运行还会导致水下光学特性的改变，其中最大的影响就是促使水体泥沙沉降，增大水体透明度，使最能成功捕获光照的藻类个体生长不会被限制，从而导致水华现象产生（周红，2008）。综上所述，三峡水库浮游植物群落结构发生演替核心是大坝的建设改变了水动力条件，导致能量转换、水团混合、水体光特性、水化学过程发生变化，进而影响浮游植物生长，在适宜的条件下发生水华暴发、浮游植物群落演替。

三峡水库建成运行后，国内外学者从水文水动力着手，辨析库区营养物分布特征和迁移转化规律，最终明确了库区浮游植物演替机制。观测数据表明，蓄水前后三峡湖北库区江段藻类的群落结构和藻密度存在明显差异。蓄水后较蓄水前蓝绿藻在长江干流占比上升16%，硅藻下降11%。藻密度蓄水前干流平均为272.6万ind/L，支流回水区为1042万ind/L；蓄水后干流和支流回水区的平均藻密度分别高达384.8万ind/L和2006.7万ind/L，较蓄水前增加41.2%和92.6%，说明三峡成库过程对库区水生态系统的藻类群落结构产生了影响（邱光胜等，2011a）。成库前水体透明度、营养盐和水流流速频繁波动，比较适合硅藻（具有硅质壁，能抗机械损伤、对光的快速变化适应能力比较强）生长（况琪军等，2005），目前，围绕香溪河回水区浮游植物生长和水华问题，诸多学者从野外观测（Reynolds et al.，1994；李哲等，2010；杨敏等，2011；方丽娟等，2013；彭成荣等，2014）、室内外模拟实验（苏妍妹等，2008）和数值模拟等方面开展了大量的研究工作。方丽娟等（2013）对香溪河回水区的野外观测发现，由于长江干流水体掺混剧烈，香溪河回水区水体垂向掺混微弱，浮游植物密度和叶绿素a浓度均表现为长江干流显著低于香溪河回水区的特征。夏季水华期间，回水区浮游植物种群演替规律如下：6～8月的主要藻类依次为硅藻、绿藻和蓝藻。灰色关联分析结果表明，浮游植物密度与回水区真光层深度/混合层深度（Z_{eu}/Z_{mix}）显著相关，浮游植物种群演替的主要影响因素为水温、水体稳定系数及混合层深度。对比分析蓄水期前后香溪河回水区浮游植物群落结构及水体环境的时空动态特征，蓄水期前后香溪河回水区浮游植物主要为绿藻和硅藻；浮游植物密度随时间变化呈降低趋势，浮游植物成分空间差异不显著，时间上则由绿藻向硅藻演替；营养物质、光热条件等环境因子时间差异明显，空间差异不显著。利用物种多样性指数评价香溪河回水区水质，蓄水期前后回水区水质较好，为中污染状态。利用冗余分析浮游植物群落结构与环境因子之间的关系，水位、表底温差、溶解性硅酸盐浓度、真光层深度/混合层深度、水位日变幅、硝酸盐氮浓度是浮游植物群落结构的主要影响因子。徐耀阳等（2008）在香溪河针对甲藻水华的研究发现，拟多甲藻有昼夜垂直迁移的生态学特征，白天趋于在水体上层聚集分布，晚上趋于在水柱中随机分布；太阳光的昼夜交替是影响拟多甲藻昼夜垂直迁移的重要环境因素。李哲等（2012）针对蓄水前后澎溪河回水区藻类多样性变化的研究表明，蓄水前澎溪河回水区具有河流型特征，流量与降水作为主要的物理扰动因子影响水体扰动强度，进而引起多样性变化。蓄水后流量趋于稳定，水体扰动降低，多样性回升并维持在相对稳定的状态。田泽斌等（2012）为探讨香溪河夏季蓝藻水华发生过程及主要影响因素，在蓝藻水华暴发区域开展持续监测，并对水华过程进行分析。结果表明，鱼腥藻为优势藻种，这是由于其自身悬浮机制、固氮机制、能够产生藻毒素抑制其他藻类生长；充足的营养物质、显著的水体分层是水华暴发的必要条件，水华期间，蓝藻对硝态氮利用显著；在具备充足的营养盐的稳定水体中，水温持续升高、混合层与真光层比值降低是诱发蓝藻水华的关键因子，且（$Z_{eu}/Z_{mix}>2$）时对蓝藻繁殖影响最大。王雄等

(2017) 对2015年不同水位运行期大宁河浮游植物时空分布特征、温度、营养盐分布进行了持续性监测，其研究结果表明，大宁河混合层深度与硅藻生长呈显著正相关，硅酸盐浓度对硅藻的生长也有促进作用，同时大宁河存在的强烈行船扰动是硅藻大量繁殖的关键因素，影响蓝藻生长的最主要因素是温度变化，绿藻生长繁殖是多种环境条件共同作用的结果。

基于野外跟踪监测结果，通过室内外控制实验对三峡水库支流回水区浮游植物演替规律和影响因素展开进一步研究。方丽娟等（2013）研究结果表明，浮游植物在设置水温梯度范围内均能大量增殖，但种类有所不同。硅藻在10～30℃水体中均有出现，绿藻在18～30℃水体中生长良好，蓝藻能在40℃的高水温下生长。光照强度与叶绿素a浓度响应关系较好。据此可知，水温影响浮游植物生长速率，且是香溪河回水区浮游植物群落演替的主要影响因素。光照是藻类生长和水华暴发的主导因子。同时大量研究学者采用数值模拟方法对藻类生长、演替和水华暴发进行了预测预报，并取得了一定的研究成果。诸葛亦斯等（2009）利用WASP藻类生态动力学模型对香溪河水华的暴发进行了模拟，模拟结果在一定程度上可正确反映香溪河水华暴发的特征。龙天渝等（2010）构建了二维非稳态藻类生长动力学模型，对可能发生水华的位置和范围进行了分析与预测，结果表明，流速为0.04m/s左右区域最利于藻类生长。崔玉洁（2017）构建了基于原位监测数据的不同藻类生长率与温度的本构方程，并耦合CE-QUAL-W2模型，模拟研究藻类昼夜迁移能力对藻类水华垂向分布格局的影响。刘丰（2018）在香溪河分层异重流背景下，考虑了衣藻自身运动迁移特性，建立了异重流环境藻类游动与水动力耦合的数学模型，并利用水动力影响藻类游动的力学机制更好地解释了香溪河水华发生规律。

本研究基于不同水文期的现场监测数据，确定不同水文期、不同生境要素协同作用支流回水区浮游植物动态演变过程及其浮游植物群落演替机制和相关生境参数特征，综合运用中度扰动理论、藻类功能组分组理论和生境选择学说分析驱动藻类群落动态演替的主控因素，以期为构建河道型水库浮游植物演替机制提供基础数据，同时为研究三峡水库运行后带来的生态环境影响提供重要依据。

6.2 材料与方法

6.2.1 样点布设

为了更加深入探究三峡水库浮游植物演替特征，本研究在2008年开展了三峡水库水生生物现场采样调查，共布设断面39个，其中，干流断面11个（长江干流奉节段、云阳段、万州段、忠县段、石丰段、涪陵段、重庆城区段；长江干流巫峡口、黄腊石、银杏沱、木鱼岛回水区），包括渝辖库区7个，鄂辖库区4个；支流回水区断面28个，包括渝辖库区10个，鄂辖库区18个，监测范围涉及19条库区一级支流回水区上游、回水区中段（图6-1）；2011年三峡水库处于低水位运行期，在位于三峡水库大宁河白水河交汇处（31°06′32″N，109°53′40″E）进行藻细胞昼夜垂直迁移特征的现场采样；

为了确定三峡水库支流回水区浮游植物随季节变化的演变过程及驱动因素，2012～2013年从大宁河上游至下游出河口（长江）分别设置S1断面（北纬31°16′11.76″，东经109°47′28.62″，上游区）、S2断面（北纬31°11′4.02″，东经109°52′30.6″，回水区）、S3断面（北纬31°08′40.08″，东经109°32′17.82″，回水区）、S4断面（北纬31°07′17.22″，东经109°53′58.02″，回水区）和S5断面（北纬31°05′35.28″，东经109°53′36.66″，巫山县城污染区），采样时使用差分GPS（GARMIN60csx，北京）记录各样点的经纬度，布设点具体位置如图6-1所示。

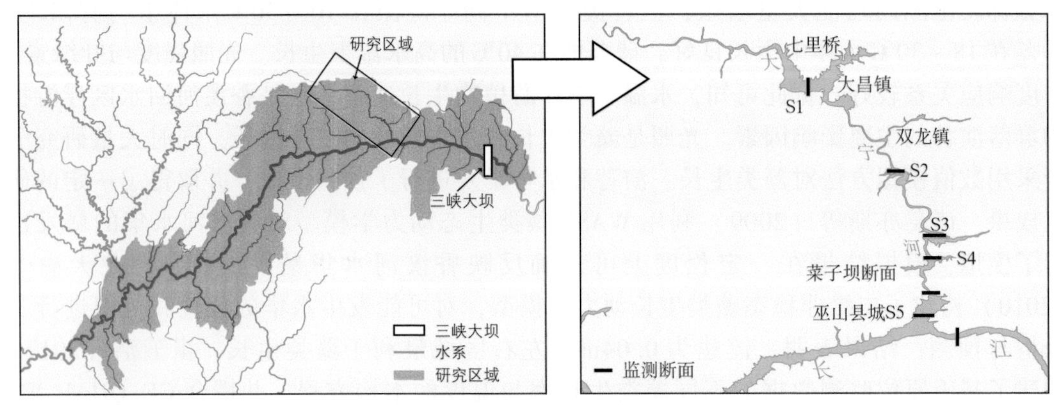

图6-1　采样点在三峡库区的地理位置

6.2.2　监测指标及频率

根据前期研究经验，结合三峡水库运行过程及大宁河浮游植物演替情势，从水生生物调查、浮游植物季节演变过程及驱动因素等方面开展野外观测与调查研究。

水生生物调查监测指标：浮游植物（密度、种类、生物量）要求全部断面；固着藻类（种类、数量）要求部分断面。监测频次为每季度一次，2008年共完成三次，且共获得三峡水库水生生物现场监测数据2895个。

浮游植物季节演变过程及驱动因素监测指标：太阳辐射强度（Radi）、光合有效辐射总量（PAR）、水温（WT）、总氮（TN）、总磷（TP）、叶绿素a（Chla）、藻密度和群落结构。其中，Radi直接选取紧邻大宁河的巫山县空气自动站数据；PAR的测定选用美国LI-COR公司通用的Li-cor 192SA水下光量子仪，测定的是向下辐照度，尽量选择天气晴朗的观测期，按水下0、0.5m、1m、2m、3m、4m、5m、6m、7m、8m共10层测定PAR强度，每层记录三个数据，取平均值（张运林等，2008）；WT和Chla采用多参数水质检测仪Hydro lab D_S5X（美国，哈希）现场测定；TN和TP浓度现场采样及室内测定方法按照《水和废水监测分析方法》（第四版）进行。

监测时间为2012年4月27日～2013年1月19日，其中根据三峡水库调度方案，以2012年4月27日、2012年5月17日和2012年6月9日代表泄水期（Ⅱ），以2012年7月7日和2012年8月14日代表汛限期（Ⅲ），以2012年9月6日、2012年9月17日和2012年9月28日代表蓄水期（Ⅳ），以2012年10月10日、2012年10月19日、2012年11月8日、2012年12月12日和2013年1月19日代表高水位期（Ⅰ），共选择5个断面、

13 次采样的 65 组数据样本进行分析。藻细胞的密度和群落结构采样点处的水体深度为 10m，期间气温为 28～35℃，风速为 0.2m/s，风向南偏东 16.12°。水位变化不明显，采样点处无大型船只来往，因此所取样本能够代表野外水体内藻细胞的真实分布。采样时每 2 个小时定点分层监测，分层深度为 0、0.5m、1m、2m、3m、4m、5m、6m、7m、8m、9m 和 10m，每一水层取一个样本。

6.2.3 分析方法及数据处理

(1) 指示生物评价法

指示生物评价法是根据湖水中水生生物的种类和数量来反映水环境质量（湖泊营养状态）的方法。研究结果表明，藻类群落的组成与水体本身的自净力、污染源远近、污染物性质等有关。法国的 Kolkwitz 和 Marsson、日本的津田松苗将河流划分为多污带（重污带）、α-中污带（强中污带）、β-中污带（弱中污带）、寡污带（微污带）和清洁带，并指出每一带水体中都生存着不同的藻类，形成污水生物系统，并运用这一系统来评价水质的污染程度。

此外，湖泊水库富营养化研究结果表明，不同营养状态水域中生存的生物种类差异比较大。以浮游植物为例，在一般情况下，贫营养型湖泊的浮游植物以金藻为主；中营养型湖泊以硅藻为主；富营养化湖泊以绿藻、蓝藻为主。

在评价工作中，首先根据湖泊水库生物调查资料的分析，确定该水域中占优势的浮游生物种类。然后根据一定的判定原则，分析判定水生生物所处的环境。但值得注意的是，影响湖泊水库水域生物种类变化的因子很多，水生生物对营养状态和其他环境条件变化的适应能力亦很强，在不同的地理条件下会有不同的表现，因此优势种分析仅是对水生生态环境做出大致粗略的评定。

(2) 多样性指数评价

在正常水体中，浮游藻类群落结构是相对稳定的。当水体受到污染后，群落中不耐污染的敏感种类往往会减少甚至消失，而耐污染种类的个体数量则大大增加。污染程度不同，减少或消失的种类不同，耐污染种类的个体数量增加亦有差异。在不同的污染区，藻类种类和数量的比值也不同。清洁水体中藻类种类多、数量少；而污染水体中藻类种类减少，数量增加。因此，通常可采用物种多样性指数来反映水体环境的状况。常见的多样性指数为 Shannon-Wiener 多样性指数。

Shannon-Wiener 多样性指数（H）：

$$H = -\sum P_i \log_2 P_i \tag{6-1}$$

式中，H 为 Shannon-Wiener 多样性指数；P_i为第 i 种的个体数与总体数的比值，$P_i = n_i/N$，n_i为第 i 种个体数，N 为所有种个体数。

$$I_p = H/H_{max} \tag{6-2}$$

式中，I_p为均匀度指数；$H_{max} = \log_2 S$，S 为样品中种类总数。生物指数水质评判标准见表 6-1。

表 6-1　生物指数水质评判标准

生物指数	清洁	轻污染	中污染	重污染	严重污染
H	>4.5	4.5～3	3～2	2～1	<1
I_p	>0.8	0.8～0.5	0.5～0.3	0.3～0.1	<0.1

(3) 相关生境指标计算

真光层深度（euphotic depth，$D_{eu}(\lambda_{PAR})$）的定义为水柱中支持净初级生产力的部分，其底部为临界深度，以及水柱的日净初级生产力为零值的深度（张运林等，2006；Xiao et al.，2016）。目前大多数研究用 1% 表面光照强度来代替真光层深度，其与光衰减系数（light attenuation，$K_d(\lambda_{PAR})$）存在一定的关系，可以表示为

$$D_{eu}(\lambda_{PAR}) = 4.605/K_d(\lambda_{PAR}) \tag{6-3}$$

式中，$K_d(\lambda_{PAR})$ 为 λ 波长（400～700nm）辐射强度的垂直衰减系数（m^{-1}）；$D_{eu}(\lambda_{PAR})$ 为真光层深度（m）。其中，K_d 按下式计算：

$$K_d = \frac{1}{Z}\ln\frac{E_d(\lambda, Z)}{E_d(\lambda, d)} \tag{6-4}$$

式中，Z 为从水面到测量处的深度（m）；$E_d(\lambda, Z)$ 为 λ 波长水面以下深度 Z 处的辐射强度（μmol/（m^2·S））；$E_d(\lambda, d)$ 为在水面 $Z=d$ 处的辐射强度（μmol/（m^2·S））。$K_d(\lambda_{PAR})$ 值通过对不同深度实测的水下辐照度进行指数回归得到，回归效果只有当 $R^2 \geq 0.95$，深度 $Z \geq 3$ 时，$K_d(\lambda_{PAR})$ 拟合值才被接受。

真光层深度内总能量指数（total energy density in euphotic zone，E_t）反映真光层内单位体积水柱的辐射强度（张运林等，2006），单位为 MJ/m^3，其计算公式为

$$E_t = \mathrm{Radi}/D_{eu}(\lambda_{PAR}) \tag{6-5}$$

式中，Radi 为太阳辐射强度（MJ/m^2）；$D_{eu}(\lambda_{PAR})$ 为真光层深度（Huisman et al.，1999，2002）。

藻类可利用的能量指数（index of feasible energy，Ef^*）反映真光层内供藻类可利用光热能量的指标（Huisman et al.，1999；Holbach et al.，2013），单位为 MJ/（m^3·d）。水体紊动程度显著影响藻类在真光层中的受光时间，从而对藻类光合生长产生显著作用（胡鸿钧和魏印心，2006；Zhu et al.，2013；Zhou et al.，2014）。在假设水力滞留时间是影响水体紊动程度唯一因素前提下，Ef^* 计算公式为

$$Ef^* = [\mathrm{Radi}/D_{eu}(\lambda_{PAR})] \times \mathrm{HRT} \tag{6-6}$$

式中，HRT 为水力滞留时间（天）。

水力滞留时间的计算公式为

$$\mathrm{HRT} = V/Q \tag{6-7}$$

式中，V 为水库或回水区的有效容积（亿 m^3）；Q 为入库流量（m^3/s）（于海燕等，2009）。

忽略水体中泥沙对水体密度的影响，水温对应的水体密度计算公式如下（Wentworth et al.，2003）：

$$\rho_T = 1000\left[1 - \frac{T + 288.9414}{508\,929.2(T + 68.129\,63)}(T - 3.9863)^2\right] \tag{6-8}$$

水体稳定系数（RSCW）为无量纲参数，反映水体紊动程度，具体公式如下：

$$\mathrm{RSCW} = \frac{\rho_b - \rho_s}{\rho_4 - \rho_5} \tag{6-9}$$

式中，ρ_b 和 ρ_s 分别为水体底部和表层水体的密度；ρ_4 和 ρ_5 分别为水在 4℃和 5℃时的水体密度。

在藻类生态学研究中，多采用 Margalef 丰富度指数 H_S（式（6-10））、Pielou 均匀度指数 E_S（式（6-11））和 Shannon-Wiener 多样性指数 H（式（6-1））作为反映藻类群落特征的分析指数。式（6-10）和式（6-11）计算公式如下：

$$H_S = (S - 1)/\ln N \tag{6-10}$$

$$E_S = H/\ln S \tag{6-11}$$

式中，S 为藻类物种数；N 为藻类所有种个体数。

藻类群落演替被定义为自然发生并且可以辨识的藻类物种间的相互取代的连续变化过程，是环境条件改变的结果，并与先期群落物种组成、其生态活动对环境条件改变的响应均有关。通常在生境稳定条件下，群落演替的结果是达到顶级群落。演替速率是群落结构改变潜势的客观测度。群落演替速率的计算公式如下：

$$\sigma_S = \sum_{i=1}^{S} \frac{[b_{2i}/B_2 - b_{1i}/B_1]}{t_2 - t_1} \tag{6-12}$$

式中，B_2、B_1分别为演替过程中两个时间状态（t_2、t_1）的藻类生物量；b_{2i}、b_{1i}则为上述相应状态下群落中第 i 个藻种的生物量（孙丽敏等，2011）。

Pearson 相关分析均采用 SPSS 17.0 统计软件处理，且采用双变量相关性分析，双尾检验，显著性水平为 0.05 和 0.01。

采用 CANOCO 软件进行除趋势对应分析（detrended correspondence analysis，DDA），结果显示“Lengths of gradient”（展示每个轴的梯度长度）为 2.6，因此选择冗余度分析（redundancy analysis，RDA）分析浮游植物的种类组成与环境因子之间的关系比较合适。为使浮游植物的藻密度数据获得正态分布，将其进行 lg（x+1）转换（厉红梅，2000）。

（4）生境数据处理方法

利用 ONSET 照度计测定不同水层的光强和水温。利用 Rivecat 多普勒 YCN-RC3025 测定不同水层的流速，由于测定不同流速所需时间较长，为不影响试验进展，依据前期研究结果，仅选择有代表性的时间段测定流速。不同水层的光照强度、水温和流速见表 6-2 ~ 表 6-4。

表 6-2　不同水层的光照强度　　（单位：lx）

水深/m	10：00	12：00	14：00	16：00	18：00	20：00	22：00	24：00	2：00	4：00	6：00	8：00
0	8271	10002	8722	7577	1954	109	9	3	2	9	1032	4127
0.5	7520	9329	7293	6621	982	75	1	0	0	2	864	3284
1	6682	8529	6827	4528	736	32	0	0	0	0	574	2103
2	5094	7021	4868	3961	495	6	0	0	0	0	325	1003

续表

水深/m	10：00	12：00	14：00	16：00	18：00	20：00	22：00	24：00	2：00	4：00	6：00	8：00
3	3362	4953	3587	3001	108	0	0	0	0	0	79	776
4	2787	3725	2853	2497	71	0	0	0	0	0	24	249
5	1883	2198	1854	1536	4	0	0	0	0	0	2	69
9	402	805	458	398	0	0	0	0	0	0	—	4

表 6-3　不同水层的水温　（单位:℃）

水深/m	10：00	12：00	14：00	16：00	18：00	20：00	22：00	24：00	2：00	4：00	6：00	8：00
0	32. 25	32. 45	33. 35	33. 96	34. 39	35. 06	34. 00	33. 30	31. 10	31. 11	31. 25	30. 94
0. 5	31. 36	30. 24	31. 37	31. 86	32. 38	34. 89	31. 86	32. 63	31. 73	31. 49	31. 33	30. 28
1	30. 35	30. 38	30. 41	30. 69	30. 78	30. 58	30. 69	30. 71	30. 10	30. 09	30. 51	28. 98
2	28. 35	27. 85	28. 13	29. 12	29. 47	28. 98	28. 15	28. 77	28. 43	28. 39	28. 70	27. 84
3	26. 84	26. 6	26. 67	26. 77	26. 83	27. 69	27. 01	27. 09	27. 27	27. 25	27. 30	26. 63
4	26. 11	26. 13	26. 15	26. 32	26. 41	26. 58	26. 34	26. 07	26. 20	26. 18	26. 14	25. 81
5	25. 65	25. 61	25. 66	25. 64	25. 59	25. 72	25. 79	25. 65	25. 70	25. 66	25. 73	25. 55
9	24. 84	25. 06	25. 07	25. 09	25. 12	25. 10	25. 01	25. 05	25. 10	24. 99	24. 97	25. 03

表 6-4　不同水层的流速　（单位：m/s）

水深/m	10：00	14：00	18：00	22：00	2：00	6：00
0	0. 05	0. 05	0. 04	0. 02	0. 01	0. 02
0. 5	0. 05	0. 06	0. 02	0. 01	0	0. 03
2	0. 04	0. 04	-0. 01	0. 01	0	-0. 01
4	0. 02	0. 02	0	0	0. 01	0. 01
10	0. 01	0. 02	0. 01	-0. 01	0	0. 01

注：“-”为逆流。

现场用水质多参数仪 YSI26600（美国，金泉公司）测定电导率、溶解氧和 pH。对野外水样直接利用电子显微镜对藻细胞进行分类和计数，每个视野计数三次，每个样品观察三个视野，藻类的鉴定参考水生生物学图谱数据库；叶绿素 a 采用分光光度法，采集 0、0. 5m、2. 0m、5. 0m 和 9. 0m 处水样，用于总氮、硝态氮和亚硝态氮、铵态氮、总磷、溶解性总磷和磷酸盐的实验室测定。水质总氮的测定利用《水质 总氮的测定 碱性过硫酸钾消解紫外分光光度法》（HJ 636—2012），硝酸盐氮的测定利用《水质 硝酸盐氮的测定 紫外分光光度法》（HJ/T 346—2007），亚硝酸盐氮的测定利用《水质 亚硝酸盐氮的测定 分光光度法》（GB/T 7493—1987），氨氮的测定利用《水质 氨氮的测定 纳氏试剂光度法》（HJ 535—2009），总磷、溶解性总磷、溶解性正磷酸盐的测定利用《水质 总磷的测定 钼酸铵分光光度法》（GB 11893—1989）。

藻密度和叶绿素 a 的垂直分布格局利用 Morisita 指数（Morisita's index，MI）检验，该指数的计算公式为

$$MI = n \times \left(\sum_{i=1}^{n} X_i^2 - \sum_{i=1}^{n} X_i\right) / \left[\left(\sum_{i=1}^{n} X_i\right)^2 - \sum_{i=1}^{n} X_i\right] \tag{6-13}$$

式中，n 为水柱取样的分层数；X_i为水柱中第 i 层的藻密度或叶绿素 a 浓度。当 MI = 1 时，表示藻细胞和叶绿素 a 的含量在水柱中随机分布；当 MI<1 时，表示藻细胞和叶绿素 a 的含量在水柱中均匀分布；当 MI>1 时，表示藻细胞和叶绿素 a 的含量在水柱中集群分布（Shen et al.，2013；Lai et al.，2014）。

每个样品相关指标重复三次，取其平均；相关性分析利用 SPSS 17.0 处理，$P<0.05$ 时为显著相关，$P<0.01$ 时为极显著相关。

6.3 干支流回水区浮游植物时空分布特征

6.3.1 浮游植物时空分布特征

（1）库区浮游植物种类组成现状

三峡水库干支流回水区藻类主要由 6 个门组成，即硅藻门、绿藻门、蓝藻门、裸藻门、隐藻门、甲藻门，2008 年共采集到浮游植物 6 门 65 属 178 种，以种类多少为次序，分别是硅藻门（87 种）、绿藻门（47 种）、蓝藻门（35 种）、裸藻门（6 种）、甲藻门（2 种）、隐藻门（1 种），见表 6-5。各采样断面浮游植物密度年均值变幅为 2.66×10^4 ~ 1.05×10^6ind/L，浮游植物数量年均值居前三位的依次为香溪河口（1.05×10^6ind/L）、小江河口（3.94×10^5ind/L）、大宁河口（2.54×10^5ind/L）；浮游植物种类检出最多的断面依次为香溪河口（80 种）、武隆（78 种）、大宁河口（57 种）。

表 6-5　2008 年三峡水库各断面浮游植物种类组成与分布

断面名称		硅藻门/种	绿藻门/种	蓝藻门/种	裸藻门/种	隐藻门/种	甲藻门/种	断面合计/种
库区干流	寸滩	26	9	4	0	0	1	40
	清溪场	22	8	3	0	1	1	35
	沱口	37	7	8	0	0	2	54
	官渡口	23	8	7	1	1	1	41
库区支流河口	临江门	25	9	8	0	0	1	43
	武隆	37	29	9	1	0	2	78
	御临河口	24	5	5	1	1	1	37
	小江河口	24	11	10	0	1	1	47
	大宁河口	27	13	13	1	1	2	57
	香溪河口	41	23	11	3	0	2	80

续表

断面名称		硅藻门/种	绿藻门/种	蓝藻门/种	裸藻门/种	隐藻门/种	甲藻门/种	断面合计/种
坝下	南津关	16	12	5	0	1	2	36
各门种数		87	47	35	6	1	2	178
占总种数%		48.9	26.4	19.7	3.4	0.5	1.1	100.0

2008年6月监测结果显示，三峡水库干流浮游植物密度平均值为77 252.6 ind/L，变幅为14 744.0～9 896 939.1 ind/L，见表6-6，重庆主城最低，高阳最高。水库坝前浮游植物密度仅为均值的一半左右。支流回水区高阳浮游植物密度为水库干流平均值的128.1倍。水库干流浮游植物主要由硅藻门组成，所占比例为70.59%～100.00%，绿藻门、蓝藻门、裸藻门在不同采样点占有一定的比例，甲藻门、隐藻门所占比例很少。不同采样点的组成有所变化，其中涪陵全为硅藻门。与此不同，支流回水区高阳浮游植物主要由绿藻门组成，硅藻门所占比例很少。

表6-6　三峡水库干流浮游植物密度及其组成

采样点	密度/(ind/L)	各门所占比例/%					
		硅藻门	绿藻门	蓝藻门	甲藻门	裸藻门	隐藻门
主城	14 744.0	75.00	0	0	0	25.00	0
涪陵	182 457.5	100.00	0	0	0	0	0
忠县	106 894.3	79.31	13.79	0	3.45	3.45	0
云阳	46 996.6	70.59	23.53	5.88	0	0	0
高阳	9 896 939.1	3.21	88.27	6.84	0	0	1.68
巴东	73 720.2	95.00	5.00	0	0	0	0
水库坝前	38 703.1	85.71	14.29	0	0	0	0

2008年部分支流回水区汛期浮游植物调查结果见表6-7，支流回水区藻类密度较高，其中苎溪河、香溪河藻类密度超高，童庄河、黄金河、汤溪河、吒溪河藻类密度较高，这些支流回水区呈现富营养化并有藻类水华现象发生。

表6-7　2008年三峡水库部分支流回水区汛期浮游植物密度及优势种

水域	密度/(万 ind/L)	优势种类
曲溪	162.07	硅藻（37%）、绿藻（26%）为主，无明显单一优势种
松树坳	73.32	
香溪河	17 066.28	隐藻（35%）、绿藻（28%）和蓝藻（24%）为主，颤藻、卵形隐藻为优势种
童庄河	1 658.33	隐藻（40%）、硅藻（30%）为主，卵形隐藻、颗粒直链藻为优势种

续表

水域	密度/（万 ind/L)	优势种类
吒溪河	1 100.95	隐藻（45%）、蓝藻（28%）为主，颤藻和尖尾蓝隐藻为优势种
神农溪	437.62	蓝藻（51%）、绿藻（28%）为主，微囊藻、空球藻和尖尾蓝隐藻为优势种
大宁河	459.21	甲藻（38%）、蓝藻（30%）为主，飞燕角甲藻和具缘微囊藻为优势种
大溪河	382.56	绿藻（40%）和甲藻（30%）为主，无明显单一优势种
草堂河	384.63	甲藻（50%）和绿藻（30%）为主，角甲藻为优势种
梅溪河	262.40	甲藻（46%）和绿藻（33%）为主，角甲藻为优势种
磨刀溪	56.24	隐藻、绿藻为主，无明显单一优势种
汤溪河	1 238.25	
小江	837.36	隐藻、绿藻、蓝藻为主，微囊藻为优势种
苎溪河	27 360.17	蓝藻（56%）为主，极大螺旋藻、贾氏藻为优势种
东溪河	306.13	蓝藻、硅藻和绿藻为主，伪鱼腥藻和拟球藻为优势种
黄金河	1 530.11	蓝藻（50%）为主，贾氏藻为优势种

从藻类种类构成来看，曲溪、松树坳、大溪河、磨刀溪、汤溪河等以硅藻（甲藻、隐藻)、绿藻为主，基本无明显的单一优势种，其他支流回水区存在不同程度的藻类水华现象，以香溪河、吒溪河、大宁河、小江、苎溪河、黄金河水华现象突出。支流回水区藻类水华种类各异，香溪河以颤藻、卵形隐藻为优势种，童庄河优势种为卵形隐藻、颗粒直链藻，吒溪河优势种为颤藻和尖尾蓝隐藻，神农溪优势种为微囊藻、空球藻和尖尾蓝隐藻，大宁河优势种为飞燕角甲藻和具缘微囊藻，草堂河、梅溪河优势种为角甲藻，小江优势种为微囊藻，苎溪河优势种为极大螺旋藻、贾氏藻，东溪河优势种为伪鱼腥藻和拟球藻，黄金河优势种为贾氏藻。

(2）浮游植物种类组成变化

三峡水库浮游植物种类资源丰富，据20世纪50年代的调查资料，长江水体浮游植物有8门183属321种，其中三峡水库有80余属，主要为着生藻类。1997～2002年共观察统计到浮游植物9门78属164种，浮游植物密度变幅为0.25万～32.70万 ind/L，生物量变幅为0.004～2.130mg/L。其中，硅藻门29属81种，占总种数的49.4%，为优势种群；硅藻门、绿藻门和蓝藻门在种类组成中占主体，三门合计占总种数的89.7%（表6-8)。监测结果与50年代的调查结果相比，结果基本一致。表明蓄水前，三峡水库天然生境基本维持原来的状态，没有发生较大改变。三峡水库浮游植物主要为着生硅藻，长江各支流回水区等小水体向长江汇流以及降水、洪水等从外界向长江补充其他浮游藻类，如蓝藻、绿藻、裸藻等，这些藻类为偶然性藻类。

表 6-8　1997 ~ 2002 年三峡水库干流典型断面浮游植物种类组成

断面名称	硅藻门/种	绿藻门/种	蓝藻门/种	裸藻门/种	隐藻门/种	金藻门/种	甲藻门/种	黄藻门/种	红藻门/种	各站合计/种
寸滩	26	18	4	0	0	0	1	0	1	50
临江门	22	8	3	1	0	0	0	0	1	35
清溪场	32	23	2	0	1	1	0	0	1	60
武隆	42	11	5	1	1	1	1	1	1	64
万州	39	13	3	2	0	1	0	0	1	59
巴东	46	13	4	0	2	0	0	0	0	65
南津关	27	14	1	3	2	0	0	0	0	47
各门种数	81	47	19	8	2	3	2	1	1	164
占总种数/%	49.4	28.7	11.6	4.9	1.2	1.8	1.2	0.6	0.6	100.0

1997 ~ 2007 年三峡水库长江干流各门藻类物种数量变化明显（表 6-9），但在种类组成结构上，藻类优势种仍为硅藻，其次为绿藻和蓝藻，蓝藻种数所占比例有所上升。常见物种主要有硅藻门的直链藻、小环藻、平板藻、等片藻、星杆藻、脆杆藻、针杆藻、舟形藻、桥弯藻、菱形藻、双菱藻，绿藻门的盘星藻、新月藻和栅藻，蓝藻门的颤藻、微囊藻和鞘丝藻以及甲藻门的多甲藻、角甲藻等。受水温、水期及水体泥沙含量等因素影响，库区浮游植物的现存量呈现一定的时空变化规律。在时间分布上总体表现为春季（4 月）浮游植物现存量最大，其次为夏季（7 月），冬季（1 月）最小；在空间分布上总体表现为支流河口断面大于干流断面。

表 6-9　1997 ~ 2007 年三峡水库长江干流浮游植物种类组成

时间	断面数/个	硅藻门/种	绿藻门/种	蓝藻门/种	裸藻门/种	隐藻门/种	甲藻门/种	断面合计/种	断面密度/（万 ind/L）
1997 ~ 2002 年	7	81	47	19	8	2	2	164	0.25 ~ 32.7
2003 年	7	29	32	12	2	1	2	82	3 ~ 339
2004 年	10	84	44	26	1		2	158	100 ~ 240
2005 年	11	107	55	26	8	2	2	201	1.7 ~ 5100
2006 年	11	83	43	24	6	1	2	159	6 ~ 1760
2007 年	11	87	47	35	6	1	2	178	2.7 ~ 105

总体上看，成库前后库区藻类种数变化较大，无明显变化规律，但成库后藻密度比成库前明显增大；从数量组成结构来看，仍以硅藻为优势种；从断面分布来看，处于库首的断面蓝藻种类增加，其他藻类种类减少。

6.3.2 生物评价

(1) 库区干流浮游植物与水环境

根据2003年4月下旬至5月上旬对长江干流6个典型断面的浮游植物调查，库区江段有指示各种水体的藻类48种。参照法国的Kolkwitz和Marsson、日本的津田松苗提出的评价方法，极常出现在多污带水体的指示藻类有两种，即细颤藻（也是α-中污带水体中出现的指示藻类）和绿裸藻；极常出现于α-中污带水体中的指示藻类有12种，包括5种同时可在β-中污带水体中出现的种类，事实上，极常出现于α-中污带水体中的指示藻类仅7种。极常出现于β-中污带水体中的指示藻类有23种，包括5种同时可在α-中污带水体中极常出现的种类，极常出现于β-中污带水体中的指示藻类为18种。在微污带水体中极常出现的种类为17种，除去4种可同时在β-中污带水体中极常出现的种类，实为13种。可以看出，各断面采集到的作为β-中污带和微污带指示藻类的种类最多，这表明长江干流采集断面的水质状况较为良好。

(2) 库区干流浮游植物、浮游动物评价

选取Shannon-Wiener多样性指数（H）以及Pielou均匀度指数（I_p），依托2003年、2004年调查数据，对三峡水库浮游生物多样性进行分析（表6-10）。其中，浮游生物多样性评价结果中以污染级别最大的指数为该断面的水质级别，结果显示，77.7%断面的浮游植物多样性、75.0%断面的浮游动物多样性污染级别属中或重污染，表明多样性指数极低，种类分布不均匀，浮游植物生存环境较差。

表6-10 三峡水库长江干流各断面生物多样性

断面名称	浮游植物				浮游动物			
	H	污染级别	I_p	污染级别	H'	污染级别	I_p	污染级别
长江涪陵段	1.51	重	0.65	轻	—	—	—	—
长江云阳段	1.61	重	0.62	轻	2.1	中	0.75	轻
长江磨刀段	1.15	重	0.72	轻	1.61	重	0.62	轻
长江奉节梅溪段	2.05	中	0.88	清洁	0.93	严重	0.47	中
长江巫山大溪断面	1.59	重	0.68	轻	1.86	重	0.62	轻
长江巫山大宁河段	1.77	重	0.63	轻	1.28	重	0.4	中
长江巴东龙船河段	0.02	严重	0.01	严重	2.02	中	0.78	轻
长江秭归香溪段	2.61	中	0.93	清洁	1.48	重	0.57	轻
三峡大坝坝前	1.69	重	0.51	轻	0.02	严重	0.02	严重

(3) 库区支流回水区浮游植物、浮游动物评价

选取Shannon-Wiener多样性指数（H）以及Pielou均匀度指数（I_p），对三峡水库支流回水区浮游生物多样性进行分析（表6-11）。结果显示，53.3%断面的浮游植物多样性、66.7%断面的浮游动物多样性污染级别属中或重污染，表明多样性指数很低，种类分布不均匀。较为严重的断面在大宁河、龙船河、香溪支流河口以上 3～10km 的一定河段之间，香溪中上游的河段由于点源污染，水质状况也较为严重。

表 6-11　三峡水库主要支流回水区生物多样性状况

断面名称	浮游植物				浮游动物			
	H	污染级别	I_p	污染级别	H'	污染级别	I_p	污染级别
乌江河口	2.95	轻	0.93	清洁	2.96	轻	0.86	清洁
乌江（河口以上 3～10km）	2.76	轻	0.8	清洁	2.65	轻	0.84	清洁
小江河口	2.78	轻	0.71	轻	2.69	轻	0.73	轻
小江（河口以上 3～10km）	2.74	轻	0.91	清洁	1.11	中	0.48	中
汤溪河口	1.54	中	0.77	轻	1.99	中	0.71	轻
磨刀河口	1.14	中	0.57	轻	1.65	中	0.48	中
梅溪河口	1.58	中	0.68	轻	1.63	中	0.52	轻
五马河口	1.77	中	0.68	轻	2.65	轻	0.74	轻
大宁河口	2.96	轻	0.93	清洁	1.51	中	0.47	中
大宁河（河口以上 3～10km）	2.02	轻	0.61	轻	2.26	重	0.61	轻
龙船河口	2.78	轻	0.8	清洁	0.43	重	0.15	重
龙船河（河口以上 3～10km）	2.05	中	0.68	清洁	1.42	中	0.43	中
锣鼓河口	1.88	中	0.67	轻	0.83	重	0.36	中
香溪河口	1.84	中	0.58	轻	0.17	重	0.07	重
香溪河（河口以上 3～10km）	0.32	重	0.09	严重	1.35	轻	0.48	中

6.4　大宁河支流回水区浮游植物演变过程及其驱动因素

6.4.1　大宁河支流回水区浮游植物的季节变化及影响因素研究

（1）水库蓄水前后浮游植物结构组成特征

蓄水改变了大宁河的水动力条件，对浮游植物的种类组成也产生了一定的影响。在调查期间（图 6-2（a）），硅藻所占比例整体呈下降趋势（2004 年占 39%，2006 年只占

1%，2005 年、2007 年几乎没有检出)，而蓝绿藻所占比例呈上升趋势。表明蓄水之后大宁河呈现河流与湖泊的双重生态环境特征。如图 6-2（b）所示：硅藻所占比例最大值出现在枯水期，蓝藻所占比例最大值出现在丰水期，绿藻所占比例最大值出现在平水期。

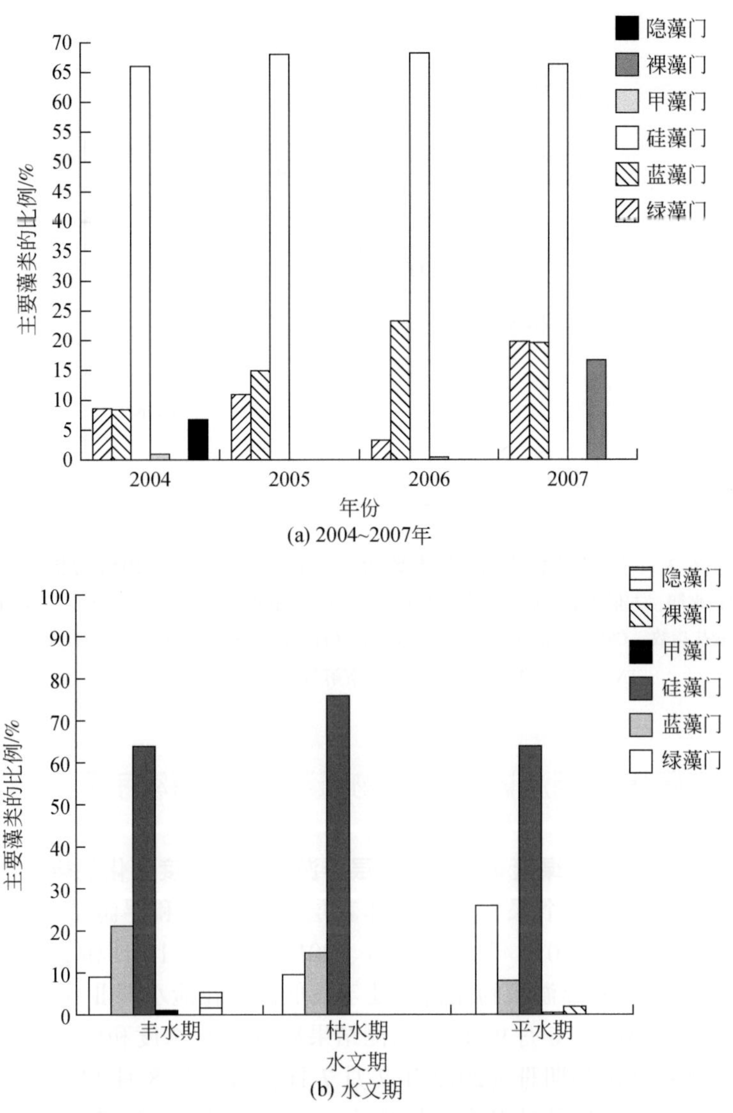

图 6-2　三峡水库蓄水后浮游植物群落结构变化特征

(2) 水库蓄水前后影响浮游植物藻密度的关键因素

对三峡蓄水初期（2004 年）至三期蓄水完成（2010 年）的藻密度和环境因子进行相关分析，结果表明，水温和 TN/TP 是影响藻密度的关键因子，但是藻密度与 TN、TP 却没有明显相关性。浮游植物藻密度的上升对环境因子反馈效应显著，水体的 pH 和 DO 含量随着藻密度的增加而上升。

(3) 水库蓄水前后影响浮游植物群落结构的关键因素

根据 RDA 分析结果，在丰水期，水温和透明度是影响水华优势种和藻类种类组成的关键因子；TN 是影响平水期水华优势种和藻类种类组成的关键因子（图 6-3）。

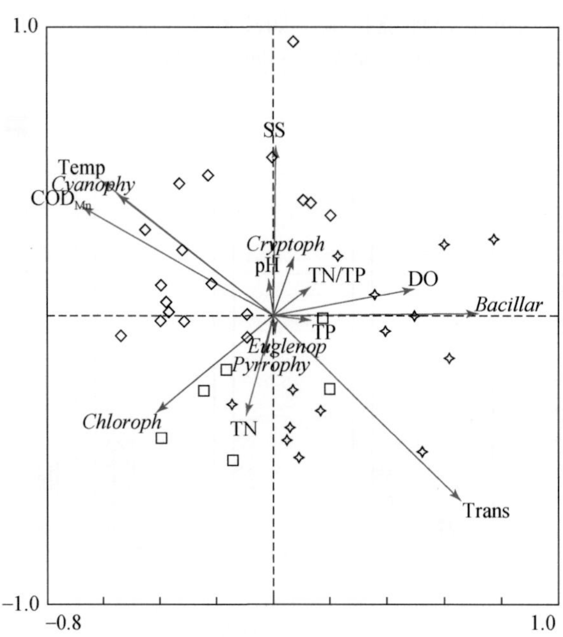

图 6-3　三峡水库蓄水前环境参数和浮游植物群落结构的 RDA 分析结果

其中星形表示枯水期，方形表示平水期，菱形表示丰水期；Temp 指水温，Trans 指透明度，*Cyanophy* 指蓝藻，COD_{Mn} 指高锰酸盐指数，*Chloroph* 指绿藻，SS 指悬浮物，*Cryptoph* 指隐藻，*Euglenop* 指裸藻，*Pyrrophy* 指甲藻，TN 指总氮，TP 指总磷，DO 指溶解氧，*Bacillar* 指硅藻，后同

6.4.2　不同水文期浮游植物生物量和群落结构特征

(1) 不同水文期水柱叶绿素 a 浓度和表层浮游植物藻密度变化规律

不同水文期，大宁河 5 个采样点的水体表层 Chla 浓度和浮游植物藻密度变化显著(图 6-4)：在高水位期Ⅰ（2012 年 11 月 8 日、2012 年 12 月 12 日和 2013 年 1 月 19 日)，监测结果显示 Chla 浓度和浮游植物藻密度处于最低值；在泄水期Ⅱ（2012 年 4 月 27 日、2012 年 5 月 17 日和 2012 年 6 月 9 日)，监测结果显示 Chla 浓度和浮游植物藻密度相较于高水位期显著增加；在汛限期Ⅲ（2012 年 7 月 7 日、2012 年 8 月 14 日)，监测结果显示 Chla 浓度和浮游植物藻密度持续升高至最高值；在蓄水期Ⅳ（2012 年 9 月 6 日、2012 年 9 月 17 日和 2012 年 9 月 28 日)，监测结果显示 Chla 浓度和浮游植物藻密度呈下降趋势。

(2) 不同水文期藻类的群落结构演替规律

2012 年大宁河浮游植物常规监测结果表明，大宁河浮游植物共检出 8 门（蓝藻门、绿藻门、硅藻门、隐藻门、甲藻门、裸藻门、金藻门和黄藻门）71 属，其中种类最为丰富的是硅藻门、绿藻门和裸藻门，分别为 22 属、16 属和 13 属，分别占总属数的 30.99%、22.53% 和 18.31%；其次是蓝藻门和甲藻门，均为 7 属，均占总属数的 9.86%；隐藻门 4 属，占总属数的 5.63%；金藻门和黄藻门各 1 属，均占总属数的 1.41%。监测统计结果显示，硅藻门在浮游植物种类组成中占较大比例，其次是绿藻门和甲藻门。最常见的 10 个藻种从多到少依次是小环藻（*Cyclotella*)、衣藻（*Chlamydomonas*)、实球藻（*Pan-*

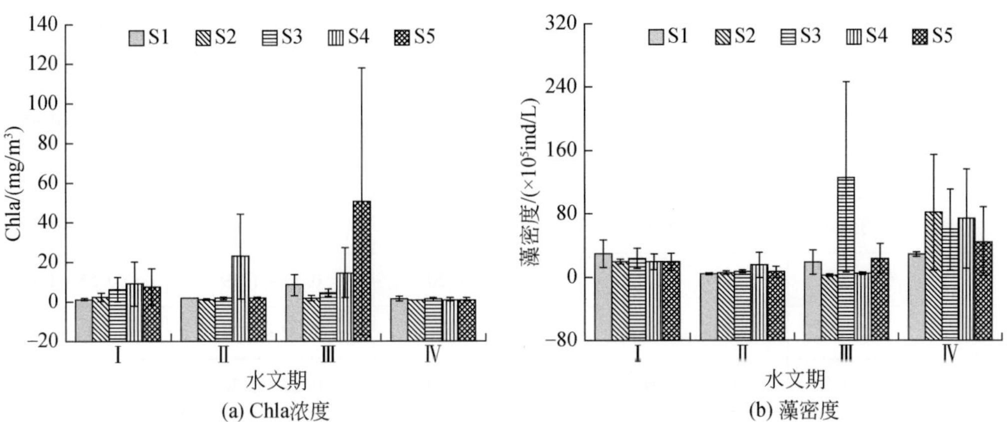

图 6-4　不同水文期大宁河 Chla 浓度和水体表层浮游植物藻密度的时空变化过程

Ⅰ代表高水位期，Ⅱ代表泄水期，Ⅲ代表汛限期，Ⅳ代表蓄水期，后同

dorina)、空球藻（*Eudorina*)、多形裸藻（*Euglena polymorpha*)、卵形隐藻（*Cryptomons ovata*)、光薄甲藻（*Glenodinium gymnodinium*)、微囊藻（*Microcystis*)、鱼腥藻（*Anabaena Bory*)、平裂藻（*Merismopedia*)。

通过对各采样点的藻类群落结构特征进行总结分析结果如下。

图 6-5 显示了不同水文期浮游植物种群结构的演替过程，高水位期（硅藻门）—泄水期（硅藻门、绿藻门、裸藻门占优）—汛限期（以硅藻门、绿藻门、裸藻门占优）—蓄水期（硅藻门、绿藻门和甲藻门占优）。

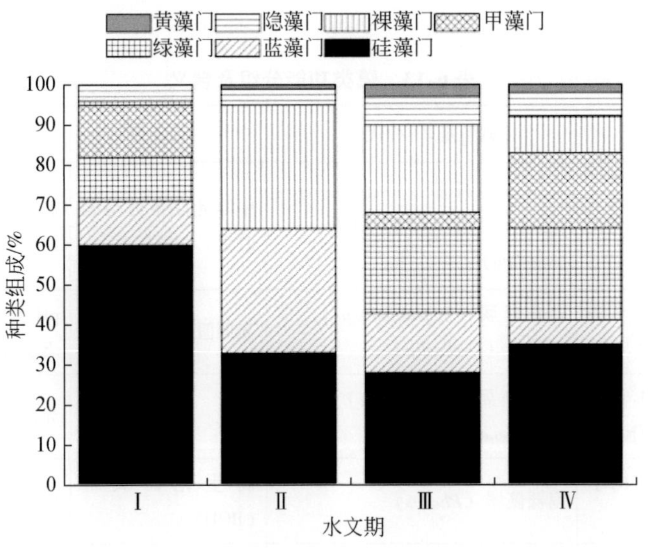

图 6-5　大宁河不同水文期浮游植物种类组成

丰富度指数（H_S）最大值出现在蓄水期，最小值出现在高水位期和泄水期；均匀度指数（E_S）最大值出现在汛限期，最小值出现在高水位期和泄水期；多样性指数（H）最大值出现在汛限期，最小值出现在泄水期和蓄水期；演替速率（σ_S）最大值出现在蓄水期，最小值出现在泄水期（表 6-12）。

表 6-12　研究期间大宁河物种多样性和演替速率的季节变化特征（平均值±标准差）

参数		Ⅰ	Ⅱ	Ⅲ	Ⅳ
H_S	均值	1.34±0.05	1.39±0.60	1.58±0.83	1.71±0.65
	变化范围	0.63～2.69	0.51～2.50	0.43～2.84	0.80～2.52
E_S	均值	0.33±0.04	0.36±0.55	0.87±0.19	0.85±0.16
	变化范围	0.05～0.91	0.58～1.20	0.12～1.19	0.55～1.00
H	均值	1.24±0.02	1.11±0.48	1.31±0.73	1.11±0.45
	变化范围	0.31～2.02	0.41～1.89	0.21～2.36	0.59～2.03
σ_S	均值	0.31±0.15	0.071±0.05	0.34±0.25	0.40±0.30
	变化范围	0.08～0.55	0.04～0.17	0.05～0.74	0.08～0.88

根据藻类功能组理论，藻类功能分组见表 6-13；不同水文期的演替过程见表 6-14：①高水位期，多为 R-CR 型藻类，生境维持在稳定状态下，演替速率、丰富度和均匀度较低。中间出现了 CS 型藻类增多的趋势。②泄水期，多为 CS 型藻类，多样性水平下降，演替速率下降，藻类群落结构达到平衡状态。③汛限期，多为 CR/CS 型藻类，多样性、均匀度均维持在较高水平，而群落的演替速率较低，群落结构相对稳定。但一旦遇到适宜天气情况易出现 L_M 型水华，导致多样性和演替速率下降，接近平衡状态。④蓄水期，多为适应流水型的 R-CR 型藻类混生状态，均匀度均保持在较高水平，群落演替速率较高。

表 6-13　藻类功能分组及含义

组别	栖息环境	典型藻属/种代表	耐受条件	敏感条件	生长策略
P	富营养的湖泊表水层	克罗顿脆杆藻（*Fragilaria crotonensis*）、颗粒沟链藻（*Aulacoseria granulata*）	中等光照条件与碳匮乏	温度分层、硅匮乏	R
B	垂直混合，中营养的中小型湖泊	冠盘藻属（*Stephanodiscus*）、小环藻属（*Cyclotella*）	光照匮乏	pH 升高、硅匮乏、分层	CR
J	浅水、营养物丰富的湖泊、池塘和河流	盘星藻属（*Pediastrum*）、栅藻属（*Scenedesmus*）	暂无	光照下降	CR
W_1	有机质含量丰富的小池塘	扁裸藻属（*Phacus*）	高生化需氧量（BOD）	摄食	R/CS
W_2	浅水中营养湖泊	囊裸藻属（*Trachelomonas*）	暂不明晰	暂不明晰	R/CS
L_M	富营养湖泊夏季表水层	角甲藻属（*Ceratium*）、微囊藻属（*Microcystis*）	非常低的碳	混合、低的光照和分层	S
G	短暂的、营养物丰富的水层	空球藻属（*Eudorina*）、团藻属（*Volvox*）	高光照条件	营养物匮乏	CS

组别	栖息环境	典型藻属/种代表	耐受条件	敏感条件	生长策略
D	浅水、混浊程度大的水体，含河流	针杆藻（*Synedra acus*）、菱形藻属（*Nitzschia*）、早春冠盘藻（*Stephanodiscus hantzschii*）	流水冲刷	营养物匮乏	R
L_O	中营养湖泊夏季表水层	多甲藻属（*Peridinium*）、平裂藻属（*Merismopedia*）	营养物供给同光照条件可利用性相分离	时间延长或深度较大的混合层	S
X_2	浅水-富营养湖泊中的混合层	蓝隐藻属（*Chroomonas*）、衣藻属（*Chlamydomonas*）	温度分层	混合程度、滤食性动物摄食	C
X_1	营养物丰富的浅水混合层	小球藻属（*Chlorella*）、弓形藻属（*Schroederia*）	温度分层	营养物匮乏、滤食性动物摄食	C
M_P	低纬度、小型富营养湖泊日变化下的混合层	异极藻属（*Gomphonema*）	强光照条件	流水冲刷、总光照较低	CR
H_1	固氮型的念珠藻目典型生境	水华鱼腥藻（*Anabaena flos-aquae*）、束丝藻属（*Aphanizomenon*）	低氮、低碳条件	混合、低光照、低磷	CS
F	清澈的湖泊表水层	葡萄藻（*Botryococcus braunii*）、卵囊藻（*Oocystis lacustris*）	低营养物	高混浊度或二氧化碳匮乏（暂不明确）	CS
K	短暂的、营养物丰富的水层	隐杆藻属（*Aphanothece*）	（暂无）	深层混合	CS
H	大行中营养湖泊中固氮型念珠藻目典型生境	宽松鱼腥藻（*Anabaena lemmermanni*）	低氮	混合、缺乏光照条件	CS
T	深度大且混合完全的湖泊表水层	黄丝藻属（*Tribonema*）	光照匮乏	营养物匮乏	R
Y	通常在营养物含量高的小型湖泊	隐藻属（*Cryptomonas*）	低光照条件	噬菌生长	CRS

注：从藻种生理生态特征的角度，CRS 概念对不同藻种生长特性及其环境适应机制进行了筛分，划分为竞争者（competitors，C 型）、杂生者（ruderals，R 型）、环境胁迫的耐受者（stress-tolerators，S 型）以及慢性环境胁迫的耐受者（Chronic-stress tolerators，SS 型），其生理生态特征分别归纳为（Reynolds，2011）：①C 型策略。竞争者；生理生长所需光照条件相对较低，在理想的能量、物质供给的条件下，具有较快的生长增殖速率和较低的沉降速率，部分具有运动功能，能在竞争中获胜而取代其他藻种直至达到顶极状态。②R 型策略。调和、适应环境，但也受到一定限制；对能量输入（光照辐射）具有较高的耐受性，即能够长期在很低的光照条件下生长，也耐受于高光照条件，沉降速率有高有低，大多数为非运动型。③S 型策略。胁迫耐受者；不具有较大的比表面积，藻类单体相对较大，生长增殖速率相对较慢，但通常在能量或物质供给相对短缺的条件下，通过其他途径（藻类运动、生物固氮、分泌磷酸酶、噬菌作用等）获取生长所需的资源，对资源（物质、能量）发掘、获取能力强。绝大多数具有运动功能，某些藻种运动能力很强，沉降速率很低，可通过悬浮调节机制实现在垂直水层中的生长。④SS 型策略。能耐受于长期的低营养环境条件，多为真核微型藻类（picoplankton），广泛分布于贫营养的深水海区和湖泊，通常不具有运动性能，但沉降速率很低，细胞个体很小，易被滤食性生物摄食。

表 6-14　大宁河各采样点代表性藻类功能组的季节演替过程

水文期	S1	S2	S3	S4	S5
Ⅰ	B/P/J	B/W_1/L_M/G	B/W_1/L_M/G	B/L_M/W_1	B/D/P
Ⅱ	P/L_O	G/P/B/W_1/L_M	X_2/L_M/W_1/X_1/M_P/D	L_M/B/M_P/W_1/F	X_2/L_M/M_P/W_1/W_2
Ⅲ	B/L_M	H_1/L_M/M_P	L_M/L_O/M_P/P	X_2/F/L_M	L_M/G/X_1/X_2
Ⅳ	B/J/G	L_M/J/M_P	B/G/L_O	L_M/X_1/H_1	P/B/L_M

6.4.3　不同水文期浮游植物生境要素特征

不同水文期，藻类生境特征的演变模式如图 6-6 所示。

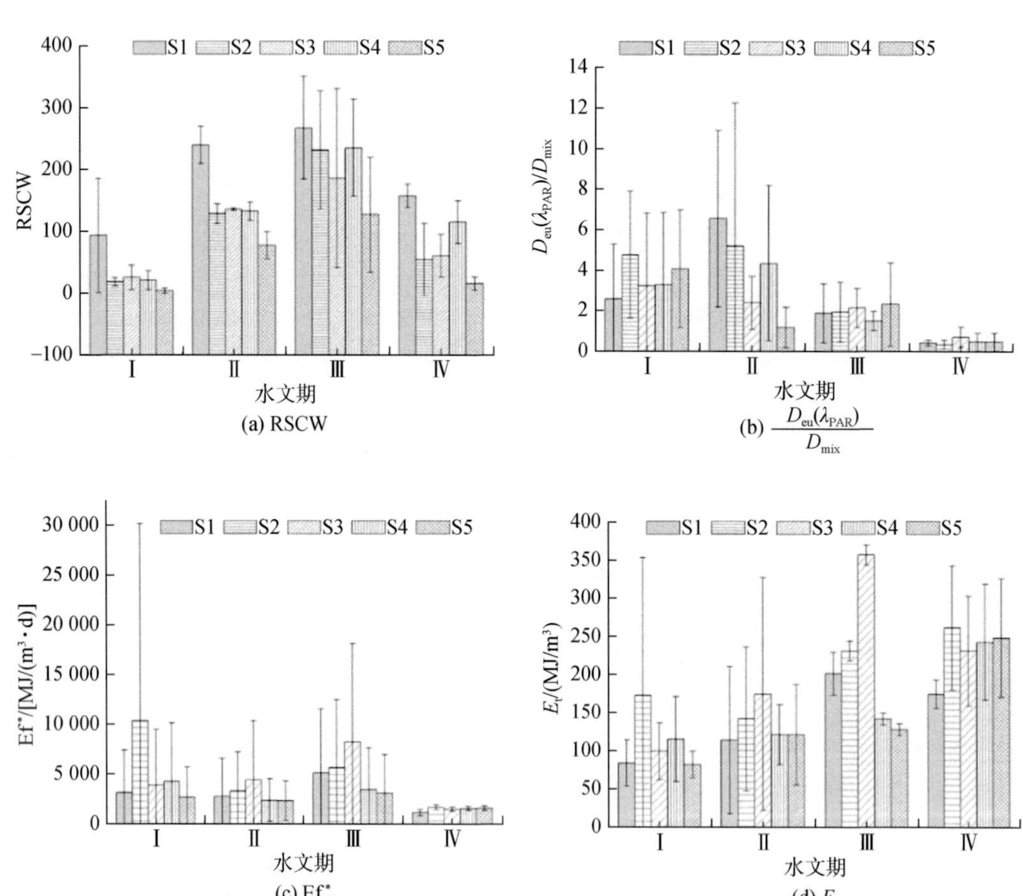

(a) RSCW

(b) $\frac{D_{eu}(\lambda_{PAR})}{D_{mix}}$

(c) Ef*

(d) E_t

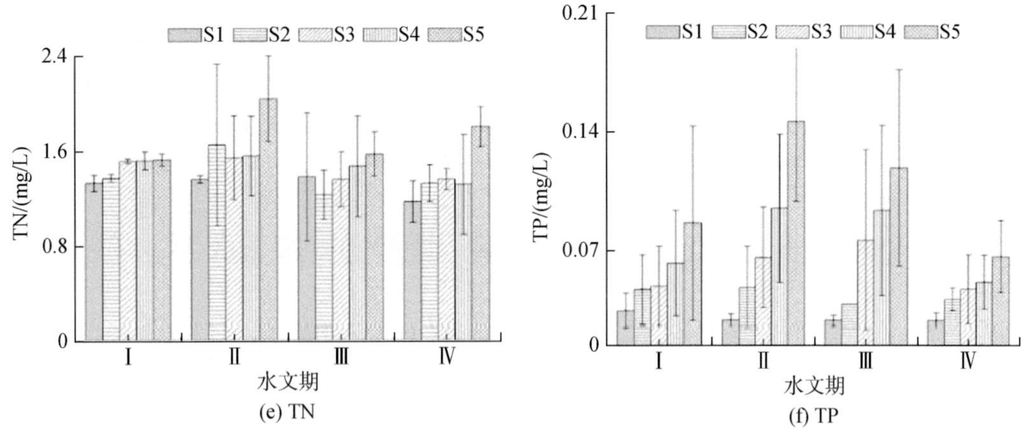

图 6-6　不同水文期大宁河藻类生境特征的时空变化过程

(1) 高水位期

基于时间平均值，RSCW 在 4 个水文期最低，变化范围为 S5(4.12±4.18)～S1(93.75±92.39)；[$D_{eu}(\lambda_{PAR})/D_{mix}$] 在 4 个水文期介于中间，变化范围为 S1(2.57±2.72)～S2(4.76±3.12)；E_t 在 4 个水文期最低，变化范围为 S5(82.64±17.57)～S2(173.31±180.20) MJ/m^3；Ef* 在 4 个水文期介于中间，变化范围为 S5(2735.99±3019.24)～S2(10 388.50±19 787.85)MJ/(m^3·d)；TN 在 4 个水文期介于中间，变化范围为 S1(1.33±0.03)～S5(1.53±0.05)mg/L；TP 在 4 个水文期介于中间，变化范围为 S1(0.02±0.004)～S5(0.08±0.06) mg/L。

(2) 泄水期

基于时间平均值，RSCW 在 4 个水文期介于中间，变化范围为 S5(77.75±22.00)～S1(240.74±30.40)；[$D_{eu}(\lambda_{PAR})/D_{mix}$] 在 4 个水文期最高，变化范围为 S5(1.17±0.99)～S1(6.56±4.36)；E_t 在 4 个水文期介于中间，变化范围为 S1(114.85±96.16)～S3(174.98±152.24)MJ/m^3；Ef* 在 4 个水文期介于中间，变化范围为 S5(2386.18±1958.51)～S3(4449.54±5954.07)MJ/(m^3·d)；TN 在 4 个水文期最高，变化范围为 S1(1.36±0.03)～S5(2.04±0.36)mg/L；TP 在 4 个水文期最高，变化范围为 S1(0.02±0.004)～S5(0.147±0.05)mg/L。

(3) 汛限期

基于时间平均值，RSCW 在 4 个水文期最高，变化范围为 S5(127.41±93.02)～S1(268.17±83.39)；[$D_{eu}(\lambda_{PAR})/D_{mix}$] 在 4 个水文期介于中间，变化范围为 S4(1.50±0.48)～S5(2.32±2.06)；E_t 在 4 个水文期介于中间，变化范围为 S5(128.36±7.78)～S3(356.90±12.89)MJ/m^3；Ef* 在 4 个水文期最高，变化范围为 S5(3168.71±3824.84)～S3(8264.18±9892.53)MJ/(m^3·d)；TN 在 4 个水文期介于中间，变化范围为 S2(1.23±0.02)～S5(1.57±0.19)mg/L；TP 在 4 个水文期介于中间，变化范围为 S1(0.017±0.004)～S5(0.117±0.06)mg/L。

(4) 蓄水期

基于时间平均值，RSCW 在 4 个水文期介于中间，变化范围为 S5(16.38±11.04)～

S1(157.77±19.17)；[$D_{eu}(\lambda_{PAR})/D_{mix}$] 在4个水文期最低，变化范围为S2(0.35±0.21)～S3(0.71±0.50)；E_t 在4个水文期最高，变化范围为S5(174.78±18.34)～S2(261.77±81.33)MJ/m^3；Ef*在4个水文期最低，变化范围为S1(1224.86±332.43)～S2(1751.27±234.05)MJ/(m^3·d)；TN在4个水文期最低，变化范围为S1(1.17±0.18)～S5(1.80±0.17)mg/L；TP在4个水文期最低，变化范围为S1(0.02±0.005)～S5(0.06±0.02)mg/L。

6.4.4 不同水文期浮游植物与关键环境参数的响应关系

6.4.4.1 不同水文期浮游植物生物量与关键环境参数的响应关系

不同水文期浮游植物生物量与关键环境参数的相关分析结果如下：①在高水位期，浮游植物生物量（Chla浓度和浮游植物藻密度）与环境参数不存在显著的相关关系（$P>0.05$）；②在泄水期，E_t 与Chla浓度呈极显著正相关关系（$R=0.739$，$P<0.01$），Ef*与Chla浓度呈极显著正相关关系（$R=0.831$，$P<0.01$），TP与Chla浓度呈极显著正相关关系（$R=0.765$，$P<0.01$）；③在汛限期，TP与Chla浓度呈显著负相关关系（$R=-0.757$，$P<0.05$），Ef*与Chla浓度呈显著正相关关系（$R=0.688$，$P<0.05$）；④在蓄水期，TP与Chla浓度呈极显著正相关关系（$R=0.718$，$P<0.01$）。

6.4.4.2 不同水文期藻类群落结构对关键环境参数的响应关系

RDA分析结果（图6-7）表明，4个水文期影响浮游植物群落结构的关键因子为光热参数（($D_{eu}(\lambda_{PAR})/D_{mix}$) 和 E_t）和水动力参数（RSCW)($P<0.01$)，营养盐参数（TN和TP）对浮游植物群落结构的分布影响不显著（$P>0.01$)。①在高水位期，群落占优的B型藻与水动力参数（RSCW）和光热参数（E_t和Ef*）呈显著正相关；②在泄水期，群落占优的X2型藻与营养盐参数（TP）和光热参数（$D_{eu}(\lambda_{PAR})/D_{mix}$）呈显著正相关，群落占优的$L_M$型藻与光热参数（($D_{eu}(\lambda_{PAR})/D_{mix}$) 和Ef*）呈显著正相关，群落占优的G型藻与水动力参数（RSCW）呈显著正相关；③在汛限期，群落占优的L_M型藻与光热参数（($D_{eu}(\lambda_{PAR})/D_{mix}$)、$E_t$ 和Ef*）和营养盐参数（TP）呈显著相关；④在蓄水期，群落占优的P型藻与光热参数（$D_{eu}(\lambda_{PAR})/D_{mix}$）呈显著正相关。

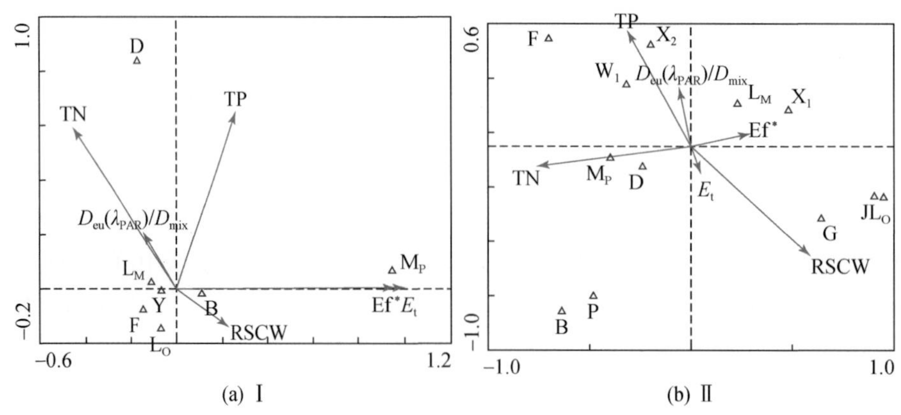

(a) Ⅰ (b) Ⅱ

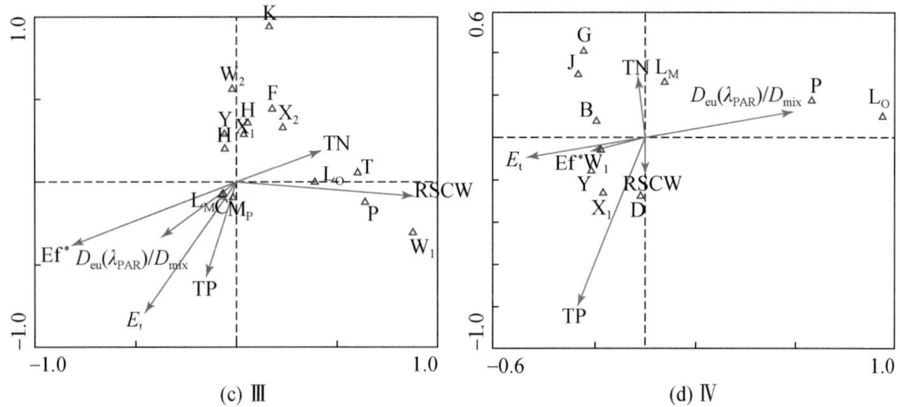

图 6-7 高水位期、泄水期、汛限期和蓄水期大宁河常见种与环境参数的 RDA 分析结果

6.4.4.3 不同水文期浮游植物与相关环境参数的响应关系

基于前期的研究结果，选取 RSCW、$D_{eu}(\lambda_{PAR})/D_{mix}$、$E_t$、Ef*、TN 和 TP 作为反映藻类宏观生境指标的环境变量，结合前期浮游植物生物量和群落结构变化规律，不同水文期藻类生境变化和群落结构演替模式如下。

(1) 高水位期

三峡水库稳定在高水位运行，RSCW 和 $D_{eu}(\lambda_{PAR})/D_{mix}$ 较低，TN、TP 浓度较低，E_t 最低，Ef* 较低；此时生境参数不适宜于藻类生长，因此藻类生物量在四个水文期中达到最低；相关分析结果表明，浮游植物生物量与生境参数并不存在显著的相关关系，RDA 分析结果表明，浮游植物群落主要受到 RSCW、E_t 和 Ef* 影响，因此此时以适宜低光照（E_t 和 Ef*）和混合水体（RSCW）的 CR-R 型藻类为主，生境相对稳定，演替速率较低，多样性指数、均匀度指数和丰富度指数均达到最低。

(2) 泄水期

随着水位的下降，水体出现稳定分层（RSCW、$D_{eu}(\lambda_{PAR})/D_{mix}$），水体可利用光照能量升高（$E_t$ 和 Ef*），营养盐参数（TN 和 TP）显著升高达到最高值；相关分析结果表明，浮游植物生物量与 E_t 和 Ef* 和 TP 呈显著正相关关系，此时浮游植物生物量随着光热参数（E_t 和 Ef*）、营养盐参数（TP）的升高而升高；RDA 分析结果表明，浮游植物群落结构与 RSCW、TP、Ef* 和（$D_{eu}(\lambda_{PAR})/D_{mix}$）呈显著正相关，此时以具有鞭毛能适应紊动水体（RSCW 和 $D_{eu}(\lambda_{PAR})/D_{mix}$）中自由活动获取光照能量（Ef*）和营养盐能量（TP）的 CS 型藻类为主，浮游植物演替速率达到最低，多样性指数、均匀度指数和丰富度指数也相对较低。

(3) 汛限期

水位稳定在低水位运行，RSCW 达到最高值，$D_{eu}(\lambda_{PAR})/D_{mix}$ 相对较高，光热参数（E_t 和 Ef*）和营养盐参数（TN 和 TP）维持在较高水平；相关分析结果表明，浮游植物生物量与 Ef* 呈显著正相关，浮游植物生物量与 TP 呈显著负相关，浮游植物生物量主要受到较高光热条件（Ef*）的影响，并维持在高值；RDA 分析结果表明，浮游植物群落结构与

($D_{eu}(\lambda_{PAR})/D_{mix}$)、$E_t$、$Ef^*$和TP呈显著正相关，此时以适应水体稳定程度（$D_{eu}(\lambda_{PAR})/D_{mix}$）和较高光热条件（$E_t$和$Ef^*$）的CR/CS型藻类迅速增长，演替速率介于中间值，多样性指数、丰富度指数和均匀度指数维持在高值。

(4) 蓄水期

随着水位的急剧上升，RSCW较低，光热条件（E_t）达到最大值，但藻类可利用能量指数（Ef^*）达到最低值，营养盐浓度达到最高值；相关分析结果表明，浮游植物生物量与TP浓度呈正相关，但此时水动力条件不适宜浮游植物生长，浮游植物生物量显著降低；RDA分析结果表明，浮游植物群落结构主要受到$D_{eu}(\lambda_{PAR})/D_{mix}$的影响，此时适应紊动水体的（$D_{eu}(\lambda_{PAR})/D_{mix}$）R-CR型藻类占优，生境不稳定，演替速率达到最高，丰富度指数和均匀度指数均达到最高。

6.5 大宁河回水区藻细胞昼夜垂直迁移特征及其影响因素

6.5.1 藻细胞的种类、形态和分布

在整个昼夜垂直迁移试验过程中，大部分藻细胞均以分散的单细胞形态存在（图6-8），很少发现藻群体。藻细胞的门类以蓝藻门、绿藻门、硅藻门和甲藻门为主。蓝藻门主要有微囊藻、束丝藻、鱼腥藻等，绿藻门主要有肾形藻、卵囊藻、小球藻、盘星藻、月牙藻、实球藻等，硅藻门主要有直链藻、小环藻、环状扇形藻、细齿菱形藻、角甲藻等，甲藻门主要有埃尔多甲藻等。

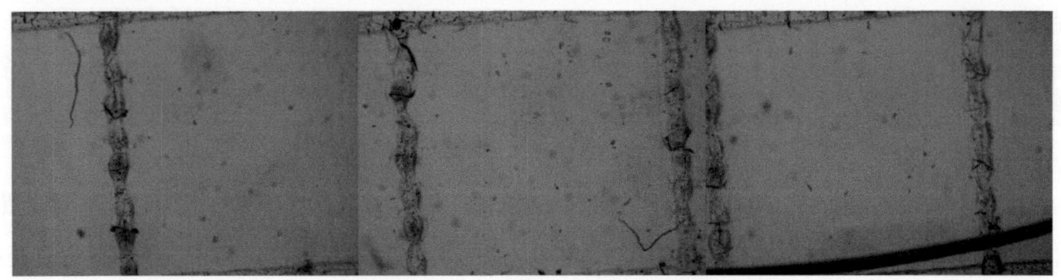

图6-8 12：00水深0、2m和9m处藻细胞的种类及形态

不同时间垂向水层中藻细胞含量不尽相同。10：00，蓝藻占0处所有藻细胞的比例最大，为36.1%；绿藻占0处所有藻细胞的26.6%，2m处为28.9%；硅藻占0.5m处藻细胞比例最大，为35.9%。14：00，蓝藻占0处所有藻细胞的26.9%，比10：00含量（36.1%）下降，0.5m和2m处含量（25.0%、30.5%）与10：00含量（25.6%、27.6%）相近；绿藻占0处所有藻细胞的26.5%，与10：00（26.6%）差异不大，绿藻在0.5m和2m处占细胞的比例分别为34.0%和34.7%，相对10：00较高（25.6%和28.9%）；硅藻占0处所有藻细胞的34.7%，在其他水层，藻细胞的比例随水深度呈降低趋势；甲藻和其他藻种的含量在此期间相对稳定。18：00，蓝藻占0处所有藻细胞的8.8%，在0.5m和2m处含量相对稳定，分别为10.8%和12.9%；绿藻占0处所有藻细胞的64.3%，且随着水深的增加，含量降低；除水深9m处，硅藻在其他各水层

中，占相应水层内藻细胞的比例较高，为23.6%～44.5%，且呈增加趋势，水深9m处为15.5%。22：00，蓝藻在0、0.5m、2m和5m处分别占相应水层内藻细胞的32.2%、18.9%、15.9%和15.7%；绿藻占0处所有藻细胞的39.1%，比18：00下降，但各水层的绿藻比例相对均匀，为33.3%～44.0%；硅藻在各水层的比例与18：00类似；次日2：00，藻类在各水层含量相对稳定，蓝藻的比例为33.3%～41.8%；绿藻的比例为34.9%～45.1%；硅藻的比例为10.7%～18.2%；甲藻的比例为3.6%～6.4%。次日6：00，蓝藻占0处所有藻细胞的比例最大，为39.6%；绿藻的比例相对稳定，为29.7%～36.2%；硅藻在0、0.5m、2m和5m处分别占相应水层内藻细胞的17.1%、24.8%、27.0%和21.2%；甲藻含量相对为稳定，为4.1%～9.0%（图6-9）。

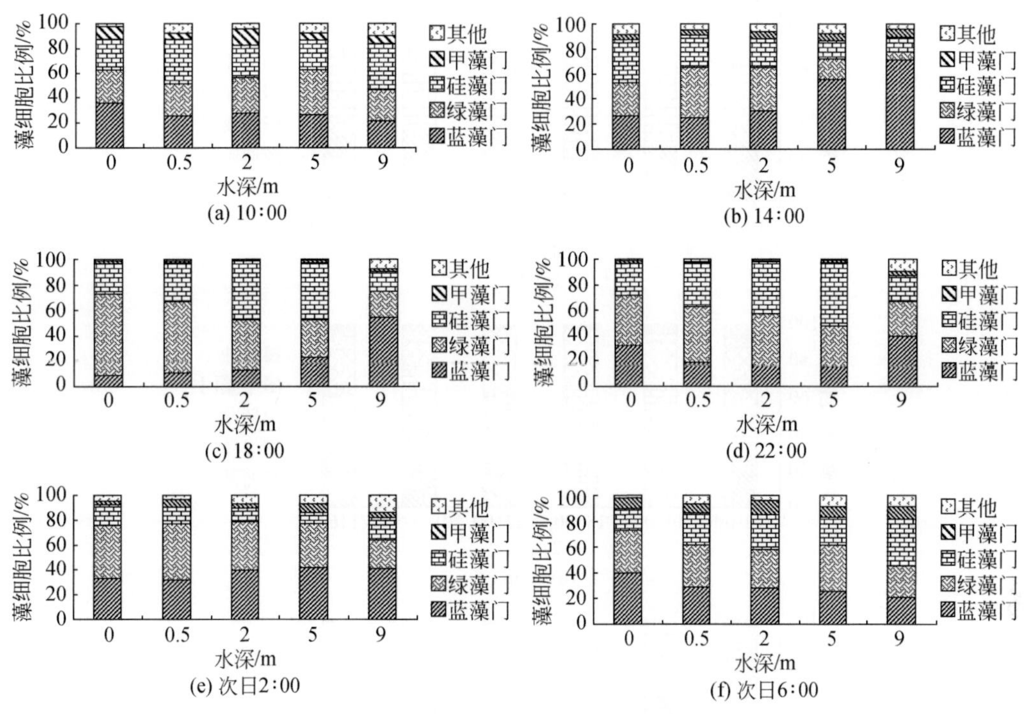

图6-9　不同时间藻细胞在不同水层的百分比

不同水层间藻细胞昼夜变化明显。0处，昼夜期间蓝藻占0处藻细胞的比例逐渐变小，18：00仅为8.8%，随后增加；绿藻占0处藻细胞的比例变化趋势先变大后变小，18：00比例最大，为64.3%；硅藻在14：00的比例最大，为34.7%，其他时间在16.7%～24.5%。甲藻在10：00和次日6：00占0处藻细胞的比例较大，分别为10.0%和8.1%，其他时间≤4.0%。0.5m处，昼夜期间蓝藻在该处比例变化趋势与0类似，18：00为10.7%；绿藻占该处藻细胞的比例在18：00最大，为55.9%，绿藻在该处的比例变化趋势也与0处的变化趋势类似；硅藻在次日2：00的比例最小，为12.9%，其他时间较为稳定，在24.7%～35.8%；昼夜期间甲藻在该处的比例≤7.0%。2m处，次日2：00蓝藻占该处藻细胞的比例最大为39.2%；昼夜期间绿藻的比例较为稳定，在29.7%～41.4%；昼夜期间硅藻的比例变化较大，18：00硅藻占该处藻细胞比例最大，为45.6%，而次日2：00其比例最小，仅为10.7%；甲藻在18：00和22：00占该处藻细胞比例较小，分别为 4.6% 和 5.6%。5m 处，14：00 蓝藻占该处藻细胞的比例最大，为 55.6%，22：00 其比例最小，为 15.7%；14：00 绿藻占该处藻细胞的比例最小，为 16.6%；22：00 硅藻占该处藻细胞的比例最大为 48.9%，而次日 2：00 其比例最小，仅为 9.3%；甲藻在 18：00 和 22：00 占该处藻细胞的比例较小，分别为 2.1% 和 2.2%。9m 处，14：00 蓝藻占该处藻细胞的比例最大，为 71.6%，次日 6：00 其比例最小，为 21.2%；绿藻在该处的比例较小，14：00 其比例仅为 5.9%，22：00 其比例最大，也仅为 27.0%；10：00 硅藻占该处藻细胞的比例最大，为 37.5%，14：00 其比例最小，为 11.9%；甲藻的比例较为稳定，在 7.1% ~13.6%（图 6-10）。

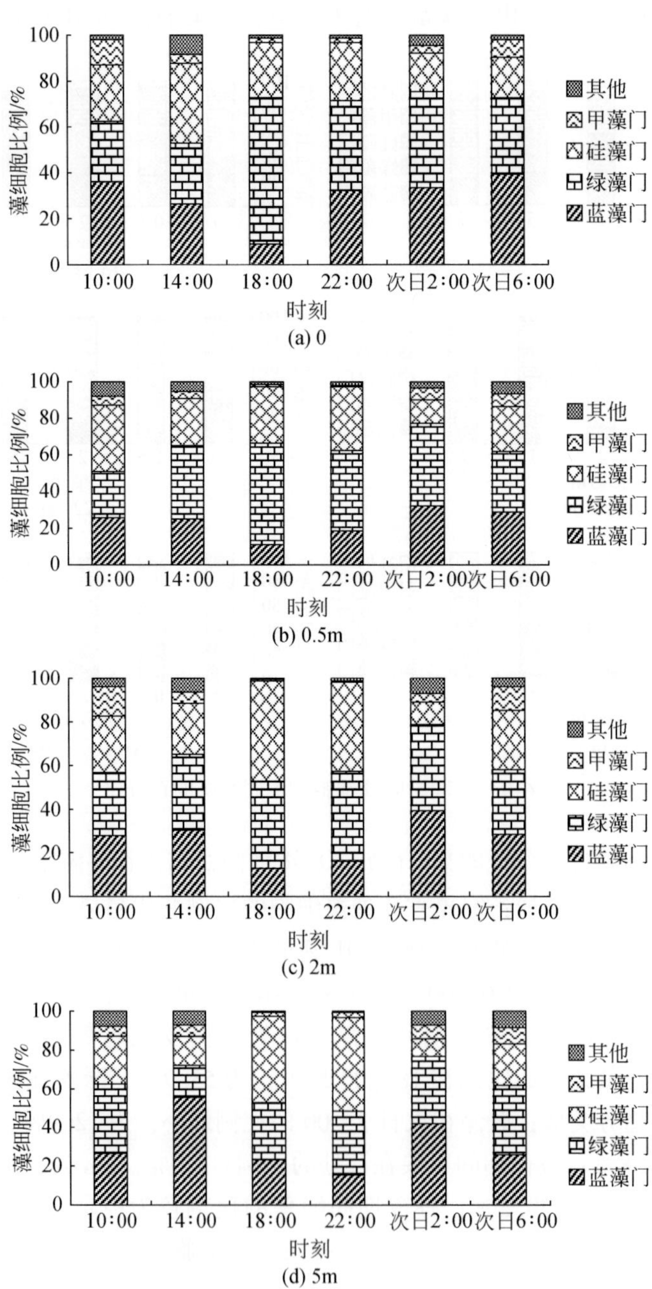

(a) 0

(b) 0.5m

(c) 2m

(d) 5m

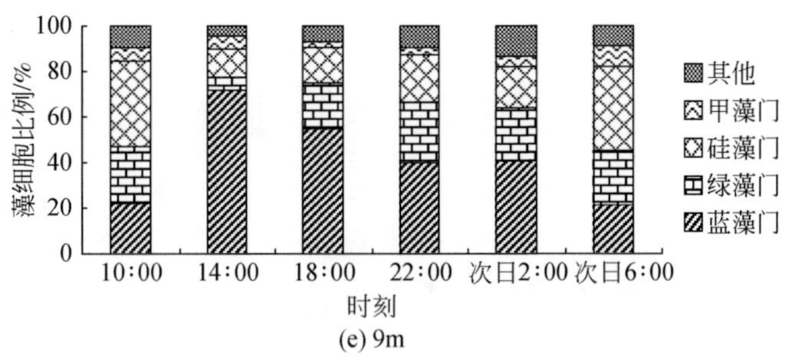

(e) 9m

图 6-10 不同水层藻细胞随时间变化的比例

6.5.2 藻细胞和叶绿素 a 的昼夜迁移及变化

昼夜过程中，藻密度分布不均匀。0～0.5m 水层，藻细胞较少，仅占垂直水体藻细胞的7.5%～16.3%，10：00，该水层藻细胞最多（16.3%），随后藻细胞所占比例逐步下降，直至 22：00 水层的藻细胞达到最少（7.5%），随后该水层的比例又逐渐升高；0.5～4m 水层，大部分藻细胞集中在此，其比例为 72.5%～76.2%，该水层中各时段藻细胞的比例没有明显的变化，为74%左右，仅在 10：00 高达 76.2%。4～9m 水层，藻细胞占垂直水体藻细胞的 7.5%～18.1%，其比例从 10：00（7.5%）逐渐增大，至 22：00 藻细胞在该水层的比例达到最大，为 18.1%，随后逐渐降低，其中 14：00 的比例（11.1%）比 12：00略低（11.4%），见表 6-15。

表 6-15 不同水层间藻细胞的比例 （单位：%）

水深	10：00	12：00	14：00	16：00	18：00	20：00	22：00	0：00	2：00	4：00	6：00	8：00
0～0.5m	16.3	14.3	13.6	11.6	11.2	8.9	7.5	9.7	10.7	11.9	12.4	16.2
0.5～4m	76.2	74.3	75.3	74.5	73.5	74.8	74.4	72.5	74.7	74.1	74.7	73.6
4～9m	7.5	11.4	11.1	13.9	15.3	17.3	18.1	17.8	14.6	14.0	12.9	10.2

尽管昼夜期间藻细胞的比例在 0.5～4m 差异不大，但在该水层内部，藻细胞垂直迁移现象明显。藻密度 10：00 最大值出现在水下 1m，为 5.45×10^5ind/ml；12：00、14：00、16：00 藻密度最大值出现在水下 0.5m，分别为 5.20×10^5ind/ml、5.07×10^5ind/ml 和 6.61×10^5ind/ml；18：00 藻密度最大值出现在水下 1m，为 4.56×10^5ind/ml；20：00 藻密度最大值出现在水下 2m，为 5.02×10^5ind/ml；22：00 和 0：00 藻密度最大值出现在水下 1m，分别为 5.24×10^5ind/ml 和 5.57×10^5ind/ml；次日 2：00、4：00、6：00 藻密度最大值出现的位置依次降低，分别为水下 0.5m、1.0m 和 2.0m，且分别为 5.05×10^5ind/ml、4.78×10^5ind/ml 和 5.78×10^5ind/ml；次日 8：00 藻密度最大值出现在水下 0.5m，为 4.66×10^5ind/ml，次日 10：00 藻密度最大值再次出现在水下 1m，为 5.07×10^5ind/ml（图6-11）。

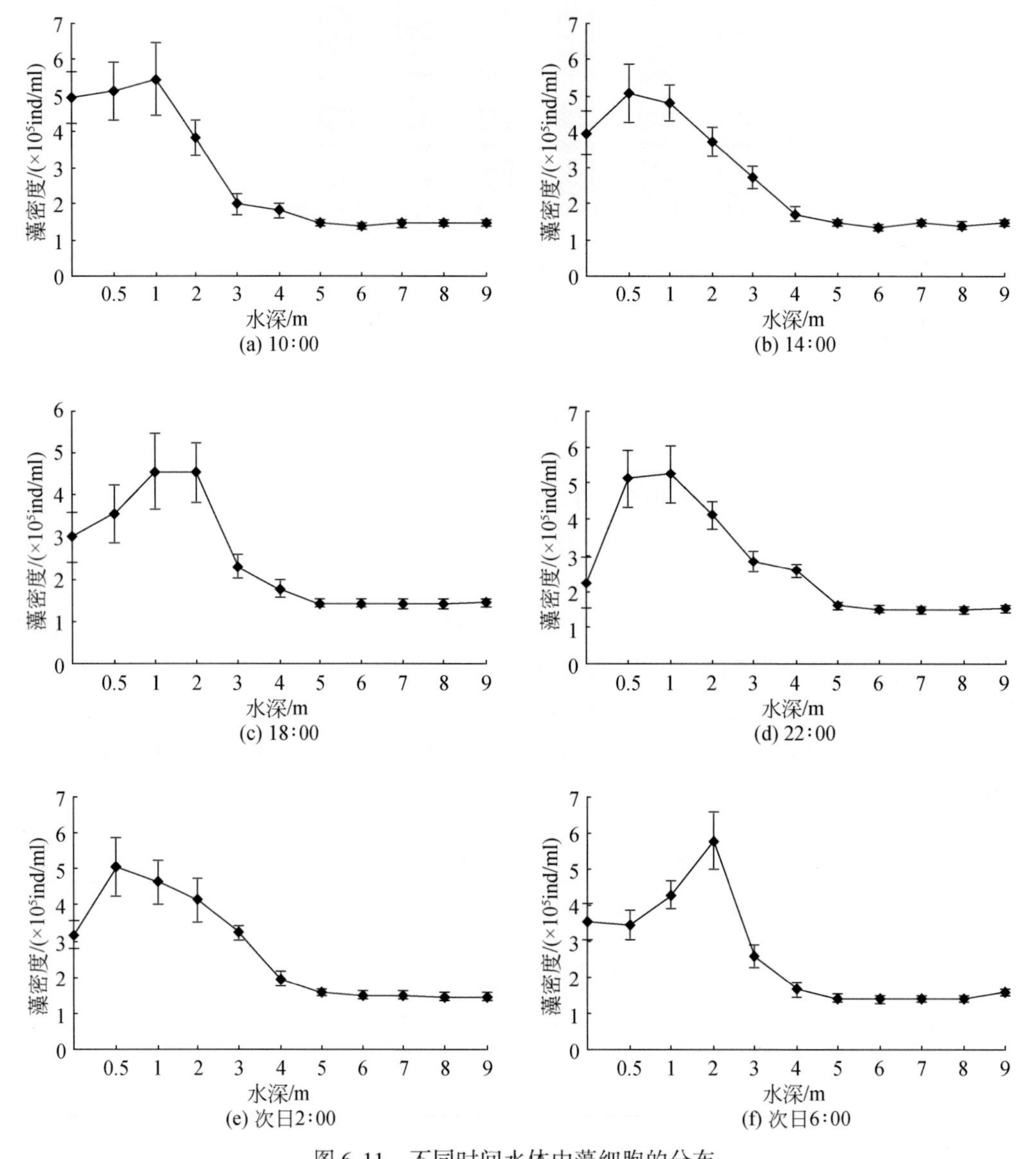

图 6-11　不同时间水体中藻细胞的分布

叶绿素 a 的分布和藻细胞的分布类似如图 6-12 所示。10：00 叶绿素 a 含量最大值在水下 1m，为 24.03μg/L；12：00、14：00 叶绿素 a 含量最大值在水下 0.5m，分别为 24.24μg/L 和 25.31μg/L；14：00、16：00 叶绿素 a 主要集中在水下 0.5m 和 1m，两水层间叶绿素 a 含量差异显著；16：00、18：00 叶绿素 a 含量最大值在水下 1m 和 2m，分别为 28.43μg/L 和 28.34μg/L；20：00～22：00 叶绿素 a 含量最大值在水下 1.0m、0.5m，分别为 33.66μg/L 和 33.86μg/L；次日 2：00、4：00，叶绿素 a 最大值在水下 0.5m，分别为 29.42μg/L 和 28.21μg/L，叶绿素 a 主要集中在水下 0.5～1m，两水层间叶绿素 a 含量差异不显著；次日 6：00、8：00，叶绿素 a 含量最大值在水下 1m，分别为 29.42μg/L 和 28.21μg/L（图 6-12）。

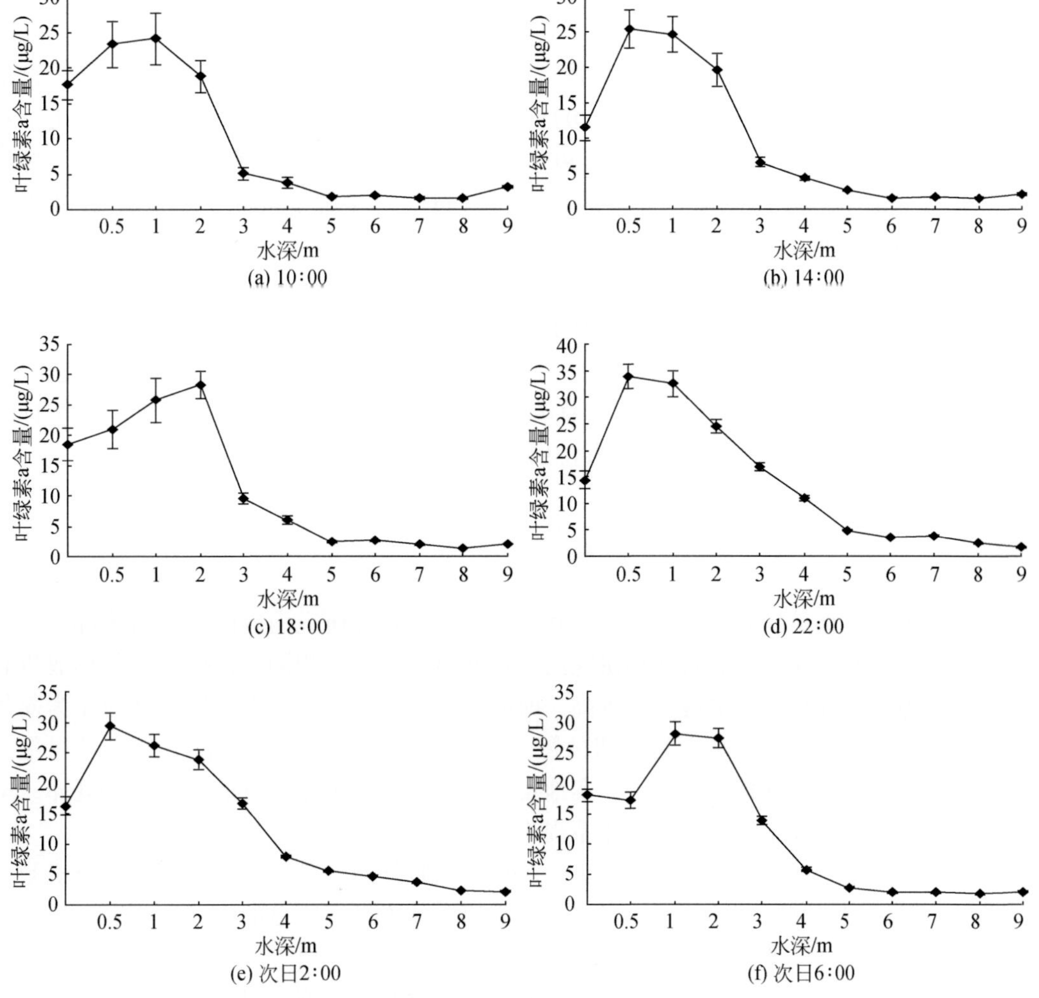

图 6-12　不同时间水体中叶绿素 a 含量的分布

在昼夜过程中，藻细胞均呈现聚集状态，且分布极不均匀，白天的聚集程度比夜晚严重，白天 MI 在 1.41 ~1.97，而夜晚 MI 在 1.17 ~1.55。叶绿素 a 的分布表现出与藻细胞分布类似的趋势，白天聚集程度较重，夜晚聚集程度较轻，但比藻细胞的聚集程度轻，白天 MI 在 1.31 ~1.59，而夜晚 MI 在 1.17 ~1.39（表 6-16）。

表 6-16　藻密度和叶绿素 a 昼夜 MI

指数	10：00	12：00	14：00	16：00	18：00	20：00	22：00	24：00	2：00	4：00	6：00	8：00
MI-AD	1.84	1.97	1.92	1.87	1.71	1.52	1.55	1.32	1.17	1.21	1.41	1.67
MI-Chla	1.59	1.55	1.51	1.42	1.47	1.39	1.22	1.17	1.21	1.33	1.39	1.31

注：MI-AD 表示藻密度的 MI；MI-Chla 表示叶绿素 a 的 MI。

6.5.3 藻细胞分布的影响因素

相关性分析（表6-17）表明，藻密度（AD）与叶绿素a（Chla）、水温（WT）呈极显著正相关，相关系数分别为0.96和0.97，与pH、可溶性总磷（DTP）呈显著相关，相关系数分别为0.92和0.89；与导电率（SPC）呈极显著负相关，相关系数为-0.97。叶绿素a与水温、pH、可溶性总磷、可溶性磷酸盐（PO_4^{3-}）呈显著相关，相关系数分别为0.88、0.93、0.91和0.92；与导电率呈显著负相关，相关系数为-0.88。但是本研究没有发现藻细胞和叶绿素a与其生长极为密切的光强（LI）有相关性。研究还发现光强与水温呈极显著相关，相关系数为0.98；与pH显著相关，相关系数为0.86；与导电率、浊度（TUR）呈负相关，相关系数分别为-0.91和-0.81；导电率与水温、pH呈极显著负相关，相关系数分别为-0.98和-0.99。浊度与总磷呈显著负相关，相关系数为-0.90，可溶性总磷与PO_4^{3-}呈极显著正相关，相关系数为0.97。

6.5.4 大宁河藻细胞的垂直迁移特征

藻细胞垂直迁移是探究藻华形成机制和藻华预警体系等研究内容的重要组成部分。由于研究目的的不同，藻细胞垂直迁移研究的地点及时间也不尽相同。在探究藻华形成机制方面，藻细胞垂直迁移研究试验频率较高、时间较长，但是藻细胞垂直迁移试验作为藻华预警体系的有机组成部分，特别是短期预警（72h或48h内），试验时间较短，且尽量减少其他因素对细胞垂直迁移的影响，真实地反映野外原位藻细胞自身的垂直迁移规律。本研究旨在为建立适合大宁河藻华预警体系提供数据。

目前藻细胞垂直迁移研究都是基于单一藻种，而野外的藻种较多，且藻华形成机制与单一藻种不同。本研究野外原位试验表明，大宁河水体中没有明显的优势种，多个藻种并存，以绿藻、蓝藻、硅藻和甲藻为主，并且大部分以单细胞的形态存在，没有形成群体，进而不能形成群体细胞间空隙，同时绿藻和硅藻等不含有伪空胞，因此它们在水体中的垂直迁移机理与含有伪空胞的蓝藻不同，含有伪空胞的蓝藻可以通过伪空胞和群体细胞间空隙调节自身在水体中的位置，但不含有伪空胞且不能形成群体的绿藻等藻种可能通过自身的鞭毛在水体迁移，以获得营养物质。

有学者认为束丝藻从中午到傍晚有76%～84%的丝状体浮在水面，而夜间则有94%～98%的丝状体浮在水面；也有学者认为铜绿微囊藻夜间聚集在湖面，上午水层表面0.2～0.3m处的群体密度下降约50%。本研究发现大宁河水体中藻细胞昼夜期间的分布不均匀，72.4%～76.2%的藻细胞聚集在0.5～4m，尤其是在0.5～2m，而在0～0.5m的藻细胞仅有7.5%～16.3%，且藻细胞垂直迁移也主要集中在0.5～4m水体，4～9m藻密度相对稳定，因此推测大宁河的藻华形成机制可能与其他湖泊（太湖、巢湖等）的藻华形成机制不相同。目前根据太湖和巢湖等藻华特征而研制的去除水深0.3m之内藻华的装置在大宁河不可行，且大宁河内藻细胞的昼夜垂直迁移现象严重，白天藻细胞聚集程度较高，特别是10：00～16：00，MI为1.84～1.97，因此如果在大宁河开展藻细胞去除作业，白天去除效果较好，夜间去除效果较差。虽然近几年大宁河流域没

表 6-17　相关指标的相关性分析

指标	AD	Chla	LI	WT	SPC	DO	pH	TUR	TP	DTP	PO_4^{3-}	TN	NH_4^+	NO_3^-	NO_2^-
AD	1														
Chla	0. 96**	1													
LI	0. 73	0. 76	1												
WT	0. 97**	0. 88*	0. 98**	1											
SPC	−0. 97**	−0. 88*	−0. 91**	−0. 98**	1										
DO	0. 59	0. 77	0. 71	0. 41	−0. 38	1									
pH	0. 92*	0. 93*	0. 86*	0. 99**	−0. 99**	0. 49	1								
TUR	−0. 32	−0. 36	−0. 81*	−0. 29	0. 12	−0. 58	−0. 26	1							
TP	0. 31	0. 33	0. 43	0. 31	−0. 14	0. 52	0. 28	−0. 90*	1						
DTP	0. 89*	0. 91*	0. 33	0. 82	−0. 77	0. 74	0. 83	−0. 59	0. 41	1					
PO_4^{3-}	0. 83	0. 92*	0. 54	0. 71	−0. 70	0. 84	0. 76	−0. 50	0. 31	0. 97**	1				
TN	0. 55	0. 32	0. 67	0. 69	−0. 73	−0. 34	0. 64	0. 31	−0. 17	0. 19	0. 04	1			
NH_4^+	0. 54	0. 59	0. 54	0. 48	−0. 46	0. 60	0. 53	−0. 32	0. 63	0. 33	0. 33	0. 15	1		
NO_3^-	0. 35	0. 11	0. 62	0. 52	−0. 49	−0. 45	0. 42	0. 40	−0. 17	0. 27	0. 07	0. 75	−0. 39	1	
NO_2^-	−0. 37	−0. 18	−0. 67	−0. 52	0. 37	0. 08	−0. 42	0. 53	−0. 70	−0. 23	0. 00	−0. 50	−0. 40	−0. 46	1

注：AD 表示藻密度；Chla 表示叶绿素 a；LI 表示光强；WT 表示水温；SPC 表示导电率；DO 表示溶解氧；TUR 表示浊度；TP 表示总磷；DTP 表示可溶性总磷；PO_4^{3-} 表示可溶性磷酸盐；TN 表示总氮；NH_4^+ 表示氨氮；NO_3^- 表示硝酸盐氮；NO_2^- 表示亚硝酸盐氮。

** 极显著相关 $P<0.01$；* 显著相关 $P<0.05$。

有发生像太湖那样严重的藻华危害，但是大宁河内藻华生物量却逐年上升，依据本研究的试验结果，在预防藻华方面，不能简单地套用太湖的研究成果，毕竟大宁河与太湖所处的地理位置及气候方面具有较大差异，因此应该借鉴前人的研究成果建立适合大宁河特征的藻华预警和治理方案。

6.5.5 大宁河藻细胞垂直分布的影响因素

光照是影响藻细胞分布的重要因素。本研究中藻密度和叶绿素 a 的分布与光强并不显著相关，其相关系数仅分别为 0.73 和 0.76。昼夜期间藻密度和叶绿素 a 主要分布在 0～4m，如图 6-11 和图 6-12 所示，但是光强在昼夜期间变化极大（0～10 002lx），藻密度和叶绿素 a 分布变化却没有那么剧烈，22：00 至次日 4：00 水体内的光强变化差异不大，但藻密度和叶绿素 a 在水体中的分布不均匀，故推测光强对藻细胞短期垂直运动的影响可能远小于对其长期生长的影响。本研究中水温与藻密度和叶绿素 a 的相关系数分别高达 0.97 和 0.88，且水温在 0～4m 昼夜变化不像光照变化那样剧烈。对照藻密度和叶绿素 a 的分布与水温的差异，除了藻密度在次日 6：00 水深 2m 处的水温在 28.30℃外，藻密度和叶绿素 a 含量最高时的水温在 30～31℃，昼夜期间藻密度和叶绿素 a 含量在水深 4m 以下变化不大，而水深 4m 处的水温在 26℃左右，因此推测大宁河流域藻细胞最适合的水温为 30℃左右，而水温 26℃以下，藻密度和叶绿素 a 的含量变化不大，如图 6-11 和图 6-12 所示。

湖库的富营养化是藻华形成的重要原因之一。水体中氮和磷达到 0.2mg/L 和 0.02mg/L后，就有藻华暴发的潜在危险。本研究发现，大宁河水体中表层的总氮为 2.26mg/L，总磷为 0.038mg/L；水深 2.0m 处的总氮浓度最低，为 1.74mg/L，但总磷的变化不大，为 0.031mg/L，氮磷浓度已经满足发生藻华条件，但并没有发生藻华现象，本研究中，藻密度与营养盐的相关性比较小，只与可溶性总磷显著相关，藻华现象发生与否更容易受到水温、导电率和 pH 的控制。

水动力条件是影响藻细胞分布、藻种多样性和藻种演替的重要因素，根据以往经验，河流水动力条件明显要比湖泊剧烈，但是本研究测定的不同水层的流速在 0.01～0.06m/s。其原因有两方面：一方面，三峡大坝截流后，长江在三峡区段已由天然河道变成峡谷型深水水库，库区水位提高、水流减缓，其水动力条件不同于河流；另一方面，本研究旨在为大宁河蓝藻水华预警体系提供基础数据，复杂的蓝藻水华预警体系可以分解为三个独立且相互联系的研究内容，即藻细胞的生长及消亡、藻细胞的上浮及下沉、藻细胞的表层积聚。为准确获取大宁河原位藻细胞的上浮及下沉的速率，应尽可能减少水动力和风力等因素对藻细胞水平运动的影响，因此本研究所选择的试验位置位于大宁河流域一个湾内，而非主航道处，所检测的流速并不代表大宁河主航道处的流速，其流速与中国长江三峡集团有限公司每天开闸泄水量与来往船只的航速有关。

在野外水体中，藻华的形成不仅受水体运动方式、风向等因素的影响，还受到群落大小和捕食压力等因素的影响，而本研究在大宁河没有发现藻华现象。郑丙辉等（2009）研究了三峡水库的藻种演替，认为 5～6 月三峡水库的优势种为绿藻，此时正是太湖极易形成大量蓝藻水华的时候，其优势种却是蓝藻，由此推测藻种的差异也可能是形成藻华的重要因子，蓝藻比绿藻更容易形成藻华。

夏季是水生植物繁殖的主要时期，水体中叶绿素 a 含量的高低表征了水生浮游植物密度的高低。本研究仅在 20：00 和 22：00，0.5 ~ 2m 检测到叶绿素 a 的含量大于 30μg/L，且叶绿素 a 的分布与藻密度的分布类似，因此在三峡水库藻华预警体系中可以将叶绿素 a 的含量作为最主要的监测指标。

6.6 小　结

1）自三峡水库建成蓄水以来，大宁河富营养化程度的增加更为显著，浮游植物组成演替结果表明，大宁河具有典型的河流与湖泊系统过渡带的生境特征，浮游植物群落组成具有季节异质性。在高水位季节和汛期都观察到藻类的暴发。水温和 TN/TP 在研究期间对浮游植物的丰度起着重要作用。相关分析揭示了水华暴发的关键调控因素，6 ~ 8 月水温是浮游植物群落组成和优势藻种生长的关键调控因素。TN 也是一个关键调控因素，浊度、TP 和 DO 对夏季浮游植物群落组成的变化有显著贡献。

2）蓄水改变了大宁河的水动力条件，从而对浮游植物的种类组成产生了一定的影响，蓄水后硅藻所占的比例呈下降趋势，而蓝绿藻所占的比例呈上升趋势，表明蓄水后大宁河呈现河流与湖泊的双重生境特征。在高水位期，Chla 浓度和浮游植物细胞密度均为最低值，此时多为 CR-R 型的藻类群落特征，因生境条件维持稳定，丰富度指数和均匀度指数最低，演替速率也相对较低，群落维持平衡状态；在泄水期，Chla 浓度和浮游植物细胞密度相较于高水位期呈上升趋势，此时多为 CS 型的藻类群落特征，演替速率达到最低，丰富度指数和均匀度指数相较于高水位期呈上升趋势；在汛限期，Chla 浓度和浮游植物细胞密度达到最高值，此时多为 CR/CS 型的藻类群落特征，演替速率持续升高，均匀度指数和多样性指数达到最高值；在蓄水期，Chla 浓度和浮游植物细胞密度呈下降趋势，丰富度指数和演替速率均为较高值。

3）藻细胞在水体中分布不均匀，72.5% ~ 76.2% 的藻细胞集中在 0.5 ~ 4m 水体，0 处藻细胞占垂直水体藻密度的 7.5% ~ 16.3%；白天藻细胞 MI 为 1.41 ~ 1.9，夜晚 MI 为 1.17 ~ 1.55，叶绿素 a 白天 MI 为 1.31 ~ 1.59，夜晚 MI 为 1.17 ~ 1.39。藻细胞在水体中存在明显的昼夜垂直迁移现象，垂直迁移现象主要发生在 0.5 ~ 4m。藻密度与叶绿素 a、水温、pH 呈极显著正相关，与导电率呈极显著负相关，与营养盐的相关性较小，仅与可溶性总磷呈显著相关。

第7章 大宁河回水区与干流交互作用研究

7.1 概　　述

7.1.1 大宁河流域概况

(1) 水系概况

大宁河（东经108°44′~110°11′，北纬31°04′~31°44′）位于三峡库区腹心地带，发源于川、陕、鄂交界的大巴山南麓，地跨重庆市巫溪、巫山两县，最终于巫山县巫峡口汇入长江，如图7-1所示。大宁河主河道长142.7km，流域面积4045km²，以山区地形为主，为典型的喀斯特地貌区，山地占全流域面积的95%以上，低山平坝面积不足5%，植被覆盖率高。大宁河主要源头有两条：一条为龙潭河，另一条为汤家坝河，处于巫溪县境内。大宁河支流众多，水系呈树枝状，自上而下主要有西溪河、后溪河、柏杨河、小溪河、红岩河、平定河和杨家河七大支流。河口距三峡大坝约123km，三峡水库建成运行后，大宁河回水区长59.3km，回水区面积32.4km²，回水区水量主要由上游来水和长江干流补给组成，汛期（9~10月）以长江倒灌补给为主；其他时间以上游来水为主。

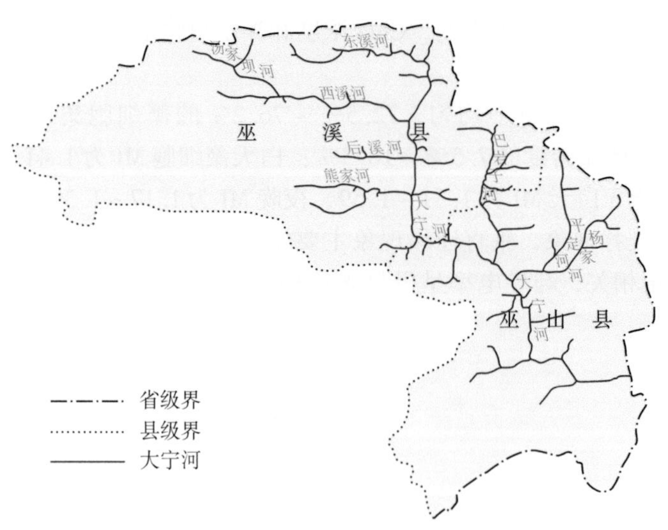

图7-1　三峡库区大宁河流域水系图

(2) 水文气象

大宁河流域属于亚热带湿润季风气候区，春季冷暖多变，夏季雨量集中，常有暴雨和干旱，秋冬季多雨雪。由于流域内地形起伏大，气候垂直变化显著。低海拔山区冬暖夏热，年均气温 13.4 ~ 17.2℃；中海拔山区夏秋较暖，年均气温 10.0 ~ 13.4℃，高海拔山区夏凉冬冷，具有典型的“一山兼四季，十里不同天”的立体气候特征。根据巫山县气象站数据，多年平均气温 17.5℃，极端最高气温 42.1℃，极端最低气温−25.8℃。流域内日照充足，年平均日照时间约 1485.1h，云雾时间每月 6 天。

流域降水量随地势垂直梯度分布明显，高山地带多年平均降水量大于 1400mm，而河谷地带为 1000 ~ 1200mm。大宁河多年平均降水量为 1124.5mm，年内降水分布不均，属于多暴雨区，降水主要集中在 4 ~ 10 月，占全年降水量的 90% 左右。其中 7 月最多，占 16% 左右，暴雨主要分布在上游一带。据统计，流域每年均有 6h 雨量超过 50mm、日雨量超过 100mm 的大暴雨发生。1994 年后溪河建楼站 6h 雨量达 180mm，12h 雨量达 300mm，24h 雨量达 331mm。巫溪站实测最高水位 213.32m，相应最大流量 3430m³/s（1998 年 7 月）。

大宁河多年平均径流量 30.96 亿 m³，多年平均流量 98.4m³/s。大宁河上游水文站（巫溪二站）为控制站，上游来流流量变化过程如图 7-2 ~ 图 7-4 所示。从图中可以看出，大宁河上游来流流量在年内差异显著，年际也存在一定差异。2012 年大宁河整体流量较小，年均流量为 40m³/s，主要集中在 5 ~ 10 月，峰值出现在 6 月 14 日，流量为 756m³/s。2013 年和 2012 年相似，年均流量为 38.8m³/s，来流流量集中在 5 ~ 10 月，流量峰值较 2012 年提前，出现在 6 月 6 日，为 578m³/s。2014 年相较于前两年，流量和主要来流时间均出现较大变化，年均流量为 72.8m³/s，与 2012 年和 2013 年相比分别增加了 82% 和 88%，主汛期时间从 5 月一直持续到 11 月，峰值出现在 9 月 18 日，为 1242m³/s。

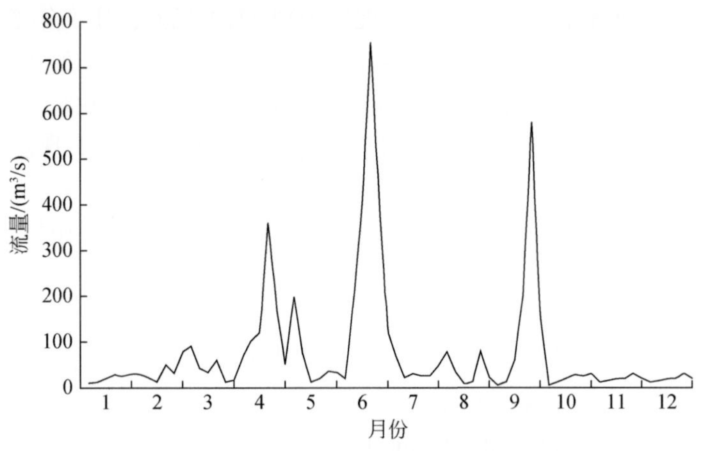

图 7-2　2012 年大宁河上游来流流量变化过程

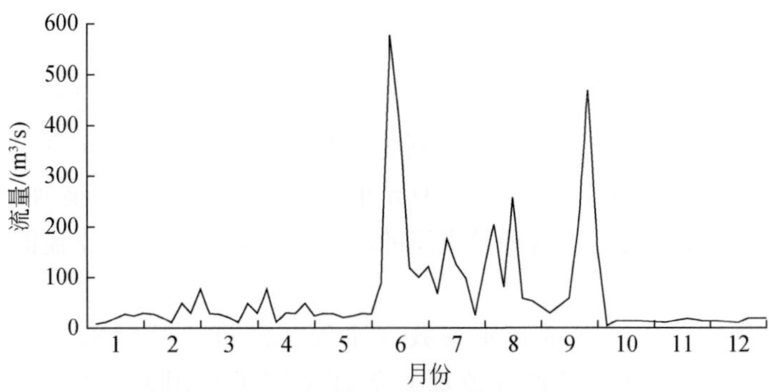

图 7-3　2013 年大宁河上游来流流量变化过程

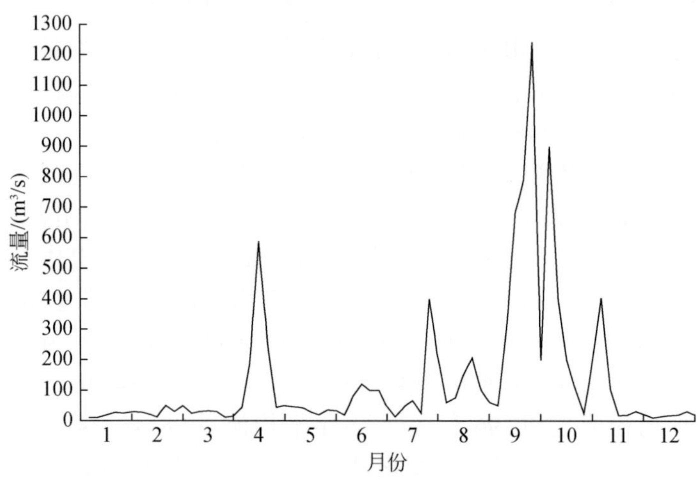

图 7-4　2014 年大宁河上游来流流量变化过程

(3) 社会经济

大宁河流域主要处于重庆市巫山县、巫溪县内，巫山县主要城镇和村落均集中于大宁河干支流沿岸，经济和污染负荷排放对回水区产生直接影响。

据中国统计信息网，截至 2010 年底，巫山县全年实现地区生产总值 50.3 亿元，比上年增长 16.5%。从产业来看，第一产业实现增加值 11.4 亿元，比上年增长 5.8%；第二产业实现增加值 18.7 亿元，比上年增长 24.2%；第三产业实现增加值 20.2 亿元，比上年增长 16.1%。第一、第二、第三产业对经济增长的贡献分别为 8.6%、51.7% 和 39.7%。全年实现工业总产值 21.0 亿元，比上年增长 31.3%，规模化工业实现总产值 14.0 亿元，比上年增长 32.8%。其中，轻工业实现产值 2.1 亿元，比上年增长 335.8%，重工业实现产值 11.9 亿元，比上年增长 20.2%。全县常住人口 46.9 万人，其中城镇常住人口 16.2 万人，城镇化率 34.5%。总体来看，巫山县对大宁河回水区环境影响十分有限。

(4) 污染排放

根据 2010 年污染负荷数据，大宁河点源污染物主要来自城市污水，主要污染物为化学需氧量（COD）、生化需氧量（BOD）、氨氮、总氮（TN）和总磷（TP），平均入河污染负荷分别为 36.04t/d、17.64t/d、3.15t/d、4.66t/d 和 0.6t/d。

7.1.2　大宁河回水区环境研究概况

在前人的研究中，部分学者专注三峡水库干、支流混合区交汇过程的研究。关于三峡库区支流回水区倒灌的研究，三峡大学刘德富团队提出了分层异重流理论（杨正健，2014；杨柳等，2015），即干流水体以一种异重流的形式倒灌至香溪河，刚开始从底部，随后从中部，最后倒灌至表层，这种异重流的方式主要取决于干、支流的水温差引起的密度差。

在前人的研究过程中，常量水质参数（水温、浊度、叶绿素 a、溶解氧、常量离子、pH 和导电率）和水动力参数（流速）等环境因子被用来示踪干、支流交汇过程，这些常量水质参数容易受到物理（浊度）和生物过程（叶绿素 a、溶解氧和 pH）的影响。冉祥滨（2009）采用 Cl^- 作为示踪离子对香溪河和大宁河干、支流交汇进行了研究，通过简单的数字模型进行计算，结果显示，干流倒灌至香溪河和大宁河的水量分别为 76% 和 73%。

相较于常规水文和水化学指标的示踪，氢氧稳定同位素保守性好，氢氧同位素比值能提供非常有用的信息，从而更加灵敏地反映不同水团的特征。不同的水体氢氧同位素组成会存在显著性差异，且氢氧同位素不同于其他化学指标，不容易受到环境因子的影响而变化。例如，2008 年 Kabeya 等采用氢氧稳定同位素示踪洞里萨湖（Tonle Sap）和湄公河（Mekong）的水量混合率。世界各地有很多大型河流，如亚马孙（Amazon）、莱茵河（Rhine river）和里奥格兰德（Rio Grande）等都采用氢氧稳定同位素示踪方法研究水文过程。关于三峡水库的研究中，很少用氢氧稳定同位素示踪方法研究干、支流交汇区水团混合过程及其混合率的相关问题。氢氧稳定同位素示踪方法被证明是非常有效的方法，用以解决复杂水团混合过程中水团来源的示踪（叶振亚等，2017）。

营养盐是重要的生源元素，是水环境中初级生产力必备的物质基础，是水生态系统必不可少的组成元素，适宜的营养盐浓度能促进水生态系统的健康发展和演替，当营养盐浓度过高时，可能会引起水体富营养化问题，在其他环境条件都适应的条件下，还可能引起藻类大量繁殖，形成藻类水华，从而严重影响水质。三峡水库运行以来，支流回水区水体富营养化和藻类水华问题凸显，有研究表明，这种变化与三峡水库的建设运行改变了支流原有的营养盐循环规律有关。因此了解三峡水库支流回水区营养盐的分布特征，解析其营养盐主要来源，弄清三峡水库运行过程对支流营养盐的迁移转化产生的影响，是解析支流回水区水体富营养化和藻类水华原因的关键，并且对支流回水区水质问题的解决具有重要意义。

三峡水库支流回水区分层异重流现象的发现逐渐揭示了支流回水区营养补给过程的复杂性。前人对分层异重流特征的研究更多的是从水动力的角度进行分析，对水化学交汇过程的研究涉及较少，水化学和水动力过程是交织在一起的，单看某一方面并不能完全揭示三峡水库干流倒灌对支流回水区的影响。本章采用原位观测和氢氧稳定同位素示踪方法对大宁河回水区与长江干流水动力水质交汇特征进行研究，图 7-5 展示了本研究的主要思路。

纵观三峡水库四个运行时期，泄水期和蓄水期水位急剧下降和上升，引起干、支流剧烈交汇，因此本节在蓄水期采用氢氧同位和常量离子示踪的方法，从水动力和水化学两方面来解析三峡水库典型运行期干、支流交汇的动态过程，并且基于氢氧稳定同位素示踪的结果，结合氮营养盐数据，定量分析干流倒灌对大宁河营养的贡献量。氢氧稳定同位素用以解析干、支流交汇区水团的动态交汇过程，并且基于氢氧同位素测定值采用简单模型解析水团混合率，同时针对实测点的混合率进行插值，绘制出采样期间水团混合率的空间分布图。常量离子的时空分布特征可辅助解析水团交汇过程。通过采用氢氧稳定同位素示踪的方法估算干流对大宁河的水量贡献率，结合常量离子及氢氧稳定同位素特征进一步确定干、支流混合过程，并基于水量贡献率，结合硝态氮的浓度数据，估算干流对大宁河硝酸盐的贡献率。这种新颖方法解析了大宁河大型水团的输移过程和氮营养负荷的贡献特征，能有效地反映复杂水团的交汇过程。

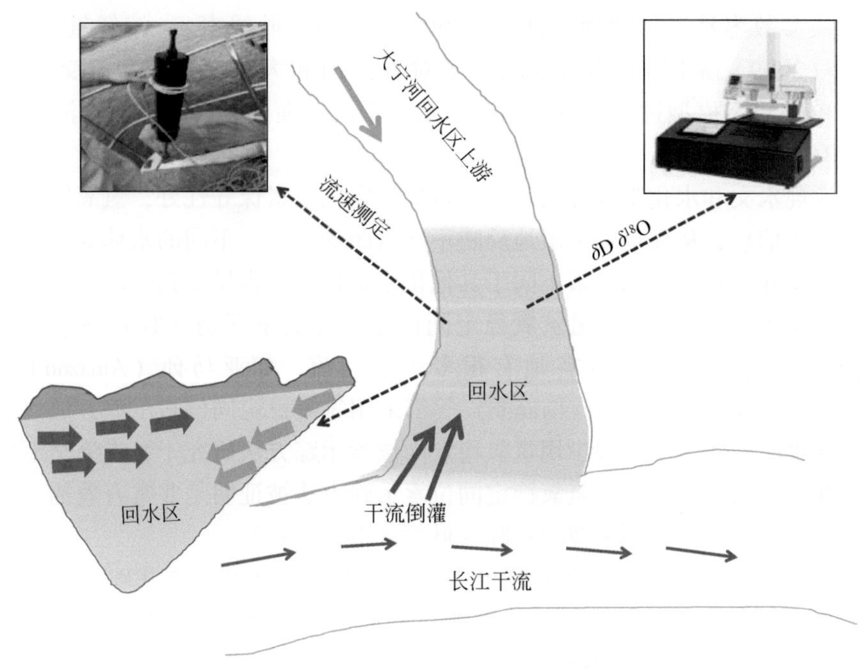

图 7-5　干、支流交汇过程研究概念图

7.2　大宁河回水区水动力特征及形成机制

7.2.1　材料与方法

7.2.1.1　典型支流大宁河调查点位设置

针对三峡水库典型支流大宁河支流，研究范围为大宁河河口处至回水末端大昌镇 34km 的水域，大宁河主河道上布设 6 个监测断面，其中靠近河口处的下游河道中泓线 3 个监测点（菜子坝（CZB）、龙门（LM）、白水河（BSH）），中游布设监测断面（东坪坝（DPB）），回水末端的上中游河段中泓线 2 个监测断点（双龙（SL）、大昌（DC））。监测点基本信息见表 7-1，监测点分布见图 7-6。

表 7-1　大宁河回水区监测点基本信息

监测点	距河口距离/km	东经	北纬
菜子坝（CZB）	2.0	109°53′36.66″	31°05′35.28″
龙门（LM）	4.0	109°53′40.08″	31°05′59.88″
白水河（BSH）	7.0	109°53′58.02″	31°07′17.22″
东坪坝（DPB）	11.5	109°32′17.82″	31°08′40.08″
双龙（SL）	19.6	109°52′30.06″	31°11′04.02″
大昌（DC）	37.5	109°47′28.62″	31°16′11.76″

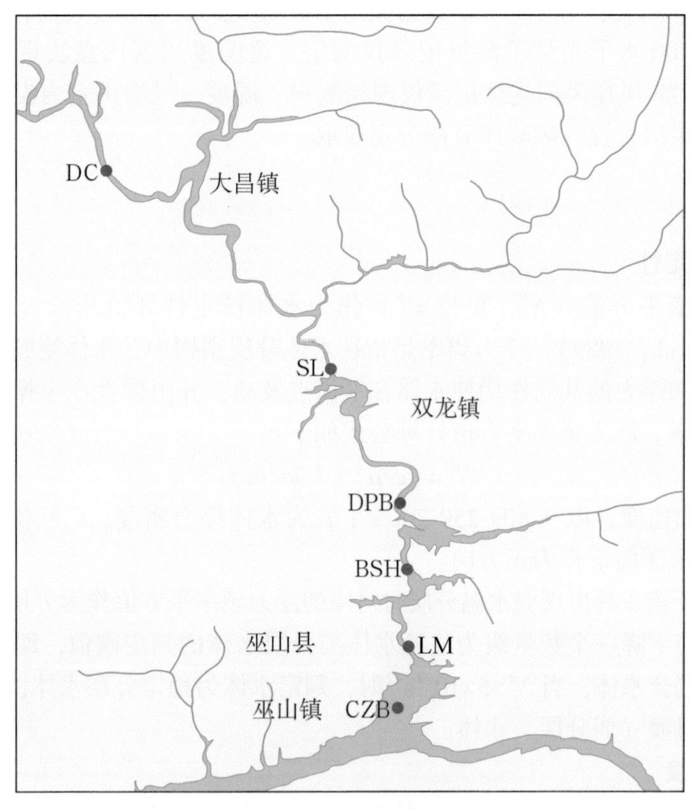

图 7-6　大宁河回水区监测点分布

7.2.1.2　调查指标及频率

(1) 调查指标

水体流速、水位、水深、水温、浊度（turbidity）、电导率（conductivity）、含沙量、光合有效辐射强度（photosynthetic active radiation，PAR）、透明度、风速、风向、湿度、气温等。

(2) 调查频率

根据前期研究经验，结合三峡水库运行过程及香溪河水动力及水华情势，对三峡水库蓄水后的水环境质量和水生态系统状况进行较为全面的调查。在三峡水库干流于 2003 年 10 月 12～17 日（平水期）和 2004 年 4 月 13～23 日（枯水期）进行两次现场调查，对典型支流回水区大宁河分别于 2004 年 7 月 7 日、8 月 14 日、9 月 6 日、9 月 17 日、9 月 26 日、10 月 10 日、10 月 19 日、11 月 8 日和 12 月 12 日开展现场监测。

7.2.1.3　分析测试方法

现场监测方法：流速、流向用挪威产声学多普勒三维点式流速仪威龙 6MHz “Vector” 现场测定，可监测采样点沿东、北及水深方向的流速大小，测量精度为测量值的 0.5% ±0.1%。

水温、水深、浊度、电导率等参数由美国 HACH D_S5 多参仪（美国）现场测定。

PAR 由 LI-1400 水下光量子测量记录仪测定。透明度用塞氏盘法现场直接测量。风速、风向由 ZDR-1F 风速风向连续记录仪现场测定。湿度、气温由室内温湿度计测定。坝前水位及流量从中国长江三峡集团有限公司获取。

7.2.1.4 数据分析方法

（1）水体稳定性

水体浮力频率平方值（N^2，单位 s^{-2}）作为水体稳定性评价指标（Karp-Boss et al., 1996; Edwards et al., 1989），浮力频率是指在水体分层结构中，水体受到干扰后在垂直方向的运动，重力和浮力的共同作用使水体在平衡点波动，并由惯性产生振荡，这种振荡的频率即为浮力频率。浮力频率平方值计算公式如下：

$$N^2=(g/\rho)\cdot(\partial\rho/\partial z) \tag{7-1}$$

式中，g 为重力加速度，取 9.809 259 7m/s^2；ρ 为水体综合密度；z 为水深，以水体表面作为起始面，沿水深向下作为正方向。

以三峡水库干流 3 月出现弱水温分层时对应的浮力频率平方值作为分层水体与过渡水体的判定阈值，对应下降一个数量级为过渡水体与分层水体的判定阈值，即当 $N^2=5\times10^{-4}s^{-2}$ 时，判定水体为混合水体，当 $N^2>5\times10^{-4}s^{-2}$ 时，判定水体为稳定分层水体，当 $N^2<5\times10^{-4}s^{-2}$ 时，判定水体为过渡（弱分层）水体。

（2）水体密度

水体密度由水温对应的纯水密度与泥沙含量的相对密度构成，即

$$\rho=\rho_T+\left(1-\frac{\rho_T}{\rho_S}\right)S \tag{7-2}$$

式中，ρ 为水体密度；ρ_T 为水温对应的纯水密度；ρ_S 为泥沙的容重，取 $\rho_S=2650$g/L；S 为水体含沙量。水温对应的纯水密度根据《1990 年国际温标纯水密度表》提供的数据拟合成以下公式计算而得（周涓生等，2000）：

$$\begin{aligned}\rho_T=&1\times10^{-11}\times T^6+5\times10^{-9}\times T^6-1\times10^{-6}\times T^4+1\times10^{-4}\times T^3\\&-9.1\times10^{-3}\times T^2+6.79\times10^{-2}\times T+999.84 \qquad (R^2=1.000)\end{aligned} \tag{7-3}$$

（3）水力滞留时间

水力滞留时间是另一个反映水流与水质之间关系的重要参数（聂学富，2017）。计算公式如下：

$$T_r=V/Q \tag{7-4}$$

式中，T_r 为水力滞留时间；V 为库容；Q 为径流量。

（4）混合层、真光层

根据临界层理论基本原理，存在一个水深 Z_C，使初级生产力等于呼吸率，净初级生产力为 0，因此该水深被称为光补偿深度 Z_C。在光补偿深度以下，必然存在某一水深 Z_{CR}，使该水深以上水体的累计净初级生产力为 0，该水深被称为临界层水深 Z_{CR}。

混合层指湖库水体出现的分层现象中的上层水体，其水温与水表面相近，水温变化大；混合层往下水温骤降，温度变化曲线斜率大，称为斜温层；斜温层以下，水温低且变化不大，称为深水层。混合层（Z_{mix}）可以根据 Montégut 提出的计算方法得到（Robert,

1978)，按与表层水温首次相差0.5℃水温对应的水深计算，当 $Z_{mix}>Z_{CR}$ 时，混合层中累计扩展小于零，水体中浮游植物生物量将降低；当 $Z_{mix}<Z_{CR}$ 时，混合层中最大化扩展大于零，水体中浮游植物生物量将升高。真光层（Z_{eu}）根据 Beer-Lambert 原理，取表层 PAR 的1%的 PAR 对应水深以上区域，计算公式为

$$Z_{eu}=1/K_d\ln(100/1) \tag{7-5}$$

式中，K_d 为水下光衰减系数（m^{-1}），根据 Beer-Lambert 原理计算得到。

(5) 泥沙含量

大宁河支流回水区水体密度是水温对应水体密度与水体含沙量对应的密度之和，而大宁河支流回水区水体含沙量可由纪道斌等（2010）在研究三峡水库香溪河回水区水体密度时的浊度拟合曲线得到。

$$S=0.000\,927\ \mathrm{Turb}^{1.00427}(R^2=0.99\,608) \tag{7-6}$$

式中，S 为含沙量（kg/m^3）；Turb 为用美国哈希公司的 Hydrolab D_S5-44783 多参数水质分析仪现场测定浊度。

7.2.2 大宁河回水区水动力过程及其特征

大宁河基本属南北走向，三峡水库成库前水流从北向南流，水流方向与大宁河支流回水区深泓线方向大致平行，侧向流速及上下掺混流速较小，用挪威产声学多普勒三维点式流速仪威龙6MHz“Vector”测得各测点北向流速矢量，分析回水区水流特性。图7-7为2012年7~12月各次回水区纵剖面流速分布图，流速分布图的处理方法为每次采样数据通过自然零点法插值并利用 surfer 绘图软件绘制而成，横轴表示距大宁河与长江交汇处大宁河河口的距离，纵轴表示监测深度，白色箭头表示从上游流向下游或者流出大宁河回水区流向长江干流，黑色箭头表示从下游流向上游或者长江干流水流进大宁河回水区，箭头长短示意流速大小，图例为当日最大流速。

从图7-7可以看出，2012年7~8月，正值三峡水库主汛期阶段。7月7日，大宁河回水区水位持续上升且变幅较大，干流水团从中上层倒灌侵入回水区，影响范围可上溯至回水末端，干流水团从40m水深以上侵入大宁河回水区，在河口侵入厚度处约40m，影响至大宁河回水区回水末端处表层水体，大宁河上游来水从中下层流向河口，形成双层流场结构。8月14日，大宁河回水区水位持续下降，降幅较大（-1.55m），干流水团在大宁河河口处从40m水深以上侵入的范围和规模明显减少，侵入长度仅为20km左右，侵入厚度也仅20~30m，并与大宁河中部区域上游来水发生掺混；大宁河上游来水从水体中上层和中下层流向大宁河河口。

2012年9~10月，正值三峡水库蓄水期阶段。9月6日，大宁河回水区水位受三峡水库蓄水的影响，回水区水位持续上升，干流水体从10m水深以下的水体中下层倒灌侵入回水区，影响范围可至上游回水末端。在大宁河回水区中上游，水体从10m水深以下的水体中层向回水区上游侵入。大宁河上游来水从水体上层和底层流出大宁河回水区。9月27日，干流水体从15~45m水深处以中层倒灌形式侵入大宁河回水区，影响范围可至上游回水末端，河口处倒灌水体厚度约为30m，上游倒灌水体厚度约为20m。大宁河上游来水及回水区水体依然从水体上层和底层流出大宁河回水区。10月17日，三峡水库处于蓄水期

后期，回水区水位变幅较小，干流水体从水体中下层向大宁河回水区中游倒灌；而回水区中游水体主要从水体中上层向上游侵入；大宁河上游来水及回水区水体主要从水体上层和底层流出大宁河回水区。

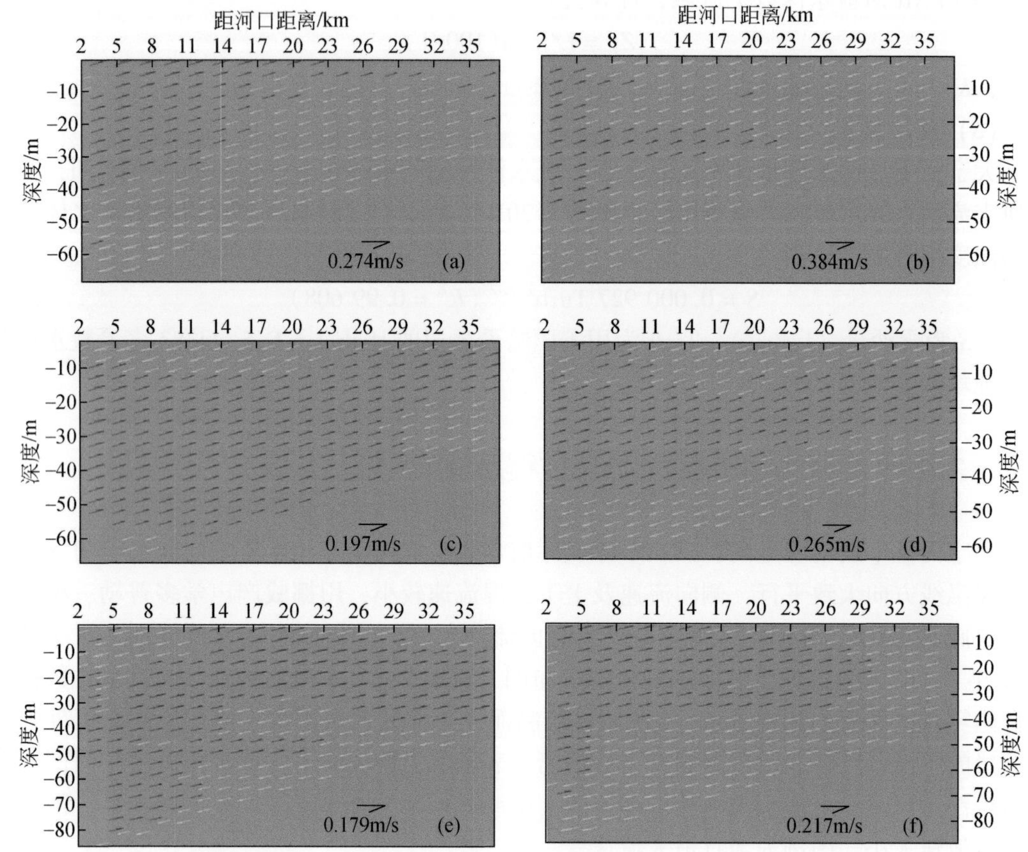

图 7-7 大宁河回水区水体流速（北向分矢量 VN）分布图

白色箭头表示水流从回水区内流向河口，黑色箭头表示水流从河口流向回水区上游；(a) 2012 年 7 月 7 日，(b) 2012 年 8 月 14 日，(c) 2012 年 9 月 6 日，(d) 2012 年 9 月 27 日，(e) 2012 年 10 月 17 日，(f) 2012 年 12 月 12 日

2012 年 12 月，三峡水库处于枯水期，三峡水库及大宁河回水区维持在 175m 水位运行，水位波动很小。12 月 12 日，干流水体从中上层倒灌进入大宁河回水区，河口处 70m 水深以上全部是干流倒灌水体，影响至回水区中游 26km 的中层水体；大宁河上游来水及回水区水体主要从水体中底层流出大宁河回水区。

综上所述，2012 年 7 ~ 12 月，大宁河回水区水流（从表层到底层）均非是一个方向流动，而是存在明显的分层异向流动。回水区底部始终存在流向河口的潜流，干流水体则以倒灌的形式进入回水区，倒灌侵入点深度及侵入回水区的距离随回水区水位、回水区水位变幅及干支流回水区水体物理性质等的不同而存在差异。

另外，电导率常用于表征水体中离子的总浓度或含盐量，从水体的电导率与其所含无机酸、碱、盐的量的相关关系也能一定程度说明异重流过程。研究表明，在不同水体的混合过程中，电导率具有相对保守的性质，不同类型的水体有不同的电导率，因此可采用电导率验证大宁河回水区的异重流现象。图 7-8 为大宁河回水区电导率纵剖面分布图，图中显示出以下典型的分布特征：①纵剖面上常出纵向梯度及垂向梯度都较小的楔形区，该楔形区从河口向上游延伸或者从上游向下游延伸；②楔形区在不同水位变化阶段呈现一定的动态变化。

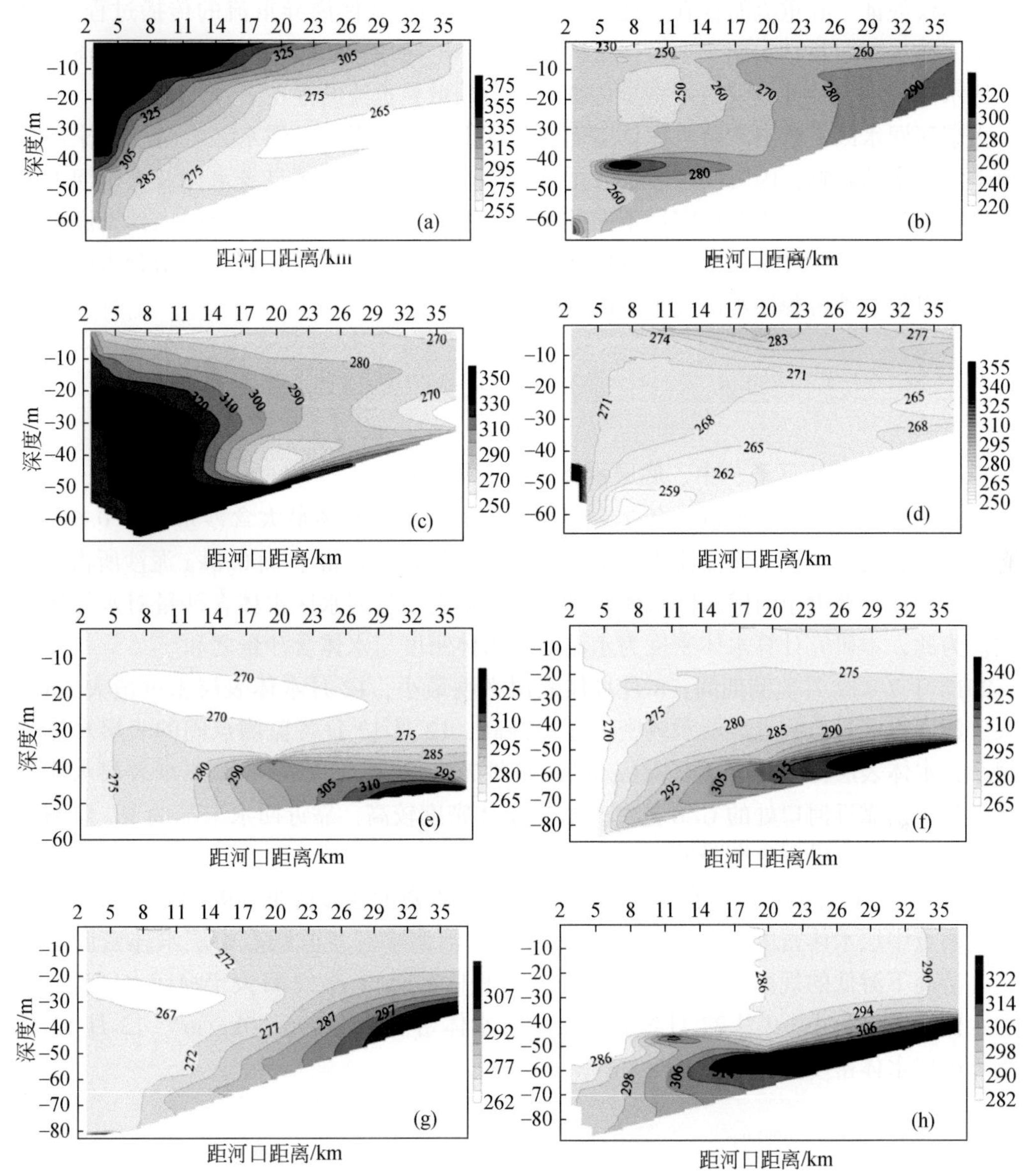

图 7-8　大宁河回水区电导率纵剖面分布图

图中数值为电导率，单位为 S/m；(a) 2012 年 7 月 7 日，(b) 2012 年 8 月 14 日，(c) 2012 年 9 月 6 日，(d) 2012 年 9 月 27 日，(e) 2012 年 10 月 10 日，(f) 2012 年 10 月 17 日，(g) 2012 年 11 月 8 日，(h) 2012 年 12 月 12 日

由图 7-8 可知，电导率分布与流速分布有很大相似性。2012 年 7 月 7 日，流速图主要分成两部分，电导率分布图也分成河口向上游延伸和从上游向下游延伸的两个较为明显的楔形区。8 月 14 日流速图河口处出现了中层整体倒灌，回水区水体及上游入流从水体上层和下层流出回水区，电导率分布图也呈现相似的形状。9 月 6 日，干流水体从中下层进入大宁河回水区，回水区水体主要从上层流出，电导率分布图在回水区下游及中游区域的水

体中下层出现了电导率沿程减小的楔形区。9 月 27 日、10 月 17 日及 12 月 12 日流速图与电导率分布图出现的规律较为类似。电导率分布图楔形区分布与相应时间的流场分布特征吻合，不仅佐证了异重流的存在，还清晰显示了不同形式倒灌异重流的传播过程。同时，三峡水库蓄水后期及枯水期大宁河回水区底部水体电导率常年较高，这与上游入流从底部流出回水区的水流特性一致，进一步佐证了上游顺坡异重流的存在。

大宁河回水区下游因三峡水库调度而受长江干流水体影响，回水区上游受大宁河自留河道上游来水的影响，因三峡水库长江干流水体、大宁河回水区自身水体及大宁河上游入流水体密度各有差异，当两种密度不同的水体相遇，密度较大的水体会侵入到密度较小的下部，形成异重流。分析大宁河支流回水区水体间密度差及其变化过程，结合水体实际的流向，可以很好地解释回水区异重流的规律。

7.2.3 大宁河回水区水体密度变化过程及其特征

(1) 大宁河回水区表、中、底层水体密度变化过程

由式（3-6）计算得到 2012 年 7 ~ 12 月大宁河回水区水体最大含沙量不足 0.6kg/m^3，而有关研究表明，三峡水库支流水体最大含沙量不足 0.8kg/m^3，而 0.8kg 泥沙所占的体积有限，因此在计算大宁河回水区水体密度时可忽略大宁河回水区水体含沙量对水体体积的影响。为此，本研究计算水体密度为水温对应水体密度与水体含沙量之和。

2012 年 7 ~ 12 月监测期间，8 月水体表层密度最小，12 月水体表层密度最大，8 ~ 12 月大宁河回水区各监测点表层水体密度逐步升高；12 月 12 日各监测点间的表层水体密度差很小，水体表层密度约为 996.85kg/m^3，如图 7-9 所示。回水区各监测点表层水体密度整体上呈现出靠近河口处的 CZB 监测点表层水体密度较高，靠近回水末端的 DC 监测点表层水体密度较低，沿程逐渐降低。

2012 年 7 ~ 9 月大宁河回水区各监测点中层水体密度逐步降低，9 ~ 12 月大宁河回水区各监测点中层水体密度逐步升高。7 ~ 8 月大宁河回水区各监测点中层水体密度沿程呈现出上游高下游低的规律。蓄水中期 9 月 27 日和枯水期 12 月 12 日大宁河回水区各监测点中层水体密度差很小，9 月 27 日各监测点中层水体密度约为 995.60kg/m^3，12 月 12 日各监测点中层水体密度约为 996.80kg/m^3。

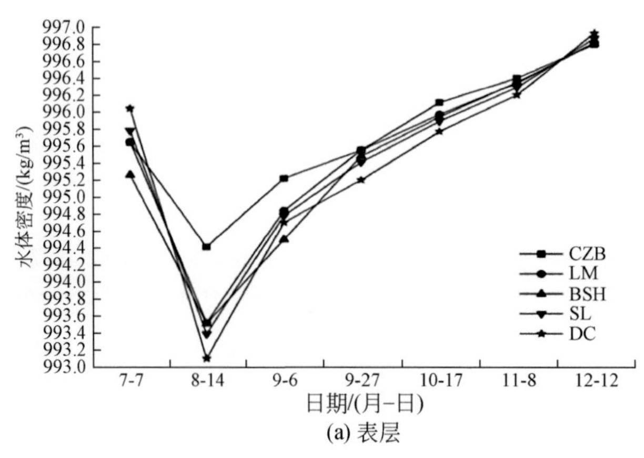

(a) 表层

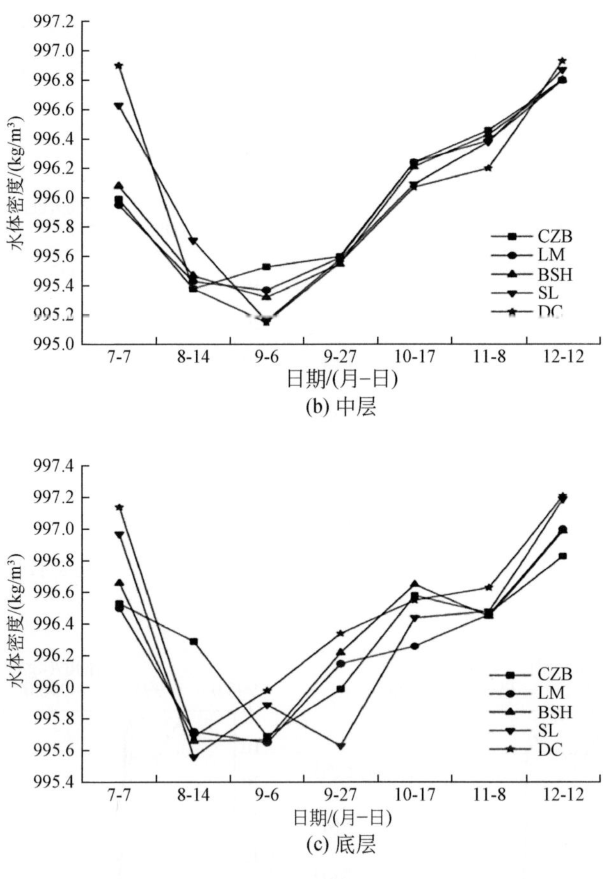

(b) 中层

(c) 底层

图 7-9　2012 年大宁河回水区表中底层水体密度变化

2012 年 7～8 月大宁河回水区各监测点底层水体密度逐步降低，8～12 月大宁河回水区各监测点中层水体密度逐步升高。7 月大宁河回水区各监测点底层水体密度沿程呈现出上游高下游低的规律，其他月份变化规律较为混乱。

（2）大宁河回水区水体密度垂向变化过程

大宁河回水区各个时期内水体垂向密度差异较大，同一时期不同监测点水体垂向密度变化规律也存在差异，如图 7-10 所示。2012 年 7 月 7 日，大宁河回水区水体密度沿程上游至河口逐渐减小，表底密度差也逐渐较小，其中大宁河距离河口较近的 CZB、LM 和 BSH 水体密度垂向变化规律较为一致，水体密度也较为接近，表层水体密度约为 995.5kg/m^3，底层水体密度约为 996.5kg/m^3，表底密度差为 1.00‰；而大宁河回水区中上游表底密度差较大，约为 1.50‰。2012 年 8 月 14 日，大宁河回水区水体出现了水温稳定层，CZB、LM、BSH 和 SL 水体密度垂向变化规律较为一致，5m 以上水体密度垂向梯度较大，密度差为 2.31‰；而 10m 以下垂向水体密度差很小，密度差为 0.40‰。9 月 6 日，距离河口较近的 CZB、LM 和 BSH 水体密度垂向变化规律较为一致，水体密度沿程降低；而 SL 和 DC 垂向水体密度差较大，约为 1.50‰。9 月 27 日，CZB、LM、BSH 和 SL 水体密度垂向变化规律较为一致，出现了密度不变的稳定层和水体底部密度突变层，表底密度差不足 0.60‰；DC 表底密度差较大，为 1.21‰。10 月 10 日、10 月 17 日及 11 月 8 日，大宁河回水区水体密度呈现从下游向上游沿程降低的变化趋势，各监测点上层和底层垂向水体密度差较大，中层水体垂向密度差较小。12 月 12 日大宁河回水区水体密度呈现从下游向上游沿程升高的变化趋势，各监测点中上层垂向水体密度较为一致，密度差几乎为 0，底层水体垂向密度差较大。

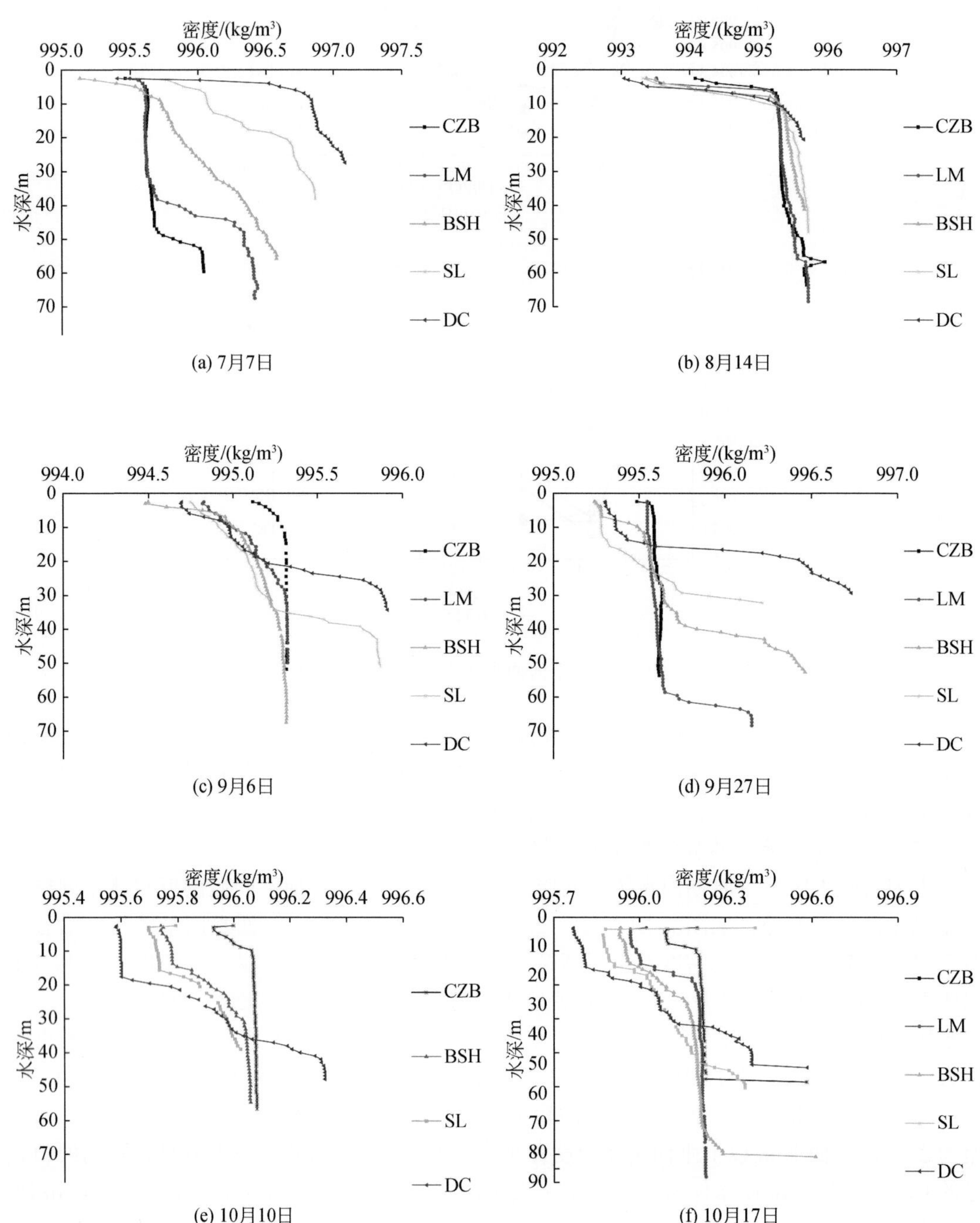

(a) 7月7日　(b) 8月14日　(c) 9月6日　(d) 9月27日　(e) 10月10日　(f) 10月17日

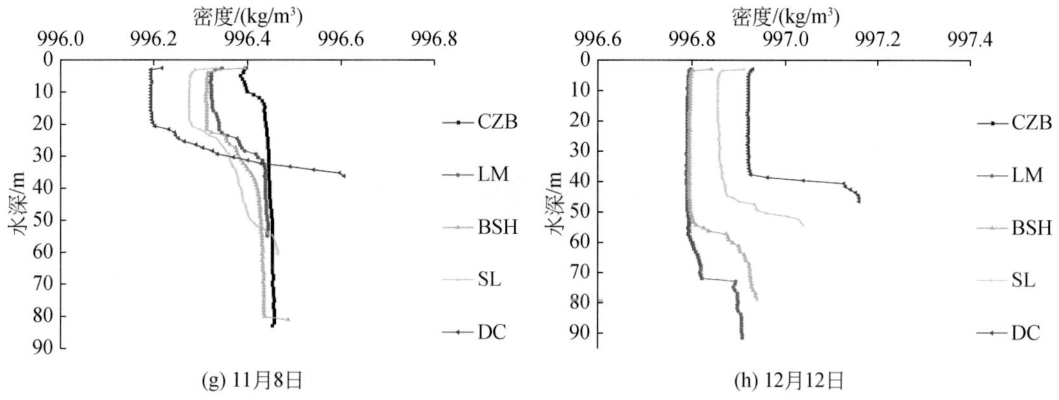

(g) 11月8日　　　　(h) 12月12日

图 7-10　2012 年大宁河回水区水体密度垂向分布图

(3）大宁河回水区密度差及其引起的倒灌异重流现象

大宁河回水区水体密度存在明显的梯度变化，垂向上从上而下水体密度逐步升高，沿程从下游至上游水体密度逐渐升高的变化规律，如图 7-11 所示。2012 年 7 月 7 日，长江干流来流水体密度（大宁河河口处水体物理性质与长江干流水体的物理性质接近）较大宁河回水区水体密度低，而大宁河上游入流水体密度（大宁河上游入流水体物理性质与大宁河回水末端水体物理性质接近）较大宁河回水区水体密度高，故在河口处长江干流以上层倒灌异重流侵入大宁河回水区，而大宁河上游入流则以顺坡异重流从底部流出回水区。9 月 6 日，长江干流来流水体密度较大宁河回水区水体密度高，而大宁河上游入流水体密度较大宁河回水区水体密度高，故在河口处长江干流以中下层倒灌异重流侵入大宁河回水区，回水区水体则从表层流出大宁河回水区，而大宁河上游入流则以顺坡异重流从底部流出回水区。9 月 27 日，长江干流来流水体密度较大宁河回水区上层水体密度高，但长江干流水体密度较回水区下层水体密度低；而大宁河上游入流水体密度较大宁河回水区水体密度高，故在河口处长江干流以中层倒灌异重流侵入大宁河回水区，回水区水体则从上层和下层流出大宁河回水区，而大宁河上游入流则以顺坡异重流从底部流入回水区。12 月 12 日，长江干流来流水体密度较大宁河回水区水体密度低，而大宁河上游入流水体密度较大宁河回水区水体密度高，故在河口处长江干流以中上层倒灌异重流侵入大宁河回水区，回水区水体和大宁河上游入流则从下层流出大宁河回水区。

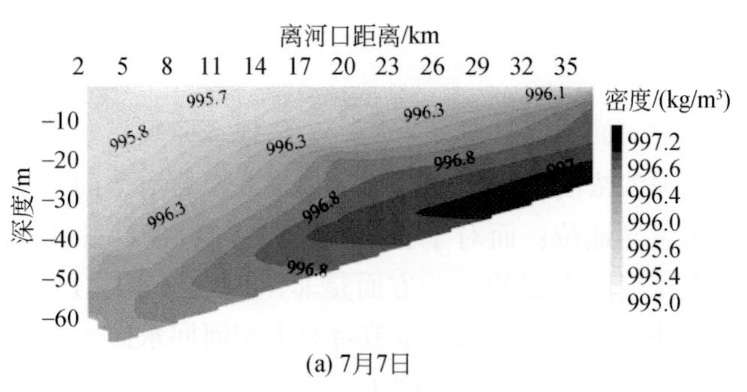

(a) 7月7日

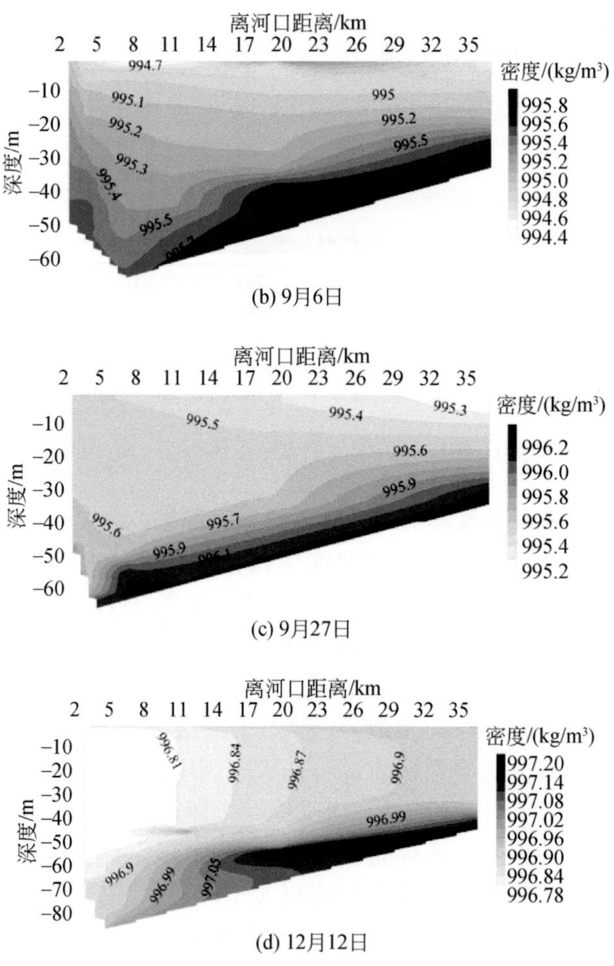

图 7-11　2012 年大宁河水体密度纵剖面分布图

对比回水区水体密度剖面图（图 7-11）和流速图（图 7-7）可知，长江干流水体、回水区水体及大宁河回水区上游入流水体之间存在较为明显的密度差，是大宁河回水区形成异重流的主要原因。根据美国谢弗湖（Shafer Lake）的实测资料，当河水和湖水的密度相差 0.8‰时，就有可能形成异重流。

7.2.4　水温与含沙量对大宁河回水区异重流形成的影响

上述分析表明，大宁河回水区分层异重流产生的根本原因是水体密度差，而水体密度差主要由水温密度差和泥沙浓度差组成，对于诸如黄河及黄河上的小浪底水库的异重流现象，泥沙浓度差可能占主导地位；而对于长江尤其是三峡水库库区内支流的异重流现象，可能是三峡成库后水温密度差引起的，一方面是非汛期三峡水库上游来水泥沙含量较低，另一方面是缓慢的水流使泥沙沉淀下来。本节将对大宁河回水区水温和泥沙这两个因子进行分析，得出大宁河回水区密度差的主导因子。

由图 7-12 可知，大宁河回水区水体密度差的变化规律与水温对应的密度差变化规律较为一致，而含沙量对应的密度差在水体上层数值较小，且变化规律与水体密度差变化规律趋势相似性不大，尤其是蓄水期及枯水期，含沙量对水体密度差影响较小。由此可见，大宁河回水区水体密度差主要是由水温引起的，水温为其主导因子。

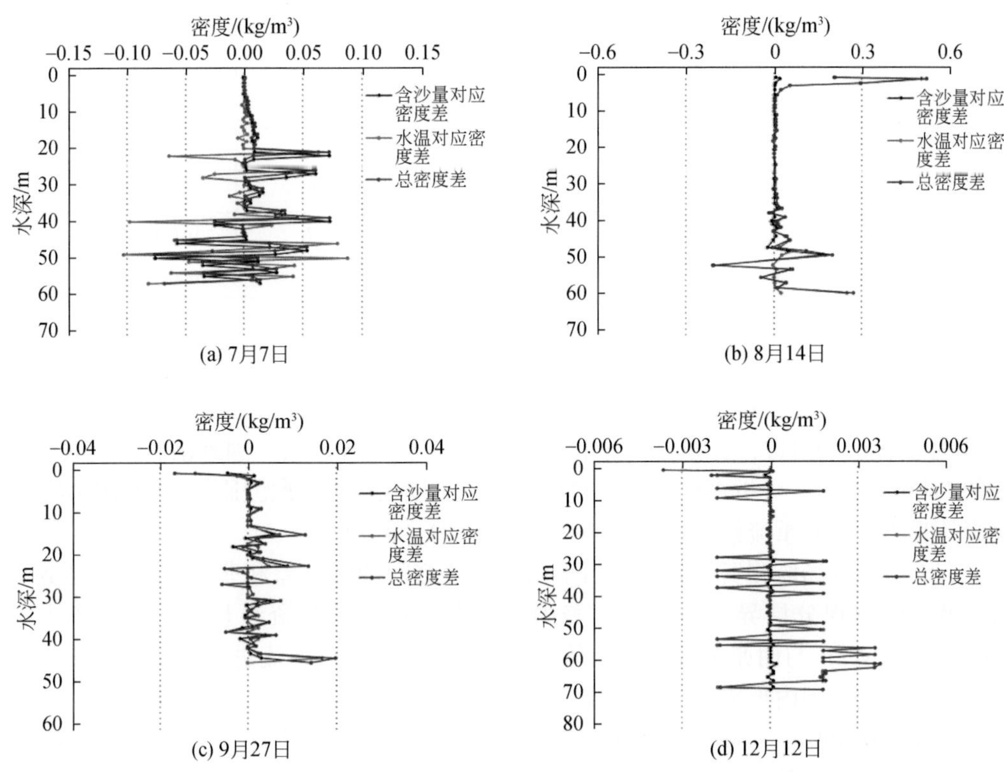

图 7-12　2012 年水温 、含沙量对大宁河回水区水体密度影响程度比较

7.2.5　大宁河回水区异重流运动规律分析

两种密度相差不大、可以相混的流体因密度的差异发生相对运动，称为异重流。若重液体在轻液体的下部运动，则为下层或底部异重流；若轻液体在重液体的上部运动，则为上层异重流；若在上下两层不同密度的中间运动，则为中层异重流。按照河床底坡（相对于异重流运动方向）的不同，异重流可分顺坡、平坡和反坡异重流。

已有学者利用侵入点处的弗劳德数讨论异重流形成条件，其中最为著名的是 1957 年范家骅等的水槽试验结果，得到异重流侵入条件关系式：

$$\mathrm{Fr}^2=\frac{V_0^2}{n_g g h_0}=0.6 \tag{7-7}$$

式中，n_g 为重力修正系数，$n_g=\dfrac{\Delta\gamma}{\gamma_m}$，$\Delta\gamma$ 为浑水与清水容重差，$\Delta\gamma=\gamma-\gamma_m$，其中 γ、γ_m 分别为清水、浑水容重；h_0为侵入点异重流厚度；V_0为侵入点平均流速；g 为重力加速度。从式（7-7）可以看出，异重流的形成主要与水深、流速和容重等因素有关。

对大宁河倒灌异重流运动规律分析拟采用式（7-7），对侵入点处的 Fr^2 进行计算，结果见表 7-2。其中 $g=9.8092597\text{m/s}^2$，h_0 为 CZB 监测点处倒灌异重流厚度，其他符号意义同式（7-7）。

表 7-2 2012 年大宁河河口处倒灌异重流参数

日期/(月-日)	倒灌异重流形式	侵入点水深 h/m	异重流厚度 h_0/m	平均流速 v_0/(m/s)	重力修正系数 n_g	Fr^2
7-7	上部异重流	38.504	38.5	0.023	0.000 226	0.006
8-14	上部异重流	41.301	41.3	0.080	0.000 268	0.059
9-6	下部异重流	9.553	47.4	0.048	0.000 304	0.081
9-27	中部异重流	10.997	25.0	0.057	0.000 258	0.117
10-17	中层异重流	16.176	36.2	0.024	0.000 191	0.019
12-12	上部异重流	59.705	59.7	0.064	0.000 133	0.053

表 7-2 为大宁河河口处倒灌异重流参数，由表 7-2 可知，河口处倒灌异重流侵入点处 Fr^2 范围为 0.006～0.117，分布较为分散，与式（7-7）差异较大。国外已有研究表明，异重流的 Fr^2 并非定值，分析水槽实验资料认为异重流侵入点处 Fr^2 范围为 0.09～0.64；Ford 通过野外观测发现异重流侵入点附近 Fr^2 范围为 0.01～0.49。

已有大量的现场监测资料表明，当不同的水体之间的密度差和弗劳德数 Fr^2 达到一定值时，就可能出现分层异重流现象。美国谢弗湖的现场监测资料显示，当蒂珀卡努河（Tippecanoe River）与谢弗湖之间的水体密度差达到 0.8‰时，流进湖泊的河流水体就会在汇入口处一定范围内形成分层异重流；芝加哥河（Chicago River）形成异重流时的密度差为 0.02‰～0.46‰；三峡水库香溪河回水区异重流形成后的密度差为 0.04‰～0.43‰。对于弗劳德数 Fr^2 的研究，Savage 通过研究认为，当 $Fr^2=0.3\sim0.8$ 时，异重流就会产生；而 Akiyama 通过对陡坡和缓坡异重流的研究认为，异重流密度 Fr^2 的范围为 0.10～0.55；而刘流等（2012）对三峡水库香溪河回水区异重流现象的研究认为，三峡水库支流回水区产生异重流时 $Fr^2=0.16\sim0.42$。

对水库异重流研究较多的是水沙异重流，如黄河小浪底水库异重流的研究，而关于温差异重流多集中在上游有火电厂和核电厂冷却水排放的湖库，主要研究高温冷却水对相应湖库生态系统的影响。水沙异重流曾在丹江口水库支沟与水库干流交汇口也被监测到。有学者对惠灵顿（Wellington）水库夏季干支流回水区的水平异向流进行了研究，发现这种分层异向流是温差异重流。而三峡水库干支流回水区水体交换与惠灵顿（Wellington）水库具有较大的相似之处，温差是倒灌异重流产生的主要原因，虽然汛期高泥沙含量的干流水体可以影响异重流，但泥沙仍只是次要因素。

7.2.6 大宁河回水区分层异重流概念模型

水体水流状态是水体中物质输移、循环的动力背景，根据大宁河回水区水动力 2012 年 7～12 月呈现的不同异重流形态，形成大宁河回水区分层异重流概念图，如图 7-13 所示。2012 年 7 月和 12 月，大宁河河口处发生了干流上层倒灌异重流，9 月底、10 月及 11

月河口处发生了干流中层倒灌异重流，而在 9 月初出现了长江干流下层整体倒灌异重流的现象；而大宁河上游入流则主要以顺坡异重流的形式从底部进入大宁河回水区。在此微动力背景下，水流对水体物质的输移、循环的影响主要体现在如下四个方面：

1）水流流速大小，主要体现在水流对物质的水平输移作用及垂向掺混作用。

2）水流方向，主要体现在物质在支流回水区的累积方式。在三峡水库与支流回水区存在异重流而发生水体交换的特殊情况下，若高营养盐含量的水流流向回水区上游，则物质向回水区输移并累积；若低营养盐含量的水流流入回水区，则使累积在回水区的物质得以稀释和扩散。

3）异重流强度，主要体现在河口处因异重流的形式及强度不同，引起的干、支流水体交换及循环程度可能也不同。

4）水体稳定程度，主要体现在水体垂向掺混而导致的水体对物质的垂向输移作用。水体垂向越稳定，水体垂向掺混越弱，上下层水体不易发生物质交换；反之亦然。

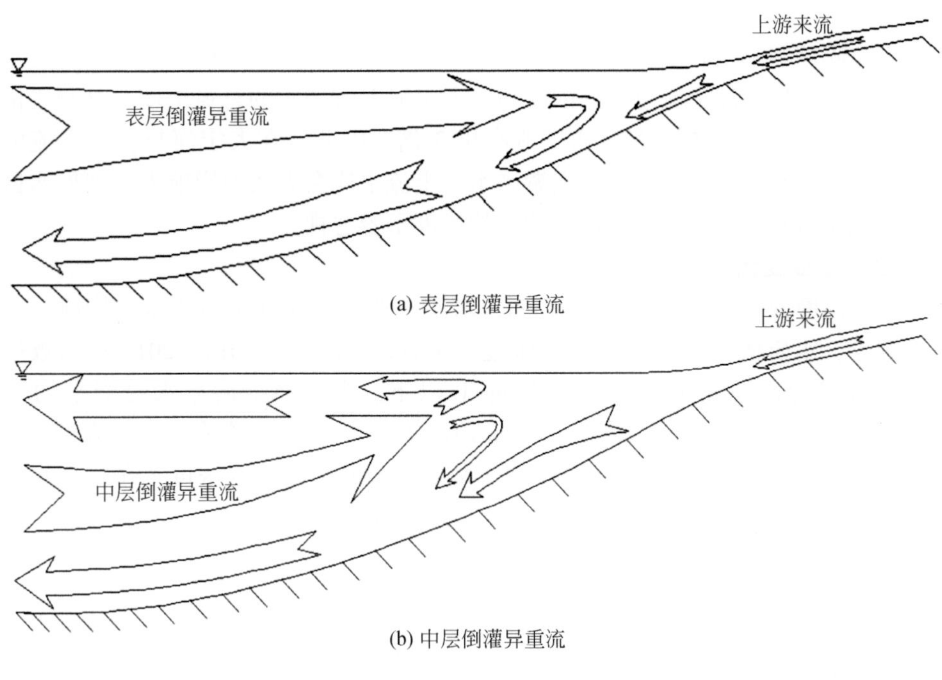

图 7-13　大宁河回水区分层异重流概念图

7.3　大宁河回水区水质变化特征

7.3.1　大宁河回水区单指标变化

（1）总氮浓度变化

2012～2014 年大昌断面总氮浓度无明显的年际变化规律，这与大宁河上游水质特征有一定的相关性，上游污染源较少，多为山地，农业面源和点源都很少，因此从大宁河上游输入的水体总氮浓度低，受外界环境影响小，呈现波动变化的趋势，如图 7-14 所示。

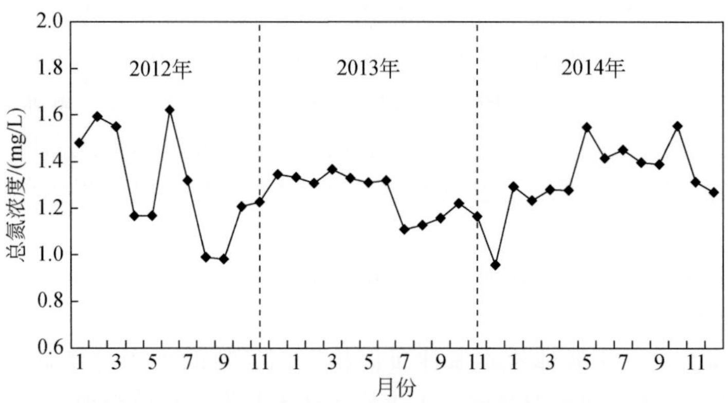

图 7-14 2012 ~ 2014 年大宁河大昌断面总氮浓度变化过程

长江干流晒网坝和培石断面总氮浓度在 1.6 ~ 2.1mg/L，大昌断面总氮浓度几乎都不高于 1.5mg/L，可见长江干流总氮的浓度高于大宁河上游来水的总氮浓度，这与之前研究结果一致，干流氮营养盐浓度有时比支流高出 3 倍。因此，在大宁河与长江干流的交汇区，如果干流倒灌水量远大于大宁河上游来水，干流水质会大大地影响大宁河回水区的水质特征，因此干流对大宁河回水区的氮营养盐浓度不容忽视。

(2) 总磷浓度变化

大宁河大昌断面距离大宁河河口 35km，水质主要受大宁河上游来水的影响，大宁河上游污染源少，水质优，总磷浓度基本都低于 0.1mg/L，综合 2012 ~ 2014 年的数据结果来看，大多数月份的总磷浓度都在 0.05mg/L 以下。大宁河上游来水总磷平均浓度为 0.04mg/L，长江干流总磷平均浓度为 0.15mg/L，每年 7 月，总磷浓度能升高到 0.2mg/L 以上，如图 7-15 所示。长江干流总磷浓度远大于大宁河上游来水浓度，在三峡水库调蓄过程中，随着坝前水位的升降，干流对支流的总磷影响不容忽视。

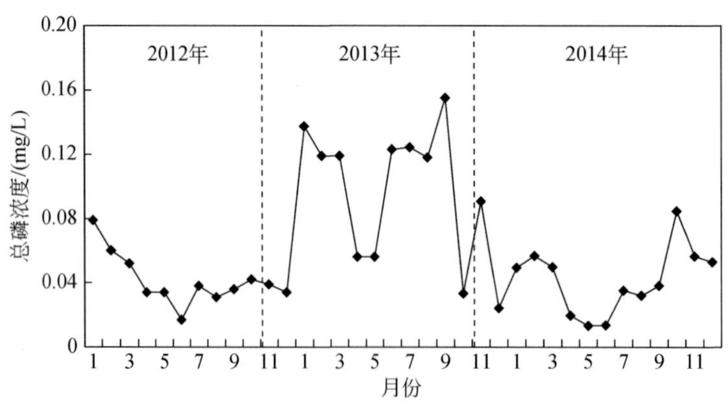

图 7-15 2012 ~ 2014 年大宁河大昌断面总磷浓度变化过程

(3) 高锰酸盐指数浓度变化

大宁河大昌断面高锰酸盐指数在 1.0 ~ 2.1mg/L，也呈现了与干流断面一样的年际变化规律，即丰水期>平水期>枯水期，如图 7-16 所示。数值变化特征与长江干流培石断面基本一致，在每年的 8 ~9 月达到峰值。大宁河大昌断面高锰酸盐指数明显低于库区干流上游的晒网坝断面。

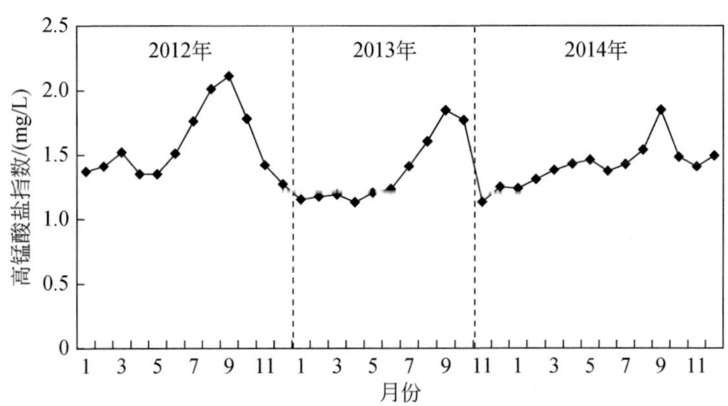

图 7-16　2012 ~2014 年大宁河大昌断面高锰酸盐指数变化过程

三峡水库每年 9 月开始蓄水，干支流交汇剧烈，回水区水团水质交汇加剧，随着干流倒灌水体与大宁河上游来水的混合逐步加剧，倒灌水量逐步占据整个支流回水区时，支流回水区的磷营养盐浓度基本与干流水体相同，此时干流来水对支流的磷营养盐贡献不容忽视。

7. 3. 2　干支流水质比较分析

对库区干流和大宁河各断面氮磷营养盐浓度分布特征进行了对比分析，图 7-17 和图 7-18 分别为总氮和总磷的分布特征。

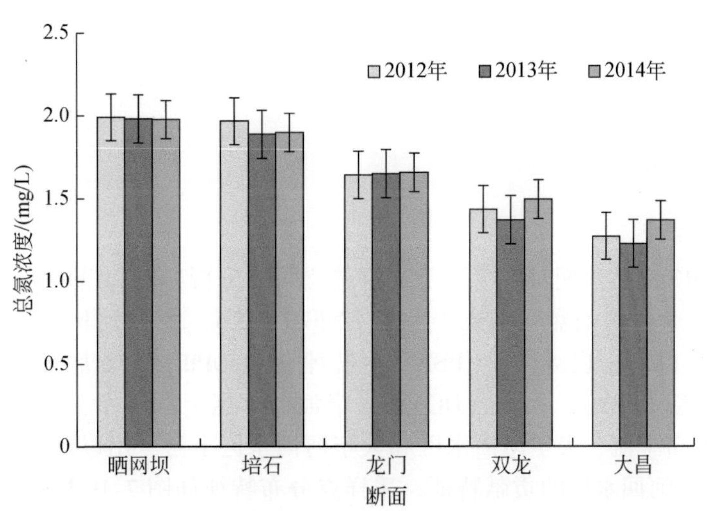

图 7-17　三峡水库主库区干流与大宁河各断面总氮年平均浓度分布

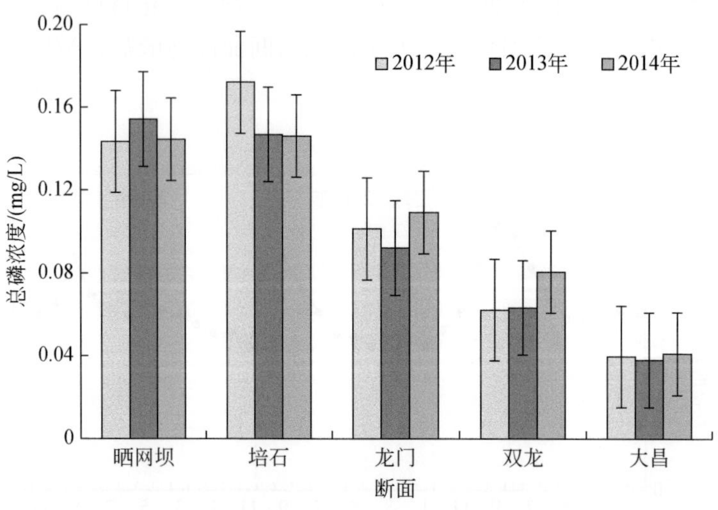

图 7-18 三峡水库主库区干流与大宁河各断面总磷年平均浓度分布

从图 7-17 可以看出，2012 年、2013 年和 2014 年晒网坝断面总氮年平均浓度分别为 1.99mg/L、1.98mg/L 和 1.98mg/L，培石断面分别为 1.96mg/L、1.88mg/L 和 1.90mg/L。从图 7-18 可以看出，晒网坝断面总磷年平均浓度分别为 0.14mg/L、0.15mg/L 和 0.15mg/L，培石断面分别为 0.17mg/L、0.15mg/L 和 0.15mg/L。大宁河大昌断面 2012 年、2013 年和 2014 年总氮年平均浓度分别为 1.27mg/L、1.22mg/L 和 1.37mg/L，总磷年平均浓度分别为 0.04mg/L、0.04mg/L 和 0.04mg/L。2012～2014 年干流总氮和总磷浓度均明显高于大宁河上游来水。

大宁河龙门、双龙和大昌断面距河口距离依次为 5km、17km 和 35km。2012～2014 年大宁河从龙门断面到大昌断面总氮和总磷的浓度均呈现降低的趋势。当出现干流水体倒灌时，干流水体必然会补给大宁河回水区营养浓度。

7.4 大宁河回水区与干流营养盐交汇特征

7.4.1 研究方法

(1) 采样点布设

本章选取 2013 年蓄水期对大宁河干支流进行采样分析，总共设置了 12 个采样断面，其中长江干流 2 个，红石梁（HSL）和长江下（CJX）。大宁河回水区 8 个，菜子坝（CZB）、龙门（LM）、白水河（BSH）、东坪坝（DPB）、双龙（SL）、马渡河口（MDHK）、手爬岩（SPY）、大昌（DC）。大宁河回水区上游 2 个，花台（HT）和龙溪（LX）。采样点遍布干流、大宁河回水区和大宁河回水区上游，用以计算干流和回水区上游两种水团对大宁河回水区的贡献特征。采样点分布特征如图 7-19 所示，经纬度坐标见表 7-3。

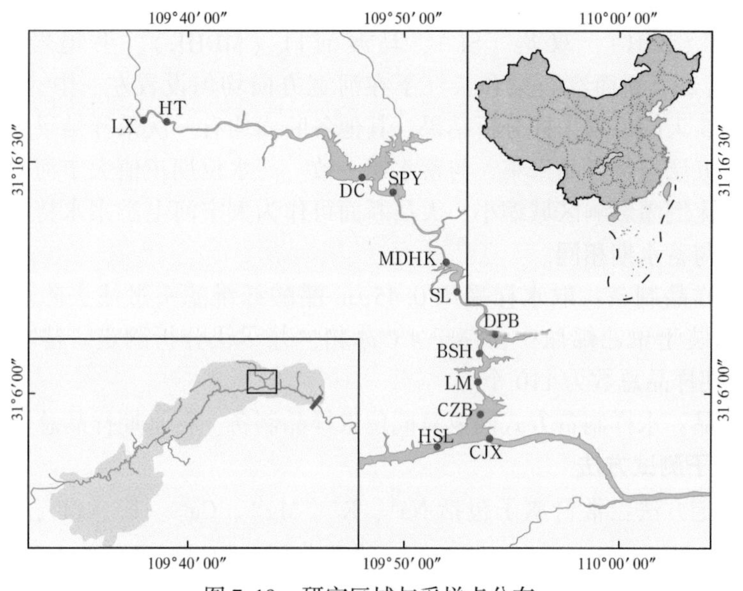

图 7-19　研究区域与采样点分布

表 7-3　采样点坐标信息

位置	距河口距离/km	断面名称	经度/°E	纬度/°N
长江	3.2	红石梁（HSL）	109.85	31.05
长江	1.6	长江下（CJX）	109.90	31.06
大宁河	2	菜子坝（CZB）	109.89	31.08
大宁河	5	龙门（LM）	109.89	31.10
大宁河	8	白水河（BSH）	109.89	31.13
大宁河	11	东坪坝（DPB）	109.90	31.14
大宁河	17	双龙（SL）	109.87	31.17
大宁河	21	马渡河口（MDHK）	109.86	31.19
大宁河	29	手爬岩（SPY）	109.82	31.25
大宁河	35	大昌（DC）	109.80	31.26
大宁河	54	花台（HT）	109.65	31.30
大宁河	57	龙溪（LX）	109.63	31.30

本研究选取蓄水期的中间时段进行采样分析，采样时间为 2013 年 9 月 16～23 日，在此期间水位上升了 2.99m（水位从 163.43m 升高至 166.42m）。除回水区上游的两个采样断面由于水深较浅，没有分层采样外，其他采样断面都分五层进行采样，五层分别为表层 0.5m、0.2H、0.6H、0.8H 和 H，其中 H 代表对应采样断面的水深。水库干流断面红石梁和长江下水面宽阔，为了全面解析水质，分左、中、右断面，左、中、右同时分五层进行采样。

高水位期采样时间为 2013 年 12 月 7～12 日，采样断面包含长江干流上 2 个，红石梁

(HSL) 和长江下 (CJX)。大宁河回水区 8 个，菜子坝 (CZB)、龙门 (LM)、白水河 (BSH)、东坪坝 (BSH)、双龙 (SL)、马渡河口 (MDHK)、手爬岩 (SPY)、大昌 (DC)。长江干流 2 个断面红石梁和长江下在河宽方向均匀设置左、中、右三个采样点。龙门断面有连续 5 天同位素采样分析结果，其他各断面均有一次采样结果。各采样点的水样在水深方向分五层进行样品采集，与蓄水期一致。高水位期正值大宁河枯水期，上游来流流量极小，干流倒灌影响区域缩小，大昌断面可作为大宁河上游来水特征代表断面。采样点坐标和位置与蓄水期相同。

氢氧同位素样品制备：取水样采用 0.45μm 醋酸纤维滤头过滤去除悬浮物，然后取 20ml 过滤后的水装于聚乙烯瓶中，存于 4℃ 冰箱，并尽快分析测定。蓄水期样品总数为 286 个，高水位期样品总数为 110 个。

常量离子样品：水样制备方式同氢氧同位素样品制备。蓄水期样品总数为 286 个。

(2) 常量离子测试方法

常量离子测定方法：常量离子包括 Na^+、K^+、Mg^{2+}、Ca^{2+}、F^-、Cl^-、SO_4^{2-}、NO_3^-，均采用离子色谱仪 (Dionex ion chromatograph) 进行分析，相对标准偏差小于 5%。

(3) 氢氧同位素测试方法

氢氧同位素的测定采用理加联合科技有限公司的液态水同位素分析仪 (LWIA, DLT-100, Los Gatos Research, Inc., Mountain View, 美国) 进行分析。在自然界中，稳定同位素的组成变化比较小，采用 δ 来表示同位素的组成。δ 用以表示稳定同位素在样品中的相对千分含量。水中氢氧稳定同位素可以表示如下：

$$\delta^{18}O = (R_{sample}/R_{standard} - 1) \times 1000‰ \tag{7-8}$$

$$\delta D = (R_{sample}/R_{standard} - 1) \times 1000‰ \tag{7-9}$$

式中，R_{sample} 代表样品中稳定同位素比值 ($^{18}O/^{16}O$ 或 D/H)；$R_{standard}$ 代表标准海水 (V-SMOW) 的稳定同位素比值。在 V-SMOW 中，D/H 和 $^{18}O/^{16}O$ 的比值分别为 1.5576×10^{-4} 和 2.0052×10^{-3}。所有样品氢同位素的分析精度为 ±0.15‰，氧同位素的分析精度为 ±0.02‰。

(4) 氧同位素法计算干流倒灌系数

通过干流水团和回水区上游同位素的组成特征，计算两股水团对混合区的贡献率，采用式 (7-10) 进行计算：

$$x\delta_M + (1-x)\delta_D = \delta_C \tag{7-10}$$

式中，x 表示干流水量对支流的贡献率，称为倒灌系数；δ_M 为干流水团 $\delta^{18}O$ 值 (‰)；δ_D 为大宁河回水区上游 $\delta^{18}O$ 值 (‰)；δ_C 为混合区水样中 $\delta^{18}O$ 值 (‰)。

本研究分析了所有断面所有分层样品的 $\delta^{18}O$ 值，用以计算相关的混合率。水库主库区干流与回水区上游来水中氧同位素比值的显著差异性检验采用皮尔逊检验，当 $P<0.05$ 时，认为两股水团氧同位素存在显著性差异，检验采用 SPSS 17.0。

(5) 库容曲线计算

$$V = \int_0^L \int_O^{D(y)} [Z_{h+H}(x, y) - Z_H(x, y)]\mathrm{d}x\mathrm{d}y \tag{7-11}$$

$$V_M + V_U = \Delta V_C \tag{7-12}$$

$$V_{\mathrm{U}} = Q_{\mathrm{ave-U}}t \tag{7-13}$$

$$R_{\mathrm{M}} = \frac{V_{\mathrm{M}}}{\Delta V_{\mathrm{C}}} \tag{7-14}$$

式中，Z_H和Z_{h+H}分别为采样时段坝前水位（m）；V_{M}、V_{U}和ΔV分别为干流水体贡献量、混合区上游来水贡献量和混合区库容增加量（m^3）；R_{M}为干流来水贡献率；$Q_{\mathrm{ave-U}}$为上游平均流量（m^3/s）；$D(y)$为y断面回水区宽度（m）；t为水位变化所需时间。

（6）硝态氮的贡献率计算方法

通过干流和混合区上游硝态氮的平均浓度，结合同位素计算出的水量贡献率，计算主库区干流水体和大宁河混合区上游水体对混合区的硝态氮贡献率。采用一次方程进行计算，见式（7-15）和式（7-16）：

$$C_{\mathrm{C}} = xC_{\mathrm{M}} + (1-x)C_{\mathrm{U}} \tag{7-15}$$

$$f_{\mathrm{M}} = \frac{xC_{\mathrm{M}}}{C_{\mathrm{C}}},\ f_{\mathrm{U}} = \frac{(1-x)C_{\mathrm{U}}}{C_{\mathrm{C}}} \tag{7-16}$$

式中，C_{C}、C_{U}和C_{M}分别为混合区、混合区上游和干流水体硝态氮的平均浓度（mg/L）；f_{M}和f_{U}分别为水库干流和混合区上游硝态氮的贡献率（%）；x由式（7-10）计算得到。

（7）实验期间水文水动力边界条件

三峡水库蓄水期主要集中在9月和10月，坝前水位从145m急剧上升至175m，坝前水位的急剧上升引起了干流和支流水位连续变化，图7-20描述了2013年9月长江干流巫山站、大宁河大昌（二）站和巫溪（二）站的水位变化情况。

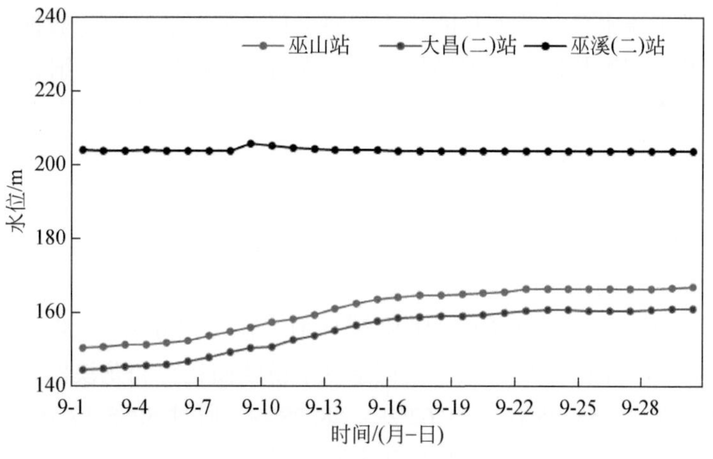

图7-20　2013年9月采样期间水位变化情况

万县站和庙河站均位于长江干流，万县站在长江与大宁河交汇处的上游，庙河站位于长江与大宁河交汇处下游（图7-21）。试验期间，长江干流和大宁河水位均呈现上升趋势，万县站流量大于庙河站流量，可见在水位上升过程中，长江干流万县至庙河段干流流量有部分倒灌至支流，而在此期间，长江干流巫山站水位平均高出大宁河大昌（二）站约0.80m，干、支流之间存在的水位差为长江干流的倒灌提供了合适的水动力条件。

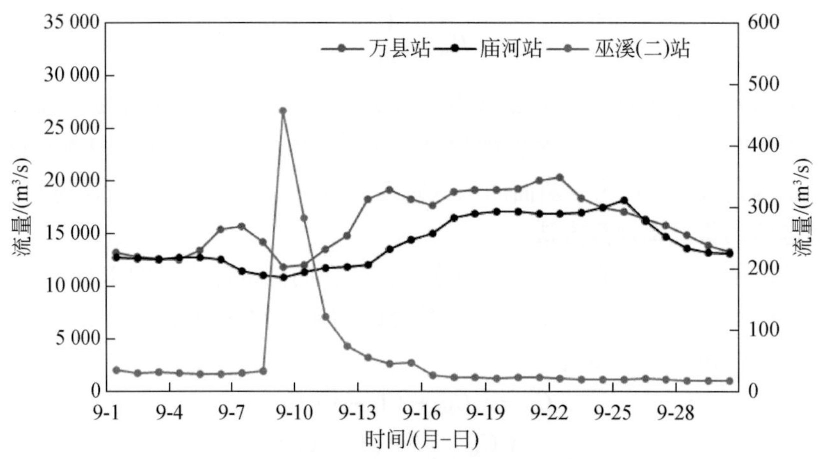

图 7-21　2013 年 9 月长江干流与大宁河上游逐日流量

万县站与庙河站对应左坐标轴，巫溪（二）站对应右坐标轴

当长江干流水位接近 175m 时，水位变化逐渐稳定后，万县站和庙河站流量趋于相等（图 7-21），说明此时干流倒灌量逐渐减小，甚至有支流汇入干流，随着蓄水过程的完成，干流倒灌逐渐减小。

从水位和流量的角度看，在蓄水阶段，大宁河上游与干流交汇处上游万县站流量高于长江下游庙河站流量，在干流水位急剧上升的过程中，主库区干流对大宁河的倒灌影响是不容忽视的，关于干流水量和营养盐的具体倒灌过程需要更加详细的数据进行分析，在后面的章节中，将结合实测数据与模拟结果对干、支流交汇过程进行详细分析。

7.4.2　蓄水期氢氧稳定同位素示踪水团交汇过程研究

(1) 干、支流氢氧同位素特征

相较于季节变化对同位素的分馏影响，不同来源水团的同位素组成更能代表水团的特征。长江干流断面红石梁和长江下的 δD 和 $\delta^{18}O$ 值变化范围分别为 -83.75‰ ~ -78.23‰、-11.66‰ ~ -10.95‰（图 7-22）。大宁河回水区上游断面花台和龙溪的 δD 和 $\delta^{18}O$ 值变化范围分别为 -62.90‰ ~ -55.95‰、-9.62‰ ~ -8.28‰。通过 SPSS 17.0 显著性差异分析，得出大宁河上游水团的 δD 和 $\delta^{18}O$ 值与长江干流水团的 δD 和 $\delta^{18}O$ 值存在显著性差异（$P<0.01$），因此 δD 和 $\delta^{18}O$ 的值均可以作为两股水团的特征，用以计算干流水团对大宁河混合区的贡献率。

试验期间，坝前水位提升了 3m，大宁河回水区水团的 $\delta^{18}O$ 和 δD 发生了很大变化，变化范围分别为 -83.69‰ ~ -69.34‰、-11.65‰ ~ -10.10‰，均处在干流水团与大宁河上游水团 δD 与 $\delta^{18}O$ 值的范围内。

如图 7-22 所示，干流水体中 $\delta D/\delta^{18}O$ 比值为 7.13 ~ 7.27，大宁河回水区上游 $\delta D/\delta^{18}O$ 的比值为 6.76 ~ 6.79。在本研究中，长江干流水体 $\delta^{18}O$ 的平均值和大宁河回水区上游水体 $\delta^{18}O$ 的平均值分别用来代表两种水团的特征，用以计算混合区的混合率。

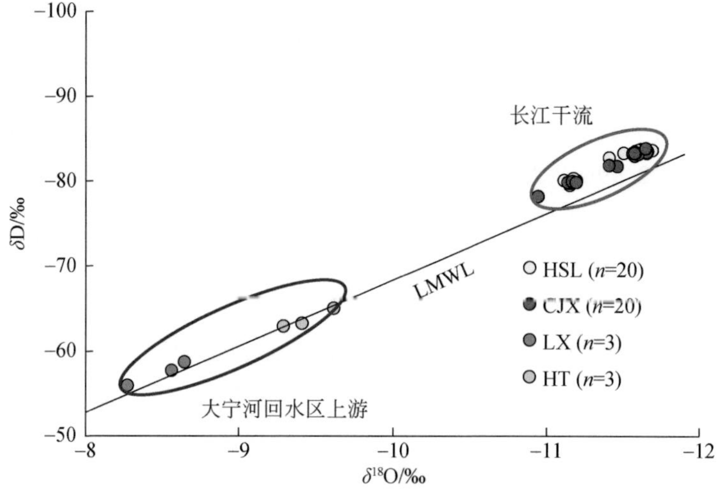

图 7-22 峡水库干流与大宁河回水区上游 δD 和 $\delta^{18}O$ 的分布特征

(2) 干、支流水团贡献特征

采用式（7-10）计算长江干流和大宁河回水区上游在混合区各采样点的水量贡献率。采用三次插值绘制干流水量贡献率垂向变化分布图（图 7-23），图中小黑点代表实测值，混合率代表干流水团的贡献率，不同颜色代表不同混合率数值大小，红色代表高于 0.9，蓝色代表低于 0.6。从干流水团对大宁河回水区的贡献率垂向变化分布图可以看出，回水区中表层干流水团贡献率明显高于底层，由此可以推断，干流水团主要从中表层倒灌至大宁河回水区，大宁河上游来水主要从底层进入回水区。随着时间的推移，垂向水团纵向混合率差距逐步缩小，长江干流与大宁河回水区上游来水在回水区逐步混合均匀。

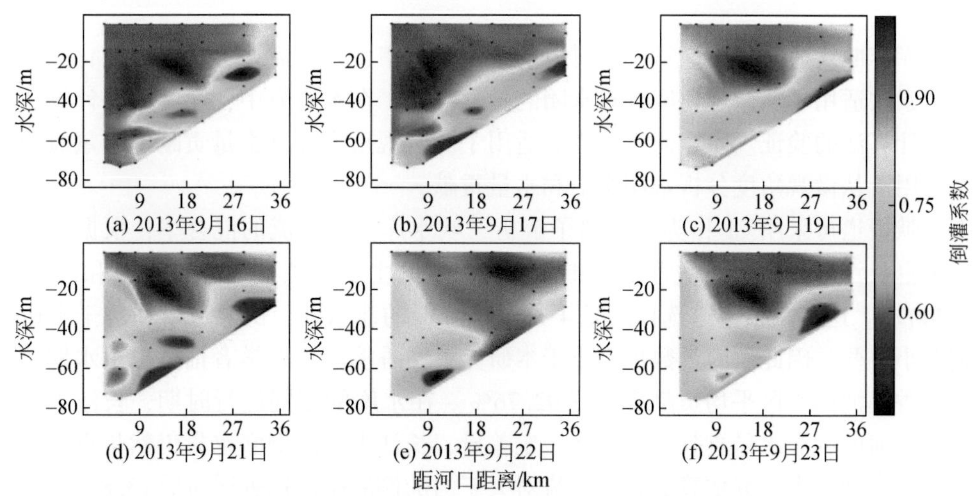

图 7-23 大宁河混合区干流水团贡献率垂向变化分布

蓄水采样期间，大宁河混合区各断面干流水团贡献率为 0.41 ~ 1.0，平均贡献率为 0.79。为了进一步验证氢氧稳定同位素计算混合率方法的准确性，本研究采用经典库容曲线计算法对其进行校核。通过估算采样期间混合区库容增加量，减去大宁河上游来水的贡献量，从而计算出干流对大宁河水量的贡献率。采用空间信息法计算并绘制大宁河的库容曲线（图 7-24，式（7-11））。从图中可以计算出，坝前水位从 163.43m 升高至 166.42m 过程中，水位增加了 2.99m，大宁河库容增加量为 0.88 亿 m^3。

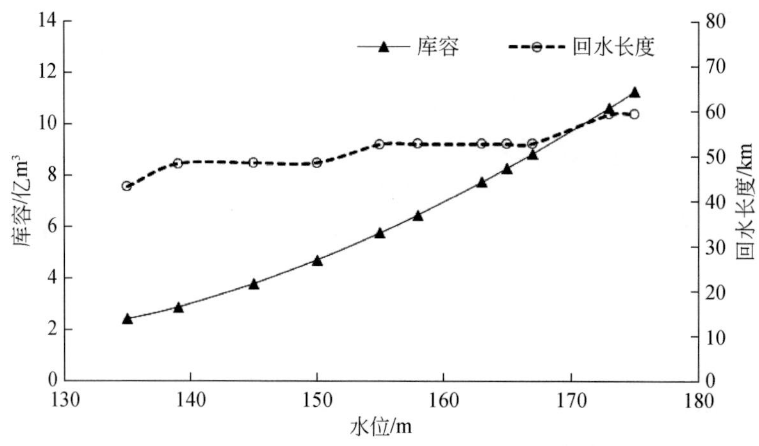

图 7-24　大宁河库容、回水长度与水位的关系曲线

通过式（7-12）计算出库容增加量 ΔV_C，大宁河上游水文站巫溪（二）站距离河口 72.6km，是大宁河上距离混合区最近的水文站，采样期间，大宁河上游来水流量为 35.7 ~ 127.0m^3/s，平均流量为 64.5m^3/s。通过式（7-13）计算出上游来水的贡献量，通过式（7-12）估算出干流来水的贡献量，通过式（7-14）计算出干流来水的贡献为 0.80，与氧同位素分析结果仅相差 0.01，进一步证明了氢氧同位素示踪计算结果的可靠性。

经典库容曲线适合用于计算一定时段的干流贡献率，计算需要考虑库容变化过程，而氢氧同位素法适用于从微观角度计算水团的贡献特征。在本研究中，库容曲线计算法也是对同位素计算法的验证。库容曲线计算法适用于从宏观角度计算水量贡献率，氢氧稳定同位素法适用于从微观角度分析水团交汇和水量贡献。

有文献报道可采用 Cl^- 作为示踪离子解析三峡水库干、支流的混合率，根据这些文献报道，来自长江干流的水团是香溪河和大宁河水量的主要来源，约占到 76% 和 73%（冉祥滨，2009）。这些文献报道选择的是 4 月水位降低的泄水期，倒灌流量相较于本研究的蓄水期会小一些，因此倒灌系数也会小于本研究。在香溪河，有学者估算出蓄水期干流倒灌水量对香溪河回水区平均贡献率达到 92.76%。在水库的不同运行时期，长江干流对大宁河和香溪河的倒灌水量贡献率也存在一定差异，长江干流的倒灌水量仍然是重要的影响因素。在蓄水期，本研究估算的长江干流对大宁河的倒灌率，比香溪河低 13.8%，这种差异可能与两条河距大坝的距离有关，大宁河位于重庆市巫山县，距离大坝 123km，香溪河位于湖北省宜昌市秭归县，距离大坝 32km。这可能是造成长江干流倒灌香溪河的水量高于大宁河的一个原因，除此之外，干流水量倒灌率还与支流回水区的库容特征、支流上游来水流量的大小有关。

大宁河回水区菜子坝至大昌断面，长江干流的平均贡献率从 84.4% 变化到 74.3%。来自长江干流挟带高浓度营养盐和悬浮颗粒物的水团进入大宁河混合区，置换了大宁河原本的水团，为回水区藻类的大量生长提供了有利条件。长江干流硝态氮的平均浓度为 1.45mg/L，大宁河回水区上游硝态氮的平均浓度为 0.84mg/L。根据氢氧同位素的计算结果，长江干流对混合区水量贡献率为 0.79，混合区上游来水贡献率为 0.211。结合式（7-15）和式（7-16），估算出采样期间约有 88% 的硝态氮来自三峡水库主库区干流的输入。这个计算结果为前人的研究结论主库区干流倒灌是支流氮营养盐的主要负荷来源提供了定量的证据。

7.4.3 蓄水期常量离子结果解析

（1）常量离子分布特征

除了采用氢氧同位素示踪的方法研究水团动态交汇过程外，本章对所有样品中的八大常量离子（包括 Na^+、K^+、Mg^{2+}、Ca^{2+}、F^-、Cl^-、SO_4^{2-} 和 NO_3^-）含量进行了分析，Ca^{2+}、SO_4^{2-} 和 NO_3^- 被选取用以描述混合区的交汇过程。Ca^{2+} 是一个能代表大宁河混合区上游水团特征的典型离子，大宁河上游来水来自巫溪县山间，挟带了高浓度的 Ca^{2+}，高于长江干流水团中 Ca^{2+} 的浓度。SO_4^{2-} 用以代表生活污水的排放和稀释作用，以及代表长江干流水团的特征，SO_4^{2-} 比较稳定，不容易受到物理、化学和生活过程的影响。长江干流经过重庆主城区，城市人口密度大，生活污水排入量相对高于大宁河混合区上游。八大常量离子中除 Ca^{2+} 外，长江干流其他离子浓度均高于混合区上游各离子浓度。长江干流水团中 Ca^{2+} 和 SO_4^{2-} 的平均浓度分别为 38.71mg/L 和 33.20mg/L，而大宁河回水区上游分别为 52.94mg/L 和 19.67mg/L。冉祥滨等（2009）研究结果显示，Ca^{2+} 从河口到大宁河混合区浓度由 50mg/L 降低至 25mg/L，SO_4^{2-} 浓度由 51mg/L 降低至 43mg/L，这些浓度的差异可能与采样时间不同有关。

（2）水团交汇特征

采样期间，大宁河回水区常量离子空间分布特征发生了明显变化（图 7-25）。这些变化能明显的表明干流来水对大宁河混合区的水团组成产生了直接影响。在三峡库区，有许多像大宁河一样的支流，在特定的区域接收来自干流挟带高浓度营养盐的水团。从采样初期 2013 年 9 月 16 日开始，挟带高浓度 SO_4^{2-} 的干流水团像水舌一样从中表层切入大宁河回水区。而大宁河混合区上游来水中 SO_4^{2-} 浓度低于干流水团，从底层流入大宁河混合区中部。9 月 16～23 日，Ca^{2+} 浓度向骆驼背一样从底部逐渐扩大升高至混合区中表层。NO_3^- 的浓度分布特征就像水舌一样从长江与大宁河交汇处向大宁河回水区延伸。挟带低浓度 NO_3^- 的混合区上游来水从底部流向混合区表层。这些常量离子的分布特征呈现出来的混合规律与氧同位素计算出来的混合规律基本一致。在混合区中表层，干流来水的贡献率高于混合区底层。

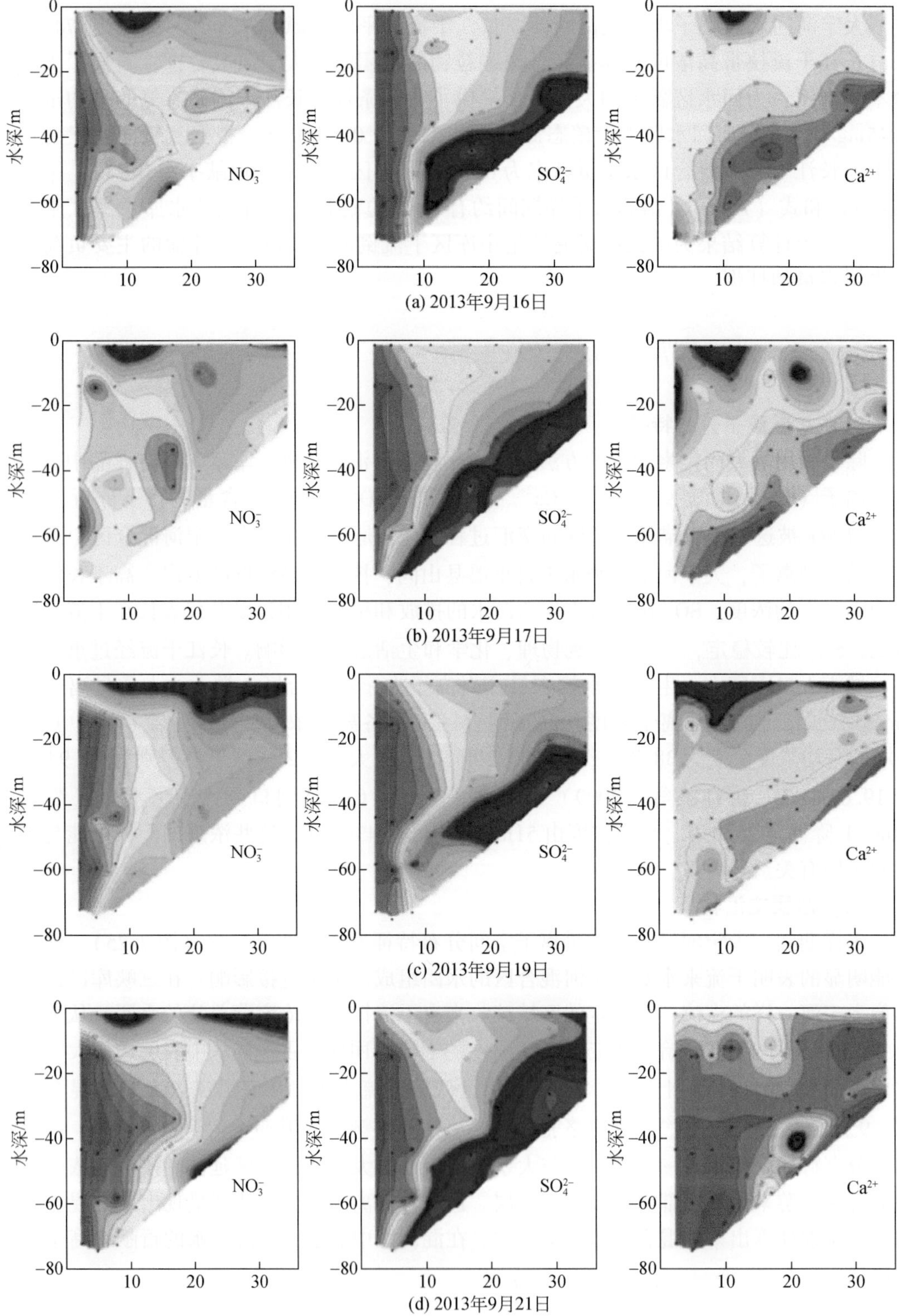

(a) 2013年9月16日

(b) 2013年9月17日

(c) 2013年9月19日

(d) 2013年9月21日

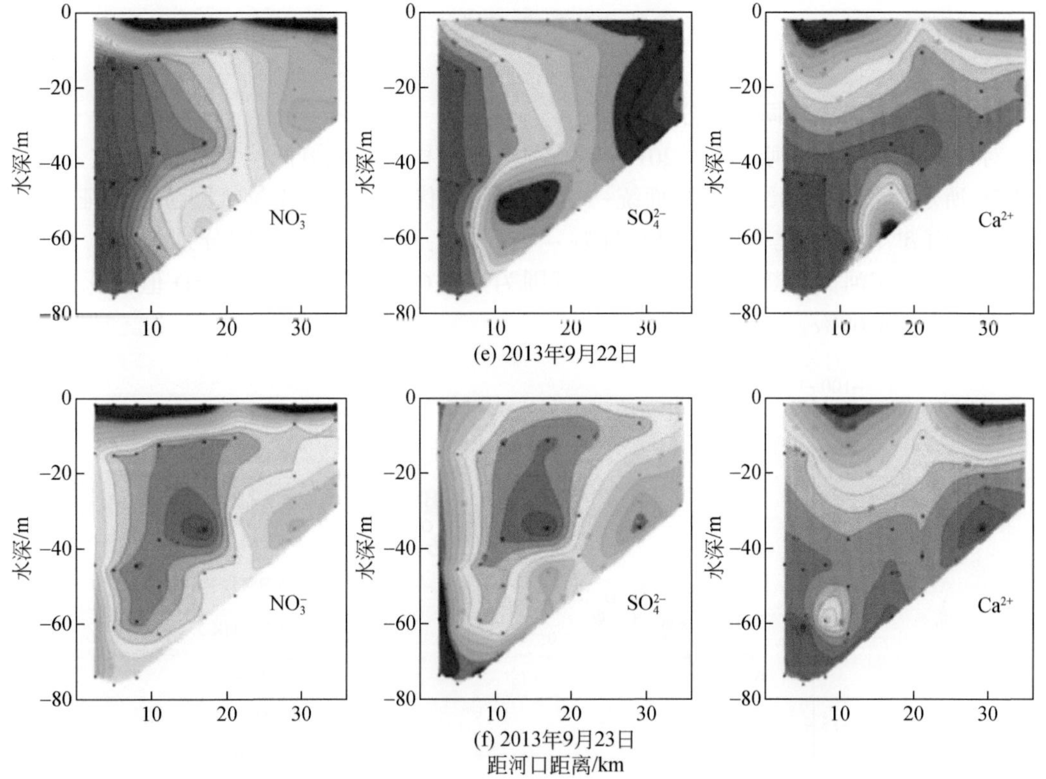

图 7-25 大宁河回水区 NO_3^-、SO_4^{2-} 和 Ca^{2+} 浓度的垂向变化分布

常量离子和干流水团贡献率的时空分布特征同时表明了长江干流的水团从中表层切入混合区，而来自大宁河混合区上游的水团主要从底层切入混合区。长江干流来水挟带了高浓度的营养盐和悬浮颗粒物，从中表层切入大宁河混合区。前人的研究成果表明，影响藻类生长的因素包括水动力条件、盐度、沉积物负荷和光照强度（陈永灿等，2014）。由于这些因素的影响，混合区表层形成了比较适合藻类生长的条件，增加了藻类暴发的风险。这些研究结果为控制混合区水体富营养化和藻类水华提供了比较好的建议。降低来自长江干流水团的倒灌水量，提高混合区的正向流速，有助于改善混合区水团水质。通过降低水库蓄水速度能有效减小干流倒灌水量和营养盐对大宁河回水区的影响，从而降低大宁河回水区水体富营养化和藻类水华发生的风险。在以后的研究中，非常有必要通过模型的方法研究这些参数的具体数值，并且提出具体可行的调度运行方式来控制水体富营养化和藻类水华。

解析来自长江干流水团中的营养盐的输移规律及去向也是非常重要的，这有助于提供更多有效的方法管理水库水质，控制干、支流混合区水体富营养化和藻类水华的发生。在世界各地水库中，类似的问题也会时常发生，可能带来的环境影响不同，因此关于这些问题需要进一步深入的研究。采用氢氧氢氧同位素示踪的方法结合现场在线监测对解决大型水库的相关问题非常有效。

7.4.4 高水位期氢氧稳定同位素分布特征

(1) 干、支流氢氧同位素分布特征

对长江干流及大宁河各断面2013年12月7日水样中的氢氧同位素进行测定，结果如图7-26所示。长江下和红石梁断面统一为CJ，用以代表长江干流氢氧同位素特征。长江干流各断面$\delta^{18}O$值变化范围为−13.31‰～−12.1‰，δD值变化范围分别为−92.10‰～−87.93‰，大宁河大昌断面$\delta^{18}O$值变化范围为−10.67‰～−10.43‰，δD值变化范围为−80.71‰～−78.69‰。

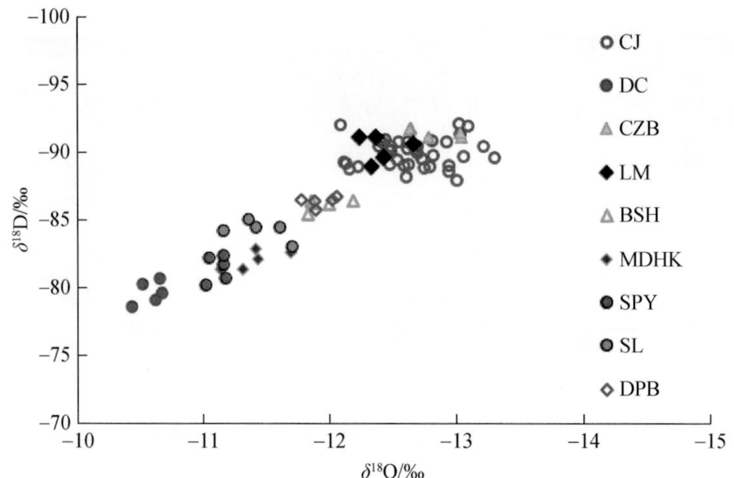

图7-26 2013年12月7日高水位期长江和大宁河各断面氢氧同位素变化

高水位期与蓄水期氢氧稳定同位素值的变化范围相比，发生了一些变化，水体中氢氧稳定同位素比值的变化主要与分馏作用有关，由于季节的变化，降水和其他方式的输入，以及水团的交换都是引起大宁河蓄水期与高水位期氢氧稳定同位素比值差异的可能原因。通过SPSS 17.0统计分析，长江干流氢氧稳定同位素比值与大宁河上游大昌断面氢氧稳定同位素比值均存在显著性差异（$P<0.05$）。

从图7-26可以看出，长江干流、菜子坝和龙门断面氢氧同位素比值十分接近，数值范围没有明显的界线，白水河与东平坝数值范围基本一致，双龙、马渡河口和大昌断面存在一定的差异。通过同位素数据，可以看出长江干流水团氢氧同位素组成与菜子坝和龙门断面基本一致，说明这些河段的水质基本混合均匀，而长江干流氢氧同位素组成与大宁河其他断面的差异随着断面距河口距离的增大而增加，与大昌断面的差异最大。

(2) 龙门断面氢氧同位素变化特征

图7-27是大宁河龙门断面连续5天的氢氧同位素结果。2013年12月7～11日，氢氧同位素比值均逐渐升高，龙门氢氧同位素比值逐渐向大昌断面靠近，随着高水位期的继续，水位变化小，正值长江流域枯水期，降水及支流汇入水量小，干流对大宁河的倒灌影响逐渐减小。

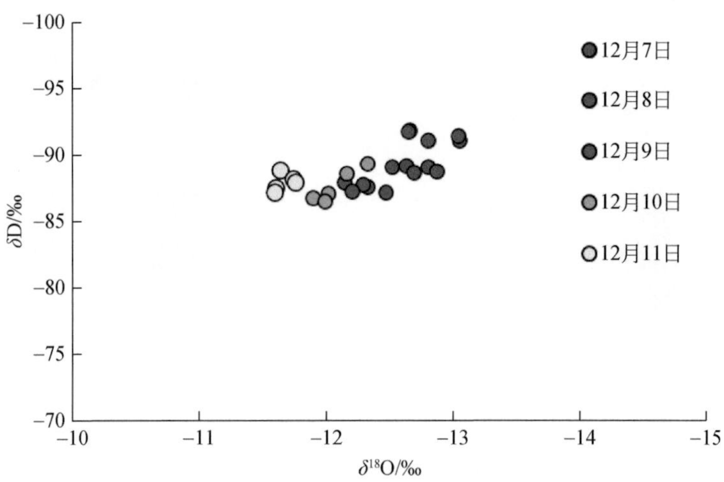

图 7-27　2013 年高水位期龙门断面氢氧同位素变化

图 7-28 为 2013 年 12 月 7 日（高水位期）大宁河河口至河口 35km 处各断面 δD 值垂向分布特征，蓝色到红色代表 δD 比值逐渐增加。从图中可以看出，在距河口同样的距离处，从表层到底层，δD 值几乎无变化，说明高水位期分层现象与蓄水期存在一定差异。蓄水期 δD 值分层变化比较明显，这是由于蓄水期干流顶托作用强烈。在回水区，尤其是靠近河口 20km 以内的河段，干流与大宁河上游来水交汇剧烈，水团分层明显。而在高水位期，干流倒灌作用减小，甚至消失，大宁河纵向水质混合均匀。图中显示距长江干流的距离由近到远，δD 值逐渐增大，出现了两个色块，说明干流水团影响的范围减小，也说明了干流倒灌作用的范围较小。

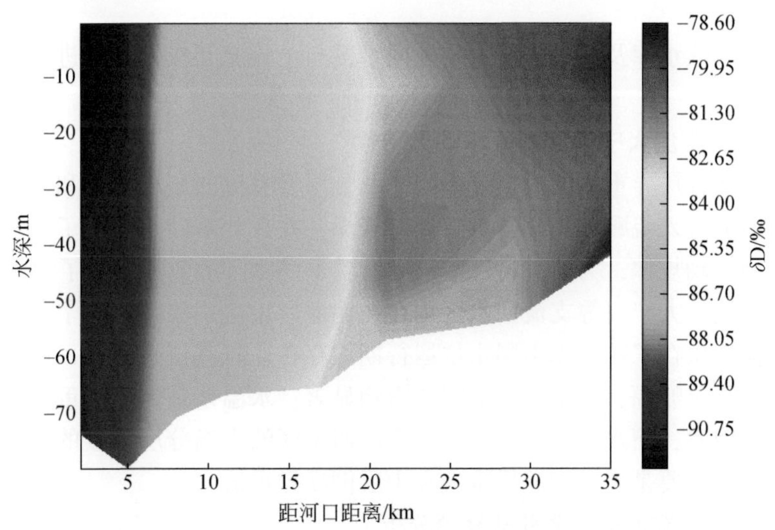

图 7-28　2013 年 12 月 7 日（高水位期）δD 垂向分布

图 7-29 为 $\delta^{18}O$ 值在大宁河回水区的垂向分布特征，变化规律与 δD 值基本一致。整体上分为两个色块，基本以 15km 为界，与之前的蓄水期分布特征差异较大，$\delta^{18}O$ 的分布特征也是水团特征的一个体现，δD 和 $\delta^{18}O$ 垂向分布特征均表明高水位期干流水团对回水区

的影响远小于蓄水期，这也是倒灌作用减小的体现。

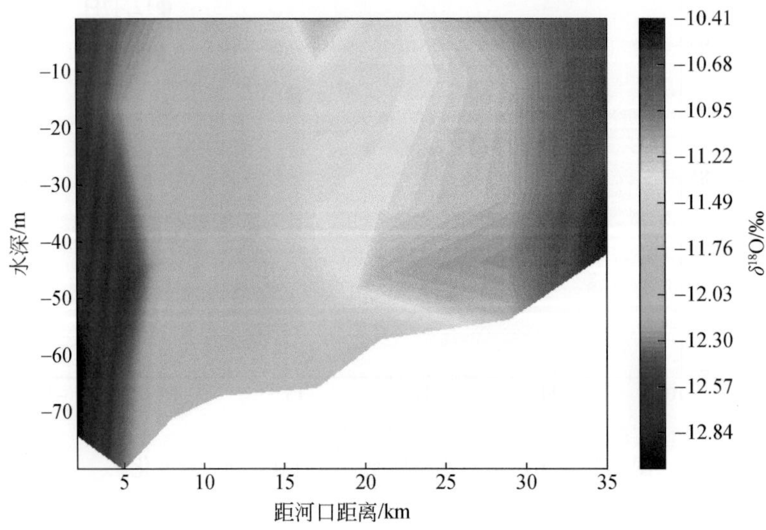

图 7-29　2013 年 12 月 7 日（高水位期）$\delta^{18}O$ 垂向分布

龙门断面连续 5 次监测结果也表明随着高水位运行过程的延续，干流影响的范围逐渐减小，龙门距离河口仅 5km，当龙门断面的水团特征接近大昌断面时，干流倒灌的影响几乎可以忽略。通过与蓄水期氢氧稳定同位素分布特征的对比，可以看出，蓄水运行过程中，干流水团的倒灌影响大于高水位运行过程。

7.5　小　　结

本章通过对三峡水库及典型支流大宁河回水区与干流交互作用过程进行分析，主要认识如下。

（1）基于典型支流大宁河回水区水动力特性

分析了大宁河分层异重流的时空分布规律及分层异重流的形成条件和大宁河河口倒灌异重流及大宁河上游入流顺坡底部异重流运动规律，并在此基础上概化了三峡水库典型支流回水区水动力运动规律，为研究特殊水动力背景下的水环境效应提供了动力依据。

野外监测发现，大宁河等支流回水区均存在倒灌异重流现象；对大宁河流速的监测表明，倒灌异重流现象在三峡水库不同水位运行期均存在，且其侵入深度、厚度、运行距离等可能受水位、水位波幅、流量等水文因素影响显著；水温差是倒灌异重流发生的主要因素，泥沙是次要因素，而水温差主要是由大宁河回水区的水温分层导致的；大宁河河口处倒灌异重流的形式主要是表层倒灌异重流和中层倒灌异重流。

（2）库区典型支流大宁河营养盐来源分析

蓄水过程是干流对支流影响最大的时期，干支流水团在大宁河回水区剧烈交汇，干流水团主要从中上层进入混合区，混合区上游来水从中下层切入混合区，大宁河上游水团主要从底层进入回水区。富含高浓度营养盐的干流水团倒灌至回水区中表层为藻类的生长繁殖提供了营养盐来源，大大增加藻类水化发生的风险。

氢氧稳定同位素示踪结果显示，高水位期和泄水期，长江干流水团与大宁河上游来水水团的氢氧稳定同位素比值存在显著差异性，表明该方法适用于示踪水团。

采用 $\delta^{18}O$ 计算采样期间干流对大宁河的水量倒灌系数（0.79），与库容计算法的结果（0.80）基本一致。结合干支流硝态氮浓度特征与干流水量倒灌系数，计算出采样期间回水区约有 88% 的硝态氮来自干流倒灌的水团。

降低三峡水库蓄水速度，是控制干流水量和营养盐倒灌的有效方式，也是解决支流水体富营养化和藻类水华的重要措施。

第 8 章

大宁河回水区水华形成机制研究

8.1 概　　述

水华通常描述为浮游植物生物量显著高于湖泊水库等水体的平均生物量（刘霞，2012）。水华是单一藻类种群聚集水体表面形成肉眼可见的过程，是在营养丰富的淡水水域表层浮游植物大量繁殖集聚于水面的现象（张友和，2009）。水华实质是在相对稳定生境条件下单一藻种疯长后的表象，所以影响水华生消的主控因素是浮游植物的生境要素，包括水动力过程（水流掺混扰动条件）、物质基础（营养盐、二氧化碳、微量元素等）、能量元素（光照、温度）、生物要素等。Goldman 等（1979）认为组成藻类的元素化学计量比 C∶N∶P=106∶16∶1，指出水中不同营养盐比例对藻类生长会产生影响，由于藻类对营养盐具有选择性吸收，在水华暴发的不同阶段，水华藻类生长相对具有限制作用。水下光照强度及其分布决定水体初级生产力，真光层深度指开放水体中阳光照射所达、光合作用得以发生的水体深度。一般取水下光强降低到水体表面光强 1% 的水深为真光层深度。真光层深度直接影响水体中浮游植物的数量、分布及群落结构。水温是水生态系统最为重要的因素之一，它对水生生物的生存、新陈代谢、繁殖行为以及群落结构和分布都有不同程度的影响，并最终影响水生态系统的物质循环和能量流动（Salmaso et al.，2012）。水温变化会影响藻类的光合作用、呼吸作用效率，正是由于藻类生长对水温变化的这种响应机制，藻类季节性演替，并发生水华。特定水域的水动力过程不仅可以从宏观尺度影响营养盐的输移过程、水体光学特性、水温结构以及藻类的输移过程，还可以从微观尺度影响藻类对营养盐的吸收速率、对光的竞争机制等，因此水动力条件对藻类生长、生物量大小、分布结构有重要影响（陈纯等，2013）。

水库水体流速减缓，水体中适用于急流的浮游植物逐渐被静水浮游植物取代，流速降低，水流扩散能力减弱，促使浮游植物在水体表层堆积形成水华。从三峡水库蓄水前后生境条件差异来看，三峡干流气候及营养盐条件均未发生较大的变化（娄保锋等，2011），氮、磷等营养物浓度已经超过水华发生界限，但由于干流水流较快未发生水华现象（谢涛，2014）。区别于干流水体，蓄水后支流回水区流速由原来的 1 ~ 3m/s 下降到 0.05m/s（杨正健等，2012），因此早期研究将三峡蓄水后支流回水区水流减缓认定为水华暴发的主要诱因（蔡庆华和胡征宇，2006；彭成荣等，2014）。同样水力滞留时间增长，加大了水华暴发的风险，水力滞留时间也被认为水华暴发的诱因之一（李锦秀和廖文根，2003）。但是，后期大量实验数据证实流速大小与藻类生长不存在显著负相关关系（张远等，2006；刘德富，2013），由此刘德富团队推断水流减缓和水力滞留时间增长可能只是诱发水华的表观现象，而非本质原因。同时该团队在香溪河的野外观测发现，三峡水库支流回水区水体分层与藻类水华生消关系非常密切（黄钰铃等，2008a，2008b；Liu et al.，

2012)，在斯韦德鲁普（Sverdrup）关于海洋春季水华预测的临界层理论（易仲强等，2009）基础上，提出了适合于三峡水库支流回水区水华生消的判定模式（Reynolds et al.，1993），即水体混合层深度（Z_m）、光补偿深度（Z_C）和临界层深度（Z_{Cr}）三者的相互关系决定藻类水华的生消。①当 $Z_m \geqslant Z_{Cr}$时，藻类负增殖，水华不会暴发，或暴发风险很小；②当 $Z_C<Z_m<Z_{Cr}$时，藻类开始增殖，水华开始发展，水华风险产生；③当 $Z_m<Z_C$ 时，藻类迅速繁殖，水华暴发，水华风险最大。根据三峡蓄水以来的研究，可定性归纳三峡水库支流回水区水华生消机理：三峡水库干、支流及上游来流的水体密度差导致支流回水区存在明显的分层异重流（杨正健，2014；纪道斌等，2010），分层异重流的存在，一方面强迫支流回水区水体分层，呈现靠近河口的深水区分层较弱、远离河口的浅水区分层反而强的特殊分层状态（谢涛，2014），并使水体混合层沿回水区向上游逐渐变小；另一方面倒灌异重流持续挟带干流营养盐对回水区水体进行补给，丰富了回水区水体中藻类可利用的营养盐；同时，缓慢水流使得泥沙迅速沉降，水体透明度增大，临界层变深。根据临界层理论，一旦回水区水体混合层深度小于临界层深度，藻类就能大量接受光照而繁殖并逐渐形成水华，相反则水华消失。对于三峡水库干流，泥沙含量相对较高导致临界层深度不大，处于混合状态，混合层深度大于50m，故不会暴发藻类水华。

大量的研究工作认为，充足的营养盐、适宜的光照、合适的水温和水文水动力变化是藻类水华暴发的必要条件（Yang et al.，2010），本研究基于当前三峡水库支流回水区水华各类研究成果，结合大宁河的实际调查情况，确定三峡水库蓄水后水华高发期浮游植物随营养盐、水温等因素的改变的变化特征，从而进一步探究大宁河水华高发区初级生产力在不同水文期随水动力改变的变化特征，利用现场围隔实验探究氮、磷营养盐含量对水华暴发的影响，以及水体中水下光场的变化特征对“水华”暴发的驱动机制，从而论证三峡水库蓄水后水动力背景的改变所带来的水下光热结构的变化、营养盐迁移转化规律的变化是否就是三峡水库支流从蓄水初期的河道型藻类水华逐步向湖泊型水华演替的本质原因。

8.2 材料与方法

8.2.1 样点布设

8.2.1.1 浮游植物与初级生产力研究现场监测样点布设

根据大宁河流域的水文地质等特征及历年大宁河水华暴发的情况，对大宁河水华敏感期进行连续实地监测。从大宁河上游至下游出河口（长江）分别设置大昌断面（上游区）、双龙断面（回水区）、东坪坝断面（回水区）、白水河断面（回水区）、龙门断面（回水区）、菜子坝断面（巫山县城污染区）和巫峡口断面（大宁河入长江处）其布设点具体位置如图8-1所示。同时根据大宁河历年水华暴发的情况以及实验实施的可操作性，在水华易发区白水河（北纬31°07′17.22″，东经109°53′58.02″）设观测站。相关研究表明，水文条件是影响三峡水库浮游植物的关键因子，因此在三峡水库不同水文期测定水下初级生产力，以2009年6月6～11日代表水华期和丰水期，以2010年1月18～22日代表枯水期。

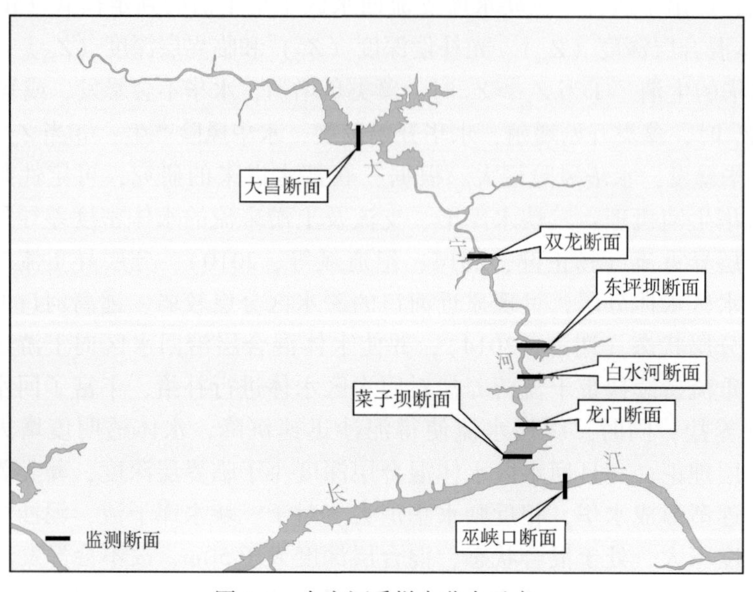

图8-1　大宁河采样点分布示意

8.2.1.2　围隔实验Ⅰ、Ⅱ现场试验点布设

根据三峡水库回水情况、大宁河流域的水文地质等特征及历年大宁河水华暴发的情况，选取历次大宁河水华易发河段——东坪坝为围隔实验点（东经109°54′24.8″，北纬31°08′39.1″；高程149m，图8-2）。东坪坝河段位于大宁河“小三峡”的龙门峡和巴雾峡之间、白水河上游、巴雾峡下游出口处的一开阔水域，156m蓄水淹没该河段处的琵琶洲，

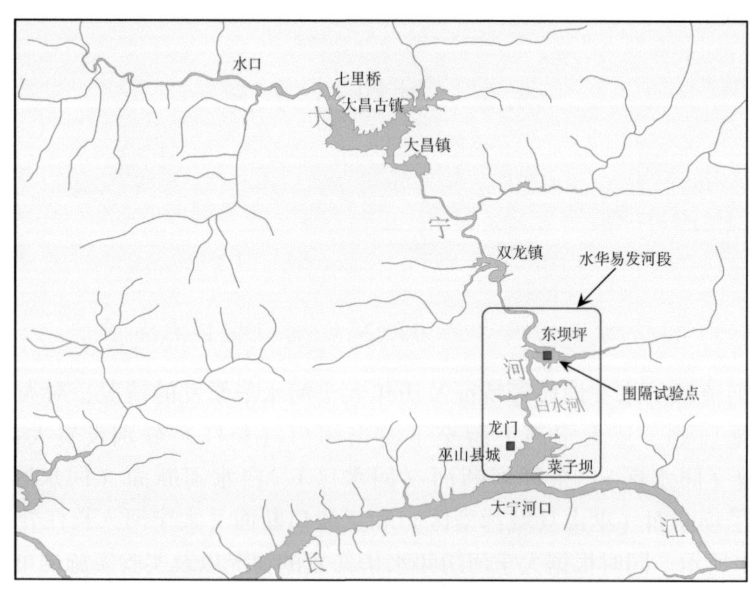

图8-2　三峡水库大型现场围隔实验方位图

东坪坝河段逐渐形成一小型湖泊。由于三峡水库蓄水淹没了该河段的大量农田和集镇，淹没土壤缓释污染严重，同时由于水域开阔是理想的网箱养鱼点，网箱养鱼的规模逐年增加，水体污染也日趋严峻。以上因素导致东坪坝河段是大宁河水华较易发生区域，自三峡水库蓄水以来几乎每年 3 ~6 月气温回升时该河段都发生过水华，因此围隔Ⅰ、Ⅱ实验时间分别为2007 年4 ~6 月、2008 年5 月22 日 ~6 月2 日。

8.2.2 初级生产力分析测试方法

8.2.2.1 初级生产力的测定

初级生产力采用黑白瓶法，黑白瓶按照水表、透明度的1/2、1 倍、2 倍、3 倍、4 倍处分层挂瓶，每天 12：00 ~15：00 完成。用 5L 采水器取各层水样装瓶，灌满 2 个白瓶、1 个原样瓶、2 个黑瓶（均为 250ml 小口磨砂玻璃瓶），并记录水温。曝光 24h，起瓶时用碱性碘化钾和硫酸锰现场固定，在 3h 内用浓硫酸酸解，6h 内用硫代硫酸钠滴定完毕，溶解氧测定与计算参考相关文献（国家环境保护总局《水和废水监测分析方法》编委会，2002）。

8.2.2.2 其他项目的测定

透明度（SD）使用赛氏盘测定。水温、溶解氧（DO）、电导率（SPC）、酸碱度（pH）、叶绿素 a（Chla）和浊度（TUR）等参数由 Hydrolab D_S5X 多参数水质分析仪（美国）现场测定。

8.2.3 围隔实验装置与设备

（1）围隔的结构

围隔由浮体、围隔袋、外网、底盘 4 个部件组成（图 8-3）。

1）浮体是保持围隔上口露出水面，使整个围隔悬浮于水中的部件，由浮架和浮子装配而成。

浮架：由 20mm×4mm 的扁钢和直径 10mm 的圆钢焊接而成，高 0. 7m。顶部是一个直径 1. 0m，周长 3. 14m（小围隔直径 0. 9m，周长 2. 83m）由内外两层扁钢构成的顶圈，两层扁钢由螺钉固定在一起。顶圈的作用为撑开和夹住围隔袋和外网的上口。基部是位于同一平面上的内圈和外圈。内圈的大小与顶圈相同，外圈直径为 1. 6m（周长 5. 02m），内外圈间距为 0. 3m（小围隔间距为 0. 35m），用于安放浮子。外圈用来抵御船只的碰撞，起保护围隔的作用。以上 3 个圈（顶圈、内圈、外圈）等距地用圆钢支架焊接成一个整体。

浮子：由若干个密封性能良好的空油桶制成，直径 80cm，高 120cm，浮力为 603kg，空心圆柱体，全围隔所用的浮子的数由整个围隔实际重量及围隔的高度决定。

2）围隔袋是围隔的主体，由高密度涂塑聚乙烯编织布缝合而成，呈圆筒形，其中大围隔袋高 2. 5m（水下 1. 5m，水上 0. 7m），圆筒直径 1. 08m（周长 3. 4m），圆面积 0. 920m^2，容水量为 1. 38m^3；小围隔袋高 2. 0m（水下 1. 2m，水上 0. 7m），圆筒直径

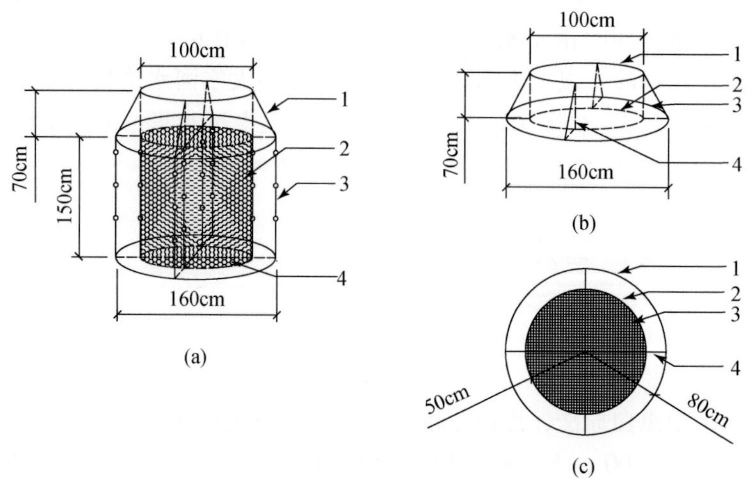

图 8-3 围隔结构

（a）整体结构图，1. 浮架，2. 围隔袋，3. 钢架，4. 底盘；（b）浮架结构，1. 顶圈，2. 内圈，3. 外圈，4. 支架；（c）底盘，1. 底盘外圈，2. 内盘，3. 铁丝网+聚乙烯布，4. 十字支架

1.08m（周长 3.4m），圆面积 0.920m^2，容水量为 1.10m^3；现场新作围隔高 3.0m（水下 2.0m，水上 0.7m），圆筒直径 0.955m（周长 3.0m），圆面积 0.716m^2，容水量为 1.432m^3。围隔袋的上口被浮架顶圈夹固并撑开；下端夹固在底盘上，并被底盘封闭。围隔周边等距地加 4 根钢架，上端固定在浮架内圈上，下端联结底盘，以增大围隔袋的抗拉力。

3）外网设置于围隔外，用于保护围隔袋，为一圆筒形网袋（可用坚固耐用的渔网制成），渔网沿浮架外圈和底盘外圈将整个围隔装置缠绕一圈。

4）底盘处于围隔袋的底部，能起重力作用，使围隔袋在水中保持正常形状，另外也起到保护围隔的作用。底盘由内盘和外圈组成。内盘面积与围隔相同，其构造类似浮架的顶圈，以扁钢做圈，圈内用 8 号铁丝编织成网（或用普通渔网制成），网上再铺一层聚乙烯编织布，布的周边与围隔袋一起夹固在底盘的边圈上。内盘能撑开并封闭围隔袋。底盘外圈与浮架的外圈类似，为一层扁钢圈成，直径 1.6m（周长 5.02m），起保护围隔袋并撑开外网的作用。内圈和外圈之间十字形地焊接两根角钢，以增大强度。角钢的长度为 2.6m，两端各超出内盘 0.3m，角钢的两端在内外盘各钻一孔（共 8 个孔），用以系结围隔袋的钢架。浮架外圈和底盘外圈也用 4 根钢架固定。

（2）围隔的安装

1）围隔的设置和固定：设置围隔群的地址应选在河流（库）的开阔平缓处，水深至少要大于围隔高度 1m。此外，还应尽量避开水流通道、航道及水上娱乐区等地段。将各围隔装置在选定的地段上，沿河岸按一定的间距排成方形或长方形围隔阵。本实验选取东坪坝河段向阳的北岸（日照时间长），考虑到水库的蓄水及大宁河流域的降水情况，围隔群距岸边 15m，水深 8～10m。研究的围隔装置个数为 11 个，围隔浮子由 6 个空油桶均匀分布于一矩形框架结构（长 15.0m，宽 5.0m 的矩形）上，该矩形框架又分隔成 12 个正方形区域（边长 2.5m）（其中 1 个框架为现场无围隔空白对照实验组）。围隔的浮架用绳索和铁丝固定于各个对应的正方形框架上，使全部围隔连为一个整体。而后在围隔阵的四角上及四边（或两长边）的侧面分别加锚固定。锚的总重视围隔多少而定。本研究现场选取20kg左右的大石块作为锚，用铁丝和绳索将其固定牢固，抛入水中，然后通过控制另一段绳索的长度来固定围隔（图8-4）。围隔阵的外围1m处，用渔网圈定围隔实验区，以钢结构固定住，并装饰交通警告牌。

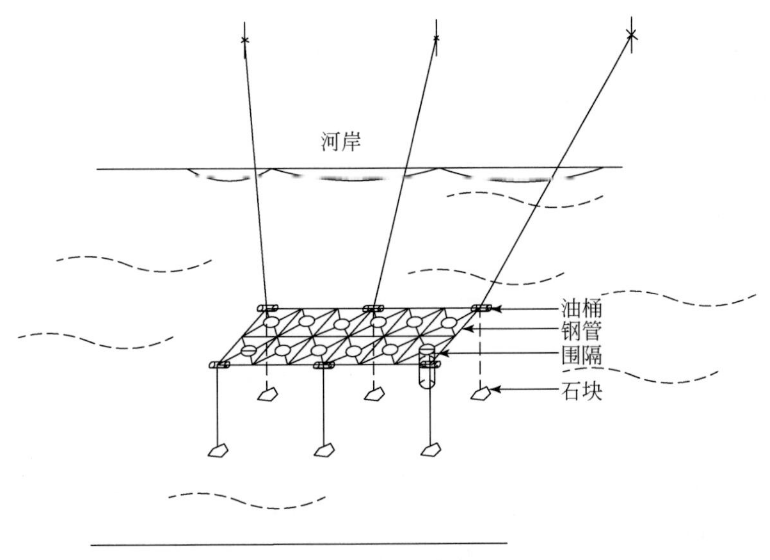

图8-4　围隔群设置

2）排灌水方法：水样直接用潜水泵从取样区取样，通过船舶运到围隔实验区，再用潜水泵灌入围隔袋中。灌水前先在底盘内圈上等距离系三根3m长的定深绳，便于排放水。

8.2.4　围隔实验方案

8.2.4.1　实验研究目的与思路

研究大宁河回水区富营养化状况和水华暴发的条件，即发生水华时的水质状况（N、P、叶绿素a各参数的值）和自然状况（气温、水温、光照等数值）。实验拟按照以下思路进行：

1）取不同水域水样在同一个地方（水华易发河流）进行围隔实验。研究在自然条件（光照、气温、水温等）相同时，长江、大宁河等三峡水库库区各河流不同位置（水质条件不同）水体，哪些位置的水体发生了藻华，哪些没有发生，从而得出易发生水华地点水样的水质状况（所有相关参数），并与不发生水华地段的水质进行比较，最终得出水华暴发的临界条件。其他条件相同，水源不同。

2）自然条件不变，改变营养盐含量。

在实验1）的基础上，改变围隔的实验条件（改变N、P含量），考察不同营养盐浓度对水华的影响。

增加N或P含量：向围隔水样中加入N或P营养盐，以增加水体中N或P含量，进行实验。

减少 N 或 P 含量：取上游的 N、P 含量较少的水样对围隔内的水样进行稀释，从而减少围隔水样中 N 或 P 含量，进行实验。

8.2.4.2 实验条件

本实验共设计 12 个围隔，水样分别以东坪坝、上游水口和大宁河出河口的水体作为实验水样。实验中围隔的初始水样分别按表 8-1 的比例进行配对。围隔以初始水样进行实验，时间为 2007 年 4 月 3 ~ 29 日，对每个围隔进行采样分析。其他条件相同，水源不同。

表 8-1 围隔初始水样

围隔编号	水样组成
A1	1/3 东坪坝水+2/3 水口水
A2	1/2 东坪坝水+1/2 水口水
A3	2/3 东坪坝水+1/3 水口水
B1	1/3 东坪坝水+2/3 水口水
B2	1/2 东坪坝水+1/2 水口水
B3	2/3 东坪坝水+1/3 水口水
C1	1/3 东坪坝水+2/3 水口水
C2	1/2 东坪坝水+1/2 水口水
C3	2/3 东坪坝水+1/3 水口水
D（空白组）	全部加东坪坝水
E（空白组）	全部加水口水
F（空白组）	全部加河口水

根据多年现场实测数据，大宁河流域氮污染严重，水体中的氮营养盐含量比较高（>0.5mg/L），远远高于藻类暴发的氮营养盐阈值（0.2mg/L），而磷营养盐含量较低，因此本实验首先以一定的 TN/TP 值为基准，向围隔中加入磷营养盐来改变营养盐组成；然后再提高围隔水体中氮营养盐含量，按照事先设定的 TN/TP 值来调控磷营养盐浓度（即氮磷营养盐含量升高而 TN/TP 值不变）。

（1）TN/TP 值的确定

确定的依据如下：

一般来说，藻类健康生长及生理平衡所需的氮磷比（N∶P）为 16∶1（Redfiled 比值），N/P 值低于 16，表明氮相对不足，藻类的生长受氮限制；而 N/P 值高于 16，则表明磷相对不足，藻类生长受磷限制。

水体存在发生富营养化风险（浮游植物出现疯长）时，氮磷营养盐的限制性阈值（TN 为 0.20mg/L；TP 为 0.02mg/L 以上）。三峡水库蓄水后平均的 N/P 值（TN/TP=19∶1；TDN/TDP=26∶1）。

大宁河菜子坝断面发生水华时的 TN/TP 值（TN/TP=28.9∶1）；大宁河没有水华时的 TN/TP 值（TN/TP=80∶1～60∶1）。

按以上依据，并根据实际情况，确定本次围隔实验的 TN/TP 值，见表 8-2。

表 8-2　围隔氮磷营养盐的确定依据

围隔编号	TN/TP 值
A1	40∶1
A2	50∶1
A3	61∶1
B1	16∶1
B2	35∶1
B3	25∶1
C1	10∶1
C2	19∶1
C3	30∶1
D（空白组）	实际比值
E（空白组）	实际比值
F（空白组）	实际比值

注：A3 和 B2 组的 TN/TP 值为原来围隔中水样实际比值。

（2）营养盐的加入

加入的 KNO_3、KH_2PO_4 质量分别按式（8-1）和式（8-2）进行计算。

$$m_{KNO_3}=\frac{(TN_{后}-TN_{前})\times V}{M_N}\times M_{KNO_3}=(TN_{后}-TN_{前})\times V\times 7.2182 \tag{8-1}$$

$$m_{KH_2PO_4}=\frac{(TP_{后}-TP_{前})\times V}{M_P}\times M_{KH_2PO_4}=(TP_{后}-TP_{前})\times V\times 4.3940 \tag{8-2}$$

式中，m_{KNO_3}和$m_{KH_2PO_4}$分别为加入 KNO_3 和 KH_2PO_4 的质量；$TN_{前}$、$TN_{后}$、$TP_{前}$、$TP_{后}$ 分别为加入氮磷营养盐前后 TN 和 TP 的含量；M 表示摩尔质量（M_{KNO_3} = 101.1029g/mol；$M_{KH_2PO_4}$ = 136.0814g/mol；M_N = 14.0067g/mol；M_P = 30.9700g/mol）；V 为围隔的水样体积（按照各围隔的实际水量计算而得）。

第一次改变营养盐浓度：以 2007 年 4 月 26 日实测 TN 和 TP 数据进行计算而得。以各围隔中实际的 TN 浓度为基准，以表 8-2 中各围隔的控制 TN/TP 值为依据，计算需加入的 KH_2PO_4 的质量，结果见表 8-3。

表 8-3　第一次氮、磷营养盐的改变

编号	TN/(mg/L)		TP/(mg/L)		$M_{KH_2PO_4}$/g	TN/TP 值		
	改变前	改变后	改变前	改变后		理论	改变前	改变后
A1	0.801	0.753	0.010	0.012	0.0608	40∶1	80∶1	62.8∶1
A2	0.782	0.724	0.012	0.017	0.0226	50∶1	65∶1	42.6∶1
A3	0.733	0.762	0.012	0.012	0	61∶1	61∶1	76.2∶1

编号	TN/(mg/L)		TP/(mg/L)		$M_{KH_2PO_4}$/g	TN/TP 值		
	改变前	改变后	改变前	改变后		理论	改变前	改变后
B1	0. 743	0. 704	0. 010	0. 042	0. 2183	16 : 1	74. 3 : 1	16. 8 : 1
B2	0. 743	0. 704	0. 012	0. 017	0. 0560	35 : 1	61. 9 : 1	41. 4 : 1
B3	0. 859	0. 704	0. 012	0. 032	0. 1357	25 : 1	71. 6 : 1	22 : 1
C1	0. 762	0724	0. 010	0. 047	0. 4015	10 : 1	76. 2 : 1	15. 4 : 1
C2	0. 762	0. 743	0. 010	0. 042	0. 1452	19 : 1	76. 2 : 1	17. 7 : 1
C3	0. 859	0. 743	0. 010	0. 032	0. 1177	30 : 1	85. 9 : 1	23. 2 : 1
D	0. 791	0. 782	0. 010	0. 010	—	—	79. 1 : 1	78. 2 : 1
E	0. 839	0. 762	0. 010	0. 010	—	—	83. 9 : 1	76. 2 : 1
F	0. 868	0. 782	0. 012	0. 012	—	—	72. 3 : 1	65. 2 : 1

注：改变前 TN 和 TP 含量为 2007 年 4 月 26 日的实测数据，改变后 TN 和 TP 含量为 2007 年 4 月 29 日加入 KH_2PO_4 搅拌 30min 后的实测数据；A3 维持实测 TN/TP 值（61 : 1），未加营养盐。理论以 TN/TP 值为依据进行计算。

第二次改变营养盐浓度：以中国环境科学研究院和重庆市巫山县环境保护局多年对三峡库区巫山县境内的 3 条次级河流（大宁河、官渡河和抱龙河）长期水华观测结果为依据，计算出 3 条次级河流水华暴发时的氮、磷营养盐的多年平均值（TN 为 1. 8327mg/L，TP 为 0. 2013mg/L。水华期间统计数据共计 173 个，其中大宁河 120 个，官渡河 31 个，抱龙河 22 个）。本次营养盐的改变以 2007 年 5 月 18 日实测 TN 和 TP 数据为基础，以 1. 8327mg/L 作为改变营养盐后 TN 的最终浓度（即将所有围隔 TN 均提高到水华暴发时的平均值），然后按照表 8-2 中各个围隔的 TN/TP 值，计算出需要加入 KH_2PO_4 的质量，从而达到改变营养盐的目标（TN/TP 值仍不变），结果见表 8-4。

表 8-4　第二次氮、磷营养盐的改变

编号	TN 理论/(mg/L)		M_{KNO_3}/g	TN/TP 理论值	TP 理论/(mg/L)		$M_{KH_2PO_4}$/g	加入营养盐后的实测值		
	前	后			前	后		TN	TP	TN/TP 值
A1	0. 916	1. 8327	9. 1313	25 : 1	0. 016	0. 0733	0. 3475	2. 160	0. 102	21 : 1
A2	1. 080	1. 8327	7. 4977	50 : 1	0. 025	0. 0367	0. 0709	2. 729	0. 054	51 : 1
A3	0. 791	1. 8327	10. 3765	60 : 1	0. 016	0. 0305	0. 0882	2. 189	0. 040	55 : 1
B1	1. 061	1. 8327	7. 6870	19 : 1	0. 025	0. 0965	0. 4336	2. 439	0. 146	17 : 1
B2	0. 801	1. 8327	10. 2769	30 : 1	0. 020	0. 0611	0. 2492	2. 661	0. 098	27 : 1
B3	1. 148	1. 8327	6. 8204	40 : 1	0. 040	0. 0458	0. 0353	2. 748	0. 040	69 : 1
C1	0. 627	1. 8327	12. 0101	16 : 1	0. 016	0. 1145	0. 5973	2. 700	0. 180	15 : 1
C2	0. 608	1. 8327	9. 7241	10 : 1	0. 011	0. 1833	0. 8328	2. 507	0. 262	10 : 1
C3	0. 791	1. 8327	10. 7675	35 : 1	0. 025	0. 0524	0. 1724	3. 818	0. 083	46 : 1

注：TN 前和 TP 前的含量为 2007 年 5 月 18 日的实测数据；TN 后和 TP 后的含量为按照理论 TN/TP 值和（TN 前、TP 前）的值求得的；加入营养盐后的实测值为 2007 年 5 月 21 日加入 KNO_3 和 KH_2PO_4 搅拌 30min 后的实测数据。注意：①氮、磷营养盐分别以 KNO_3 和 KH_2PO_4 溶液的形式加入。②先采样后加入营养盐，搅拌均匀后再采一次分析样（计算实际的 TN/TP 值并进行校准）。③由于围隔的实际容水量可能不同，且由于浮游生物的生长、营养盐的溶解度等不同，营养盐含量始终处于动态变化中，实验中 TN/TP 值的控制并不需要太严格，实验结果以实际改变营养盐后的实测 TN/TP 值进行分析。

8.2.5 数据的处理

（1）浮游植物群落相似性分析方法

采用种类相似性指数（Jaccard 指数，J）对样点间浮游植物群落结构的相似性进行评价（国家环境保护总局《水和废水监测分析方法》编委会，2002；曹承进等，2009）：

$$J=\frac{C}{a+b-c} \tag{8-3}$$

式中，J 为相似性指数；a 为样本 A 的种类数；b 为样本 B 的种类数；c 为样本 A 和 B 共有种类数。当 $0<J<0.25$ 时，极不相似；当 $0.25\leqslant J<0.50$ 时，中等不相似；当 $0.50\leqslant J<0.75$ 时，中等相似；当 $0.75\leqslant J<1.00$ 时，极相似（钱迎倩，1994）。

（2）浮游植物与初级生产力研究数据处理分析

由于所有监测项目的单位不完全相同，在进行聚类分析时，为了消除量纲的影响，对原始数据进行标准化，公式如下：

$$X_{ij}=\frac{S_{ij}-S_j}{\delta} \tag{8-4}$$

$$\delta=\sqrt{\frac{(S_{1j}-S_j)^2+(S_{2j}-S_j)^2+\cdots+(S_{nj}-S_j)^2}{n}} \tag{8-5}$$

式中，X_{ij}为变量标准化之后的第 j 个采样点的第 i 个指标的数值；S_{ij}为原始数据；S_j为第 j 个指标的均值；δ 为均方差。

聚类分析方法选用目前应用广泛的系统聚类，从而划分出大宁河水生态环境的特征水域。同时应用相关分析法分析藻细胞密度与环境因子间的关系。方差分析（ANOVA）、Pearson 相关分析和聚类分析均采用 SPSS 17.0 统计软件处理，其中 Pearson 相关性分析采用双变量相关性分析，双尾检验，显著性水平为 0.05 和 0.01（胡鸿钧和魏印心，2006）。

（3）围隔实验的样品保存于数据处理分析

测试指标包括气温（AT）、水温（WT）、pH、水位、高程、经纬度、光照（水上和水下）、流量、流速、悬浮物（SS）、透明度（SD）、氮营养盐（总氮（TN）、总溶解态氮（TDN）和溶解态无机氮（DIN））、磷营养盐（总磷（TP）和总溶解态磷（TDP））、高锰酸盐指数（COD_{Mn}）、溶解氧（DO）、叶绿素 a（Chla）、浮游生物、水华藻类种群鉴定等。

为了控制测定的准确性，在分析氮、磷营养盐和高锰酸盐指数时，每 10 个测定样品用标准样品校验。另采用 10% 的平行样分析控制实验的精密度，平行样的相对误差小于 10% 。水质分析方法参见相关文献。高程及采样点位采用便携式 GPS 定位仪进行确定。浮游生物的分类、计数采用显微镜视野法（况琪军等，2004；张晟等，2009；Wu et al., 2010）；富营养化评价采用相关加权综合营养状态指数法（钱迎倩，1994；阮嘉玲等，2013）。相关性及回归分析采用 SPSS 17.0 统计软件处理，双尾检验，显著性水平为 0.05 和 0.01。

8.3 大宁河回水区水华高发期浮游植物变化特征研究

8.3.1 大宁河回水区水华发生概况

三峡水华暴发的时间特征：全年均可发生水华，水华暴发频率较高的月份为3～6月，春夏季是三峡水华的多发季节。值得一提的是，2008年冬季在大宁河大昌河段发现铜绿微囊藻水华（图8-5）。三峡水库支流回水区水华暴发方式可能有多种形式，既可能是单点暴发后，水华优势种自上而下扩散在回水区，也可能是在回水区中的多个位点同时出现生物量的高峰值，随后逐步弥散，连成一片，大面积暴发水华。大宁河暴发区域多集中在白水河、东坪坝和双龙三个回水区。

(a) 甲藻水华

(b) 绿藻水华

(c) 蓝藻水华

图8-5 大宁河回水区水华照片

近年来的调查研究发现，库区水华藻类非常丰富，包括蓝藻门的水华微囊藻（*Microcystis flos-aquae*）、惠氏微囊藻（*Microcystis wesenbergii*）和林氏念珠藻（*Nastoc linckia*），硅藻门的颗粒直链藻（*Melosira granulata*）、细布纹藻（*Gyrosigma Kutzingii*）、新月桥弯藻（*Cymbella cymbiformis*）、肘状针杆藻（*Synedra ulna*）和小环藻（*Cyclotella* sp.），甲藻门的角甲藻（*Ceratium hirundinella*）和裸甲藻（*Gymnodinium aeruginosum*）、绿藻门的实球藻（*Pandorina morum*）、空球藻（*Eudorina elegans*）和单角盘星藻具孔变种（*Pediastrum simplex* var. duodenarium），隐藻门的卵形隐藻（*Cryptomonas ovata*）以及裸藻门的敏捷扁裸藻（*Phacus agilis*）等（图8-6）。

总体上看，在库区高营养盐背景的条件下，水华暴发受到水动力变化、气候条件、小流域污染汇入等多种作用的共同影响，三支流回水区水华暴发强度差异极大，某些水华的生物量达到可以与滇池和太湖“媲美”的地步。而藻华优势种的丰富程度以及暴发方式的多样性，也反映了支流回水区水华暴发机制的复杂性，随着三峡水库进入175m高水位运行阶段，库区水动力条件进一步变化，支流回水区富营养化及水华的发展形式还存在很大的不确定性。因此，需要通过长期的定位观测积累数据，进一步认识三峡水库支流回水区水华的暴发规律，通过针对关键科学问题的试验研究揭示其发生机理，进而提出切实可行的支流回水区水华控制对策措施。

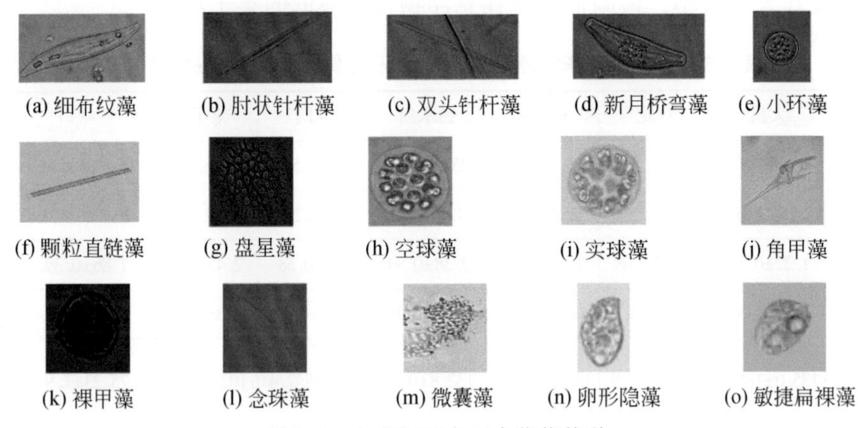

图 8-6　大宁河回水区水华优势种

8.3.2　水华高发期大宁河环境参数特征

水温与气温相比，各样点的差异显著（ANOVA，$F=3.31$，$P<0.05$），水温的变化范围为（20.98±1.31）（巫峡口）~（24.14±2.56）℃（白水河），7 个样点的水温均在浮游植物适宜生长的温度范围（18 ~ 25℃）内。溶解氧饱和率的变化范围为（75.23±7.9）%（巫峡口）~（138.5±489.6）%（东坪坝）。受藻类繁殖的影响，最严重的超饱和现象出现在水华暴发期（5 月 10 ~ 16 日）。不同采样点间差异极显著（ANOVA，$F=5.30$，$P<0.001$），中上游的大昌、双龙、东坪坝和白水河 4 个样点溶解氧饱和率明显高于下游龙门、菜子坝和巫峡口。

pH 为（8.11±0.08）（巫峡口）~（8.60±0.38）（东坪坝），为中性偏弱碱性水体，水华暴发样点东坪坝 pH 较高，大宁河口（巫峡口）最低，各采样点间存在非常显著的差异（ANOVA，$F=3.72$，$P<0.01$）。

高锰酸盐指数作为有机污染的指标，当其超过 4mg/L 时，表示水体受到有机污染。高锰酸盐指数变化范围为（1.76±0.09）（大昌）~（2.45±1.43）mg/L（东坪坝），说明大宁河还未受到有机污染的严重影响。高锰酸盐指数空间分布无显著差异（ANOVA，$P<0.05$）。在时间分布上，高锰酸盐指数峰值出现在水华暴发期。水华暴发期藻类生长量远远大于死亡量，因此高锰酸盐指数在水华暴发期增高，应与藻类大量吸收累积有机物有关。可溶态高锰酸盐指数的增加，可能与水体中有机物的部分来源于藻类死亡分解有关。

大宁河氮、磷含量变化见表 8-5，方差分析结果表明，总氮的空间分布存在极显著差异（ANOVA，$F=6.71$，$P<0.001$）。总氮含量的变化范围为（1.01±0.189）（大昌）~（1.98±0.40）mg/L（巫峡口），无机氮是总氮的主要存在形式，其中又以硝酸盐氮为主（占总氮比例的 63.08% ~ 87.5%）。总磷含量的变化范围为（0.02±0.003）（大昌）~（0.11±0.16）mg/L（白水河），各采样点间并不存在显著差异（ANOVA，$P<0.05$）。悬浮物含量的变化范围为（3.09±0.70）（菜子坝）~（3.82±0.98）mg/L（东坪坝）。透明度主要受浮游植物和悬浮物的双重影响，并与该区域的水环境条件也有一定关系。透明度为（1.22±0.31）（大昌）~（2.43±0.82）m（菜子坝）。受上游水土流失和水华暴发的双

重影响透明度在大昌最小，最高值出现在悬浮物含量最低的菜子坝。

表 8-5　大宁河水华敏感期各采样点环境参数（平均值±标准差）

监测项目	大昌	双龙	东坪坝	白水河	龙门	菜子坝	巫峡口	F(df)
气温/℃	26±2.45	27±2.22	25.5±2.78	25.5±3.49	22±3.53	22±2.99	26.83±2.54	0.58（23）
水温/℃	24.1±1.67	23.1±1.597	22.83±2.07	24.14±2.56	23.19±2.58	23.71±2.12	20.98±1.31	3.31（31）*
透明度/m	1.22±0.31	2.38±1.08	1.65±0.82	2.38±0.94	2.2±0.58	2.43±0.82	1.86±0.39	1.49（31）
pH	8.35±0.081	8.58±0.27	8.60±0.38	8.47±0.32	8.34±0.27	8.33±0.23	8.11±0.08	3.72（31）**
溶解氧饱和率/%	135.0±185.7	136.7±16.9	138.5±489.6	132.8±0.99	98.6±842.4	102.3±77.9	75.23±7.9	5.30（36）***
叶绿素 a /(mg/m^3)	6.41±4.20	16.03±13.48	23.22±33.98	26.40±47.21	7.05±6.75	13.35±16.61	1.39±0.39	1.09（42）
总氮/(mg/L)	1.01±0.189	1.36±0.077	1.45±0.22	1.95±0.63	1.87±0.37	1.98±0.46	1.98±0.40	6.71（42）***
总磷/(mg/L)	0.02±0.003	0.04±0.025	0.053±0.026	0.11±0.16	0.068±0.01	0.08±0.02	0.07±0.02	1.14（42）*
硝酸盐氮 /(mg/L)	0.85±0.11	1.19±0.123	1.18±0.21	1.23±0.42	1.50±0.49	1.49±0.48	1.56±0.52	2.66（42）*
亚硝酸盐氮 /(mg/L)	0.01±0.001	0.02±0.0014	0.018±0.002	0.02±0.01	0.03±0.019	0.019±0.01	0.022±0.009	0.99（6）
氨氮/(mg/L)	0.10±0.007	0.12±0.011	0.11±0.012	0.11±0.01	0.12±0.01	0.11±0.04	0.098±0.009	1.13（42）
悬浮物/(mg/L)	3.44±1.12	3.4±0.62	3.82±0.98	3.63±0.70	3.13±0.16	3.09±0.70	3.24±0.49	0.91（37）
高锰酸盐指数/(mg/L)	1.76±0.09	2.21±0.35	2.45±1.43	2.20±0.33	2.25±0.39	2.27±0.47	2.03±0.21	0.57（28）

* 表示 $P<0.05$，** 表示 $P<0.01$，*** 表示 $P<0.001$。

8.3.3　水华高发期大宁河浮游植物分布特征

大宁河流域 7 个采样点共鉴定出浮游植物 5 门 43 属 68 种，其中以硅藻门和绿藻门分布最多，分别为 23 种和 22 种，其次是蓝藻门（16 种）和甲藻门（5 种），隐藻门为 2 种。各采样点细胞密度和主要藻类组成随时间的变化见表 8-6。

表 8-6　各采样点的浮游植物变化特征

监测样点	细胞密度/ ($\times10^5$ ind/L)	藻类组成的演变过程	水华优势种
大昌	2.444～166.192	硅-蓝藻→硅-隐藻→硅藻	水华期藻类的优势种并不单一：以硅藻门小环藻为优势种，亚优势种为隐藻门的卵形隐藻和绿藻门的弓形藻、衣藻
双龙	0.611～24.44	绿-硅藻→隐-蓝藻→绿-蓝藻→绿-硅藻	优势种为绿藻门的实球藻和甲藻门的多甲藻

监测样点	细胞密度/（$\times 10^5$ ind/L）	藻类组成的演变过程	水华优势种
东坪坝	0.611～47.658	蓝-硅藻→蓝-绿藻→绿藻→绿-甲藻→绿-硅藻	水华期藻类的优势种并不单一：5月10日为绿藻门的实球藻； 5月13日为绿藻门的实球藻，蓝藻门的螺旋藻和隐藻门的卵形隐藻；5月16日为绿藻门的实球藻和空球藻
白水河	3.055～16.497	蓝-硅藻→绿-蓝藻→绿藻→绿-蓝藻→绿-甲藻	优势种为绿藻门的弓形藻和实球藻，亚优势种为裸藻门的扁裸藻和矩圆囊裸藻
龙门	0.611～31.772	硅藻→硅-绿藻→绿藻→绿-隐藻→绿-甲藻	优势种为硅藻门的小环藻和绿藻门的实球藻，亚优势种为甲藻门的埃尔多甲藻
菜子坝	1.222～39.71	硅藻→绿-硅藻→绿藻→绿-隐藻→绿-甲藻	水华期藻类的优势种并不单一：5月10日为硅藻门的小环藻和甲藻门的埃尔多甲藻；5月13日为绿藻门的实球藻和小球藻；5月16日为绿藻门的实球藻和甲藻门的埃尔多甲藻
巫峡口	1.222～5.499	绿藻、蓝藻和甲藻的比例有所上升，但硅藻在藻类组成中始终占绝对优势	优势种为硅藻门的小环藻和颗粒直链藻

总体而言，水华敏感期浮游植物分布主要表现出以下几个特征：

1）大宁河水华的优势藻种范围较大，且水华时优势种不单一，发生过以小环藻、埃尔多甲藻、实球藻、空球藻、小球藻和卵形隐藻为优势种的水华。

2）藻类的细胞密度是水生态系统功能和水质评价的重要参数之一。方差分析结果表明，水华敏感期浮游植物细胞密度的时空分布差异显著（$F=2.65$ 和 2.48，ANOVA，$P<0.05$）。从时间分布情况来看，5月10～16日出现水华，使得各采样点的藻细胞密度出现峰值。从空间分布情况来看，藻类的细胞密度最低值出现在长江干流上的巫峡口样点，细胞密度的最高值出现在大昌样点，其次为东坪坝和菜子坝样点。

3）采用Jaccard指数分析不同样点浮游植物群落的相似性，结果表明，白水河、双龙和东坪坝两两比较的相似性系数分别为0.65、0.56和0.54，达到中等相似的水平。大昌与其他样点的相似性指数为0.16～0.4，巫峡口与其他样点的相似性指数为0.17～0.31，说明大昌和巫峡口的浮游植物群落结构与其他样点差异显著。菜子坝与龙门相似性系数为0.54，达到中等相似水平；菜子坝与双龙、白水河和东坪坝的相似性系数分别为0.23、0.34和0.2，群落结构不相似。

8.3.4 水华高发期影响浮游植物生物量与群落结构的关键因素

水华通常是指浮游植物的生物量显著地高于一般水体中的平均值，并在水体表面大量聚集，形成肉眼可见的藻类聚积体。水华暴发的前提是一定的藻类生物量，因此探索水华暴发成因的关键就是分析浮游植物细胞密度与环境因子的相关关系，相关分析结果表明，浮游植物的细胞密度与TN、硝酸盐氮和亚硝酸盐氮存在显著的负相关，即在水华过程迅速增殖的藻类会大量消耗氮营养盐，导致水体中氮营养盐浓度下降。相反，水温、TP与浮游植物细胞密度之间相关性不显著。

Chla与pH呈显著正相关，表明水华敏感期浮游植物的快速增长导致其光合作用加强，从而使水体的 pH 升高。大宁河水华敏感期浮游植物群落与环境因子的 RDA 分析结果见表 8-7 和图 8-7。表 8-7 列出了浮游植物群落 RDA 分析的统计信息。可知，前两个轴解释了 100% 浮游植物与环境因子相关性的信息。在浮游植物种类与环境因子相关关系中，轴 1 达到 0.867，轴 2 达到 0.437，说明在轴 1、轴 2 中相关性都较高。

表 8-7　大宁河浮游植物群落与环境因子 RDA 分析的统计信息

指标	轴 1	轴 2	轴 3	轴 4	总方差
特征值	0.713	0.010	0.000	0.000	1.000
浮游植物种类与环境因子相关关系	0.867	0.437	0.573	0.378	
浮游植物种类的累积百分数	71.3	72.2	72.3	72.3	
浮游植物与环境因子相关性的累积百分数	98.6	100.0	100.0	100.0	
特征值总和	1.000				
典型特征值总和	0.723				

调查期间共有 7 次采样，对 7 个采样点的 49 个样品进行 RDA 分析，从图 8-7 可以看出，与蓝藻呈明显正相关的是 NO_2^--N、SD 和 TP；与绿藻呈明显正相关的是 SS、高锰酸盐指数、pH、DO 和 Chla；与硅藻、甲藻和裸藻呈明显正相关的是 NO_3^--N、水温和气温；呈明显负相关的是 TP。

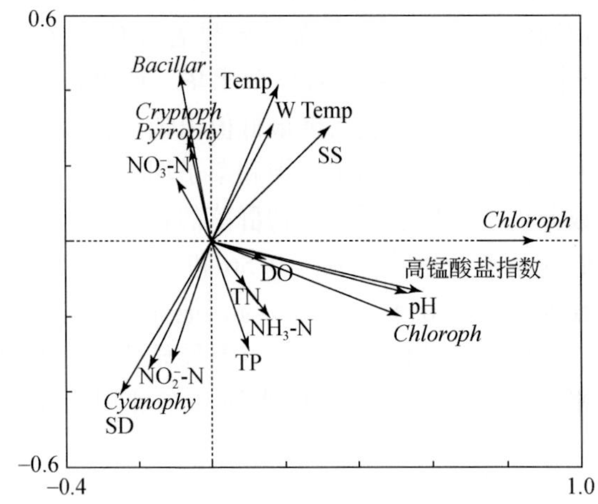

图 8-7　大宁河浮游植物组成与环境关系的 RDA 排序图

8.4　大宁河回水区水华高发区初级生产力季节变化特征

8.4.1　水华高发区不同水文期环境参数特征

为了对不同水文期变化差异明显的指标进行分析，首先对各监测指标在不同水文期的变化进行显著性差异分析，按照五项要素的分类法则，选择性的分析主要指标的差异性及其原因。

白水河在不同水文期的主要物理化学参数见表 8-8。受气温的影响，不同采样期水温差异显著，水华期和枯水期分别为（23.27±1.43）~(24.55±1.95)℃和（13.78±0.001）~(14.40±0.16)℃。水华期和枯水期的 DO 饱和率分别为（88.78±3.23）~(148.44±10.20) mg/L 和（65.81±2.64）~(71.81±0.32）mg/L。受水华期藻类繁殖的影响，DO 饱和率水华期大于枯水期。枯水期电导率为（328±0.80）~（330±0.00）μS/cm，水华期电导率为(265.32±0.83)~(277.7±1.36）μS/cm，枯水期电导率大于水华期。枯水期和水华期 pH 分别为（8.09±0.0002）~(8.13±0.0004）和（8.20±0.09）~（8.61±0.38），均为中性偏弱碱性水体，水华期浮游植物的快速增长导致其光合作用加强，从而使水华期水体的 pH 高于枯水期。水华期为丰水期，此时为三峡水库蓄水期，干流水体以异重流的形式进入支流回水区，增大了水体的泥沙含量，导致水华期的浊度大于枯水期。

表 8-8　不同采样期大宁河常规物理化学参数

季节	日期/(年-月-日)	水温/℃	DO 饱和率/%	电导率/(μS/cm)	pH	浊度/NTU
水华期	2009-6-6	24.43±10.82	148.44±10.20	268.03±7.47	8.61±0.38	40.32±6.83
	2009-6-7	24.14±7.06	126.23±4.63	265.35±12.06	8.47±0.17	52.95±12.97
	2009-6-9	23.98±0.96	104.97±2.30	265.32±0.83	8.50±0.09	33.18±0.69
	2009-6-10	24.55±1.95	108.61±1.59	267.7±0.97	8.53±0.15	10.27±0.56
	2009-6-11	23.27±1.43	88.78±3.23	277.7±1.36	8.20±0.09	7.73±0.72
枯水期	2010-1-18	14.40±0.16	67.89±1.76	328.33±1.87	8.13±0.0004	3.78±0.06
	2010-1-19	14.28±0.03	69.42±0.18	328±0.80	8.09±0.0005	4.17±0.17
	2010-1-20	14.20±0.00	65.81±2.64	328.17±0.17	$8.10±3×10^{-5}$	4.75±0.30
	2010-1-21	14.00±0.00	70.95±3.43	329.33±0.27	8.09±0.0002	3.92±0.25
	2010-1-22	13.78±0.001	71.81±0.32	330±0.00	8.11±0.0005	3.92±0.16
P		$1.77×10^{-10}$	0.0019	$5.47×10^{-9}$	0.0009	0.02

8.4.2　水华高发区不同水文期叶绿素 a 浓度时空分布特征

Chla 浓度是一种常用的度量浮游植物生物量的指标，不同水文期 Chla 浓度的时空变化显著，从图 8-8 和图 8-9 可以看出，枯水期 Chla 浓度为 1.5~3.33mg/m³；水华期 Chla 浓度为 7.12~80.85mg/m³，水华期的 Chla 浓度显著大于枯水期。浮游藻类生长的适宜水温条件为 18~25℃（张远等，2006），从调查结果可知，枯水期的水温为（13.78±0.001）~(14.40±0.16)℃，水温处于适宜水温的底线以下。因此，枯水期 Chla 浓度较低可能与水温较低有关。对不同水文期 Chla 浓度进行无重复双因子方差分析，水华期 Chla 浓度在垂直分布和时间分布上均存在显著差异（ANOVA，$P<0.05$）。枯水期在时间分布上存在显著差异（ANOVA，$P<0.05$），在垂直分布上不存在显著差异。总体来看，在枯水期 Chla 含量的最高值大多出现在水面下 9m，而水华期 Chla 含量的最高值大多出现在水面下 0.8~1.6m。在时间分布上，水华期 Chla 含量的最高值出现在水华暴发的第一天（2009 年 6 月

6 日）和第二天（2009 年 6 月 7 日）。

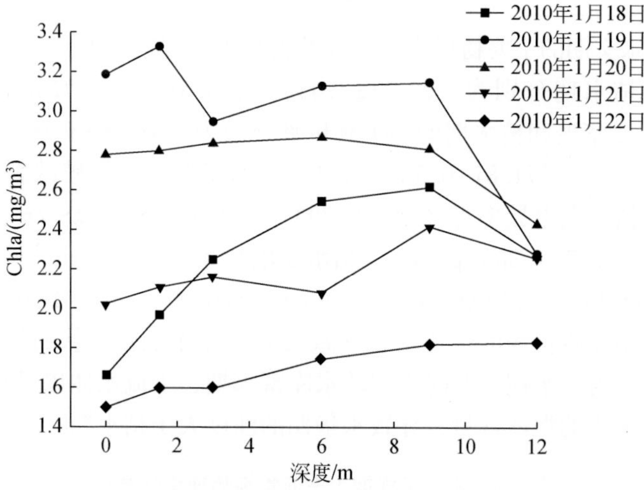

图 8-8　枯水期 Chla 的垂直分布

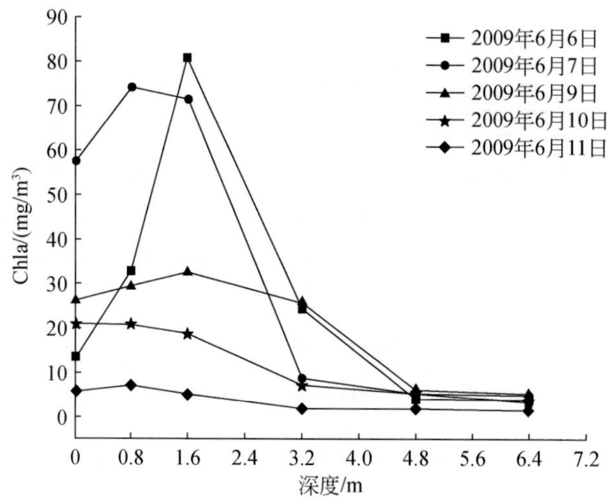

图 8-9　水华期 Chla 的垂直分布

8.4.3　水华高发区不同水文期初级生产力时空分布特征

浮游植物初级生产力分为总初级生产力（P_G）和净初级生产力（P_N），总初级生产力是指浮游植物在单位时间、单位空间内合成的全部有机物量，净初级生产力是指浮游植物总初级生产力扣除浮游植物本身呼吸作用量（P_R）剩余的初级生产力。

图 8-10 ~ 图 8-13 给出了不同水文条件下大宁河回水区各层初级生产力在时间序列上的变化。对不同水文期的 P_G和 P_N进行无重复双因子方差分析，结果表明，枯水期的 P_N在垂直分布和时间分布上均不存在显著差异，而枯水期的 P_G在时间分布上存在显著差异（ANOVA，$P<0.05$），而在垂直分布上不存在显著差异；水华期的 P_N在垂直分布和时间分布上存在显著差异（ANOVA，$P<0.05$），P_G在垂直分布上存在显著差异（ANOVA，$P<$

0.05)，而在时间分布上不存在显著差异，与枯水期正好相反。

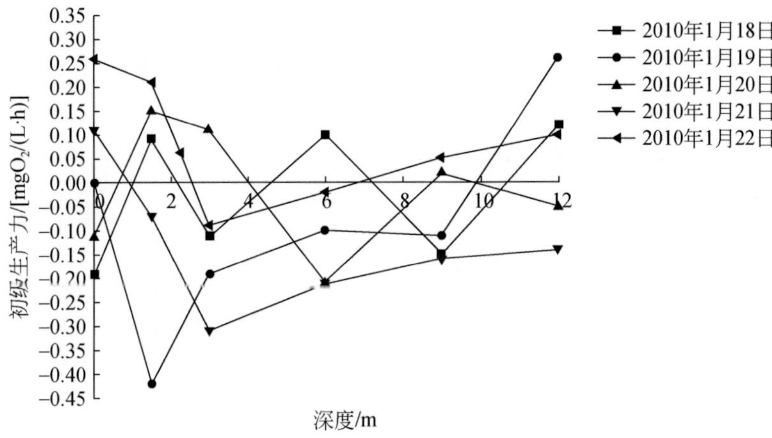

图 8-10　枯水期的净初级生产力

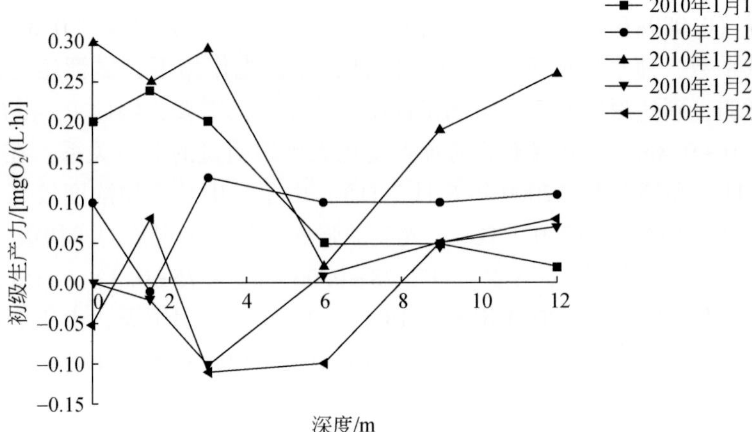

图 8-11　枯水期的总初级生产力

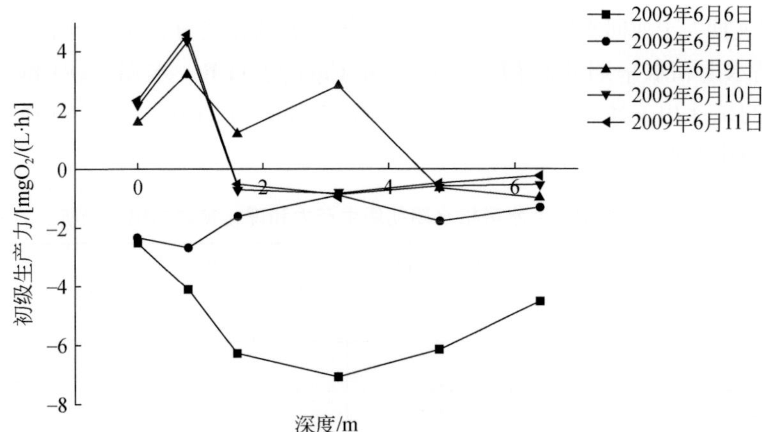

图 8-12　水华期的净初级生产力

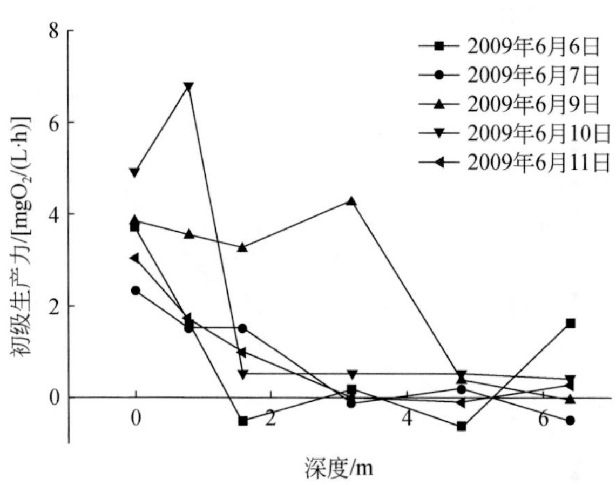

图 8-13　水华期的总初级生产力

在水华期，三峡水库处于丰水期，含有较多泥沙的干流水体以异重流的方式进入大宁河，增加了大宁河回水区水体的泥沙含量（浊度为（7.73±0.72）~（52.95±12.97）NTU）和磷营养盐含量（0.089±0.0001mg/L），降低了水体透明度（透明度为 0.8 ~ 1.6m），增大了水下光衰减系数，使水体的光补偿深度降低，在强光作用下，尽管还有点光抑制作用，但已经很微弱，到达深层的光无法满足浮游植物生产的需要，因此 P_N 和 P_G 最大值大多出现在水面下 0 ~ 0.8m，与叶绿素 a 的垂直变化表现出明显的对应关系；在水华第一天（2009 年 6 月 6 日）和第二天（2009 年 6 月 7 日），由于水中悬浮物浓度较高（浊度分别为 40.32±6.83NTU 和 52.95±12.97NTU），光衰减强烈，甚至出现负的净初级生产力。

在枯水期，水中悬浮物少（浊度为（3.78±0.06）~（4.75±0.3）NTU），清澈见底（透明度为 3m），此外调查期（2010 年 1 月 18 日 ~ 22 日）为阴雨天，由于表面光强本身就弱，表面的强光抑制作用不明显，P_N 和 P_G 最大值大多出现在水面下 0 ~ 3m，与该调查期的叶绿素 a 的垂直变化不存在明显的对应关系。

8.4.4　水华高发区影响叶绿素 a 浓度和初级生产力的关键因素

对不同水文期大宁河回水区初级生产力和理化参数的相关分析结果见表 8-9 和表 8-10，可以看出，枯水期和水华期的总初级生产力和 Chla 与 TUR、水温、DO 饱和率、SPC 和 pH 均有显著的统计相关性。其中总初级生产力和 Chla 与 TUR、水温、pH 呈显著正相关关系，与 SPC 则呈显著负相关。

表 8-9　大宁河回水区枯水期初级生产力和理化参数的相关分析

参数	水温	DO 饱和率	SPC	pH	Chla	TUR	P_G	P_N	P_R	日产量
水温	1									
DO	-0.308	1								
SPC	-0.264	0.412*	1							
pH	0.517**	-0.392*	-0.060	1						

续表

参数	水温	DO 饱和率	SPC	pH	Chla	TUR	P_G	P_N	P_R	日产量
Chla	0.292	-0.439*	-0.722**	-0.106	1					
TUR	-0.085	-0.414*	-0.083	-0.131	0.379*	1				
P_G	0.444*	-0.525**	-0.370*	0.144	0.343	0.458*	1			
P_N	-0.305	0.152	0.155	-0.306	-0.362*	-0.052	0.183	1		
P_R	0.553**	-0.465**	-0.371*	0.366*	0.541**	0.334	0.460*	-0.789**	1	
日产量	0.510**	-0.472*	-0.365	0.201	0.393	0.518**	0.899**	0.072	0.531**	1

*表示 $P<0.05$，**表示 $P<0.01$。

表 8-10　大宁河回水区水华期初级生产力和理化参数的相关分析

参数	水温	DO	SPC	pH	Chla	TUR	P_G	P_N	P_R	日产量
水温	1									
DO	0.535**	1								
SPC	-0.928**	-0.544**	1							
pH	0.885**	0.732*	-0.860**	1						
Chla	0.475*	0.686**	-0.615**	0.648**	1					
TUR	0.498**	0.676**	-0.526**	0.517**	0.762**	1				
P_G	0.637**	0.138	-0.535**	0.639**	0.156	0.107	1			
P_N	0.108	-0.491**	-0.046	0.052	-0.289	-0.320	0.609**	1		
P_R	0.392*	0.751**	-0.388*	0.466*	0.504**	0.504**	0.038	-0.769**	1	
日产量	0.316	-0.102	-0.275	0.319	0.016	-0.027	0.604**	0.434*	-0.061	1

*表示 $P<0.05$，**表示 $P<0.01$。

初级生产力和 DO 饱和率存在复杂的相关关系：在枯水期，DO 饱和率与 Chla、P_G、P_R呈显著负相关；在水华期，DO 饱和率与 Chla、P_R呈显著正相关，与 P_N呈显著负相关。

8.5　大宁河水体中氮磷营养盐含量对水华暴发的影响研究

8.5.1　围隔实验常规物理化学参数特征

水库支流回水区水华围隔实验的常规物理化学参数见表 8-11。由于每天下午的光照时间长、气温水温较高，是浮游生物生长的高峰期，采样时间确定在 14：30～17：30。由于天气原因（阴天光照弱、晴天光照强），各围隔的光照强度变化大，各围隔光照强度为 5030～81 800lx，由于各围隔采样时间略有不同，其光照强度的平均值也略有差异（围隔 D～F 平均值为 48 019lx；A_3为 44 129lx；B_2、C_1为 44 121lx；其余为 42 803lx）。各围隔 pH

为 8.31～10.25，pH 随时间的变化而升高，各围隔均为中性偏碱性水体，围隔 C_1 和 C_2 均在 2007 年 5 月 30 日出现高值（分别为 10.06 和 10.25）；东坪坝和大宁河口水体均为中性偏碱性水体，大宁河口水体 pH 较小。各围隔 DO 为 9.20～21.24mg/L。DO 随着温度的升高逐渐增大，在 2007 年 5 月 18 日和 2007 年 5 月 21 日各围隔均出现高值；东坪坝水体的 DO 较高，大宁河口由于长江中水体仍有一定的流速且水体交换较大宁河内大，DO 较低。由于各围隔与外界无物质交换，水体中泥沙含量少，各围隔的 SD、浊度、SS 和高锰酸盐指数的变化较小，其中，SD 为 130～350cm，平均值为 239cm；浊度为 0.50～10.00，平均值为 1.58～2.38，各围隔均在 2007 年 4 月 7 日浊度达到最大值；SS 为 0.80～5.10，平均值为 1.58～3.31，围隔 F（大宁河口）的平均含量最高；COD_{Mn} 为 0.86～3.39mg/L，平均值为 1.28～2.03mg/L，各围隔 COD_{Mn} 均较低（围隔 F 含量略高）；东坪坝和大宁河口的 SS 明显较围隔水体高。

表 8-11　围隔实验常规物理化学参数

围隔编号		光照强度/lx	SD/cm	pH	DO/(mg/L)	浊度	SS/(mg/L)	COD_{Mn}/(mg/L)
A_1	范围	5 030～81 800	130～350	8.31～9.89	9.20～17.62	0.50～7.50	1.10～3.30	0.94～2.53
	平均值	42 803	239	8.89	12.37	2.03	1.98	1.54
A_2	范围	5 030～81 800	130～350	8.42～9.61	9.25～18.53	0.50～8.00	1.00～3.30	0.98～2.61
	平均值	42 803	239	8.95	12.90	1.60	1.86	1.64
A_3	范围	5 030～81 800	130～350	8.45～9.30	9.52～15.48	0.50～10.00	1.00～2.80	1.02～2.23
	平均值	44 129	239	8.77	11.33	1.75	1.86	1.53
B_1	范围	5 030～81 800	130～350	8.47～9.74	9.64～18.46	0.50～7.50	1.10～2.40	1.12～3.39
	平均值	42 803	239	9.08	13.54	1.70	1.74	1.80
B_2	范围	5 030～81 800	130～350	8.54～9.51	9.68～16.99	0.50～6.50	0.90～2.70	1.02～2.85
	平均值	44 121	239	8.90	12.13	1.68	1.85	1.71
B_3	范围	5 030～81 800	130～350	8.51～9.42	9.66～17.45	0.50～7.50	0.90～2.50	1.14～2.65
	平均值	42 803	239	8.98	13.30	1.73	1.80	1.87
C_1	范围	5 030～81 800	130～350	8.46～10.06	9.40～21.24	0.50～7.50	0.90～2.30	1.17～2.74
	平均值	44 121	239	9.13	14.27	1.58	1.58	1.79
C_2	范围	5 030～81 800	130～350	8.46～10.25	9.36～17.62	0.50～7.50	0.80～2.30	0.92～3.08
	平均值	42 803	239	9.02	12.16	1.73	1.60	1.86
C_3	范围	5 030～81 800	130～350	8.34～9.33	9.30～20.80	0.50～7.00	0.80～2.80	1.10～2.96
	平均值	42 803	239	8.94	13.43	1.75	1.76	1.71
D	范围	5 030～81 800	200～350	8.44～8.76	9.24～13.19	0.50～7.00	0.90～2.80	1.13～2.39
	平均值	48 019	281	8.62	11.55	2.38	2.01	1.55

围隔编号		光照强度/lx	SD/cm	pH	DO/(mg/L)	浊度	SS/(mg/L)	COD_{Mn}/(mg/L)
E	范围	5 030 ~ 81 800	200 ~ 350	8.65 ~ 8.89	11.53 ~ 15.78	0.50 ~ 6.50	0.90 ~ 2.70	0.86 ~ 1.86
	平均值	48 019	281	8.73	13.17	2.29	2.03	1.28
F	范围	5 030 ~ 81 800	200 ~ 350	8.58 ~ 8.73	9.85 ~ 12.32	0.50 ~ 4.50	0.80 ~ 5.10	1.27 ~ 3.36
	平均值	48 019	281	8.63	11.09	2.21	2.68	2.03
水口		29 700	—	—	—	0.50	3.30	0.89
东坪坝	范围	5 030 ~ 81 800	130 ~ 350	8.47 ~ 9.05	9.69 ~ 16.89	0.50 ~ 5.00	0.90 ~ 4.70	1.06 ~ 5.39
	平均值	43 309	233	8.75	12.1	1.93	2.63	1.77
大宁河口	范围	3 420 ~ 82 600	150 ~ 250	8.11 ~ 8.47	6.13 ~ 7.59	0.50 ~ 2.00	0.80 ~ 5.00	1.23 ~ 1.86
	平均值	27 136	203	8.29	6.73	1.36	3.31	1.49

注：水口只采样 1 次。

8.5.2 围隔实验东坪坝现场水体空白对照实验

以围隔实验点东坪坝水样作为阳性空白对照实验组；以围隔 D 2007 年 4 月 3 日东坪坝水样作为阴性空白对照实验组，实验时间为 2007 年 4 月 3 日 ~6 月 4 日和 2007 年 4 月 3 日 ~5 月 2 日，结果如图 8-14 所示。

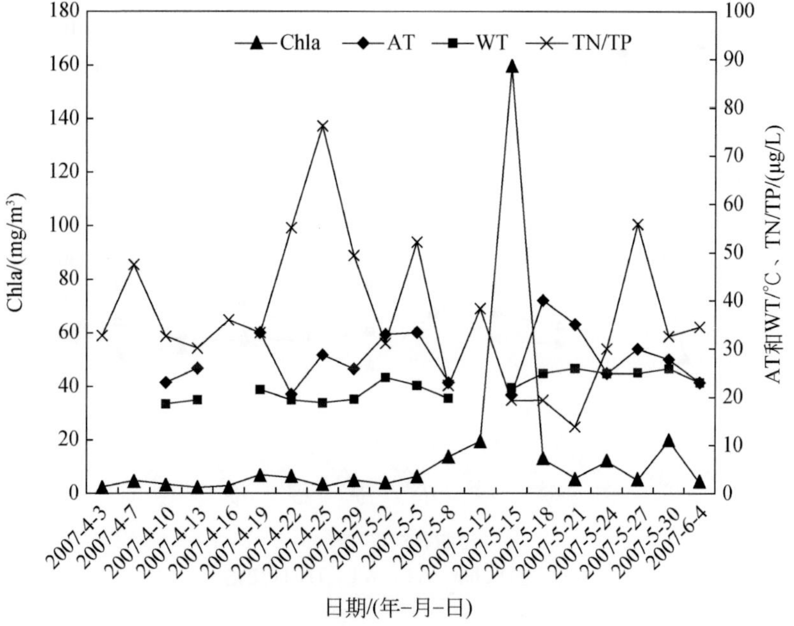

(a) 东平坝Chla、AT、WT、TN/TP变化

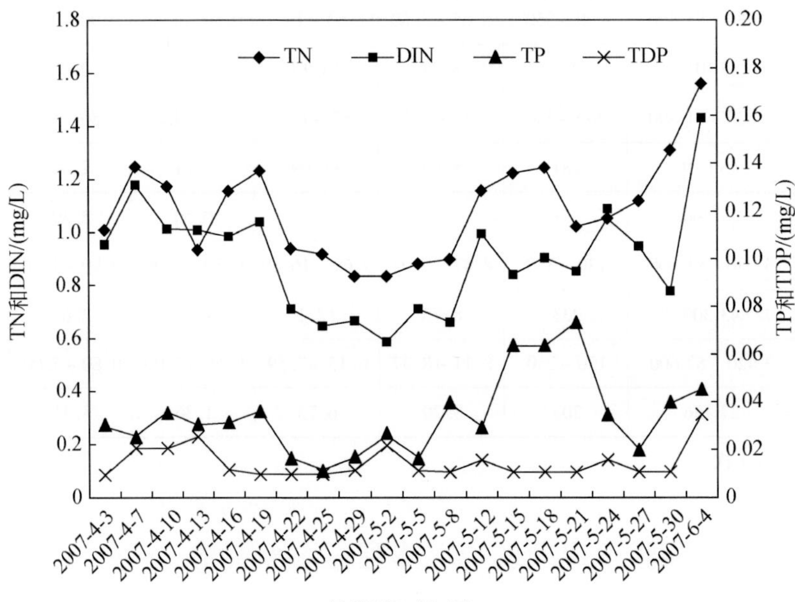

(b) 东平坝TN、DIN、TP、TDP变化

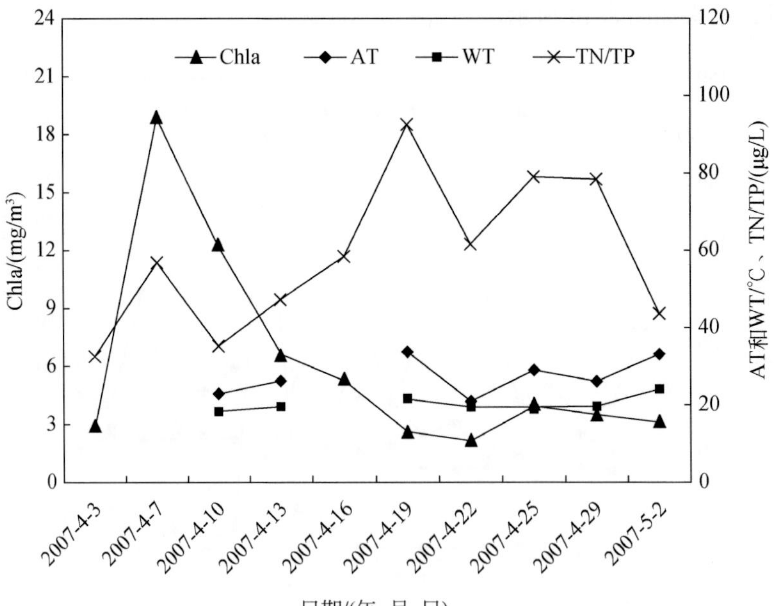

(c) 围隔D Chla、AT、WT、TN/TP变化

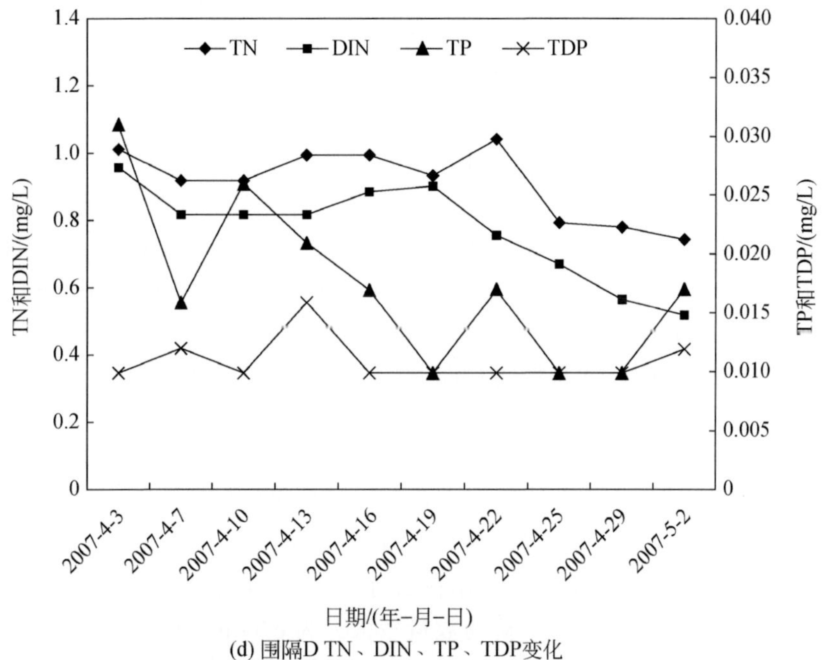

(d) 围隔D TN、DIN、TP、TDP变化

图 8-14　围隔实验东坪坝空白对照实验

(1) 富营养化影响因子特征

由图 8-14 可知，东坪坝河段进入春季后（2007 年 4 月 3 日 ~6 月 4 日），气温和水温逐步回升，气温为 19 ~ 40℃，平均为 28.2℃；水温为 18.5 ~ 26.0℃，平均为 22.3℃。Chla 的含量较高，为 2.58 ~160.10mg/m^3，平均为 15.28mg/m^3，表明浮游植物生长旺盛，其中，2007 年 5 月 15 日 Chla 出现异常高值（160.0mg/m^3），水体处于水华高峰期。东坪坝河段 TN/TP 值为 22 ~76，平均为 37，TN/TP 值均高于 Redfiled 比值（16：1），该水体磷相对不足，藻类生长受磷限制。东坪坝水体中氮营养盐含量较高，TN 为 0.84 ~ 1.56mg/L，平均为 1.09mg/L；溶解态无机氮（DIN，DIN = 硝酸盐氮+亚硝酸盐氮+氨氮）为 0.59 ~1.43mg/L，平均 0.90mg/L，其中以硝酸盐氮含量最高。东坪坝水体中 TP 为 0.012 ~0.074mg/L，平均为 0.03mg/L，其中以颗粒态磷为主，溶解态磷较低变化也稳定（平均为 0.01mg/L）。

围隔 D 与东坪坝天然水体不同，其 Chla 含量变化较大，为 2.19 ~ 18.96mg/m^3，在 2007 年 4 月 7 ~ 10 日 Chla 出现高值，而此时东坪坝水体 Chla 含量较低，为 3.60 ~ 4.77mg/m^3，围隔 D 在其他自然气候、营养盐等条件均未显著改变，只是水动力条件发生改变（流速减小）时，水体的 Chla 含量很快出现高值，藻类出现大量生长，这表明东坪坝天然水体各富营养化影响因子已满足发生水华的条件，只要水动力条件改变（主要是流速减小），藻类立即出现大量生长，甚至发生水华。围隔 D 初始 TN 为 1.01mg/L；TP 为 0.031mg/L，均高于藻类出现疯长时氮磷营养盐的阈值（TN 为 0.2mg/L；TP 为 0.02mg/L）。随着藻类的生长，氮磷营养盐产生富集效应，氮磷营养盐均被吸收而减小，其中由于磷营养盐含量本来就低，相对而言减小较多，所以 TN/TP 值随着 Chla 的升高（藻类的大量生长）而减小（图 8-14（c）），随着 Chla 的减小（藻类的死亡）而升高。而东坪坝天然水体中的氮营养盐受 Chla 的变化影响不大，TN 和 DIN 均是先减小后显著升高，可能是藻类的生长使氮营养盐含量降低，但受外源氮营养盐污染较高的影响（农田径流、网箱养鱼等），东坪坝水体中的氮营养盐含量仍持续升高。

（2）浮游生物特征

东坪坝断面 2007 年 4 月 3 日 ~6 月 4 日共进行 20 次浮游生物采样，结果发现，东坪坝断面水体的藻类种群分布较广，共发现 6 门 45 种，优势种为硅藻门、绿藻门和蓝藻门，藻密度变化范围较大，为 6112 ~ 1 466 772ind/L。其中 2007 年 5 月 15 日、24 日、30 日三次调查中东坪坝水域藻密度异常高，藻密度分别高达 1 387 322ind/L、1 466 772ind/L 和 1 381 210ind/L，出现水华现象（藻密度 > 10^6 ind/L），Chla 也分别高达 160.10mg/m^3、12.60mg/m^3 和 20.23mg/m^3，水华期间 Chla 最高值是正常值的 240 倍，水华优势种为绿藻门的空星藻、土生绿球藻、小球藻；硅藻门的小环藻、舟形藻、冠盘藻等，水体属于富营养化水平。2007 年 4 月 3 日 ~6 月 4 日东坪坝水体的浮游动物共发现原生动物 2 种（累枝虫和漫游虫）、轮虫 3 种（针簇多枝轮虫、晶囊轮虫和螺形龟甲轮虫）、枝角类 6 种（平突船卵溞、僧帽溞、象鼻溞、圆形盘肠溞、尖额溞和透明溞）和桡足类 5 种（刘氏中剑水蚤、广布中剑水蚤、汤匙华哲水蚤、西南荡镖水蚤和无节幼体），共 4 门 16 种。其中，2007 年 5 月 30 日东坪坝水体中浮游动物数量较大，为 6360ind/L（>富营养化临界值 3×10^3ind/L），优势种为原生动物门的累枝虫和轮虫门的针簇多枝轮虫、晶囊轮虫，水体为富营养水平；2007 年 5 月 18 日浮游动物为 2480ind/L，优势种为轮虫门的针簇多枝轮虫、原生动物的漫游虫和桡足类的无节幼体，水体为中营养水平；其余时间内浮游生物数量较少，为贫营养水平。

围隔 D 中 2007 年 4 月 3 日 ~5 月 2 日共进行 2 次浮游植物（2007 年 4 月 25 日、5 月 2 日）和 5 次浮游动物调查（2007 年 4 月 19 日 ~5 月 2 日），结果发现，浮游植物共 4 门 15 种，藻密度为 519 482 ~ 727 458ind/L，优势种为裸藻门的扁裸藻，绿藻门的韦氏藻、波吉卵囊藻、单生卵囊藻和硅藻门的尖针杆藻变种。浮游动物共发现原生动物 6 种（侠盗虫、急游虫、砂壳虫、斜叶虫、斜管虫和喇叭虫）、轮虫 2 种（囊足轮虫和螺形龟甲轮虫）、枝角类 4 种（透明溞、象鼻溞、僧帽溞和平突船卵溞）和桡足类 3 种（广布中剑水蚤、西南荡镖水蚤和汤匙华哲水蚤），其中 2007 年 4 月 19 日浮游动物数量较多，为 3310ind/L（>富营养化临界值 3×10^3 ind/L），为富营养化水体；优势种为原生动物门的侠盗虫、砂壳虫和轮虫门的螺形龟甲轮虫。

东坪坝天然水体中出现 α 中污带浮游生物指示种裸藻、小球藻和僧帽溞，围隔 D 中出现 α 中污带浮游生物指示种裸藻和僧帽溞，表明这两种水体已经有一定的污染。

（3）富营养化因子的相关性分析

运用 SPSS 17.0 统计软件对东坪坝和围隔 D 的富营养化影响因子进行分析，结果如下。

1）对于东坪坝水体而言，Chla 和 TP 呈显著正相关（$R_{\text{Chla-TP}}=0.445^{*}$，* 表示双尾检验 $R<0.05$，下同），表明水体中的 TP 和藻类的生长有关，藻类的大量繁殖对磷营养盐富集而使水体 TP 含量升高，随着藻类的死亡沉降，富集的磷营养盐随藻体沉降下来，其含量逐渐降低；TN/TP 值和 TP 呈显著负相关（$R_{\text{TN/TP-TP}}=-0.853^{**}$，** 表示双尾检验 $R<0.01$，下同），TP 含量对 TN/TP 值贡献较大，磷营养盐是东坪坝水体的主要限制因子；水温和气温呈显著正相关（$R_{\text{WT-AT}}=0.517^{*}$），水温随着气温的回升逐渐升高；TDP 和 DIN

呈显著正相关（$R_{TDP-DIN}=0.603^{*}$），这可能是因为气温、水温的回升，溶解态的氮磷营养盐含量逐渐升高。

2）对于围隔 D 而言，Chla 含量和高锰酸盐指数呈显著正相关（$R_{Chla-高锰酸盐指数}=0.836^{**}$），表明高锰酸盐指数的升高主要来自藻类的生长（Chla 含量的升高）；TN/TP 值和 TP 呈显著负相关（$R_{TN/TP-TP}=-0.910^{**}$），TP 含量对 TN/TP 值贡献较大，磷营养盐是围隔 D 水体的主要限制因子；DIN 和 TN 呈显著正相关（$R_{DIN-TN}=0.820^{**}$）。

8.5.3 围隔实验大宁河上游水口水样及其围隔对照空白实验

围隔 E 全部以 2007 年 3 月 31 日的水口水样为实验水样，图 8-15 中 2007 年 3 月 31 日数据为水口现场取水样时的数据，其余均为东坪坝围隔 E 现场采样数据（2007 年 4 月 3 日 ~5 月 8 日）。

（1）富营养化影响因子特征

2007 年 3 月 31 日上游水口水样的 Chla 含量很低，只有 0.71mg/m³，TN 为 0.56mg/L，TP 为 0.016mg/L，氮磷营养盐含量低于藻类疯长的阈值，氮磷比为 35。

围隔 E 的 Chla 含量较低，为 0.64 ~ 6.64mg/m³，平均为 3.61mg/m³，围隔 E 中氮营养盐变化较稳定，TN 为 0.67 ~ 0.96mg/L，平均为 0.82mg/L，其中以 DIN 为主。磷营养盐含量较低，TP 为 0.010 ~ 0.022mg/L，平均为 0.020mg/L，而 TDP 2007 年 4 月 3 ~ 29 日均未检出。

尽管围隔 E 的气温、水温、光照、流速等条件和围隔 D 相同，但其藻类的生长受氮磷营养盐含量低的限制一直没有出现较大增长（Chla 含量较低），表明氮磷营养盐含量是影响水华的决定性因子。

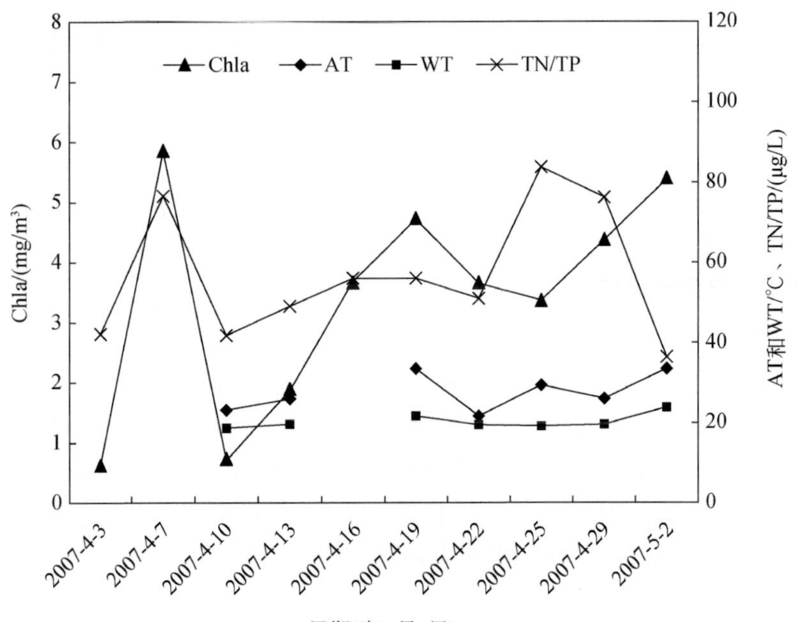

(a) 围隔E Chla、AT、WT、TN/TP变化

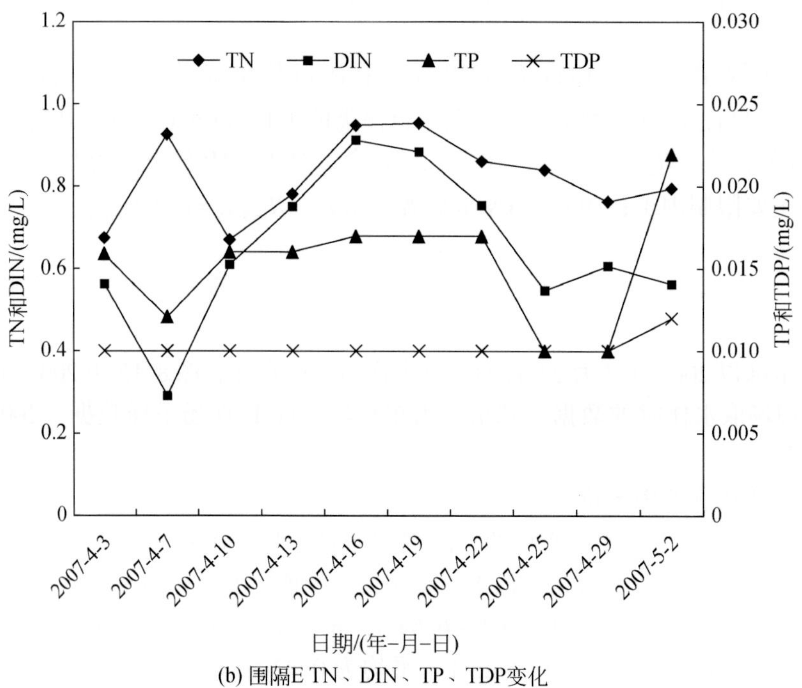

(b) 围隔E TN、DIN、TP、TDP变化

图 8-15　围隔实验上游水（水口水样）空白对照实验

(2) 浮游生物特征

围隔 E 2007 年 4 月 3 日 ~5 月 2 日共进行 4 次浮游植物（2007 年 4 月 19 ~25 日、5 月 2 日）和 6 次浮游动物调查（2007 年 4 月 19 日 ~5 月 2 日），结果发现，围隔 E 中浮游植物发现绿藻门、裸藻门、硅藻门和蓝藻门，共 4 门 26 种，藻密度为 446 256 ~ 1 143 148ind/L，优势种为绿藻门的土生绿球藻、卵囊藻，裸藻门的扁裸藻和蓝藻门的球形棕囊藻，2007 年 5 月 2 日围隔 E 浮游植物藻密度最大（1 143 148ind/L）。围隔 E 中共发现原生动物 3 种（砂壳虫、侠盗虫和裸口虫）、轮虫 2 种（单趾轮虫和猪吻轮虫）、枝角类 2 种（僧帽溞和平突船卵溞）和桡足类 2 种（广布中剑水蚤和汤匙华哲水蚤），2007 年 4 月 19 日浮游动物数量最多，为 1200ind/L（全部为原生动物门的砂壳虫）。浮游动物中单趾轮虫的出现，表明上游水体水质较好。

(3) 围隔 E 相关性分析

对于围隔 E 叶绿素 a 和 TN 呈显著正相关性（$R_{\text{Chla-TN}}=0.718^{*}$），而与其他富营养化因子无相关性，这是由于围隔 E 中的水体取自大宁河上游水口处，水体中的磷营养盐含量、高锰酸盐指数都较低，藻类的生长对氮营养盐影响较大；TN/TP 值和 TP 呈显著负相关（$R_{\text{TN/TP-TP}}=-0.891^{**}$），表明水体中的 TN/TP 主要受 TP 的影响，TP 是围隔 E 中营养盐的限制因子。TDP 和水温、TP 均呈显著正相关（$R_{\text{TDP-WT}}=0.873^{*}$；$R_{\text{TDP-TP}}=0.639^{*}$），表明 TDP 主要来自 TP，水温升高导致 TDP 也升高。

8.5.4 围隔实验大宁河口（长江）水样及其围隔对照空白实验

以 2007 年 3 月 31 日大宁河出河口处的水样作为围隔 F 的实验水样，并与大宁河口处进行对照研究，结果如图 8-16 所示。

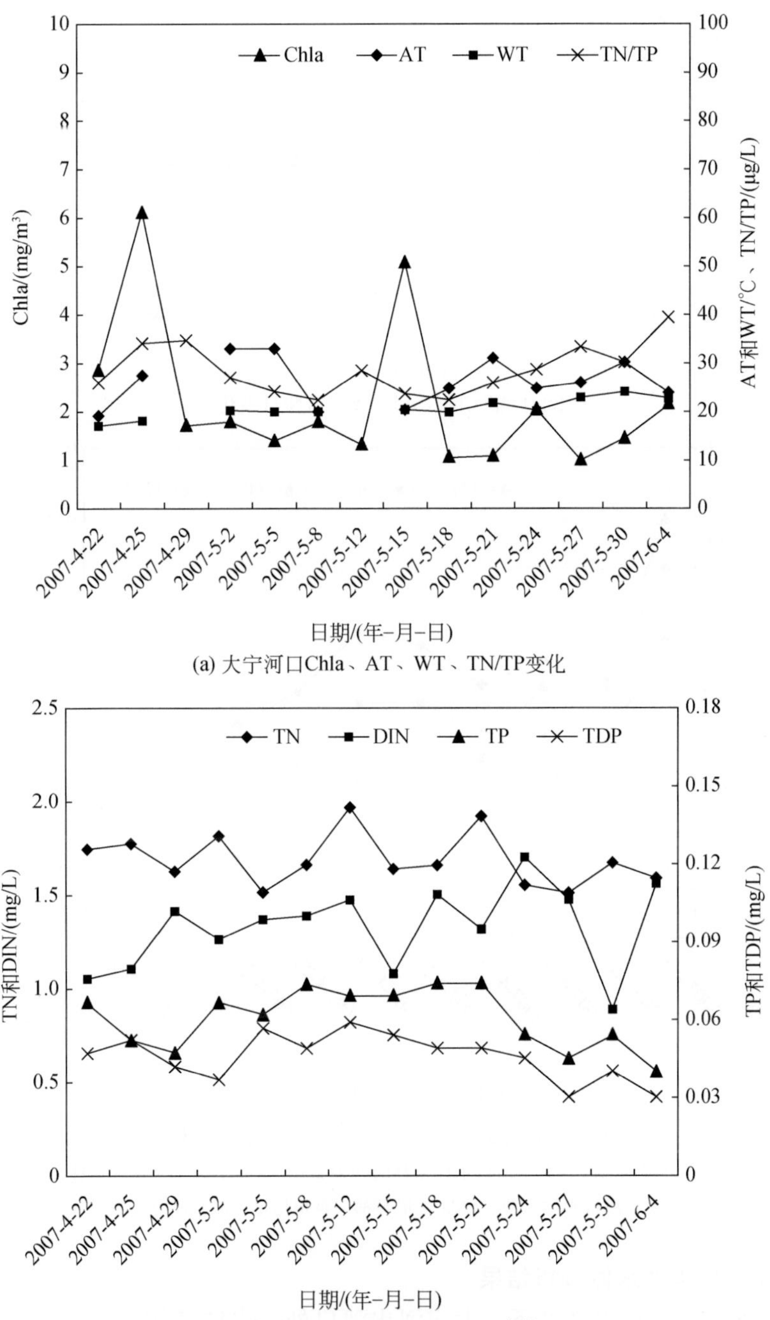

(a) 大宁河口Chla、AT、WT、TN/TP变化

(b) 大宁河口TN、DIN、TP、TDP变化

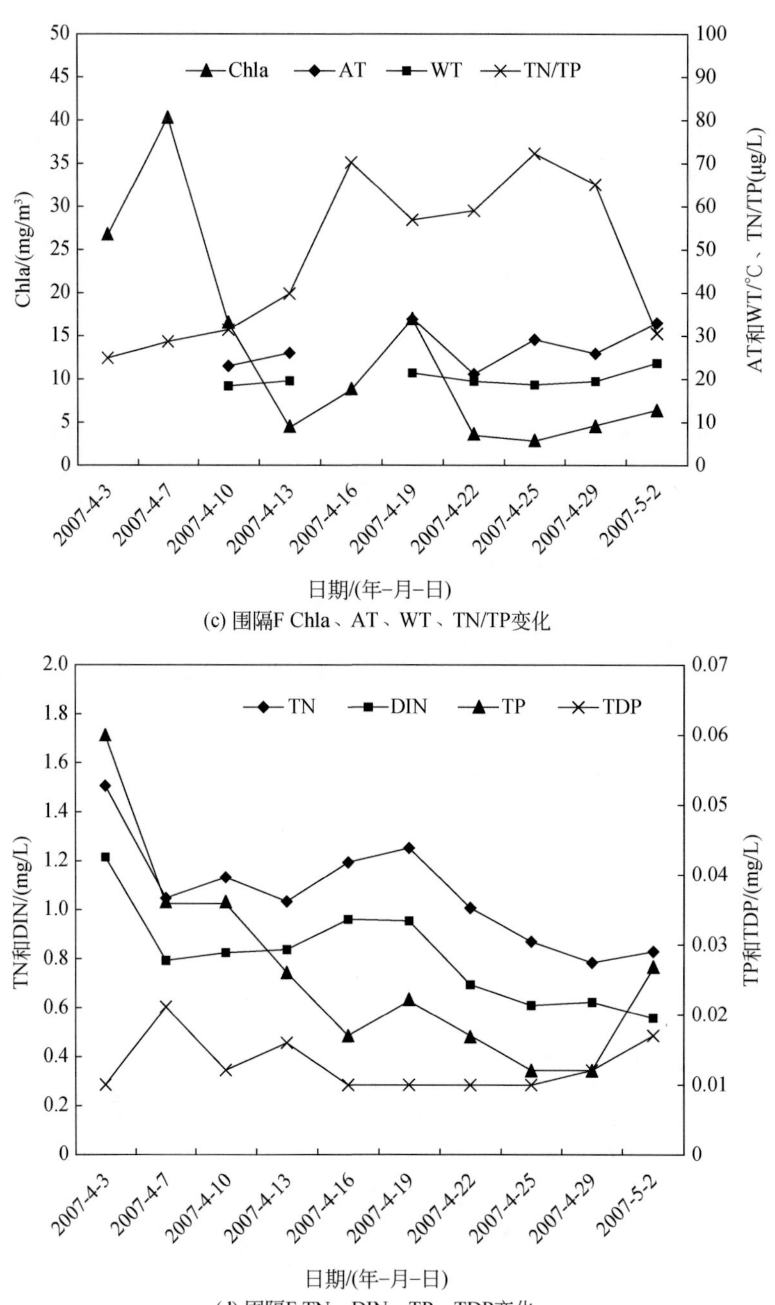

(c) 围隔F Chla、AT、WT、TN/TP变化

(d) 围隔F TN、DIN、TP、TDP变化

图 8-16　围隔实验大宁河口（长江）水样空白对照实验

受实验条件所限及实验方案的修改，大宁河口水样采样时间为 2007 年 4 月 22 日 ~6 月 4 日，尽管与围隔 F 实验时间不同步，大宁河口水体水质、Chla 含量等都一直很稳定，故仍将其与围隔 F 作为对照

(1) 大宁河口天然水体分析结果

大宁河口水域位于巫山县城下，大宁河出河口处，水域开阔，气温、水温回升较快，日照时间长（晴天一般为 8 ~ 10h）。大宁河口处水域由于地处长江中，受长江干流水体氮磷营养盐含量高的影响，其水体的氮磷营养盐含量也较高，TN 为 1.51 ~ 1.97mg/L，平均

为 1.69mg/L；TP 为 0.040 ~ 0.074mg/L，平均为 0.061mg/L（图 8-16），且氮磷营养盐一直维持在较高水平，远高于发生水华时氮磷营养的阈值。大宁河口水体中 Chla 含量较低，Chla 只出现两次高值（2007 年 4 月 25 日和 5 月 15 日）但其最大值只有 6.18mg/m^3。2007 年 4 月 22 日 ~ 6 月 4 日对大宁河进行 12 次浮游生物调查，共计 4 门 23 种，即硅藻门、蓝藻门、绿藻门和裸藻门，藻密度很低（平均为 42 282ind/L），其中，以适宜于河流峡谷生长的硅藻门最多（13 种），蓝藻门 6 种，绿藻门 3 种，裸藻门 1 种。

（2）围隔 F 实验结果

围隔 F 相对于大宁河口天然水体而言，自然气候、营养盐含量等条件均未显著改变，只是水动力条件发生了改变（流速减小），围隔 F 中水体的 Chla 含量很快就出现了高值，藻类大量生长，这表明大宁河口天然水体各富营养化影响因子已满足发生水华的条件，只要水动力条件改变（主要是流速减小），藻类立即大量生长，甚至发生水华。浮游生物调查表明，围隔 F 中的浮游生物的数量和种类较大宁河口天然水体显著升高。浮游植物发现硅藻门、蓝藻门、绿藻门和隐藻门，共 4 门 21 种，其中蓝藻门（6 种）、绿藻门（10 种）数量和种类显著升高，硅藻门种类显著降低，藻密度平均为 449 312ind/L，2007 年 4 月 7 日和 19 日藻密度出现两次峰值，分别为 861 946ind/L 和 690 779ind/L。2007 年 4 月 7 日优势种为裸藻门的扁裸藻；绿藻门的波吉卵囊藻，2007 年 4 月 19 日的优势种为蓝藻门的粘杆星球藻、单层粘杆藻；绿藻门的波吉卵囊藻。浮游动物发现 4 门 11 种——原生动物（3 种）、轮虫 1 种、枝角类 4 种和桡足类 3 种。2007 年 4 月 7 日浮游动物数量为 1504ind/L，优势种为原生动物门的侠盗虫和钟虫；2007 年 4 月 19 日浮游动物数量为 301ind/L，优势种为原生动物门的侠盗虫。围隔 F 中出现适宜于多污带和 α 中污带生长的小球藻、鱼腥藻、衣藻、裸藻和钟虫、僧帽斜管虫，表明该水体水质较差。氮磷营养盐由于没有进行外源补充，随着藻类的生长、富集、沉降而减小。2007 年 4 月 21 日以后由于磷营养盐含量较低（TP<0.02mg/L），藻类没有再出现大量繁殖的现象，表明磷营养盐含量是藻类大量生长的限制性条件。

8.5.5 围隔实验围隔 A_1 ~ C_3 实验结果比较分析

1）围隔 A_3 和 C_3 的 Chla 含量在 2007 年 4 月 7 日出现高值（分别为 6.12mg/L 和 18.12mg/L），而其他围隔的 Chla 均未出现高值，结合表 8-1 知，围隔 A_3 和 C_3 的水体为 1/3 水口水+2/3 东坪坝水，其营养盐等条件更接近下游东坪坝水体，因此，两个围隔出现与围隔 D、F 相似的规律——将水样（全部东坪坝水样和全部大宁河口水样）用围隔围起来后，水动力条件改变（流速几乎为零），水体藻类大量繁殖。而其他围隔（2/3 水口水+1/3 东坪坝水）或（1/2 水口水+1/2 东坪坝水）均未出现藻类大量生长，且所有围隔在 2007 年 4 月 29 日第一次营养盐改变前营养盐含量均很低，围隔 A_3 和 C_3 的 Chla 含量也不太高（<20mg/L），表明围隔 A_3 和 C_3 水体的条件刚好符合藻类大量繁殖时的临界点——1/3 水口水+2/3 东坪坝水。为了讨论水华大暴发时的临界条件，实验以出现藻类高峰期前一个点（2007 年 4 月 3 日的围隔 A_3 和 C_3）的条件为水华暴发的临界条件，结果见表 8-12。

表 8-12　围隔实验水华暴发的临界条件

围隔	TN/(mg/L)	TP/(mg/L)	TN/TP	光照/lx	DIN/(mg/L)	TDP/(mg/L)	COD_{Mn}/(mg/L)
A_3	0.73	0.012	61	74 000	0.60	0.01	1.12
C_3	0.97	0.012	81	74 000	0.59	0.01	1.10
平均值	0.85	0.012	71	74 000	0.59	0.01	1.11

一般认为，TN 为 0.20mg/L、TP 为 0.020mg/L 是藻类出现疯长时的营养盐单因子限制性阈值。但从表 8-12 可以看出，在 TP 含量仅为 0.012mg/L（低于 0.020mg/L）的情况下，围隔 A_3 和 C_3 仍出现藻类的大量生长，这可能是由于三峡水库水体中的磷营养盐存在一个平衡，当藻类大量繁殖且消耗掉磷营养盐后，水体中以颗粒态磷的形式储存起来的磷营养盐逐渐释放出来，供藻类生长使用，同时光照很强、水动力条件几乎为零，气温、水温适宜时，藻类也会大量繁殖。

2）2007 年 4 月 3 ~ 29 日围隔 Chla 含量均很低（<8mg/L，除 2007 年 4 月 7 日围隔 C_3 的 Chla 含量为 18.12mg/L 外），这是由于围隔水体中的营养盐含量较低（主要是 TP 含量低），藻类一直很难大量繁殖。改变围隔中的营养盐后，围隔（除 C_2 外）中藻类在 2007 年 5 月 15 日出现一次大规模的暴发，这说明氮磷营养盐是围隔水体水华发生的决定性条件。另外，改变营养盐后，藻类并没有立即出现大量的繁殖，而是经过一段时间后，在气温、水温合适时，才大范围的暴发。这说明氮磷营养盐是水华暴发的营养物质基础，气温、水温才是影响水华暴发的主要诱导条件。

3）2007 年 4 月 29 日和 5 月 21 日两次加入营养盐，由图 8-17 可以看出，营养盐加入后，各围隔水体中的氮磷营养盐逐渐降低，一方面可能是由于藻类生长消耗一部分营养

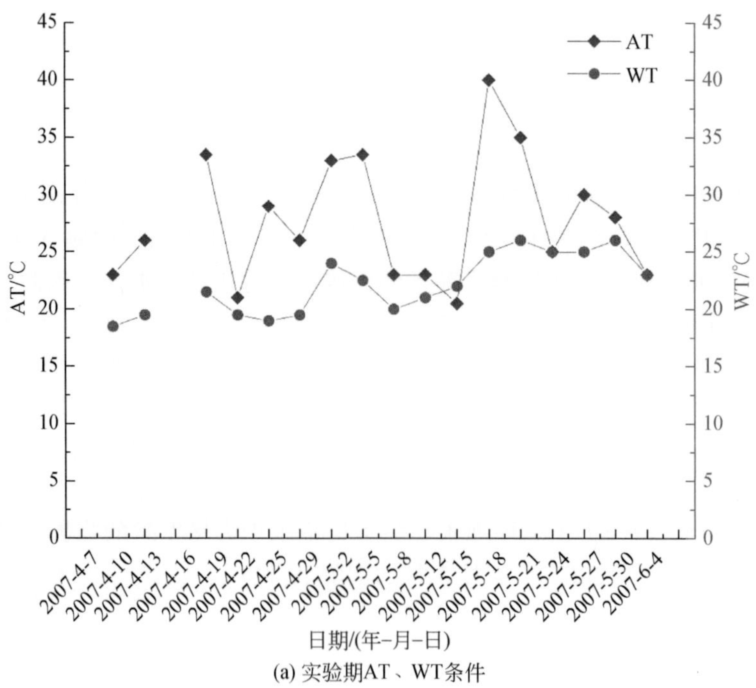

(a) 实验期AT、WT条件

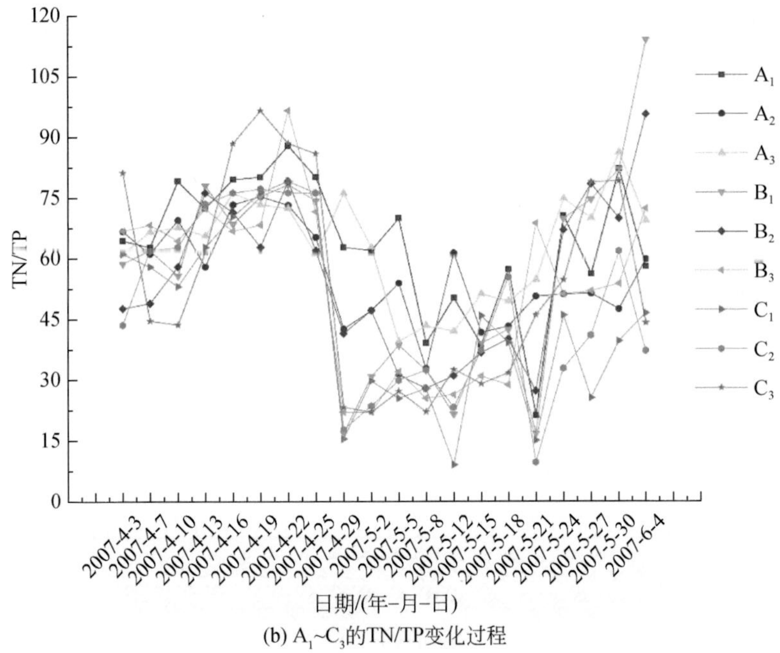

(b) $A_1 \sim C_3$的TN/TP变化过程

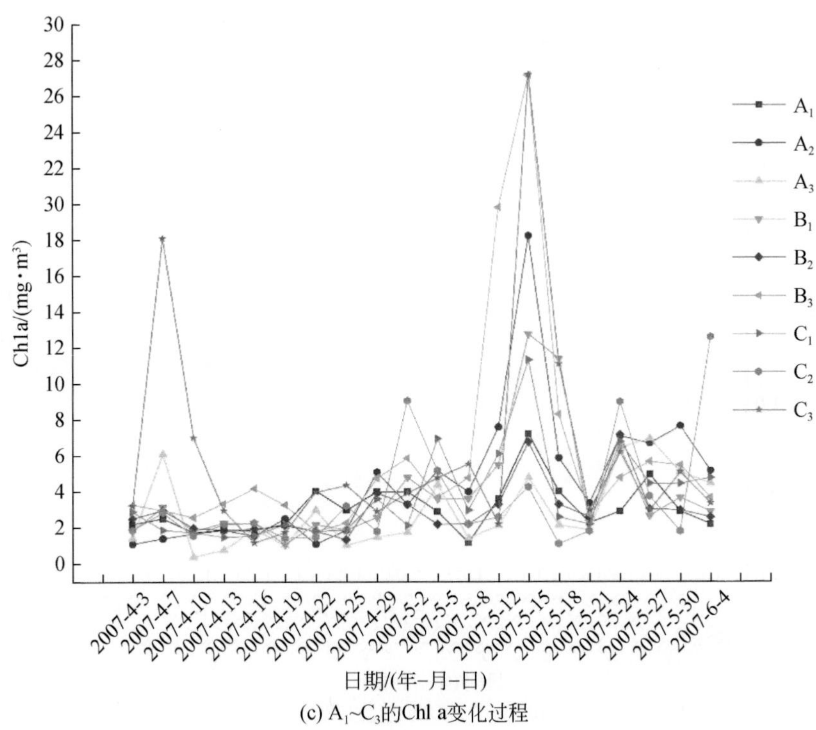

(c) $A_1 \sim C_3$的Chl a变化过程

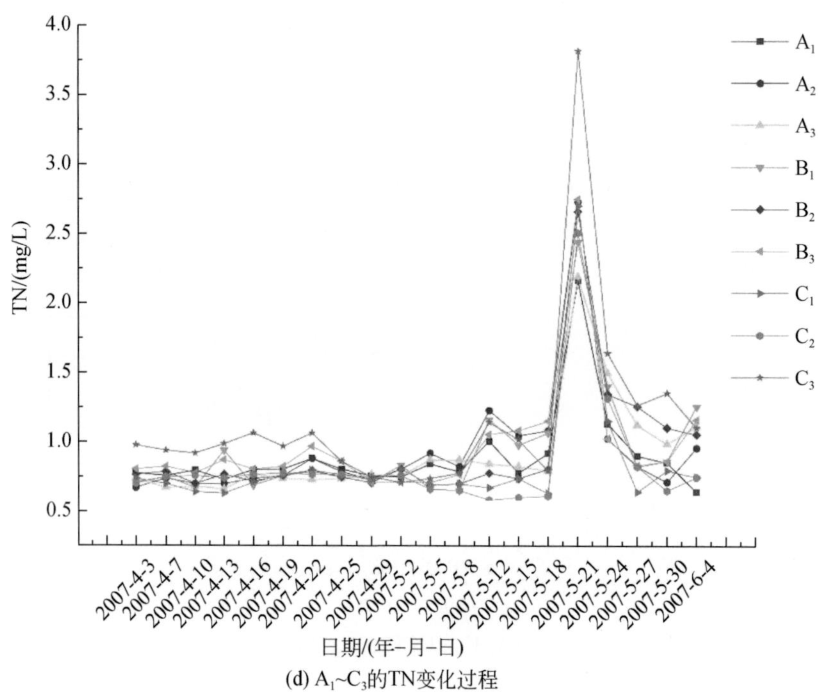

(d) A_1~C_3的TN变化过程

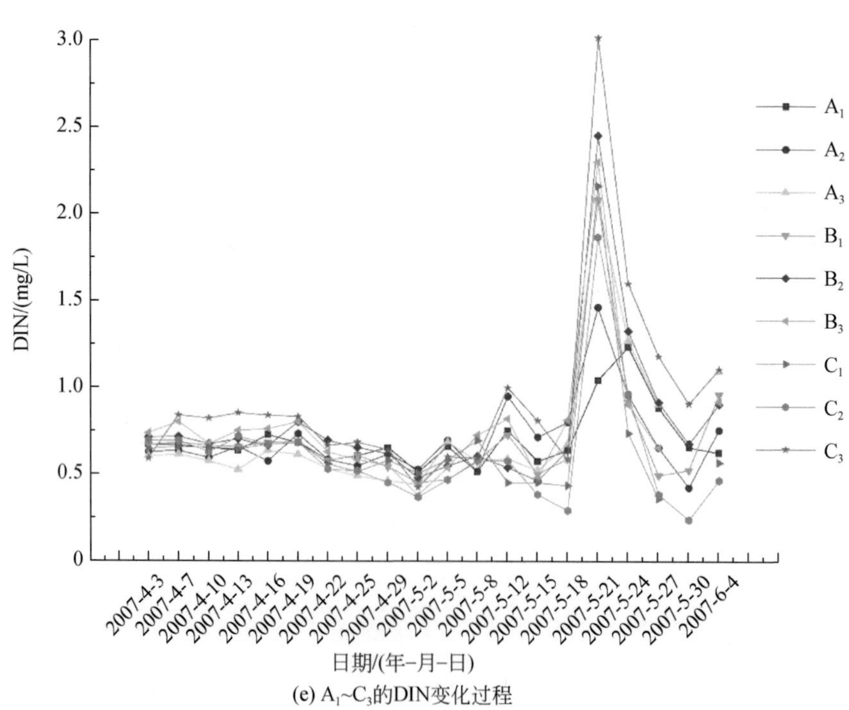

(e) A_1~C_3的DIN变化过程

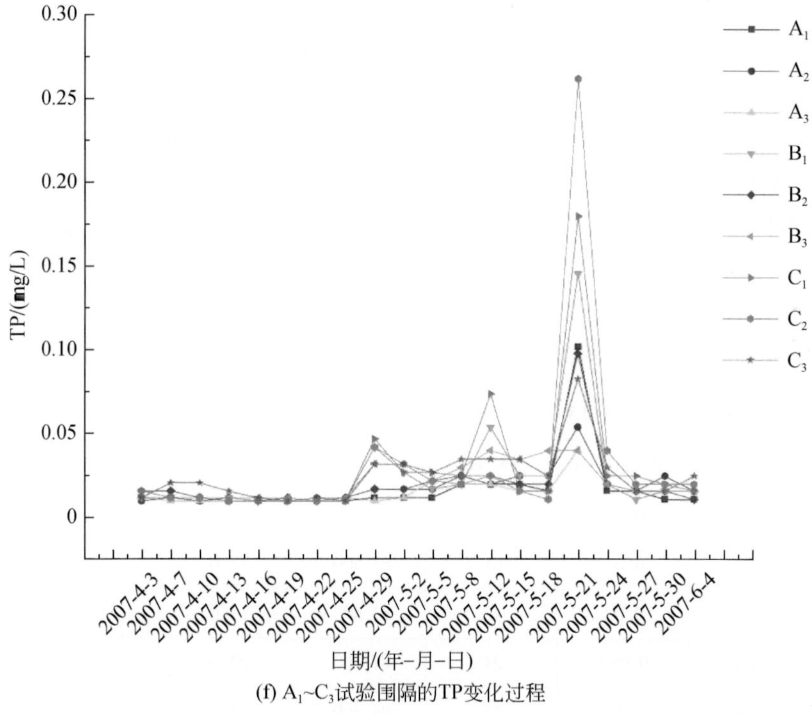

(f) A_1~C_3试验围隔的TP变化过程

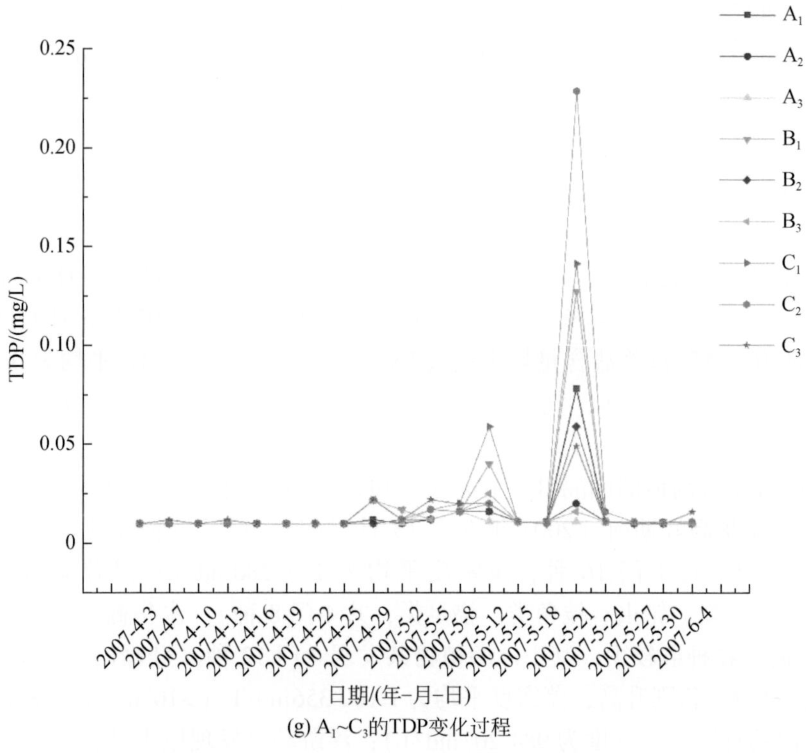

(g) A_1~C_3的TDP变化过程

图 8-17　水华机理研究围隔 A_1 ~ C_3 实验结果

盐，另一方面说明水体中的氮磷营养盐存在一个平衡，一般都是以颗粒态形式储存在水体或围隔底部（实验结束后拆卸围隔，发现围隔袋底部有灰色底泥物质），当藻类生长消耗掉水体中的溶解态磷时，颗粒态磷又给予补充，因此加入营养盐后没有发现氮磷营养盐含量始终处于高值。

4）大宁河主要研究断面——大昌、双龙、东坪坝、白水河、龙门和菜子坝断面在2007年5月15日均暴发水华，这说明2007年5月15日前后的气温、水温、光照等气候条件（连续多日晴天）是水华大范围暴发的主要原因，也是大宁河水华暴发的主要诱因。当氮磷营养盐均处于藻类水华暴发的阈值以上时，气温、水温、光照等气候条件合适时，能引发自回水段以下大范围的水华。

5）考察藻类大暴发的高峰期前几天的各围隔的实验条件，结果见表8-13。

表8-13 2007年5月12日各围隔的实验条件

围隔编号	TN/(mg/L)	TP/(mg/L)	TN/TP	光照/lx	AT/℃	WT/℃	pH
A_1	1.00	0.02	50	81 500	23.0	21.0	8.58
A_2	1.23	0.02	61	81 500	23.0	21.0	8.70
A_3	0.84	0.02	42	81 500	23.0	21.0	8.65
B_1	1.16	0.054	21	81 500	23.0	21.0	8.99
B_2	0.77	0.025	31	81 500	23.0	21.0	8.79
B_3	1.05	0.040	26	81 500	23.0	21.0	8.88
C_1	0.67	0.074	9	81 500	23.0	21.0	8.90
C_2	0.58	0.025	23	81 500	23.0	21.0	8.83
C_3	1.14	0.035	33	81 500	23.0	21.0	8.84

对比2007年5月15日各围隔的Chla含量，发现围隔B_1、B_3和C_3的Chla在2007年5月15日均出现高值（Chla分别为12.75mg/m^3、27.13mg/m^{3}和27.16mg/m^3，均高于湖泊发生富营养化时Chla的临界值11mg/m^3），因此该三个围隔在2007年5月12日的富营养化因子可以认为是最适宜引起藻类疯长的。围隔B_1、B_3和C_3在2007年5月12日的富营养化因子的特征为：氮磷营养盐含量均很高（TN平均为1.12mg/L；TP平均为0.043mg/L），且TN/TP=20～35；光照强；气温水温较适宜（20℃左右）；水体为中性偏碱性，pH略高。

6）对Chla出现高值的围隔B_1、B_3和C_3中的浮游生物进行了16次观测，结果如下。

围隔B_1：水华高峰期前（2007年5月15日以前），浮游植物发现硅藻门、蓝藻门、绿藻门和裸藻门，共4门16种，藻密度平均为177 280ind/L；浮游动物密度平均为280ind/L（原生动物、轮虫、枝角类、桡足类，共4门8种）。水华高峰期（2007年5月15日）的浮游生物种群较少，其中浮游植物共发现4门12种（硅藻门、蓝藻门、绿藻门和裸藻门），藻数量急剧升高，藻密度平均为1 100 356ind/L（>10^{6}ind/L，暴发水华），优势种为硅藻门的舟形藻（密度为984 207ind/L）；浮游动物发现原生动物、轮虫、枝角类、桡足类和无节幼体，共5门8种，数量为1240ind/L（优势种为盘状鞍甲轮虫和无节幼体)。水华高峰期后（2007 年 5 月 15 日以后），浮游生物数量逐渐减少，恢复到水华发生前的水平，其中浮游植物共发现 4 门 29 种（硅藻门、蓝藻门、绿藻门和裸藻门），藻密度平均为 183 393ind/L；浮游生物发现原生动物、轮虫、枝角类、桡足类和无节幼体，共 5 门 11 种，数量为 393ind/L。

围隔 B_2（浮游动物样品缺失）：水华高峰期前（2007 年 5 月 15 日以前），浮游植物发现硅藻门、蓝藻门、绿藻门和裸藻门，共 4 门 17 种，藻密度平均为 189 506ind/L。水华高峰期（2007 年 5 月 15 日）发现硅藻门、蓝藻门、绿藻门、裸藻门和黄藻门，共 5 门 13 种，藻密度平均为 727 458ind/L，优势种为硅藻门的扁圆卵囊藻。水华高峰期后（2007 年 5 月 15 日以后）共发现硅藻门、蓝藻门、绿藻门、裸藻门和黄藻门共 5 门 37 种，藻密度平均为 256 750ind/L。

围隔 C_3：水华高峰期前（2007 年 5 月 15 日以前），浮游植物发现硅藻门、蓝藻门、绿藻门、裸藻门和黄藻门，共 5 门 23 种，藻密度平均为 275 089ind/L；浮游动物发现原生动物、轮虫、枝角类和桡足类，共 4 门 7 种，数量为 392ind/L。水华高峰期（2007 年 5 月 15 日）发现硅藻门、蓝藻门、绿藻门和甲藻门，共 4 门 11 种，藻密度平均高达2 842 587 ind/L（$>10^6$ind/L，暴发水华），水华优势种为硅藻门的菱形藻（密度为 2 212 939ind/L）；浮游动物发现原生动物、枝角类和桡足类，共 3 门 5 种，数量为 1270ind/L（优势种为原生动物门的砂壳虫）。水华高峰期后（2007 年 5 月 15 日以后），浮游植物发现硅藻门、蓝藻门、绿藻门、裸藻门和黄藻门，共 5 门 28 种，藻密度平均为 336 220ind/L；浮游动物发现原生动物、轮虫、枝角类和桡足类，共 4 门 9 种，数量为 425ind/L。

随着温度的升高，浮游生物种群数逐渐增加，水华高峰期前，浮游生物种群较水华后少（但较水华高峰期多），藻密度也低，水华高峰期浮游生物数量急剧升高，水华高峰期后浮游生物种群分布逐渐变广，但其数量逐渐恢复到水华高峰期前的水平。围隔 B_1 的水华优势种为硅藻门的舟形藻（密度为 2 212 939ind/L）；围隔 B_3 的水华优势种为硅藻门的扁圆卵囊藻（密度为 727 458ind/L）；围隔 C_3 的水华优势种为硅藻门的菱形藻（密度为 2 212 939ind/L），同一时期不同围隔暴发不同藻种的水华。

8.6 小　　结

1）大宁河水体水生态环境特征存在显著的空间特征异质性，因此水华敏感期浮游植物细胞密度的分布具有明显的时空异质性。从时间尺度上看，各采样点细胞密度的最高值出现在水华期。从空间格局上看，浮游植物细胞密度的最高值出现在大昌样点，最低值出现在长江干流巫峡口样点。浮游植物群落结构组成受到水环境特征和空间相邻性的双重影响。由于藻种通过不同形态和生理特征来实现它们对生态环境的适应性特征，大宁河发生多藻种同时、同地水华的情况。水华敏感期水温、总氮、硝酸盐氮、pH 和 DO 时空分布差异显著（ANOVA，$P<0.05$）。调查期间总氮是影响浮游植物细胞密度的关键因子，营养盐、悬浮物和透明度是影响浮游植物的组成的主要因素，降水量可能对其也有一定的影响，但需要进一步的探索。浮游植物的大量生长对环境因子反馈效应显著：水体的 pH 随着藻类细胞密度的增加而上升。

2）水温、DO 饱和率、SPC、pH 和 TUR 在不同水文期差异显著。受气温的影响，水华期的水温高于枯水期。受藻类繁殖的影响，水华期的 DO 饱和率和 pH 高于枯水期。受降水和藻类繁殖的影响，水华期的 SPC 低于枯水期；不同水文期 Chla 含量和初级生产力季节差异显著，水华期的初级生产力显著大于枯水期（ANOVA，$P<0.05$）。枯水期 Chla 和 P_N、P_G 的垂直分布差异不显著，P_N、P_G 的垂直分布和 Chla 不存在明显的对应关系，Chla 的最大值大多出现在水面下 9m，而 P_N、P_G 的最大值出现在水面下 0～3.0m。水华期 Chla 和 P_N、P_G 的时空分布差异显著（ANOVA，$P<0.05$），P_N、P_G 和 Chla 垂直分布表现出对应关系。最大值均大多出现在水面下 0～0.8m；TUR（水中悬浮颗粒）和温度是影响大宁河回水区初级生产力的主要因素。pH、SPC 和 DO 饱和率在一定程度上受到浮游植物生理作用影响。

3）围隔实验结果表明，各围隔的光照强度变化大，为 5030～81 800lx；pH 为 8.31～10.25，各围隔均为中性偏碱性水体，pH 随时间的变化而升高；DO 为 9.20～21.24mg/L，DO 随着温度的升高逐渐增大；SD、浊度、悬浮物和高锰酸盐指数的变化较小，其中 SD 为 130～350cm，平均为 239cm；浊度为 0.50～10.00，平均为 1.58～2.38，各围隔均在 2007 年 4 月 7 日浊度达到最大值；SS 为 0.80～5.10，平均为 1.58～2.68，高锰酸盐指数为 0.86～3.39mg/L，平均为 1.28～2.03mg/L。围隔 A_1～C_3实验结果发现：①Chla出现高峰时的临界条件为 TN 0.85mg/L；TP 0.012mg/L；TN/TP 71；光照 74 000lx；DIN 0.59mg/L；TDP 0.01mg/L；COD_{Mn} 1.11mg/L。②氮磷营养盐是水华暴发的营养物质基础，合适的气温、水温才是影响水华暴发的主要诱导条件。当磷营养盐很低时（<0.020mg/L），由于光照很强、水动力条件几乎为零，气温、水温适宜时，藻类也会大量繁殖。③营养盐一般以颗粒态形式储存在水体或围隔底部，当藻类生长消耗掉水体中的溶解态磷时，颗粒态磷又给予补充，水体中的氮磷营养盐存在一个动态平衡，外界营养盐的增加不会引起水体中氮磷营养盐的突增。④当氮磷营养盐均处于藻类水华暴发的阈值以上，气温、水温、光照等其他条件合适时，自回水段以下水体大范围暴发水华，此时各富营养化因子的特征为氮磷营养盐含量均较高，且 TN/TP = 20～35；流速小；光照强；气温、水温较适宜（20℃左右）；水体为中性偏碱性，pH 略高。⑤各围隔水体中浮游生物的分布随着温度的升高，种群数逐渐增加，水华高峰期前，浮游生物种群较水华后少（但较水华高峰期多），藻密度也低；水华高峰期浮游生物数量急剧升高；水华高峰期后浮游生物种群分布逐渐变广，但其数量逐渐恢复到水华高峰前的水平。同一时期不同围隔暴发不同藻种的水华。

第9章

三峡水库生态安全评估与保障策略研究

9.1 概　　述

水库是人类在河道上建坝或堤堰创造蓄水条件而建成的人工水体，是一种人类干扰下的生态系统类型。虽然水库的水文现象与天然湖泊较为相似，但其发展和生态系统的演替受到人类活动的严重影响，因而具有独特的水动力学特征和水库调节方式，与河流、湖泊等类型水体的生态系统特征仍有很大差异。由于水库湖沼学（reservoir limnology）学科发展相对于传统的湖沼学、河流学较为滞后（萨莫伊洛夫，1958），其作为现代湖沼学一个相对独立的学科于20世纪90年代才正式出现（林秋奇和韩博平，2001），一定程度上阻碍了水库生态安全问题的针对性分析与管理方法探索。

生态安全作为一种全新的管理目标，已提出近20年，尽管出现频率越来越高，但其概念尚未有科学的界定。生态安全的提出有深厚的历史背景，其概念源于“安全”定义的拓展。“安全”一词早期主要用于军事安全、政治安全、国家安全，其代表了20世纪70年代、80年代早期各种机构和相关学者的主要观点。

早期的生态安全以“环境安全”的概念出现（Ulanowicz，1995；Falkenmark，2002；Folke，2002；李泊言，2000；刘丽梅和吕君，2007）。最早将环境变化含义明确引入安全概念的学者是莱斯特·R. 布朗（莱斯特·R. 布朗，1984；崔胜辉等，2005）。1987年世界环境与发展委员会（WCED）发表了《我们共同的未来》报告，报告系统分析了人类面临的一系列重大经济、社会和环境问题，提出了“可持续发展”的概念，首次正式使用了“环境安全”一词，并明确指出“安全的定义必须扩展，超出传统的对国家主权的政治和军事威胁，还要包括环境恶化和经济社会发展条件遭到的破坏”。

1989年，国际应用系统分析研究所（International Institute for Applied Systems Analysis，IIASA）在提出建立优化的全球生态安全监测系统时，首次提出了“生态安全”的概念，认为生态安全是指在人的生活、健康、安乐、基本权利、生活保障来源、必要的资源、社会秩序、人类适应环境变化的能力等方面不受威胁，并认为存在狭义和广义两种理解（肖笃宁等，2002）。关于生态安全的概念、不安全的成因、影响和发展趋势发表了不同的看法，其中有悲观危机的观点，有中立的客观认识，也不乏乐观向上的见解（Patrieia，1998；Pirages，1999）。由此，生态安全作为一个热点已被越来越多的专家学者、决策者和公众关注，也引发了许多争论。Dabelko 和 Simmon（1997）、Zurlini 和 Müller（2008）等为环境安全提出了一个新的概念，即考虑生态系统功能和服务、生态系统完整性、恢复力以及可持续性，并将其作为人类生存和发展的基础。这里，安全被认为是多层次和复杂的，其存在于客观世界和社会领域。

生态系统服务功能是指生态系统与生态过程所形成及所维持的人类赖以生存的自然环境条件与效用（Costanza et al., 1992）。生态系统健康主要研究生态系统及其组分的安全与健康状况，即生态系统及其组分对于外界干扰是否能够维持自身的结构和功能（Costanza et al., 1992；Mageau et al., 1995；Schaeffer et al., 1988；Rapport, 1989, 1995；Rapport et al., 1998, 1999）。生态系统服务功能与生态系统健康均从正面表征了系统的安全状况。安全的系统必定是一个能够提供完善服务的健康系统，生态安全是系统提供完善服务及系统健康的充分条件，由安全可以推出服务功能及健康状态。

生态风险是指特定生态系统中所发生的非期望事件的概率和后果，如干扰、灾害对生态系统结构所造成的损害（Megill, 1977；Hertz and Thomas, 1983；Hunsaker et al., 1990；Lipton et al., 1993；USEPA, 1998b）。生态风险强调的是生态系统及其组分受到的外界影响和潜在的胁迫程度。生态安全除了生态系统没有风险外，还需要与生态系统所处的健康状态及生态系统所提供的服务相联系（图 9-1）。

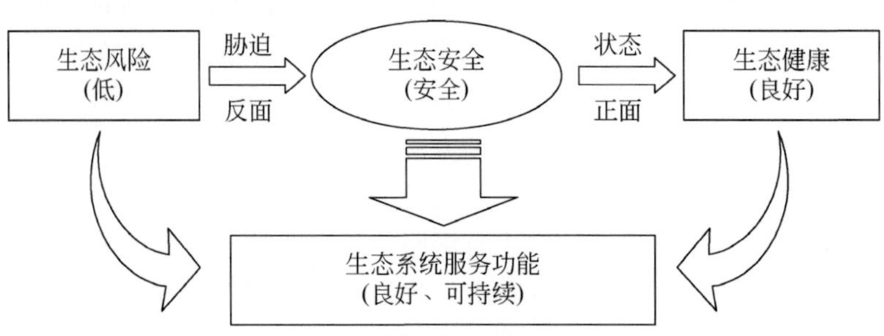

图 9-1　生态安全与相关概念逻辑关系

总体上，生态系统服务功能、生态系统健康与生态风险均以生态系统为基本出发点，着重研究生态系统的安全水平。从数学逻辑上，可以认为生态系统服务功能、生态系统健康、生态风险均包含生态安全，生态安全的内涵更为综合。水库生态安全至少包含三层含义，一是状态层面，生态系统是健康的；二是动态层面，生态系统面临低风险、低胁迫；三是功能层面，生态系统服务功能是良好、可持续的。

随着生态安全研究的进一步深入，生态安全评价方法在吸纳各相关学科领域研究成果的基础上有了长足的发展。已由最初定性的简单描述发展为现今定量评判，运用各种抽象的、反映本质的模型去刻画和揭示具体的、复杂的生态安全系统。生态安全评价方法可归结为数学模型法（厉彦玲等，2005）、生态模型法（陆健健，1990）、景观模型法（李新琪，2008a，2008b）、数字地面模型法（何伟和李壁成，1998）4 种方法，生态安全评价指标体系也经历了单因子评价指标、多因子小综合评价指标到多因子大综合评价指标的发展过程（刘红等，2006）。

OECD 最初针对环境问题提出了表征人类与环境系统的压力–状态–响应（P-S-R）框架模式（图 9-2）（OECD, 2003）。在此基础上，联合国可持续发展委员会（UNCSD）以及欧洲环境署（European Environmental Agency, EEA）分别提出了驱动力–状态–响应（D-S-R）概念模型和驱动力–压力–状态–影响–响应（D-P-S-I-R）框架（European Environmental Agency, 1998），在上述框架和概念的基础上建立相关指标体系（胡庆芳等，2018）。

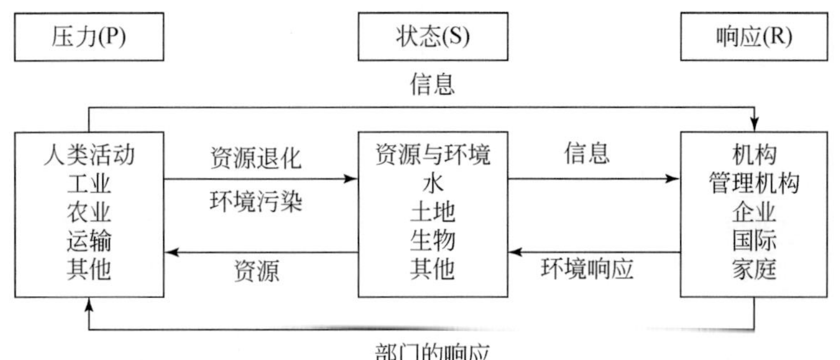

图 9-2 OECD 的压力-状态-响应框架模式

OECD 提出的压力-状态-响应框架是评价人类活动与资源环境系统关系方面比较完善的、权威的体系，许多学者把该框架应用于生态安全研究领域，完成了大量生态安全评价方法研究。

9.2 水库生态安全问题识别

9.2.1 水库生态系统压力源与受体界定

水库生态安全问题识别所关注的压力源，主要包括区域社会经济发展、生产生活等带来的物理、化学、生物作用，如污染物排放（COD、TN、TP 等主要污染物）、物理作用（如修建大坝、大坝水利调节、泥沙沉积、开采矿山、河流断流等）、生物作用（如各种生物技术的开发和应用、外来物种引入等）。

水库生态安全问题识别所关注的生态系统受体，主要包括人类（个体、人群等不同层次）、水生态系统（种群、群落、生态系统等不同层次）两大类有机体，但多以人类为关注终点。具体响应表征要素主要表现在水环境质量、水生态健康状况、服务功能状况（尤其是饮用水服务功能与人体健康问题）三类。

9.2.2 水库生态系统压力源与受体作用关系

流域人类活动（压力源）、水库生态环境（直接受体）、人类功能需求（间接受体）之间具有复杂反馈作用关系。水库流域内人类生产生活的维持和发展，一方面要对水库水体产生负面压力，另一方面依赖水体所提供的各种服务功能。流域人类活动对水库水体产生压力，直接表现为生态环境遭受破坏、大量污染负荷进入水库；在上述压力的作用下，水体自身状况发生变化，其响应主要体现在水体健康状况方面，极端状况将导致水生态灾害的发生；由于水库水体状况发生变化，人类依赖于水库水体所获得的服务功能受到损害，无法得以有效满足，甚至间接影响人群健康。据此，构成了流域-水体之间相互反馈作用即 pressure-health/disaster-service（P-S-H-D）的概念关系，如图 9-3 所示。

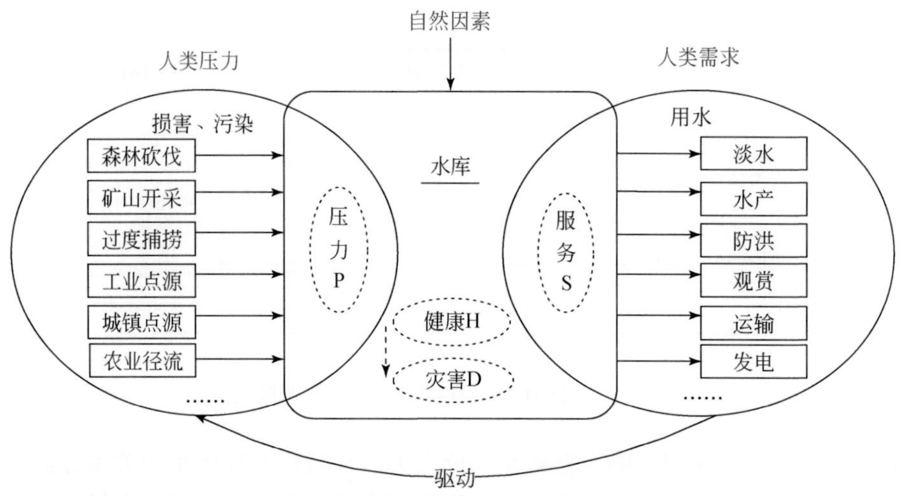

图 9-3　水库流域与水体相互作用关系概念示意图

对于目前引起关注的诸多水库环境问题，ILEC 认为，从全球角度来看，水库生态环境最为普遍的问题是：泥沙淤积问题、有毒有害化学物污染问题、富营养化问题、水质下降与水量减少问题、水体酸化问题。五类核心问题及其因果关系如图 9-4 所示。

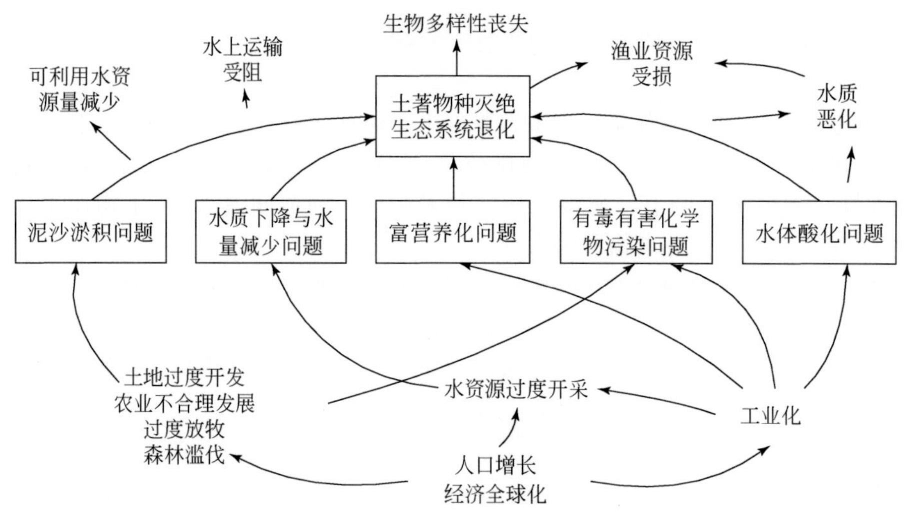

图 9-4　水库生态环境的五类核心问题及其因果关系

9.2.3　问题清单分析

基于上述流域-水体 P-S-H-D 概念关系分析、核心问题因果关系分析，借鉴 EEA 驱动力-压力-状态-影响-响应框架（European Environmental Agency，1998），对水库生态安全问题进行综合诊断，梳理并提出库区流域主要环境问题，见表 9-1。

表 9-1　水库生态安全问题诊断分析

流域社会经济因素驱动	流域人类活动影响和压力	水库水生态环境响应
城市化、工业化	非污染损害行为：森林砍伐、矿山开采、道路建设等土地开发，过量水源开采，过度捕捞，外来物种入侵，休闲旅游活动，航运活动，工程移民	非污染损害问题：特殊生境丧失，栖息地破坏（侵占湿地），水量减小和水位降低，生物多样性降低，水动力条件改变、泥沙淤积，消落区移民开发污染
	污染损害行为：工业点源污染，城镇点源污染，农业径流污染，水土流失，大气污染沉降，矿区渗流，农用化肥流失，农用杀虫剂污染，痕量医药用品等污染	污染损害问题：传统有机污染，富营养化，高浓度硝酸盐污染和相关卫生学问题，底层缺氧，水体酸化（pH 降低、重金属溶出），水体盐化（过度化肥使用、干旱地区灌溉），悬浮物与沉积作用，细菌污染与疾病传播，重金属污染，农药和其他化学物质污染

库区生态安全问题的产生和驱动主要受流域城市化、工业化进程及相应政策引导下的大规模土地利用开发等因素影响。对于大型水库而言，其多位于经济相对欠发达、人口密度相对少、耕地资源相对缺乏的山区。水库流域城市发展、工业发展、土地利用开发的战略、布局、工程规划等直接引导和规范着流域人类活动。

流域人类活动在社会经济宏观因素的驱动影响下，以非污染损害和污染损害两种行为影响水生态环境，构成生态安全的压力因素。非污染损害以人类对土地、物种等资源的攫取，对流域下垫面因素的人为改变和对自然发展状态的人为干扰控制为特点。污染损害以人类生产生活中所排放的一系列常规和非常规污染物为特点。

对应于流域人类活动的压力，水库水生态环境产生一系列响应。上述响应可按照非污染损害问题和污染损害问题进行归类，也可以区分为生态健康（水质、水生生物）损失响应、服务功能（饮用水、栖息地、渔业资源）损失响应、风险与灾害（水华、航运事故）响应等。值得注意的是，水生态环境问题的响应是一个复杂的非线性过程。一个问题的出现可能源自多种压力，也可能与其他问题的产生具有协同效应。

除表 9-1 列出的生态安全问题外，从水生态系统管理综合性的角度而言，仍需要关注水库上游来水的污染背景问题、水库对下游地区的影响问题。

9.3　水库生态安全评估技术框架构建

9.3.1　评估概念框架构建（IROW）

9.3.1.1　概念框架构建

评估技术框架关注的主要目标方案包括水库水体生态安全目标方案、流域影响最小化目标方案。其中，从水库水体上下游统筹兼顾角度，流域影响最小化目标方案可以进一步分解为上游流域影响最小化目标方案、库区流域影响最小化目标方案、水库对下游流域影响最小化目标方案。

Straskraba 和 Tundisi（1999）提出，水库水质管理是目前较为先进的水库管理理念，且将水库系统划分为 4 个子系统，即流域和水库入流水体（watershed and reservoir inflow）、水库自身（reservoir itself）、水库出流（reservoir outflow）、社会经济和管理（socio-economic and management system）。

借鉴上述先进理念，本研究提出基于 IROW 的水库生态安全评估概念框架。IROW 概念框架强调水库生态安全需要保障四类安全要素，即水库上游来水安全（inflow，I），水库水体安全（reservoir，R）、水库下泄水安全（outflow，O）、流域影响安全（watershed，W）（王丽婧和郑丙辉，2010）。尤其对于大型水库，上游来水和下泄水的问题不能忽视，如图 9-5 所示。

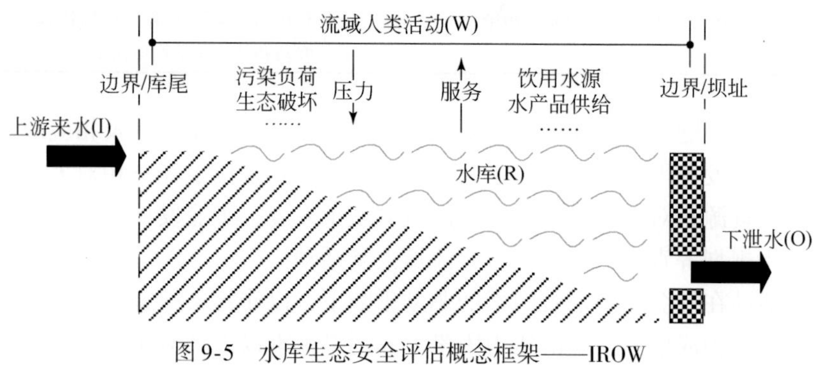

图 9-5　水库生态安全评估概念框架——IROW

（1）I-上游来水安全

水库建立于河道之上，上游来水水量在水库来水构成中占绝对优势，上游来水水质一定程度上决定了水库水质。围绕水库生态安全的目标，上游来水安全目标子方案的设置主要着眼于水库生态安全管理的综合性、上下游统筹管理的必要性，反映上游来水压力问题改善的需求。

（2）R-水库水体安全

水库是上游来水和库区范围来水的汇集区与储备区，水库水体安全是水库生态安全的核心，水库水体安全目标子方案的设置主要着眼于水库生态安全管理功能的导向性、水库水资源保护的战略性，针对性解决水库生态安全状态、响应层面出现的一系列问题。水库水体安全包括水生态系统健康、水体服务功能保障、生态灾害有效防止等一系列内涵要求。

（3）O-水库下泄水安全

水库下泄水是下游地区水资源的重要来源，对于建立在大江大河上的大型水库而言，下泄水关系着下游地区的生态环境、居民生产生活用水和社会经济发展。水库下泄水量、水质、泥沙含量等对下游地区水环境至关重要，涉及下游的水文情势、水环境、生物多样性、人群健康等一系列问题。下泄水安全目标子方案的设置主要着眼于水库生态安全管理的综合性、上下游统筹管理的必要性，反映下游地区环境保护对水库下泄水安全的反馈约束和保障需求。

（4）W-流域影响安全

流域社会经济影响在水库水质管理中占据重要地位，水质变化取决于水体物理化学过程与生物区（含人类）之间的相互作用，从下至上的经典生物关系（物理-化学-植物-动物）让位于从上至下的控制作用关系，即人类-鱼-动物-植物-化学-物理。库区流域影响安全目标子方案的设置主要着眼于水库水体与流域的高度耦合性（流域面积与水体面积比例高）、水库生态系统管理的综合性，针对性解决水库生态安全驱动力、压力层面的一系列问题。库区流域影响安全包括社会经济科学发展、污染排放和生态破坏有效控制、特殊生境合理保护等内涵要求。

9.3.1.2 关注要点分析

综合现有文献，较受认可的生态安全评估的基本步骤包括五步：确立评估对象、构建评价指标体系、建立评估标准、确定评估数学模式、形成评估结果并开展分析。本研究基本遵循上述评估步骤，然而，考虑到水库型水体的特殊性和复杂性，研究拟首先构建水库生态安全评估的概念框架，然后围绕概念框架进一步开展针对性的指标体系研究、标准研究。

（1）水库生态系统特征与关注要点

由于生态安全评估针对水库生态系统开展，本研究拟着眼于水库生态系统特征、水库生态安全内涵，分析水库生态安全评估的技术要点，为水库生态安全评估技术框架研究提供依据。

面向水库生态系统特征的评估技术要点见表9-2。分析可见，水库生态系统特征与评估技术框架的建立密切相关。例如，相对于湖泊而言，水库流域对水体的影响更为显著，因而要求水库生态安全评估特别重视减少流域人类活动影响；水库水位波动产生了特殊生境——消落带，因而需要在水库生态安全评估中考虑减少该类特殊生境的人类干扰；水库特殊的物理环境及时空异质性特征，使水库生态安全评估必须考虑分区、分时段评估的问题；水库生态系统特殊的发展演变过程，需要在水库生态安全评估结果解读过程给予特别关注；水库生态安全管理的综合性，决定了水库生态安全评估必须考虑综合性目标要素的实现，从流域的尺度来看水库生态安全问题，避免“就水库论水库”。

表9-2 面向水库生态系统特征的评估技术要点

特征类型	特征描述	关注要点	对技术框架的需求
水库与湖泊差异特征	水库流域面积、水体面积比例高	减少流域人类活动影响	流域影响最小化目标方案
	水库水力停留时间相对短	关注水库特殊物理结构的生境影响	属空间异质性；考虑分区评估
	水库与流域的耦合作用强	减少流域人类活动影响	流域影响最小化目标方案
	水位波动程度大	关注消落带干扰问题	
	水动力特征变化大	关注水库特殊物理结构的生境影响	属时空异质性；考虑分区分时段评估
	形态呈V形		
	水资源利用普遍	关注饮用水源、水产品等一系列服务功能	水库水体生态安全目标方案

特征类型	特征描述	关注要点	对技术框架的需求
水库水环境特征	水库入流、出流特征影响着水体的流场分布、温度分布和密度分布	关注水库特殊物理结构的生境影响	属时空异质性；考虑分区分时段评估
	营养物、有机物是参与水库化学–生物过程的主要物质	关注水库水环境质量变化	水库水体生态安全目标方案
	水库中的生物常缺乏足够的时间进行种群的生长和繁殖	关注水库水生生物变化	
	成库后生物净生产量先增加后降低的过程	关注水库水生生物变化；关注水库的发展演替特征	水库水体生态安全目标方案；科学解读评估结果
水库发展演变过程	水库存在特殊的发育阶段	关注水库的发展演替特征	考虑分时段评估；科学解读评估结果
水库时空异质性	水库时间异质性（年际、年内）	关注水库问题的年内变化；关注水库的发展演替特征	科学解读评估结果
	水库空间异质性（湖泊型、过渡型、河流型）	关注水库问题的空间差异	考虑分区评估
水库生态安全管理特征	水库生态安全管理综合性	需要综合性的水库生态安全评估框架	着眼于流域尺度的综合性水库生态安全目标方案
	水库生态安全管理功能导向性	体现服务功能需求的保障	水库水体生态安全目标方案
	水库生态安全管理阶段差异性	关注水库评估结果的客观认识；关注水库生态安全调控措施的科学定位和方案制定	科学解读评估结果；有效利用评估结果
	水库生态安全管理不确定性和适应性	关注水库评估的定期开展、多情景预测分析；关注水库生态安全调控措施的跟踪调整和风险应对	有效利用评估结果；根据管理需求定期开展状态评估、预测评估

此外，水库生态安全管理的阶段差异性、不确定性，要求决策者科学有效地利用评估结果，并定期开展状态评估和多情景的预测评估。

（2）水库生态安全问题与关注要点

由于生态安全评估需要针对水库的生态安全问题来重点实施，并以改善和解决上述问题为目的，本研究拟着眼于水库生态安全的驱动力–压力–状态–响应框架模式，分析水库生态安全评估的技术要点，为水库生态安全评估的技术框架研究提供依据。

面向水库生态安全问题的评估技术要点见表 9-3。分析可见，水库生态安全问题对评估技术框架提出了诸多需求。为实现水库生态安全驱动力要素的合理调控，需要在评估中纳入社会经济因子；为实现水库生态安全压力的有效缓解，需要控制上游入库污染负荷、库区污染负荷、防止库区生态破坏，并减少对下游环境保护的压力；为反映水库生态安全状态及其不利变化，需要在评估中纳入相关因子指标，以此表征水生态健康、水体服务功能状况，并促使其不断改善。

表 9-3 面向水库生态安全问题的评估技术要点

问题类型	问题描述	关注要点	对技术框架的需求
驱动力	经济增长、土地开发、人口发展等	社会经济因素在框架中的体现	流域影响最小化目标方案
压力	资源破坏性开发；点、面源污染排放；大型工程建设压力；上游流域污染入库、下游流域环境保障约束	库区污染负荷、生态破坏在框架中的体现；上游来水压力、下游环境保护压力的体现	流域影响最小化目标方案（库区、上游流域影响最小化；下游流域环境保障最大化）
状态	水质、水动力、水生态环境的不利变化	水生态健康在框架中的体现	水库水体生态安全目标方案
响应	服务功能受损、生态灾害出现	水体服务功能在框架中的体现	水库水体生态安全目标方案

9.3.2 水库生态安全评估指标体系

9.3.2.1 生态安全相关指标

国内外有关学者从区域生态安全、水环境安全、资源安全、城市生态安全等不同角度及针对不同研究对象提出了一系列相关评价指标，本研究将梳理有关学者对生态安全评估指标体系的典型研究，并将其作为水库生态安全评估备选指标的参考和借鉴，见表 9-4。

表 9-4 不同研究对象的生态安全评价指标体系

研究对象	研究学者	指标体系	研究内容
水环境	周劲松等（2005）	清洁饮水指数、水体生态干扰指数、水资源紧缺指数、水环境质量指数、水污染纠纷指数、社会用水指数、经济用水指数、节水指数、水污染治理指数、水环境管理指数	国家水环境安全评价
水库生态安全	郭树宏等（2008）	水土流失面积比、人均耕地、人均活立木蓄积量、人均水资源量、化肥施用量、农药使用量、农药残留量、人口密度、人均财政收入、森林覆盖率、工业用水量、农业用水量、生活用水量、BOD_5、COD_{Mn}、TP、TN、文盲和半文盲人数比、农民人均纯收入、经济密度、受保护土地比例、科教投入占 GDP 比例、人均固定资产投资、第三产业比例、人均 GDP	福建山仔水库生态安全评价
流域生态安全	张向晖等（2008）	人口数量、经济发展、社会进步、温度变化、降水变化、人-地结构安全、地-地结构安全、土地生产功能、水资源供给功能、环境承载功能、环境调节功能、生物多样性保护功能、人口发展响应、经济发展响应、社会进步响应、结构安全响应、功能安全响应	云南纵向岭谷区流域生态安全评价
河流流域	王根绪等（2001）	水环境、土壤环境、植被生态、社会经济环境	黑河流域区域生态环境评价

续表

研究对象	研究学者	指标体系	研究内容
水资源	何焰和由文辉（2004）	状态系统指标（地表水资源供水量、地下水开采淡水资源量等）、压力系统指标（年末人口、耕地面积、总用水量、工业废水排放量、生活污水排放量、人均年用水量等）响应系统指标（用于基本建设的固定资产投资、环保投资占GDP比例、工业废水排放达标率等）	上海市水环境生态安全预警评价与分析
土地资源	刘勇等（2004）	土地自然生态安全系统（土地自然资源数量、质量）、土地经济生态安全系统（土地经济投入数量、土地经济产出质量）、土地社会生态安全系统（人口数量承载指数、土地整治能力指数）	区域土地资源生态安全评价（浙江嘉兴市）
城市生态安全	谢花林和李波（2004）	资源环境压力（人口压力、土地压力、水资源压力、社会经济发展压力）、资源环境状态（资源质量、环境质量）、人文环境响应（治理能力、投入能力）	城市生态安全评价指标体系与评价方法研究
绿洲生态安全	杜巧玲等（2004）	水安全（水量安全、水质安全、潜水位安全）、土地安全（耕地安全、草地安全、林地安全、绿洲稳定性）、经济社会安全（经济安全、社会安全）	黑河中下游绿洲生态安全评价
农业	吴国庆（2001）	资源生态环境压力（人口压力、土地压力、水资源压力、污染物负荷）、资源生态环境质量（资源质量、生态环境质量）、资源生态环境保护整治及建设能力（投入能力、科技能力）	区域农业可持续发展的生态安全及其评价
湿地	张峥等（2008）	多样性、代表性、稀有性、自然性、稳定性和人类威胁	湿地生态安全评价
旅游地	董雪旺（2004）	生态环境压力（人口压力、土地压力、水资源压力、污染物负荷、旅游资源压力）、生态环境质量（旅游环境质量、旅游生态质量）、生态环境保护整治及建设能力（投入能力、科技能力）	镜泊湖风景名胜区生态安全评价研究
荒漠化地区	周金星等（2003）	土壤养分（有机质含量）、植被状况（林地覆盖率、草地覆盖率）、水分条件（降水量）、地表抗蚀性（土壤黏粒、黏砂比）	荒漠化地区生态安全评价
生态脆弱区	杨冬梅等（2008）	自然环境状态（年降水量、年均风速、林地所占比例、牧草地所占比例、沙地所占比例）、人文环境状态（人口自然增长率、人均GDP、恩格尔系数、财政收入）、环境污染压力（年末存栏牲畜数、环境污染压力、化肥实物量、农用薄膜、农药、工业废水排放量、工业废气排放量、工业固体废物排放量）、环境保护及建设能力（农村劳动力受教育程度、废弃地利用面积、退耕还林还草面积、工业废水达标量、当年造林面积、工业固体废物处置量）	生态脆弱区榆林市的生态安全评价体系研究

9.3.2.2 湖库生态安全相关指标

国家重大项目的支撑对于推动生态安全研究的深入具有重要作用。环境保护部牵头的“全国重点湖泊水库生态安全调查及评估”项目是近年来针对湖库型水体生态安全开展的重大研究项目，研究对象前后涉及了全国12个大型湖泊水库。该项目从湖泊生态健康、湖泊生态服务功能、流域社会经济影响、湖泊水华灾变、湖泊生态安全等角度提出的评价指标是本研究中水库生态安全评估指标的重要参考，见表9-5。

表9-5　国家重大项目提出的生态安全相关指标体系

类别	指标体系	研究单位
湖泊生态健康	透明度（SD）、溶解氧（DO）、五日生化需氧量（BOD_5）、化学需氧量（COD_{Mn}）、总氮（TN）、氨氮（NH_4^+-N）和总磷（TP）等指标构成了物理化学指标体系；浮游植物数量、浮游动物生物量、底栖动物数量、浮游植物物种多样性、浮游植物Chla、细菌总数等指标	中国科学院水生生物研究所
湖泊生态服务功能	①饮用水源地服务功能，颜色、挥发酚（以苯酚计）、铅、氨氮（以N计）、耗氧量（$KMnO_4$）、溶解氧、BOD_5、总磷（以P计）、总氮（以N计）、汞、氰化物、硫化物、粪大肠菌群（个/L）、异味物质、藻毒素。②水产品供给服务功能，单位渔产量、异味物质、藻毒素、水产品质量（色、香、味）。③鱼类栖息地服务功能，鱼类种类数、水产品尺寸（个体重量）变化、候鸟种类变化、候鸟种群数量变化。④游泳与休闲娱乐服务功能，景观服务功能、休闲娱乐服务功能。⑤湖滨带净化服务功能，30年来湖滨带截留与净化量的损失率、湖滨带最优植被损失率、自然湖滨带受破坏情况	上海交通大学
流域社会经济影响	①社会经济压力指标，人均GDP、人口密度、环保投入指数、水利影响指数、城镇用地比例、耕地比例、水面比例、围垦指数。②水体污染负荷指标，单位面积面源COD负荷量、单位面积面源TN负荷量、单位面积面源TP负荷量、单位面积点源COD负荷、单位面积点源TN负荷、单位面积点源TP负荷。③水体环境状态指标，主要入湖河流COD浓度、主要入湖河流TN浓度、主要入湖河流TP浓度、单位入湖河流水量、流域水体COD浓度、流域水体TN浓度、流域水体TP浓度	生态环境部南京环境科学研究所
湖泊水华灾变	Chla浓度、发生范围占评价区面积、受影响人口、水质等级、发生频率、直接经济损失、鱼类死亡状况、水生高等植物死亡率、救灾投入资金	中国科学院南京地理与湖泊研究所
湖泊生态安全	流域人口对数、入湖TN总量、入湖TP总量、建成区面积、流域人均水资源量、湖体TP浓度、湖体TN浓度、湖体Chla浓度、天然湖滨带长度、生物栖息地面积、大小鱼比例、饮用水源地水质达标率、水华影响指数	北京大学、中国环境科学研究院

资料来源："全国重点湖泊水库生态安全调查及评估项目"2008年度成果。

9.3.2.3　水库生态安全备选指标

围绕IROW概念框架，研究水库生态安全评估的指标体系。本研究指标层筛选遵循系统性、客观性、实用性、独立性、可度量性的原则，详细如下。

1）系统性：评价指标不仅要反映水体本身的质量状况、安全程度，而且还要反映对水库流域生态服务功能的促进，即水环境与流域环境、社会经济系统的整体性和协调性。

2）客观性：即指标的选择、指标权重系数的确定，数据的选取、计算与合成要客观、科学，充分、客观地反映水库水环境特征，克服因人而异的主观因素的影响。

3）实用性：指标选择应围绕我国水库生态安全管理的实际需要，评价指标应操作简便、指标值的数据信息收集较为方便。

4）独立性：各评价指标应相互独立，相关性小。

5）可比性：评价指标应有明确的内涵和可度量性，具有区域间、时间上的可比性。

按照上述原则要求，参照和借鉴以往研究基础，构建基于 IROW 概念框架的水库生态安全评估指标体系（表 9-6），明晰不同层次指标的含义。指标体系按照目标层（*A* 层）、方案层（*B* 层）、因素层（*C* 层）、指标层（*D* 层）设置，其中，方案层、因素层是指标体系概念框架的核心体现；突出了上游来水安全、下泄水安全两个重要组成部分，认为前者是水库安全的充分必要条件，后者是水库安全的重要责任体现；考虑了库区流域与水库水体的高度关联性，既从水生态健康、生态服务功能等状态和响应角度分析水库水质安全，又从社会经济、污染负荷、生态破坏等驱动力、压力角度分析库区流域对水库的影响。

表 9-6　基于 IROW 概念框架的水库生态安全评估初选指标汇总

目标层（*A* 层）	方案层（*B* 层）	因素层（*C* 层）	指标层（*D* 层）初选
水库生态安全	上游来水安全	水量	最枯月水位；入库径流量；最枯月入库流量；年径流偏差比率；含沙量/输沙量；上游来水量保证率
		水质	入库水质类别；上游来水水质达标率；入库水质指标浓度水平（24 项常规；以 COD_{Mn}、氨氮、TN、TP 为重点关注）；入库主要污染物通量（COD_{Mn}、氨氮、TN、TP）
	水库水体安全	生态健康	水力停留时间；水质指标浓度水平（24 项常规），Ⅲ类以上水质比例，断面水质达标率；底质污染状况；有毒有机污染状况；水体透明度，Chla 浓度，营养状态指数；水生生物群落构成（浮游生物/底栖动物/沉水挺水植物/数量、种类组成、生物量、密度），细菌总数，生物多样性指数；生态健康综合指数（EHCI）
		服务功能	饮用水源地水质达标率（常规指标、特征指标或 109 项全指标），人群癌症发病率；鱼类产卵场/栖息地/养殖水域水质；鱼类种类数，鱼类栖息地面积，鱼体残毒水平；游泳休闲水域水质；渔业产量及产值；相关旅游业产值
		生态灾害	水华影响指数（发生次数、持续时间、面积、Chla 最大浓度）；影响人口；救灾资金投入
	水库下泄水安全	水量	坝下最枯水位；最不利月份下泄流量；含沙量/输沙量；下游干流河段年径流量；下泄水水量保证率
		水质	出库水质类别；水库下泄水质达标率；水质指标浓度水平（24 项常规；以 COD_{Mn}、氨氮、TN、TP 为重点关注）；主要污染物通量（COD_{Mn}、氨氮、TN、TP）
	流域影响安全	社会经济	人口密度、人均耕地面积、人均水资源量；人均 GDP、第三产业比例、城镇化率；恩格尔系数、文盲率、平均期望寿命；相对资源承载力超载中

续表

目标层（*A*层）	方案层（*B*层）	因素层（*C*层）	指标层（*D*层）初选
水库水体安全	流域影响安全	污染负荷	单位流域面积/水体体积的污染物（COD、TN、TP）入库负荷；单位产值工业点源污染物排放水平；城镇居民人均污染物排放水平；农村化肥施用强度；化肥农药流失率；泥沙输移比；畜禽养殖污染排泄系数；港口吞吐量及单位污染物排放水平
		生态破坏	森林覆盖率、土壤侵蚀模数、≥25°坡耕地比例；物种入侵程度；消落带利用比例

指标层中部分推荐指标依据水库典型特征予以设计。指标层在实际应用过程中允许根据具体情况完善和调整。

9.3.3 水库生态安全评估标准研究

水库生态安全评价标准的确定是开展水库生态安全监测、评估和管理，防止水库富营养化、水华及其他生态安全问题的重要基础，是支撑判断水库是否安全的关键技术环节。

9.3.3.1 评估标准确定方法

评估标准主要通过资料调研法、国内外类比法、时间参照点法（原始追踪法）、空间参照点法针对各个指标逐一确定（夏青，2004）。通过查阅文献资料判断安全状态下的评估标准值，或通过收集、类比国内外水库的相关数据判断取值。部分生态健康指标亦可借鉴美国营养盐基准制定过程中提出的空间参照状态法（USEPA，2000a），以该水体空间分布中相对较好的生态环境作为参照状态，进而确定评估标准值。

值得注意的是，水库成库前后属于完全不同的两个生境类型，成库前水体状况对成库后的参照意义不大，据此，新形成水库评估标准值的选取应避免部分研究中采用的原始追踪法，即以历史状态为最佳参照值、归一化标准值。

9.3.3.2 时空参照状态法

对于水质相关指标（如高锰酸盐指数、DO、TN、TP、Chla 等营养盐指标）而言，其中较为推荐的是基于原始追踪的方法，选取某一历史阶段的历史状况值（如 20 世纪 80 年代数据值）作为标准值。美国湖泊、河口区营养物等生态学基准制定亦推荐了该类理念方法。

水库水体成库后，水生态环境发生巨变，自然演变过程中断，水动力、水生态的数据资料一致性受到破坏。由此，对成库时间较长、成库后历史观测资料积累丰富的水库，可以采用时间参照点法（原始追踪法）。对于成库时间短、水库仍处于发育和稳定阶段、成库后的观测资料相对缺乏的水库，则应变通采用空间参照点法。

借鉴美国湖泊、河口营养盐基准制定过程中参照点和参考状态值的概念方法，本研究引入时间/空间参照状态法，作为水库水质指标评估标准确定的核心方法。该方法以频率分析为主要技术手段，以该水体（成库后）历史发展变化过程中，或者空间分布中相对较好的生态环境作为参照状态，进而确定评估标准值。

建立营养物参照状态有两种基本途径，一是基于原位观测数据分析（in-situ observation based approach），二是基于流域分析（watershed-based approach）。对应于参照点是否可寻、生态系统退化是否严重等情景，采取的途径不一样，具体分析方法亦相应有所变化（表 9-7）。各方法在确立参照状态的操作过程中，均应考虑区域内的季节和年际水文变化因素（USEPA，1998b，2000a）。

表 9-7　水体营养物参照状态建立方法

情景分类		推荐方法	衡量指标
情景 1	生态环境状况完好	参照点指标频率分布曲线法	TN、TP、Chla 浓度，透明度
情景 2	生境部分退化，但参照点可寻	参照点或观测点指标频率分布曲线法	
情景 3	生境严重退化，包括所有潜在参照地点	回归曲线法；历史、现状数据综合分析法	
情景 4	生境严重退化，且历史数据不足	子流域存在参照点，采用子流域推算；子流域无参照点，利用模型进行回顾计算	TN、TP 负荷

基于现场观测数据分析的途径适用于情景 1、情景 2 及情景 3。其中，情景 1 需要大量时空数据支持，且数据可靠性得到认可。参照状态一般取参照点相应指标的频率分布曲线的中值（图 9-6）。该方法的原理在于，由于参照点受环境影响较小、营养物浓度波动小，理论上认为参照点不存在趋势性变化，参照点各指标值的频率分布曲线中值可以较好地表达受“最低影响”的参照状态。

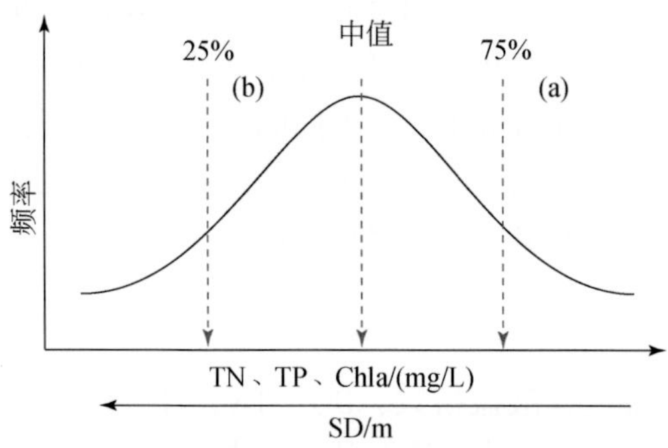

图 9-6　频率分布曲线法确定参照状态

（a）参照点数据，（b）混合数据

情景 2 中，鉴于实际条件下难以存在基本未受影响的参照点，受到营养物影响程度较小的部分地域被认为具备“参照状态的环境质量”，可作为参照点。在数据充足的情况下，可以取参照点营养物指标频率分布曲线的 75% 对应值或所有观测点营养物指标频率分布曲线的 25% 对应值。在数据不足的情况下，借鉴水库水体分类成果，可建立类比水体数据库，得到相似水生态系统的营养物频率分布曲线。一般而言，该数据库建设需要 15 个以上相似水体的数据支撑，15 个以下略显不足，若只有 1 ~ 2 个相似水体，则仅能定性地用于辅助分析。事实上，相对于河流、湖泊而言，水库一般比较个体化，对营养物敏感性差别显著，较缺乏物理性质相似、可用于类比的水体，因而基于类比数据的分析相应受到限制。

情景 3 中，主要通过分析历史变化过程来识别参照状态，是不存在参照点时的替代方法。可通过三种途径实现，一是历史记录分析（包括历史营养物数据、水文数据）；二是柱状沉积物采样分析；三是模型回顾分析。历史记录分析的实现首先要求具备充足的数据库，其次分析者应具有丰富的研究经验，能够进行敏锐、科学的判断，在复杂历史情况中去伪存真、层层剖析，再次需要选择相对稳定的时间、空间段，最后要求在相似物理特征子区中开展分析。若历史变化过程较清晰，主要借助回归过程曲线来识别参照状态（图 9-7）。若历史变化过程模糊，存在较多无法评估和剔除的干扰影响时，可对历史数据及现状数据进行综合评估，借助频率分布曲线法来完成（图 9-8）。柱状沉积物采样分析则较适用于受外界扰动最小的沉积区域，尤其是营养物浓度远低于现状的历史状态分析。对于水力停留时间短、混合较为充分、较浅的水库，一般难有良好沉积区，不宜使用柱状沉积物采样分析方法。模型回顾分析存在很多的不确定性，如计算机回顾模拟过程中，数据难以量化时则无法校正历史营养状态、水文状态，因而颇具争议。诚然，当前两种途径无法实现时，仍可考虑采用模型回顾分析方法。

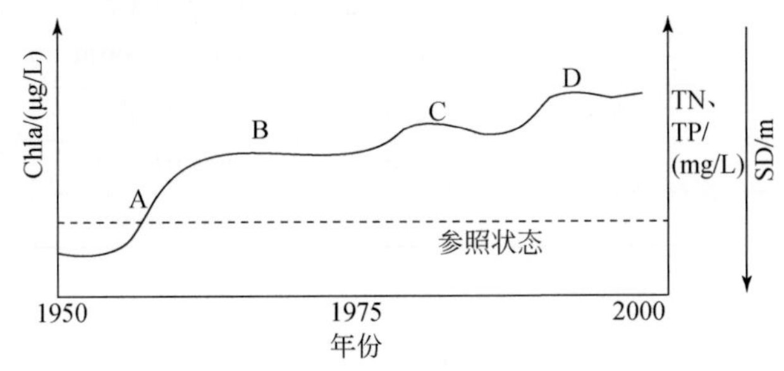

图 9-7 回归曲线法确定参照状态

A. 沉水植物丧失，B. 藻类异常繁殖，C. 鱼类死亡，D. 鱼类经常性死亡

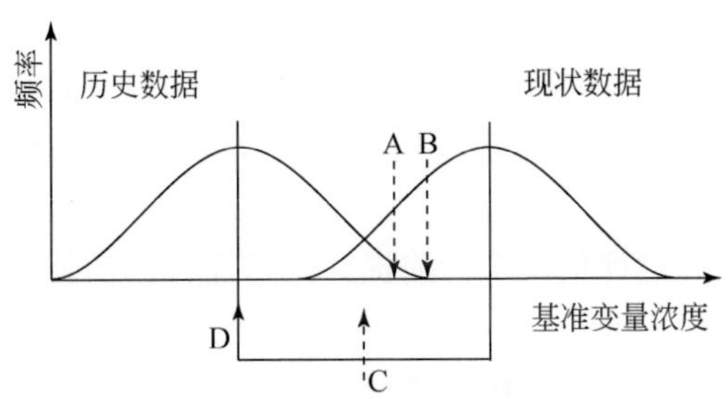

图 9-8 数据综合分析法确定参照状态

A. 现状数据 25%，B. 中值区间 75%，C. 历史与现状数据中值区间中值，D. 历史数据中值

基于流域分析的途径主要适用于情景 4。与其他 3 种情景不同，情景 4 中其参照状态以营养物参照负荷，而非营养物参照浓度的形式表示。其方法要求建立营养物负荷–浓度响应关系模型，使各指标的参照负荷直接对应于参照状态下的浓度值。若水库及上游流域基本未受干扰，则流域的营养物负荷代表着较好的自然状态，为参照负荷。若上述条件不满足，而水库及其上游流域存在一些开发程度低、受影响小的梯级水库子流域或流域片

区，则可以通过子流域、流域片区的营养负荷推算整个流域（含库区）的最小营养负荷。但后者的采用必须考虑整个流域地理相似性，判断能否足以支持将参照子流域推广到整个流域。如若不能，则必须找出第二类甚至第三类典型子流域进行推算。此外，运用情景 4 方法的前提条件还包括流域内大气沉降作用稳定、原始营养负荷水平相似（如单位面积粮食产量相似）、地下水对水库影响不显著。表 9-8 列举了对应于各个层次 EPA 所推荐的模型。上述模型的选择运用应在满足基本研究需求的情况下，尽可能选择简单的模型，避免过多成本投入。

表 9-8　参照状态研究中的水质水动力模型

层次	模型/方法	时间尺度	空间尺度	水动力耦合情况	数据需求	投入时间
层次一	淡水组分法	稳态	一维	无水动力参数	较少	数日
	潮交换修正模式	稳态	一维	无水动力参数	较少	数日
	对流-弥散方程	稳态	一维	无水动力参数	较少	数日
	二维箱式模型	稳态	二维	无水动力参数	较少	数日
层次二	QUAL2E	稳态	一维	水动力参数输入	适中	数月
层次三	WASP	准动态/动态	一维、二维或三维	水动力参数输入或水动力场模拟	适中或大量	数月
层次四	CE-QUAL-W2	动态	二维	水动力场模拟	大量	数月
	CH3D-ICM	动态	三维	水动力场模拟	大量	数月或年
	EFDC	动态	三维	水动力场模拟	极其丰富	数月或年

9.3.4　水库生态安全评估模型

9.3.4.1　评估数学模型

在充分调研借鉴国内外水环境评价的数学计算方法（如综合指数法、层次分析法、熵权法、模糊数学法、灰色关联度、物元评判、主成分投影法），构建水库生态安全评估的定量化计算数学模式。

选择评估数学模型以满足评估需求为前提，以可操作、简便实用为原则。经比较，本研究推荐采用较为成熟的层次分析法（王丽婧等，2005）。首先，对指标层各指标按照评估标准进行评分；其次，采用层次分析法进行权重赋值，通过邀请专家两两比较构造判断矩阵，经相关数学公式处理计算得到 D 层各评价指标相对于 A 层的权重，专家权重判定过程中应结合实际情况充分考虑水库功能定位、上游来水影响约束需求、下游泄水影响约束需求；最后，依据指标分值、指标权重，计算水库生态安全综合指数（index of ecological security of reservoir，ESRI）。

ESRI 计算方法可采用加权算术平均值法、加权几何平均值法。

(1) 加权算术平均值法

ESRI 的加权算术平均值法计算模式构建如下：

$$\text{ESRI} = \sum_{i=1}^{n} W_i \cdot F_i \tag{9-1}$$

式中，W_i为第 i 个指标相对于 A 层的权重；F_i为第 i 个指标的评分值。

（2）加权几何平均值法

在前述指标体系的建立过程中，已利用层次分析的思路，建立了多级层次结构：目标层 A、方案层 B、因素层 C、指标层 D，并已计算出方案层的 B 值。根据 Weber- Fishna 定律建立的指标值转换后（李祚泳和彭荔红，2003），加权几何平均值是比加权算术平均值更优的运算方式。

指标值归一化转换处理方式：①越大越好型的指标，指标值=现状值/标准值；②越小越好型的指标，指标值=标准值/现状值。研究中，需要处理 $B_i=0$ 的部分。

方案层用式（9-2）计算：

$$B_i = \prod_{i=1}^{n} (x_{ij}^{w_j}) \tag{9-2}$$

式中，B_i为第 i 个方案层（上游来水安全、水库水体安全、水库下泄水安全、流域影响安全）计算结果；x_{ij}为第 i 个方案层的第 j 个指标归一化值；w_j为其权重。

对于目标层，即水库生态安全指数（ESRI）用式（9-3）计算：

$$\text{ESRI} = \prod_{i=1}^{n} (B_i^{\ w_i}) \tag{9-3}$$

式中，B_i为第 i 个方案的值；w_i为其权重。

9.3.4.2 评估级别划分

为便于评估指数的计算，评估级别的划分多为三级或五级，评分多采用三分制、五分制和百分制，本研究建议采用五级五分制，按照很安全、安全、基本安全、不安全、很不安全的级别予以设置，具体见表 9-9。

表 9-9 水库生态安全评估级别划分与内涵释义

评估级别	安全级别	内涵释义
5 分	很安全	水库上游来水及下泄水水量稳定、水质优良；水库生态系统健康完整、服务功能好；库区流域社会经济活动对水库生态系统有轻微干扰
4 分	安全	水库上游来水及下泄水水量稳定、水质好；水库生态系统基本健康、服务功能尚好；库区流域社会经济活动对水库生态系统干扰较小
3 分	基本安全	水库上游来水及下泄水水量较稳定、水质基本达标；水库生态系统健康受到一定影响、服务功能有所削弱；库区流域社会经济活动对水库生态系统产生直接干扰，但影响程度尚属一般
2 分	不安全	水库上游来水及下泄水水量减少、水质超标；水库生态系统健康状况较差、服务功能明显受损；库区流域社会经济活动对水库生态系统干扰较大
1 分	很不安全	水库上游来水及下泄水水量锐减、水质严重超标；生态系统极不健康、服务功能大量丧失；库区流域社会经济活动严重威胁水库生态安全

9.3.4.3 评估预处理与结果分析

水库型水体生态安全的评估要求全过程均着眼于水库生态系统特征、水库生态安全内涵与管理需求。对此，在评估模型计算前的预处理、计算后的评估结果分析上予以针对性考虑。

根据水库生态安全评估的关注要点分析，提出评估过程中的要求，具体如下：

1）分区开展水库生态安全评估。考虑到水库空间异质性，评估前期应开展评估分区研究，识别河流区、过渡区、湖泊区在水库水体中的分布特征，结合分区研究结果，确定是否分区评估以及具体分区方案。

2）分时段开展水库生态安全评估。考虑到水库时间异质性，评估前期亦应识别生态安全问题的敏感时段，如春季水库水华高发时段，分析确定是否需要提取敏感时段的指标值，开展分时段评估。

3）科学判断水库生态安全的变化趋势。以成库后的跟踪观测数据为基础，分析水库生态安全状况历史变化；注重判断评估时间内水库生态系统所处的演变阶段，结合水库演变规律，合理预测水库生态安全未来变化趋势；对处于发育阶段，尤其蓄水期、稳定期的水库宜慎重开展生态安全评估，充分估计未来水质变化的可能性，客观看待水质水生态指标短期内的剧烈变动。

9.4 三峡水库生态安全综合评估

在上述分析基础上，进一步处理和整理有关数据，开展三峡水库生态安全评估。2003年蓄水以来，三峡水库一直处于波动稳定期，无法客观反映水库的生态安全状况变化趋势，因而本次评估以现状评估为重点，采用2007年调查数据为基础进行分析。

9.4.1 评估标准确定

着眼于三峡水库实际情况，在三峡生态安全评估标准研究的基础上，针对所推荐的加权几何平均值法数学模式的标准体系需求，以“很安全水平”作为理想的目标状态，确定三峡水库生态安全指标层的评估标准，见表9-10。

表9-10 三峡水库生态安全指标层的评估标准

指标	单位	标准值	指标类型
上游来水水量保证率	%	100	越大越好
上游来水水质达标率	%	100	越大越好
生态健康综合指数（EHCI）	无量纲	80	越大越好
饮用水源地水质达标率	%	100	越大越好
鱼体残毒检测达标率	%	100	越大越好
水华影响指数	无量纲	5	越大越好
下泄水水量保证率	%	100	越大越好
下泄水水质达标率	%	100	越大越好

续表

指标	单位	标准值	指标类型
相对资源承载力超载率	%	10	越小越好
单位面积 COD 入库负荷	kg/(km^2·a)	3200	越小越好
单位面积 TN 入库负荷	kg/(km^2·a)	600	越小越好
单位面积 TP 入库负荷	kg/(km^2·a)	50	越小越好
土壤侵蚀模数	t/(km^2·a)	1000	越小越好
消落带利用比例	%	10	越小越好

9.4.2 评估分值判定

依托三峡水库生态安全调查数据，收集、梳理流域现状数据；按照上述评分标准，对三峡水库生态安全评价指标进行归一化赋分。评分结果见表9-11。

表9-11 三峡水库生态安全评价评分结果（流域总体）

评价指标	指标现状值	归一化评分值
上游来水水量保证率	100	1.000
上游来水水质达标率	85.9	0.859
生态健康综合指数（EHCI）*	53.98	0.675
饮用水源地水质达标率*	80.00	0.800
鱼体残毒检测达标率*	100	1.000
水华影响指数*	4	0.800
下泄水水量保证率	100	1.000
下泄水水质达标率	91.7	0.917
相对资源承载力超载率	61.5	0.163
单位面积 COD 入库负荷	3528.4	0.907
单位面积 TN 入库负荷	568.2	1.056
单位面积 TP 入库负荷	58.9	0.848
土壤侵蚀模数	1765.4	0.566
消落带利用比例	36.0	0.278

*流域的指标现状值、归一化评分值取干支流分区评估均值。

9.4.3 评价因子权重

采用层次分析法进行权重赋值。通过邀请专家两两比较构造判断矩阵，进而计算层次单排序及总排序，检验判断矩阵一致性及群组决策一致性，最后采用加权几何平均综合排序向量法计算得到各评价因子相对于目标层（水库生态安全）的权重。三峡水库生态安全评价指标体系各层次权重赋值结果见表9-12。

表9-12 三峡水库生态安全评价指标体系权重赋值结果

目标层	方案层	本层相对权重	因素层	本层相对权重	因子层	本层相对权重	各因子最终权重
三峡水库生态安全（权重1）	上游来水安全	0.15	水量	0.5	上游来水水量保证率	1	0.075
			水质	0.5	上游来水水质达标率	1	0.075
	水库水体安全	0.35	生态健康	0.4	生态健康综合指数（EHCI）	1	0.14
			服务功能	0.4	饮用水源地水质达标率	0.5	0.07
					鱼体残毒检测达标率	0.5	0.07
			生态灾害	0.2	水华影响指数	1	0.07
	水库下泄水安全	0.15	水量	0.5	下泄水水量保证率	1	0.075
			水质	0.5	下泄水水质达标率	1	0.075
	流域影响安全	0.35	社会经济	0.3	相对资源承载力超载率	1	0.105
			污染负荷	0.4	单位面积COD入库负荷	0.3	0.042
					单位面积TN入库负荷	0.3	0.042
					单位面积TP入库负荷	0.4	0.056
			生态破坏	0.3	土壤侵蚀模数	0.5	0.0525
					消落带利用比例	0.5	0.0525

9.4.4 三峡水库生态安全评估结果

9.4.4.1 生态安全单项评估

（1）上游来水安全分析

三峡水库上游来水安全目标方案从全流域进行考虑，不予以分区。该方案下各类指标赋分值见9.4.2节。对上游来水安全调整设定总权重为1，对应得到调整后的该方案因子权重。按照评估数学计算模式进行独立分指数计算。

结果显示，上游来水安全分指数为4.63。因而，三峡水库上游来水安全状况较好，处于安全水平，上游来水水量稳定，能正常满足水库生态安全的来水水量需求；上游来水水质基本达标，符合水库来水水质需求。

（2）水库水体安全分区分析

由于三峡水库水体安全目标方案需要分区评估，根据调查和计算的数据结果，分区进行评价指标赋分，见表9-13。

表 9-13　三峡水库生态安全评价评分结果（流域分区）

评估方案	评价指标	干流现状值	干流归一化值	支流现状值	支流归一化值
水库水体安全	生态健康综合指数（EHCI）	49.74	0.622	58.22	0.728
	饮用水源地水质达标率	100	1.000	60	0.600
	鱼体残毒检测达标率	100	1.000	100	1.000
	水华发生频率	5	1.000	3	0.600

对水库水体安全设定权重为 1，对应得到调整后的该方案因子权重。对水库干流、水库支流数据进行归一化并计算综合指数，得到结果如下：

评价分区一（库区干流区域）：水库水体安全分指数 4.13。

评价分区二（库区一级支流区域）：水库水体安全分指数 3.59。

因而，评价分区一（三峡库区干流区域）水库水体生态安全状况属于安全水平；评价分区二（三峡库区一级支流区域）的生态安全状况属于基本安全水平，安全状况明显差于干流子区。支流子区主要受水华影响指数、饮用水源地水质达标率等指标影响，分指数偏低，而支流水动力条件则是导致支流子区生态安全差于干流子区的外力因素。

总体上，三峡水库水体安全状况已然受到影响，安全状况分指数为 3.91（干支流平均状况），属于基本安全水平；生态健康指数指标偏低，水库干流、支流安全状况的空间差异较大；饮用水源地水质达标率分值偏低，反映出成库后干支流水生态环境变化对现存饮用水源的威胁，水华影响指数分值偏低，主要受支流水华生态灾害频发的影响。

（3）水库下泄水水安全分析

三峡水库下泄水安全目标方案从全流域进行考虑，不予以分区。该方案下各类指标赋分值见 9.2.3 节。对下泄水安全调整设定总权重为 1，对应得到调整后的该方案因子权重。按照评估数学计算模式进行独立分指数计算。

结果显示，下泄水安全分指数为 4.78。因而，三峡水库下泄水安全状况较好。处于安全水平，水库下泄水水量稳定，满足水库功能要求，对下游水环境影响在估计范围以内。下泄水水质较好，能较好保障水库下游流域来水水质需求。

（4）流域影响安全分析

三峡水库流域影响安全的目标方案从库区整个流域进行考虑，不予以分区。该方案下各类指标赋分值见 9.4.2 节。对流域影响安全调整设定总权重为 1，对应得到调整后的该方案因子权重。按照评估数学计算模式进行独立分指数计算。

结果显示，流域影响安全分指数为 2.12。因而，三峡水库流域影响安全状况为不安全水平，其中，相对资源承载力超载率呈严重超载状态、消落带利用强度大，反映了流域超载、消落带无序管理对水库生态安全的威胁；库区单位面积入库污染负荷排放强度并不高，库区土壤侵蚀亦呈轻度侵蚀，但考虑到库区流域/水体面积比大的特点，从整个流域范围来看，污染负荷和土壤侵蚀带来的压力与风险仍不容忽视。

9.4.4.2　综合评估结果

依据指标归一化评分值、因子权重，计算三峡水库生态安全综合指数。三峡 ESRI 为 3.64，处于基本安全水平，见表 9-14。

表 9-14　三峡水库生态安全综合评估结果表征

	生态安全分级	很安全	安全	基本安全	不安全	很不安全
评价标准	等级划分	一级	二级	三级	四级	五级
	生态安全指数 ESI	5.0	4.0~5.0	3.0~4.0	2.0~3.0	1.0~2.0
	状态颜色标识					
结果	三峡 ESRI			3.64		
	状态标识					

9.4.4.3　结果分析与解读

针对三峡水库生态安全的 IROW 四类目标方案，分别进行独立分指数计算，并与综合指数进行对比，解读三峡水库生态安全状况。IROW 四类目标方案分指数与综合指数的对比可用雷达图来表征，如图 9-9 所示。对比分析单项方案分指数与综合评估指数，三峡水库生态安全评估结果的解读分析如下：

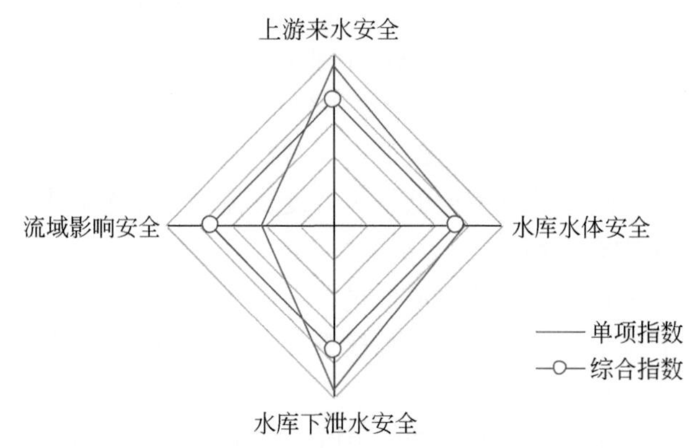

图 9-9　三峡水库生态安全评估 IROW 对比分析

综合评估分析显示，三峡水库生态安全状况处于基本安全水平，水生态健康受到一定影响、服务功能有所削弱；库区流域社会经济活动对水库生态系统产生直接干扰，但影响程度尚属一般。

四类分指数对比分析显示，三峡水库生态安全状况更多地受到库区流域人类活动影响；在上游来水的水质、水量满足安全保障要求的前提下，由于水库特殊的物理结构环境，水库水体生态安全（生态健康、服务功能、生态灾害等）仍不容乐观；流域人类活动带来的较大压力，将使未来水库水体安全状况面临更多挑战。

值得注意的是，上游来水安全的分指数计算过程中，按照河流水体水质常规评价方法，未将 TN、TP 指标纳入水质达标率分析。但河流水体挟带的大量 TN/TP 对水流缓慢的水库型水体而言，是导致富营养化和水华的根本因素。因此，上游来水安全的评估结论需要辩证认识，额外关注其对水库安全的潜在风险。

下泄水安全的分指数计算过程中，以三峡水库调度运行设计的流量为安全保障设计条件的参考要素，并非以下游水体（如洞庭湖、鄱阳湖）实际需要的下泄流量为安全保障条件。由于三峡大坝对下游影响的关系复杂，基于下游水体需求（生态蓄水量）的三峡大坝优化调度方案尚未有统一认识，限于此，本研究仅从当前调度运行过程出发考虑安全保障要素。事实上，从下游水体水生态保护角度设计的下泄水水量需求，要高于本研究设计的流量需求。本研究得出的下泄水安全的评估结果，仅作为方法验证的一种参考。

9.5 三峡水库生态安全保障策略建议

长江是中华民族的母亲河，也是中华民族发展的重要支撑。推动长江经济带发展是以习近平同志为核心的党中央作出的重大决策，是关系国家发展全局的重大战略。三峡水库在整个长江具有举足轻重的地位，保障三峡水库生态安全是长江生态安全的重要基础。

(1) 划定生态保护红线，实施生态保护与修复

国家高度重视长江经济带生态环境保护，出台实施《长江经济带发展规划纲要》，明确了长江经济带生态优先、绿色发展的总体战略。三峡水库保护要贯彻“山水林田湖是一个生命共同体”理念，坚持保护优先、自然恢复为主的原则，统筹水陆，统筹上中下游，划定并严守生态保护红线，系统开展重点区域生态保护和修复，加强水生生物及特有鱼类的保护，防范外来有害生物入侵，增强水源涵养、水土保持等生态系统服务功能。

(2) 加快产业结构和布局调整，促进和谐发展

三峡库区主体及其上游流域位于我国西部地区，西部大开发战略极大地推动了西部地区的经济发展和投资环境改善，是库区及其上游流域加快推进高质量发展、实现和谐发展的好机遇。三峡库区的社会经济发展应始终贯彻落实党的“十九”大提出的生态文明建设的基本要求，妥善处理经济发展与环境保护的关系；将三峡水库作为特殊水域予以发展和保护，制定特殊水域相关的政策；依靠政策引导、环境监管及市场推进等手段，加速转变经济增长方式，加快产业结构和布局调整，提高经济增长的质量和效益，缓解资源约束和环境压力，积极推动实现库区环境经济协调发展的战略转型。

加快产业结构的调整优化。以政策引导和经济激励为基本手段，加快经济增长方式转变，促进能源、资源利用结构的调整优化，完善资源节约的体制和机制。建立高能耗-重污染企业的淘汰-转型机制；积极推行现有企业的技术改造，加快淘汰资源利用效率低、污染重的技术和工艺设备；制定落后工艺技术名录和需要升级改造的技术工艺名录，从法规和政策上促使企业升级，推动现有产业的生态化转型。

加强库区产业布局规划和调整。积极做好库区重点行业、企业的生态园区规划，使产业向工业园区集中。通过将工业企业由重庆库区向渝西经济圈、成渝线转移等措施，减少沿江高污染、高风险企业分布，减少库区工业企业污染直排压力。对于新建的化工类企业，实施统一规划，严格限制其在库区近岸区选址。建立高风险企业与水库的隔离带，减少水库生态安全隐患。

大力发展循环经济、积极推进清洁生产。大力发展循环经济以推进发展模式创新为目的，以减量化、再利用和资源化为核心，推进循环经济发展。通过循环经济、清洁生产以及工业布局调整，加强污染物集中处理力度。推进企业的技术创新、管理创新，从源头减少废物排放。

积极探索和试点实施环境经济新政策、新措施。在三峡地区率先开展绿色税收、绿色资本市场、绿色外贸、绿色信贷、排污权交易、油污染损害基金等绿色政策和措施。

(3) 重视农村面源，开拓控源新局面

农业面源污染在三峡库区污染结构中占据重要比例，加强农村环境保护工作，尤其加强种植业农药化肥污染、农村生活污染、畜禽养殖、网箱养鱼等农村面源污染防治对于库区水环境保护、防止富营养化有着重要意义。

制定农业面源污染防治管理条例。加强农业面源污染防治工作，制定农业面源污染防治管理条例，建立农业面源污染控制和管理长效机制，理顺农业面源污染相关部门管理职责和运作机制。加大农业面源污染防治资金投入，建立专门资金渠道，保障经费配备和各项措施落到实处。

重视上游流域农村面源污染贡献。必须将上游流域、库区流域统一考虑，及时开展面源污染控制区划，为三峡地区脆弱生态环境保育、土地利用合理化调整、农村经济持续稳定发展提供导向。例如，根据各区域生态恢复能力、人类活动需求、环境污染特征，借鉴"分区、分类、分级、分期"的水质目标管理模式，划分为水库及滨岸控制区、上游丘陵平原控制区、上游高原控制区，明确区域范围、区域开发与保护方针政策、重点保护对象、重点保护举措等。

积极推广生态农业模式。从我国20多年的生态农业建设的实践来看，目前各地都推广了一些切合当地的生态农业模式，其中，以沼气作为纽带有很突出的生态功能和经济效益、社会效益。对三峡库区及上游地区的生态农业建设而言，围绕沼气建设，目前可供库区及上游地区借鉴的生态农业模式主要有"猪-沼-果"型、"五配套"型、"四位一体"型、食物链型等。通过生态模式的推广，可以改变农村燃料结构；增加有机肥料及饲料添加剂，减少化肥农药污染；开展新农村建设，改善农村环境卫生等。

大力发展绿色/有机农业，推动农业产业结构调整。应积极倡导推广以有机农业为主的清洁农业生产方式，大力发展附加值高、竞争力强的有机农业，建立一批无公害农产品生产示范基地，发展有机食品和绿色食品；推广使用高效、低毒和低残留化学农药，防止不合理使用化肥、农药、农膜等等带来的化学污染。规划和投资建设一批大型有机农产品、特色资源产品开发、加工项目，提倡立体农业模式，因地制宜地发展符合当地环境特点、有市场的特色农业经济。

加强畜禽养殖规划和管理。根据2013年国务院发布的《畜禽养殖污染防治条例》、2010年环境保护部发布的《畜禽养殖业污染防治技术政策》《畜禽养殖业污染治理工程技术规范》（HJ 497—2009）要求，对规模化畜禽养殖场进行规划，合理调整布局，划出宜养区、限养区、禁养区等。鼓励畜禽养殖由分散式向集约式发展，积极培育壮大畜牧业产业化经营。积极制定相关的优惠引导政策，鼓励畜禽养殖污染资源化，如利用畜禽养殖粪便生产有机肥，形成氮、磷、钾等物质的循环利用，以养殖发展带动农民致富。

(4) 完善污染治理设施，切实提高效率

重视目前污水、垃圾等环境基础设施运行效率低、效益差的现象，深入分析污水处理设施在技术方案适用性、规模合理性、运行机制有效性以及配套设施等方面存在的问题，积极完善污水处理设施建设。

重点加强管网配套，特别注意完善二三级管网的建设。对于管网配套建设严重滞后导致污水处理厂无法正常运行的区县，应可优先协助这些区县修建二三级管网，以切实使已建污水处理厂正常发挥治污作用；同时，今后在投资新建污水处理厂的同时，注重对污水管网的投资和资金配套，以能使新建污水处理厂满负荷运行，避免设备闲置和能力浪费。

加快补建和完善污泥处理的设施。建议制定近期和远期污泥无害化、稳定化和资源化指标，确定污泥处理和处置技术方案，制定污泥处理处置规划；分期、分批建立集中污泥处置中心，吸纳周边污水处理厂的剩余污泥；探求经济适用的应急污泥处理和处置方案，减少对垃圾卫生填埋场运行的影响和对环境的污染。

结合小城镇的实际，调整污水处理厂设计方案。三峡库区小城镇分布在山区和丘陵地带，缺少大面积的建设用地，因而要求采用占地少、能适应山地特征的污水处理技术和工艺，并允分利用山地城镇的地形高差，采用跌水曝气生物处理法、上地渗滤和稳定塘等生态处理法。建议对新建的集镇镇级污水处理厂，要结合小城镇的实际情况确定设计水量，要因地制宜地选择处理工艺和设备，要尽可能降低基建费用和运行费用。对于工艺落后处理效率低下的污水处理设施，加快污水处理设施改造，提高污水处理厂排水标准；对于已建成的污水处理厂应加速其配套管网的建设，提高污水的收集率。

探索新的投融资机制和运营体制。建立多元化投融资体制，降低政府的投资需求，减少政府直接财政负担，避免政府的债务风险。鼓励、引导社会各方面资金投入水污染防治事业，推进其产业化发展。鼓励市场化运营，在条件成熟的地区，政府将可以将现有的公共项目或已建成的新项目移交民间资本或外资经营，有利于降低运行成本，也有利于加强政府对处理效果的监管。

（5）重视生态环境建设，防止水土流失

水土流失是三峡库区及其上游地区突出的生态环境问题，同时也是三峡库区面源污染的主要来源。在三峡库区应加快生态林业建设、积极防止水土流失。

加大生态林业建设力度。优先实施“天然林保护工程”“退耕还林还草工程”，以遏制毁林开荒和陡坡垦殖等不合理开发利用方式，同时，注重植被缓冲带、水塘-湿地系统等湿地工程的建设，强化面源控制，促进生态修复。

进一步扩大水土流失防治范围。截至2000年底，长江上游水土保持重点治理工程涉及云南、贵州、四川、重庆、甘肃、陕西、湖北等的172个县（市、区），共完成水土流失治理面积约6万km^2。通过综合治理，长江上游重点治理区的水土流失得到初步控制。为了减少进入三峡水库的面源污染物，尚需进一步扩大上游地区水土流失防治的范围，有效控制水土流失。贯彻分区防治方略，搞好水土流失严重地区的土地利用综合规划。加强植被的恢复与建设；禁止陡坡开荒，遏制开发建设活动造成的水土流失；采取工程与生物措施治理滑坡和泥石流。

实施坡改梯和坡面小型水利水保工程措施。在坡面上进行坡改梯、造林、种草的同时，需配套建设小型水利水保设施，采取截水沟、排洪沟、蓄水池、引水渠、沉沙池等，构成从坡顶到坡脚的蓄、引、排系统，不仅可改善灌排条件，提高粮食果品产量和林草的产出率，而且可保护坡面主体治理措施，防治水土流失，减少农田有机物质的流失。

实施植物治理措施。在荒山荒坡和退耕坡地上，根据需要和可能，营造用材林、经济林、防护林与种草，实行乔、灌、草相结合，形成多层次、高密度的防护体系。在原有植被较稀疏的地方，充分利用水热条件丰富的有利条件，实行封育管护，迅速恢复地表植被。

实行保土耕作措施。在坡度不大的坡耕地中，采取等高耕作、培肥改土、等高植物篱、轮作间种和自然免耕等保土耕作措施，既能通过耕作逐渐减缓坡度，又可充分利用光、热和作物种植时间、空间，达到拦沙、蓄水、保土、保肥、增加农作物产量的目的。保土耕作措施通过实施多种农业耕作措施达到治理水土流失的目的，同时也是一项减少农田径流污染的有效措施。

建立和完善水土流失综合防治体系。强化开发建设项目监管、控制人为水土流失。加强对开发建设项目水土流失防治的监督管理力度，有效控制人为活动造成的水土流失。长江上游各省市在全面贯彻执行《中华人民共和国水土保持法》及《中华人民共和国水土保持法实施条例》的基础上，应按照国家《开发建设项目水土保持方案编报审批管理规定》《开发建设项目环境保护管理条例》等要求，进一步加强对开发建设项目水土流失防治的监督管理力度。建立和完善三峡库区及上游县（市、区）水土流失的重点预防保护与预防监督区，建立和健全水土流失预防监督体系和水土流失监测网络，监测人为活动造成新的水土流失，并及时指导各地依法开展水土流失防治，巩固水土流失治理成果。

（6）坚持以人为本，切实保护饮用水源

饮用水安全直接影响人民群众的身体健康。切实保障饮水安全，是关系到人民群众的切身利益、库区社会经济的稳定的头等大事，是切实体现以人为本思想的重要举措。目前，受水库三期蓄水影响，支流回水淹没区环境质量显著下降，加上集镇经济发展、污染治理、原水净化处理水平有限，饮用水水质达标状况不乐观，库区支流集镇百姓饮水安全问题突出，必须引起充分重视，采取多重手段，保障饮水安全。

加强饮用水源地监督管理。以《饮用水水源保护区划分技术规范》（HJ/T 338—2018）为基本依据，加快划分和核定集镇饮用水源保护区。加大饮用水安全监察工作的执法力度，清查保护区内违规行为，严格监督管理和经济行政处罚。

加快饮用水源地环境保护设施建设。本着预防为主的原则，实施饮用水水源保护区的基础设施建设工程，对集镇饮用水水源地进行隔离防护，工程内容包括物理隔离、生物隔离工程，保护区界碑、界桩的建设、宣传警示牌等。

加大饮用水源地环境综合整治力度。对污染型工业企业、违规建筑物和建设项目，制定清拆、整治和总量限排方案。开展水源保护区内农田径流污染控制、生活污水分散治理、集约式畜禽养殖污染源及垃圾进行处理。开展水源保护区生态修复、生态建设工程，加强水源涵养，提高保护区内自然净化能力，促进生态良性循环。

加快城市饮用水水源调配和建设。在大力节水的前提下，以现有水源地改扩建工程为主，水源调配、现有水源挖潜改造与新水源建设相结合，提高集镇饮用水安全保障程度。其中，对于保留水源功能，但取水口设置不合理或者取水口取水枢纽能力不足的饮用水源地，设计水源改（扩）建工程方案。对于放弃水源功能的饮用水源地，结合当地备用水源地状况，采取蓄、引、提、调等各类工程措施，规划新建水源地工程。对于受到污染但仍保留水源功能的水源地，为提高供水水质状况，根据水源地实际情况，设计净水设施处理工艺改造方案；根据供水水量需求，设计输水设施建设方案。

加强饮用水安全监测、制订应急预案。建立和完善集镇饮用水水源地水质与水量、供水水质和卫生监督监测体系，实现信息的定期发布。规划建设自水源地至供水末端全过程的饮用水安全监测体系，制订应急预案。

（7）加强环境监控，有效防止突发事故

强化库区水质水生态监测。加强环境监测，及时发现和减少污染事故影响。重点包括加强饮用水源地、流域控制断面水质及富营养化监测；加强沿岸重点污染源的监测，重点污染源在线监测和水质自动监测；加强河流入库污染物通量监测；开展定期水生态监测；建立三峡库区水生态安全监测体系。应完善以上各方面监测内容，在巩固已开展的工作的同时，全面安排各项监测任务的展开，建成监测网络，完善数据收集汇总分析工作，随时掌握环境变化情况，并及时做出预警预测。

加强工业污染事故预防和应急。提高加强法制建设，建立有关法律、法规或条例，使污染事故的预防和处理法制化、科学化。加强对三峡库区沿江化工企业的污染监控，建立健全有关的管理制度，提高管理水平，针对可能发生事故的潜在源和隐患环节，严格操作工艺，有效排查。开展三峡库区工业污染事故危害源的普查分析，建立动态潜在危害源档案信息库。制定化工企业污染事故应急预案，提高防范和污染事故的能力，将环境安全风险降到最低。

加强船舶污染事故预防和应急。加强流动污染源监测监视能力，完善和新建三峡库区流动污染源监测站，提高其监测能力，增加其应急监测功能。建立船舶污染应急体系，做好船舶污染事故预防与应急，包括制定船舶污染（溢油及有毒有害物质污染）应急计划，配备应急反应设备，组建应急反应队伍。其中，要重点推动已编制完成的“三峡库区重庆段船舶溢油应急计划”“三峡库区湖北段溢油应急计划”的颁布和有效实施。此外，参照海上船舶污染事故的预防和处理经验，积极探索建立三峡库区船舶油污染损害赔偿机制，研究将三峡库区作为特殊水域予以保护和管理的相关政策与对策。

（8）加强环境监管，提高监管能力与效率

切实抓好环境污染监督管理。切实重视和抓好环境污染防治，严格执行总量控制、排污许可证、环境影响评价制度，严格产业准入制度，坚决改变先污染后治理、边治理边污染的状况。强化以环境基础设施建设为重点的污染综合整治，促进产业结构的调整优化，促进能源、资源利用结构的调整优化，减少污染物的产生和排放。

积极落实和实施三峡库区水生态环境保护、污染防治相关规划，落实污染物削减要求，做到“不欠新账、多还旧账”，从环境保护的总体目标出发，设计污染控制战略和策略，把污染防治的目标和措施落到实处。

理顺管理体制，提高监管能力和效率。现行的行政管理体制是制约三峡地区水环境有效监管的瓶颈，应在三峡库区及其上游流域积极寻求建立统一有效的管理模式。建议成立三峡库区及其影响区环境管理派出机构，统筹协调上游及中下游的关系，建立统筹协调的管理体制和流域联动机制，实现跨省、跨部门的经济、社会和环保工作统一协调与综合决策。

完善相关法律法规及标准，使管理有法可依。依据《中华人民共和国水污染防治法》加快制定适应不同环境功能区的环境质量标准、水质标准及与之相配套的排放标准，使三峡水库特殊水域的环境保护行为有法可依。

（9）加强基础研究，提高科技支撑能力

切实加强水库饮用水安全保障研究。饮用水安全问题关系群众切身利益、关系库区国民经济发展和社会稳定。三峡工程预计将实现 175m 蓄水，库区因水华影响饮用水源安全的趋势将更加明显。针对上述现实，迫切需要组织开展 水华影响集（乡）镇饮用水安全的调查；安排专项资金开展集镇饮用水安全保障工程，对受 175m 蓄水影响的饮用水源进行迁建、改建或深化净水工艺，尽快解决受“水华”影响的群众饮水安全的问题。

加快开展水库水环境监控预警技术体系研究。为实现库区水环境的动态、系统和全面监测，为库区的有效管理提供技术支撑，迫切需要建立三峡库区流域水环境监控预警技术体系。具体针对超大型库区生态环境特点、环境问题、管理需求，依托多尺度监测技术和方法，突破超大尺度、多类典型污染问题、多数据源的流域水环境质量连续动态监控技术问题，攻克多节点、多层次的总量控制和水质响应监测网络建构关键技术，改善三峡库区水环境管理监控预警技术平台。

加强三峡水库水污染防治与生态修复研究。针对库区水污染控制力度仍然薄弱、水环境演变及水华发生机理尚不清晰、水库调节对生态系统的影响尚不明朗等，迫切需要研究阐明关系超大型水库水污染防治和水华控制的重大科学问题，重点攻克库区次级河流点源与面源污染综合控制、消落带生态修复、水库水质水量优化调度、水库脆弱性评价和水污染风险评价以及支流水华控制的关键技术，研发高效低廉技术设备，实现库区污染总量削减目标，保障示范区水体水质有效改善，提出库区环境保护与社会经济协调发展战略思路，形成以关键技术为核心的三峡库区水污染防治集成技术体系，为库区水污染防治提供技术支持。

9.6 小　　结

水库具有独特的水生态系统特征。本章论述识别了水库生态安全评估问题，构建了水库生态安全评估技术框架、形成了水库生态安全评估 IROW 概念框架。

1）三峡水库生态安全评估结果显示，三峡 ESRI 为 3.64，总体处于基本安全水平；水库水体生态安全状况已然受到影响，库区流域人类活动对流域生态系统的胁迫和干扰较为显著，三峡上游来水安全、下泄水安全状况相对较好，满足当前设计的安全保障要求。

2）三峡水库生态安全单项评估显示：水库水体安全方面，支流子区安全状况差于干流子区，而支流水动力条件则是导致该结果的重要外力因素；饮用水源地水质达标率分值偏低，反映出成库后支流水生态环境变化对现存饮用水源的威胁，水华影响指数分值偏低，主要受支流水华生态灾害频发的影响。流域环境影响安全方面，相对资源承载力超载率呈严重超载状态、消落带利用干扰强度大，反映了流域超载、消落带无序管理对水库生态安全的威胁；库区单位面积入库污染负荷排放强度并不高，库区土壤侵蚀亦呈轻度侵蚀，但考虑到库区流域/水体面积比大的特点，从整个流域范围来看，污染负荷和土壤侵蚀带来的压力与风险仍不容忽视。

3）从 IROW 四类分指数与综合指数的对比分析显示，三峡水库生态安全状况更多地受到库区流域人类活动影响。但值得注意的是，受当前研究所限，上游来水和下泄水安全方面一些潜在问题和风险在本章中未纳入考虑，因而三峡水库上游来水安全、下泄水安全的评估结论亦需要辩证认识。

4）三峡水库生态安全保障对策建议。全面落实长江大保护战略，贯彻“山水林田湖是一个生命共同体”理念，坚持保护优先、自然恢复为主的原则，统筹水陆，统筹上中下游，划定并严守生态保护红线，系统开展重点区域生态保护和修复。加快产业结构和布局调整，促进和谐发展。

将三峡水库作为特殊水域予以发展和保护，制定特殊水域相关的政策；依靠政策引导、环境监管及市场推进等手段，加速转变经济增长方式，加快产业结构和布局调整，提高经济增长的质量和效益，缓解资源约束和环境压力，积极推动实现库区环境经济协调发展的战略转型。

建立水环境质量底线管理制度，坚持点源、面源和流动源综合防治策略。制定农业面源污染防治管理条例。加强农村环境保护工作，尤其加强种植业农药化肥污染、农村生活污染、畜禽养殖、网箱养鱼等农村面源污染防治。

加强农业面源污染防治工作，制定农业面源污染防治管理条例，建立农业面源污染控制和管理长效机制，理顺农业面源污染相关部门管理职责和运作机制。将上游流域、库区流域统一考虑，及时开展面源污染控制区划，大力发展绿色/有机农业，积极推广生态农业模式，推动农业产业结构调整。为三峡地区脆弱生态环境保育、土地利用合理化调整、农村经济持续稳定发展提供导向。加大农业面源污染防治资金投入，建立专门资金渠道，保障经费配备和各项措施落到实处。加强畜禽养殖规划和管理。积极制定相关的优惠引导政策，鼓励畜禽养殖污染资源化，如利用畜禽养殖粪便生产有机肥，形成氮、磷、钾等物质的循环利用，以养殖发展带动农民致富。

重视目前污水、垃圾等环境基础设施运行效率低、效益差的现象，深入分析污水处理设施在技术方案适用性、规模合理性、运行机制有效性以及配套设施等方面存在的问题，完善污水处理设施建设。加强环境监测监控，防止突发性污染事故；加强环境监管，确保经济社会发展和污染设施运行满足区域环境保护目标要求。开展系统的大型水库水环境综合研究，保障三峡水库生态安全。

参考文献

布朗（L. R. Brown），1984. 建设一个持续发展的社会 . 祝友三译 . 北京：科学技术文献出版社 .

蔡庆华，胡征宇，2006. 三峡水库富营养化问题与对策研究 . 水生生物学报，（1）：7-11.

蔡庆华，孙志禹，2012. 三峡水库水环境与水生态研究的进展与展望 . 湖泊科学，24（2）：169-177.

操满，傅家楠，周子然，等，2015. 三峡库区典型干–支流相互作用过程中的营养盐交换：以梅溪河为例 . 环境科学，36（4）：1293-1300.

曹承进，秦延文，郑丙辉，等，2008. 三峡水库主要入库河流磷营养盐特征及其来源分析 . 环境科学，（2）：2310-2315.

曹承进，郑丙辉，张佳磊，2009. 三峡水库支流大宁河冬、春季水华调查研究 . 环境科学，30（12）：3471-3480.

曹琳，2011. 三峡库区消落带水—沉积物界面磷干湿交替分布特征及转化机理研究 . 重庆：重庆大学博士学位论文 .

陈纯，李思嘉，肖利娟，等，2013. 营养盐加富和鱼类添加对浮游植物群落演替和多样性的影响 . 生态学报，33（18）：5777-5784.

陈德辉，宋立荣，沈银武，等，2007. 滇池生态因子相关分析及基于相关加权指数法的富营养化评价//中国海洋湖沼学会 . 中国海洋湖沼学会第九次全国会员代表大会暨学术研讨会论文摘要汇编 . 中国海洋湖沼学会：175.

陈国阶，2002. 论生态安全 . 重庆环境科学，（3）：1-3，18.

陈宏，范洪涛，崔小莉，等，2011. 薄膜扩散梯度技术在环境监测中的应用进展 . 理化检验（化学分册），3：365-370.

陈杰，2008. 三峡水库小江回水区浮游植物群落结构特点及其影响因素研究 . 重庆：重庆大学硕士学位论文 .

陈利群，刘昌明，李发东，2006. 基流研究综述 . 地理科学进展，25（1）：1-15.

陈永灿，俞茜，朱德军，等，2014. 河流中浮游藻类生长的可能影响因素研究进展与展望 . 水力发电学报，33（4）：186-195.

陈友媛，惠二青，金春姬，2003. 非点源污染负荷的水文估算方法 . 环境科学研究，16（1）：10-13.

陈媛媛，刘德富，杨正健，等，2013. 分层异重流对香溪河库湾主要营养盐补给作用分析 . 环境科学学报，33（3）：762-770.

成荣，陈磊，毕永红，2014. 三峡水库洪水调度对香溪河藻类群落结构的影响 . 中国环境科学，34（7）：1863-1871.

崔胜辉，洪华生，黄云凤，等，2005. 生态安全研究进展 . 生态学报，25（4）：861-868.

崔玉洁，2017. 三峡水库香溪河藻类生长敏感生态动力学过程及其模拟 . 武汉：武汉大学博士学位论文 .

刁承泰，黄京鸿，1999. 三峡水库水位涨落带土地资源的初步研究 . 长江流域资源与环境，1：75-80.

董克斌，2010. 河道型水库中流速对水华影响研究 . 重庆：重庆大学硕士学位论文 .

董林垚，许文盛，胡波，等，2016. 三峡蓄水前后宜昌 - 城陵矶水情多尺度变化特征分析 . 长江流域资源与环境，25（12）：1870-1878.

董雪旺，2004. 镜泊湖风景名胜区生态安全评价研究 . 国土与自然资源研究，（2）：74-76.

杜巧玲，许学工，刘文政，2004. 黑河中下游绿洲生态安全评价 . 生态学报，（9）：1916-1923.

方丽娟，刘德富，2014. 水温对浮游植物群落结构的影响实验研究 . 环境科学与技术，37（S2）：45-50.

方丽娟，刘德富，杨正健，等，2013. 三峡水库香溪河库湾夏季浮游植物演替规律及其原因 . 生态与农村环境学报，29（2）：234-240.

方丽娟，刘德富，张佳磊，2014. 三峡水库175m蓄水前后香溪河库湾浮游植物的群落结构．水生态学杂志，35（3）：1-9.
冯婧，李哲，闫彬，等，2014. 三峡水库不同运行阶段澎溪河典型优势藻原位生长速率．湖泊科学，26（2）：235-242.
富国，2003. 河流污染物通量估算方法分析（Ⅰ）：时段通量估算方法比较分析．环境科学研究，16（1）：1-4.
富国，2005a. 湖库富营养化敏感分级水动力概率参数研究．环境科学研究，18（6）：80-84，102.
富国，2005b. 湖库富营养化敏感分级概念及指标体系研究．环境科学研究，18（6）：75-79.
富国，2005c. 湖库富营养化敏感分级指数方法研究．环境科学研究，18（6）：85-88.
郭劲松，盛金萍，李哲，2010a. 三峡水库运行初期小江回水区藻类群落季节变化特点．环境科学，（7）：1492-1497.
郭劲松，李哲，张呈，等，2010b. 三峡小江回水区藻类集群与主要环境要素的典范对应分析研究．长江科学院院报，27（10）：60-64，87.
郭胜，李崇明，郭劲松，等，2011. 三峡水库蓄水后不同水位期干流氮、磷时空分异特征．环境科学，32（5）：1266-1272.
郭树宏，王菲凤，张江山，等，2008. 基于PSR模型的福建山仔水库生态安全评价．湖泊科学，（6）：814-818.
国家环境保护总局《水和废水监测分析方法》编委会，2002. 水和废水监测分析方法（第四版）．北京：中国环境科学出版社，239-284.
韩博平，2010. 中国水库生态学研究的回顾与展望．湖泊科学，22（2）：151-160.
韩勇，2007. 三峡库区消落带污染特性及水环境影响研究．重庆：重庆大学博士学位论文．
何伟，李壁成，1998. 小流域数字地面模型（DTM）的建立及其在水土保持遥感动态监测中的应用．水土保持研究，（2）：141-147.
何焰，由文辉，2004. 水环境生态安全预警评价与分析：以上海市为例．安全与环境工程，（4）：1-4.
何晓群，2007. 现代统计分析方法与应用．北京：中国人民大学出版社．
洪小康，李怀恩，2000. 水质水量相关法在非点源污染负荷估算中的应用．西安理工大学学报，16（4）：384-386.
侯金枝，宋鹏鹏，高丽，2012. 刚毛藻分解对荣成天鹅湖沉积物磷释放的影响．农业环境科学学报，4：826-831.
胡鸿钧，魏印心，2006. 中国淡水藻类：系统、分类及生态．北京：科学出版社．
胡庆芳，霍军军，李伶杰，等，2018. 水生态文明城市指标体系的若干思考与建议．长江科学院院报，35（8）：22-26.
胡征宇，蔡庆华，2006. 三峡水库蓄水前后水生态系统动态的初步研究．水生生物学报，（1）：1-6.
《湖泊及流域学科发展战略研究》秘书组，2002. 湖泊及流域科学研究进展与展望．湖泊科学，14（4）：289-300.
黄程，钟成华，邓春光，等，2006. 三峡水库蓄水初期大宁河回水区流速与藻类生长关系的初步研究．农业环境科学学报，（2）：453-457.
黄宁秋，2015. 水动力条件对三峡库区次级支流典型藻类生长影响．重庆：重庆大学硕士学位论文．
黄钰铃，陈明曦，刘德富，等，2008a. 不同氮磷营养及光温条件对蓝藻水华生消的影响．西北农林科技大学学报，36（9）：93-100.
黄钰铃，刘德富，陈明曦，2008b. 不同流速下水华生消的模拟．应用生态学报，19（10）：2293-2298.
吉小盼，刘德富，黄钰铃，等，2010. 三峡水库泄水期香溪河库湾营养盐动态及干流逆向影响．环境工程学报，4（12）：2687-2693.

纪道斌，刘德富，杨正健，等，2010. 三峡水库香溪河库湾水动力特性分析 . 中国科学：物理学 力学 天文学，40（1）：101-112.
纪道斌，曹巧丽，谢涛，等，2013a. 底部倒灌异重流运动特性试验研究 . 武汉大学学报（工学版），46（3）：300-305.
纪道斌，曹巧丽，谢涛，等 . 2013b. 中层温差反坡异重流运动特性试验研究 . 长江科学院院报，30（4）：34-39.
季益柱，丁全林，王玲玲，等，2012. 三峡水库一维水动力数值模拟及可视化研究 . 水利水电技术，43（11）：21-24.
焦然，余晓葵，1993. 长缨在手 待缚江龙：国务院审查批准《长江三峡水利枢纽初步设计报告（枢纽工程）》. 瞭望周刊，(34)：14-16.
孔松，刘德富，纪道斌，等，2012. 香溪河库湾春季藻华生长的影响因子分析 . 三峡大学学报（自然科学版），34（1）：23-28.
况琪军，胡征宇，周广杰，2004. 香溪河流域浮游植物调查与水质评价 . 植物科学学报，22（6）：507-513.
况琪军，毕永红，周广杰，等，2005. 三峡水库蓄水前后浮游植物调查及水环境初步分析 . 水生生物学报，(4)：353-358.
莱斯特 · R. 布朗，1984. 建设一个持续发展的社会 . 祝友三等译 . 北京：科学技术文献出版社 .
李泊言，2000. 绿色政治：环境问题对传统观念的挑战 . 北京：中国国际广播出版社 .
李昶，邓兵，汪福顺，等，2018. 三峡库区草堂河库湾水动力特征 . 水利水电科技进展，38（2）：49-56.
李崇明，黄真理，2005. 三峡水库入库污染负荷研究（Ⅰ）：蓄水前污染负荷现状 . 长江流域资源与环境，(5)：611-622.
李崇明，黄真理，2006. 三峡水库入库污染负荷研究（Ⅱ）：蓄水后污染负荷预测 . 长江流域资源与环境，(1)：97-106.
李凤清，叶麟，刘瑞秋，等，2008. 三峡水库香溪河库湾主要营养盐的入库动态 . 生态学报，(5)：2073-2079.
李锦秀，廖文根，2003. 三峡库区富营养化主要诱发因子分析 . 科技导报，21（309）：49-52.
李锦秀，廖文根，黄真理，2002. 三峡工程对库区水流水质影响预测 . 水利水电技术，(10)：22-25，80.
李新琪，2008a. 干旱区内陆湖泊流域景观格局变化及其对生态环境的影响 . 干旱环境监测，22（4）：211-217.
李新琪，2008b. 新疆艾比湖流域平原区景观生态安全研究 . 上海：华东师范大学硕士学位论文 .
李一平，逄勇，张志毅，等，2004. 太湖梅梁湾、贡湖套网格风生流数值模拟 . 水资源保护，(2)：19-21.
李哲，2009. 三峡水库运行初期小江回水区藻类生境变化与群落演替特征研究 . 重庆：重庆大学博士学位论文 .
李哲，郭劲松，方芳，等，2009. 三峡小江回水区氮素赋存形态与季节变化特点 . 环境科学，30（6）：30-36.
李哲，郭劲松，方芳，等，2010. 三峡小江回水区蓝藻季节变化及其与主要环境因素的相互关系 . 环境科学，31（2）：301-309.
李哲，王胜，郭劲松，等，2012. 三峡水库 156m 蓄水前后澎溪河回水区藻类多样性变化特征 . 湖泊科学，24（2）：227-231.
李哲，陈永柏，李翀，等，2018. 河流梯级开发生态环境效应与适应性管理进展 . 地球科学进展，33（7）：675-686.
李正阳，袁旭音，王欢，等，2015. 西苕溪干流水体、悬浮物和表层沉积物中营养盐分布特征与水质评价 . 长江流域资源与环境，24（7）：1150-1156.

李祚泳，彭荔红，2003. 基于韦伯-费希纳拓广定律的环境空气质量标准．中国环境监测，19（4）：17-19.
厉红梅，2000. 多变量分析在海洋环境底栖动物生态监测数据处理中的研究与应用．厦门：厦门大学硕士学位论文．
厉彦玲，朱宝林，王亮，等，2005. 基于综合指数法的生态环境质量综合评价系统的设计与应用．测绘科学，(1)：89-91，111-112.
梁博，王晓燕，曹利平，2004. 我国水环境非点源污染负荷估算方法研究．吉林师范大学学报：自然科学版，(3)：58-61.
林秋奇，韩博平，2001. 水库生态系统特征研究及其在水库水质管理中的应用．生态学报，21（6）：1034-1040.
林秋奇，胡韧，韩博平，2003. 流溪河水库水动力学对营养盐和浮游植物分布的影响．生态学报，(11)：2278-2284.
刘德富，2013. 三峡水库支流水华与生态调度．北京：中国水利水电出版社．
刘德富，杨正健，纪道斌，2016. 三峡水库支流水华机理及其调控技术研究进展．水利学报，47（3）：443-454.
刘丰，2018. 异重流环境中游动型藻类与水动力耦合机制研究及数值模拟．北京：中国水利水电科学研究院博士学位论文．
刘红，王慧，张兴卫，2006. 生态安全评价研究述评．生态学杂志，(1)：74-78.
刘丽梅，吕君，2007. 生态安全的内涵及其研究意义．内蒙古师范大学学报（哲学社会科学版），36（3）：36-42.
刘流，刘德富，肖尚斌，2012. 水温分层对三峡水库香溪河库湾春季水华的影响．环境科学，33（9）：3046-3050.
刘霞，2012. 太湖蓝藻水华中长期动态及其与相关环境因子的研究．武汉：华中科技大学博士学位论文．
刘勇，刘友兆，徐萍，2004. 区域土地资源生态安全评价：以浙江嘉兴市为例．资源科学，(03)：69-75.
龙天渝，蒙国湖，吴磊，等，2010. 水动力条件对嘉陵江重庆主城段藻类生长影响的数值模拟．环境科学，31（7）：1498-1503.
娄保锋，印士勇，穆宏强，等．2011. 三峡水库蓄水前后干流总磷浓度比较．湖泊科学，23（6）：863-867.
陆健健，1990. 生态模型法原理．生物科学信息，(2)：96-97.
吕垚，刘德富，黄钰铃，等．2015. 汛前供水期神农溪库湾倒灌异重流特性及其对营养盐分布的影响．长江流域资源与环境，24（4）：653-660.
罗婧，王敬富，杨海全，等，2014. 湖泊沉积物孔隙水磷酸盐含量原位监测技术研究进展．地球与环境，5：688-694.
罗专溪，朱波，郑丙辉，等，2007. 三峡水库支流回水河段氮磷负荷与干流的逆向影响．中国环境科学，27（2）：208-212.
马红波，宋金明，吕晓霞，2002. 渤海南部海域柱状沉积物中氮的形态与有机碳的分解．海洋学报（中文版），(5)：64-70.
马骏，刘德富，纪道斌，等，2011. 三峡水库支流库湾低流速条件下测流方法探讨及应用．长江科学院院报，28（6）：30-34.
毛战坡，杨素珍，王亮，等，2015. 磷素在河流生态系统中滞留的研究进展．水利学报，(5)：515-524.
倪雅茜，张文华，郭生练，2005. 流量过程线分割方法的分析探讨．水文，25（3）：10-19.
聂学富，2017. 径流及盐度对瓯江口滞留时间影响的数值模拟研究．浙江水利水电学院学报，29（4）：12-19.

牛凤霞，肖尚斌，王雨春，等，2013. 三峡库区沉积物秋末冬初的磷释放通量估算．环境科学，4：1308-1314.

欧阳志云，王效科，苗鸿，1999. 中国陆地生态系统服务功能及其生态经济价值的初步研究．生态学报，（5）：19-25.

潘婷婷，赵雪，袁轶君，等，2016. 三峡水库沉积物不同赋存形态磷的时空分布．环境科学学报，8：2968-2973.

彭成荣，陈磊，毕永红，2014. 三峡水库洪水调度对香溪河藻类群落结构的影响．中国环境科学，34（7）：1863-1871.

蒲书箴，于卫东，程军，2004. 热带西太平洋浮力频率的垂直分布和经向变化．海洋科学进展，（3）：275-283.

钱宁，1983. 泥沙动力学．北京：科学出版社．

钱迎倩，1994. 生物多样性研究的原理与方法．北京：中国科学技术出版社．

秦文凯，府仁寿，韩其为，1995. 反坡异重流的研究．水动力学研究与进展，（6）：637-647.

秦延文，赵艳民，马迎群，等，2018. 三峡水库氮磷污染防治政策建议：生态补偿·污染控制·质量考核．环境科学研究，31（1）：1-8.

邱光胜，叶丹，陈洁，等，2011a. 三峡水库蓄水前后库区干流浮游藻类变化分析．人民长江，（2）：83-86.

邱光胜，胡圣，叶丹，等，2011b. 三峡库区支流富营养化及水华现状研究．长江流域资源与环境，20（3）：311-316.

曲格平，2002. 关注生态安全之一：生态环境问题已经成为国家安全的热门话题．环境保护，（5）：3-5.

冉祥滨，2009. 三峡水库营养盐分布特征与滞留效应研究．青岛：中国海洋大学博士学位论文．

冉祥滨，于志刚，姚庆祯，等，2009. 水库对河流营养盐滞留效应研究进展．湖泊科学，21（5）：614-622.

任实，张小峰，陆俊卿，2015. 温度分层水库中间层流运动影响因素分析．哈尔滨工程大学学报，36（5）：648-652.

阮嘉玲，范喜梅，雷航，2013. 相关加权综合营养状态指数法在三峡水库富营养化评价中的应用．武汉轻工大学学报，（2）：33-36.

萨莫伊洛夫，李恒，1958. 发展中国湖沼学和水化学的几点意见．海洋与湖沼，1（2）：153-165.

水利部，2018. 2017 年全国水利发展统计公报．http://www. mwr. gov. cn/sj/tjgb/slfztjgb/201811/t20181116_1055056. html［2018-11-16］.

宋芳芳，刘娅琴，宋祥甫，等，2014. 浮游植物群落对不同沉水植物生境的响应．上海农业学报，30（4）：34-41.

苏青青，刘德富，刘绿波，等，2018. 三峡水库蓄水期支流水体营养盐来源估算．中国环境科学，38（10）：3925-3932.

苏妍妹，纪道斌，刘德富，2008. 三峡水库蓄水期间香溪河库湾营养盐动态特征研究．科技导报，26（17）：62-69.

孙丽敏，陈德辉，王全喜，等，2011. 2009 年冬和 2010 年春滇池外海叶绿素 a 及初级生产力的时空分布．上海师范大学学报（自然科学版），40（2）：191-196.

孙小静，秦伯强，朱广伟，等，2007. 风浪对太湖水体中胶体态营养盐和浮游植物的影响．环境科学，28（3）：506-511.

唐强，贺秀斌，饱玉海，等，2014. 三峡水库干流典型消落带泥沙沉积过程．科技导报，32（24）：72-77.

田春，2002. 巢湖东半湖浮游植物分布特征及富营养化评价．合肥：安徽农业大学硕士学位论文．

田泽斌，刘德富，杨正健，等，2012. 三峡水库香溪河库湾夏季蓝藻水华成因研究．中国环境科学，32（11）：2083-2089.
田泽斌，刘德富，姚绪姣，2014. 水温分层对香溪河库湾浮游植物功能群季节演替的影响．长江流域资源与环境，23（5）：700.
汪婷婷，杨正健，刘德富，2018. 香溪河库湾不同季节叶绿素 a 浓度影响因子分析．水生态学杂志，39（3）：14-21.
王光谦，方红卫，1996. 异重流运动基本方程．科学通报，41（18）：1715-1720.
王丽婧，郭怀成，刘永，等，2005. 邛海流域生态脆弱性及其评价研究．生态学杂志，24（10）：1192-1196.
王丽婧，郑丙辉，2010. 水库水生态安全评估方法（Ⅰ）：IROW 框架．湖泊科学，22（2）：169-175.
王丽婧，郑丙辉，李子成，2009. 三峡库区及上游流域面源污染特征与防治策略．长江流域资源与环境，18（8）：783-788.
王晓青，缪吉伦，2014. 澎溪河回水区水体叶绿素 a 含量与流速相关关系研究．长江流域资源与环境，23（12）：1693-1698.
王晓青，李哲，吕平毓，等，2007. 三峡库区悬移质泥沙对磷污染物的吸附解吸特性．长江流域资源与环境，16（1）：31-36.
王雄，纪道斌，刘德富，等，2017. 大宁河浮游植物季节演替与环境的响应关系．中国农村水利水电，（4）：86-90.
王永艳，文安邦，史忠林，等，2016. 三峡库区干支流消落带泥沙沉积特征分析．水土保持学报，30（2）：122-125，130.
王根绪，钱鞠，程国栋，2001. 区域生态环境评价（REA）的方法与应用：以黑河流域为例．兰州大学学报，（2）：131-140.
韦进进，白添，陈家宝，2015. 河流型水库蓄水前水质、浮游植物群落结构与季节变化：以西江老口水利枢纽为例．环境科学导刊，34（6）：8-12.
吴旭东，李红春，李俊云，等，2008. 三峡水库对大宁河沉积环境的影响：碳酸盐和常量元素含量的变化．地质论评，54（3）：419-426.
吴国庆，2001. 区域农业可持续发展的生态安全及其评价研究．自然资源学报，（03）：227-233.
肖笃宁，陈文波，郭福良，2002. 论生态安全的基本概念和研究内容．应用生态学报，（3）：354-358.
夏青，2004. 水质基准与水质标准．北京：中国标准出版社．
谢花林，李波，2004. 城市生态安全评价指标体系与评价方法研究．北京师范大学学报（自然科学版），（5）：705-710.
谢涛，2014. 三峡水库调度对香溪河库湾水温特性的影响研究．宜昌：三峡大学硕士学位论文．
徐耀阳，蔡庆华，黎道丰，等，2008. 三峡水库香溪河库湾拟多甲藻昼夜垂直分布初步研究．植物科学学报，26（6）：608-612.
许可，周建中，顾然，等，2010. 基于日调节过程的三峡水库生态调度研究．人民长江，41（10）：56-58.
许文杰，许士国，2008. 湖泊生态系统健康评价的熵权综合健康指数法．水土保持研究，15（1）：125-127.
杨柳，刘德富，杨正健，等，2015. 基于常量离子示踪技术的香溪河库湾分层异重流特性研究．长江流域资源与环境，24（2）：278-285.
杨敏，毕永红，胡建林，等，2011. 三峡水库香溪河库湾春季水华期间浮游植物昼夜垂直分布与迁移．湖泊科学，23（3）：375-382.
杨敏，张晟，胡征宇，2014. 三峡水库香溪河库湾蓝藻水华暴发特性及成因探析．湖泊科学，26（03）：

371-378.
杨正健，2014. 分层异重流背景下三峡水库典型支流水华生消机理及其调控．武汉：武汉大学博士学位论文．
杨正健，刘德富，马骏，2012. 三峡水库香溪河库湾特殊水温分层对水华的影响．武汉大学学报（工学版），45（1）：1-9.
杨冬梅，任志远，赵昕，等，2008. 生态脆弱区的生态安全评价：以榆林市为例．干旱地区农业研究，（3）：226-231.
姚绪姣，刘德富，杨正健，2012. 三峡水库香溪河库湾水华高发期浮游植物群落结构分布特征．工程科学与技术，（S2）：211-220.
叶振亚，王雨春，胡明明，等，2017. 三峡水库干-支流作用下生态水文过程的氢氧同位素示踪．生态学杂志，36（8）：2358-2366.
易仲强，刘德富，杨正健，等，2009. 三峡水库香溪河库湾水温结构及其对春季水华的影响．水生态学杂志，30（5）：6-11.
于海燕，周斌，胡尊英，等，2009. 生物监测中叶绿素 a 浓度与藻类密度的关联性研究．中国环境监测，25（6）：40-43.
于涛，孟伟，ONGLEYE，等，2008. 我国非点源负荷研究中的问题探讨．环境科学学报，28（3）：401-407.
袁宇，朱京海，侯永顺，等，2008. 污染物入海通量非点源贡献率分析方法研究．环境科学研究，21（5）：169-172.
张彬，2013. 三峡水库消落带土壤有机质、氮、磷分布特征及通量研究．重庆：重庆大学博士学位论文．
张磊，蔚建军，付莉，2015. 三峡库区回水区营养盐和叶绿素 a 的时空变化及其相互关系．环境科学，（6）：2061-2069.
张晟，刘景红，张全宁，等，2005. 三峡水库成库初期氮、磷分布特征．水土保持学报，（4）：123-126.
张晟，李崇明，郑丙辉，等，2007. 三峡库区次级河流营养状态及营养盐输出影响．环境科学，28（3）：500-505.
张晟，李崇明，付永川，等，2008. 三峡水库成库后支流库湾营养状态及营养盐输出．环境科学，2008，（1）：7-12
张晟，郑坚，刘婷婷，等，2009. 三峡水库入库支流水体中营养盐季节变化及输出．环境科学，30（1）：58-63.
张祥，2010. 三峡水库运行方式探讨．水电能源科学，28（11）：44-47.
张勇，张晟，曾雪梅，等，2007. 三峡水库夏季次级河流库湾营养状态及营养盐输出．安徽农业科学，（18）：5524-5525，5555.
张友和，2009. 水华污染的优势藻细胞聚集状态与迁移行为的研究．重庆：重庆大学硕士学位论文．
张宇，刘德富，纪道斌，等，2012. 干流倒灌异重流对香溪河库湾营养盐的补给作用．环境科学，33（8）：2621-2627.
张远，郑丙辉，刘鸿亮，等，2005. 三峡水库蓄水后氮、磷营养盐的特征分析．水资源保护，（6）：27-30.
张远，郑丙辉，富国，等，2006. 河道型水库基于敏感性分区的营养状态标准与评价方法研究．环境科学学报，（6）：1016-1021.
张远，高欣，林佳宁，等，2016. 流域水生态安全评估方法．环境科学研究，（10）：1393-1399.
张运林，秦伯强，胡维平，等，2006. 太湖典型湖区真光层深度的时空变化及其生态意义．中国科学（D辑），（3）：287-296.
张运林，冯胜，马荣华，等，2008. 太湖秋季真光层深度空间分布及浮游植物初级生产力的估算．湖泊科学，(3)：380-388.

张志永，万成炎，胡红青，等，2018. 三峡水库干流沉积物及消落带土壤磷形态及其分布特征. 环境科学，39 (9)：4161-4168.

张向晖，高吉喜，董伟，等，2008. 云南纵向岭谷区生态安全评价及影响因素分析. 北京科技大学学报，(1)：1-6.

张峥，张建文，李寅年，等，2008. 湿地生态评价指标体系. 农业环境科学学报，(6)，283-285.

郑丙辉，张远，富国，等，2006. 三峡水库营养状态评价标准研究. 环境科学学报，(6)：1022-1030.

郑丙辉，曹承进，秦延文，等，2008. 三峡水库主要入库河流氮营养盐特征及其来源分析. 环境科学学报，29 (1)：1-6.

郑丙辉，曹承进，张佳磊，2009. 三峡水库支流大宁河水华特征研究. 环境科学，30 (11)：3218-3229.

周红，2008. 三峡水库小江回水区水体光学特征与溶解性有机物的研究. 重庆：重庆大学硕士学位论文.

周湄生，2000. 最新温标纯水密度表. 计量技术，(3)：40-42.

周文华，王如松，2005. 基于熵权的北京城市生态系统健康模糊综合评价. 生态学报，(12)：3244-3251.

周金星，陈浩，张怀清，等，2003. 首都圈多伦地区荒漠化生态安全评价. 中国水土保持科学，(1)：80-84.

周劲松，王金南，吴舜泽，等，2005. 水环境安全评估体系研究. 中华环保联合会. 首届九寨天堂国际环境论坛论文集. 中华环保联合会：6.

诸葛亦斯，欧阳丽，纪道斌，等，2009. 三峡水库香溪河库湾水华生消的数值模拟分析. 中国农村水利水电，(5)：18-22.

ANSCHUTZ P，ZHONG S J，SUNDBY B，1998. Burial efficiency of phosphorus and the geochemistry of iron in continental marine sediment. Limnology and Oceanography，43 (1)：53-64.

ARNOLD J G，ALLEN P M，1999. Automated methods for estimating baseflow and ground water recharge from streamflow. Journal of the American Water Resources Association，35 (2)：411-424.

ATKINSON M J，SMITH S V，1983. C : N : P Ratios of Benthic Marine Plants. Limnology Oceanography，28 (3)：568-574.

BAO Y H，GAO P，HE X B，2015. The water-level fluctuation zone of Three Gorges Reservoir — A unique geomorphological unit. Earth-Science Reviews，150：14-24.

BARKER J，RGENSEN B，1982. Mineralization of organic matter in the sea bed—the role of sulphate reduction. Nature，296：643-645.

BENNEKOM V A J，SALOMONS W，1971. Pathways of nutrients and organic matter from land to ocean through rivers//Martine J M，Burton J D，Eisma D. River inputs to ocean systems. Rome：UNEP/UNESCO：33-51.

BLOMQVIST S，GUNNARS A，ELMGREN R，2004. Why the limiting nutrient differs between temperate coastal seas and freshwater lakes：A matter of salt. Limnology and Oceanography，49：2236-2241.

CHAMBERS R M，ODUM W E，1990. Porewater oxidation，dissolved phosphate and the iron curtain. Biogeochemistry，10 (1)：37-52.

CHEN C，LI S J，XIAO L J，et al.，2013. Effects of nutrient enrichment and fish stocking on succession and diversity of phytoplankton community. Acta Ecologica Sinica，38：5777-5784.

CHEN M，DING S，LIU L，et al.，2015. Iron-coupled inactivation of phosphorus in sediments by macrozoobenthos (chironomid larvae) bioturbation：Evidences from high-resolution dynamic measurements. Environmental Pollution，204：241-247.

CHEN Q，MYNETT A E，2006. Modelling algal blooms in the Dutch coastal waters by integrated numerical and fuzzy cellular automata approaches. Ecological Modelling，199 (1)：73-81.

CONNELL J H，1978. Diversity in Tropical Rain Forests and Coral Reefs. Science，199 (4335)：1302-1310.

COSTANZA R, NORTON B G, HASKELL B D, 1992. Ecosystem Health: New Goal for Environmental Management. Washington DC: Island Press.

DABELKO G D, SIMMONS P J, 1997. Environment and security: core ideas and US government initiatives. SAIS Review, 17 (1): 127-146.

DING S M, XU D, SUN Q, et al., 2010. Measurement of dissolved reactive phosphorus using the diffusive gradients in thin films technique with a high-capacity binding phase. Environmental Science and technology, 44 (21): 8169-8174.

DING S M, SUN Q, XU D, et al., 2012. High-resolution simultaneous measurements of dissolved reactive phosphorus and dissolved sulfide: the first observation of their simultaneous release in sediments. Environmental Science and Technology, 46 (15): 8297.

DING S M, HAN C, WANG Y, et al., 2015. In situ, high-resolution imaging of labile phosphorus in sediments of a large eutrophic lake. Water Research, 74: 100-109.

DING S M, XU D, WANG Y, et al., 2016. Simultaneous Measurements of Eight Oxyanions Using High-Capacity Diffusive Gradients in Thin Films (Zr-Oxide DGT) with a High- Efficiency Elution Procedure. Environ Sci Technol, 50 (14): 7572-7580.

DING S M, CHEN M S, GONG M D, et al., 2018. Internal phosphorus loading from sediments causes seasonal nitrogen limitation for harmful algal blooms. The Science of the total environment, 625: 872-884.

EDWARDS N, BEETON S, BULL A T, et al., 1989. A novel device for the assessment of shear effects on suspended microbial cultures. Applied Microbiology and Biotechnology, 30 (2): 190-195.

EINSELE W, 1936. Über die Beziehungen des Eisenkreislaufs zum Phosphatkreislauf im eutrophen See. Archiv fur Hydrobiologie, 29: 664-686.

EUROPEAN ENVIRONMENTAL AGENCY, 1998. Europe's Environmental: The Second Assessment. Oxford: Elsevier Science Ltd.

EPPLEY R W, 1972. Temperature and phytoplankton growth in the sea. Fish bull, 70 (4): 1063-1085.

FALKENMARK M, 2002. Human Livelihood Security Versus Ecological Security-An Ecohydrological Perspective. Proceedings, SIWI Seminar, Balancing Human Security and Ecological Security Interests in a Catchment-Towards Upstream/Downstream hydrosolidarity. Stockholm, Sweden: Stockholm International Water Institute: 29-36.

FOLKE C, 2002. Entering Adaptive Management and Resilience into The Catchment Approach//Proceedings, SIWI Seminar, Balancing Human Security and Ecological Security Interests in a Catchment-Towards Upstream/Downstream Hydrosolidarity. Stockholm, Sweden: Stockholm International Water Institute: 37-41.

GAO Y L, LIANG T, TIAN S H, et al., 2016. High-resolution imaging of labile phosphorus and its relationship with iron redox state in lake sediments. Environmental Pollution, 219: 466-474.

GOLDMAN J C, CARPENTER E J, 1974. A Kinetic Approach to the Effect of Temperature on Algal Growth. Limnology Oceanography, 19 (5): 756-766.

GOLDMAN J C, MCCARTHY J J, PEAVEY D G, 1979. Growth rate influence on the chemical composition of phytoplankton in oceanic waters. Nature, 279 (5710): 210-215.

GROVER J P, 1989. Phosphorus-Dependent Growth Kinetics of 11 Species of Freshwater Algae. Limnology Oceanography, 34 (2): 341-348.

GUNNARS A, BLOMQVIST S, JOHANSSON P, et al., 2002. Formation of Fe (Ⅲ) oxyhydroxide colloids in freshwater and brackish seawater, with incorporation of phosphate and calcium. Geochimica et Cosmochimica Acta, 66 (5): 745-758.

HALL F R, 1968. Base flow recessions: a review. Water Resources Research, 4 (5): 973-983.

HAN C, DING S M, YAO L, et al., 2015. Dynamics of phosphorus-iron-sulfur at the sediment-water interface influenced by algae blooms decomposition. Journal of Hazardous Materials, 300: 329-337.

HARPER M P, DAVISON W, ZHANG H, et al., 1998. Kinetics of metal exchange between solids and solutions in sediments and soils interpreted from DGT measured fluxes. Geochimica et Cosmochimica Acta, 62 (16): 2757-2770.

HERTZ D B, THOMAS H, 1983. Risk Analysis and Its Application. Hoboken: John Wiley and Sons.

HOLBACH A, WANG L, CHEN H, 2013. Water mass interaction in the confluence zone of the Daning River and the Yangtze River—a driving force for algal growth in the Three Gorges Reservoir. Environmental Science and Pollution Research International, 20 (10): 7027-7037.

HOLBACH A, NORRA S, WANG L, et al., 2014. Three Gorges Reservoir: Density Pump Amplification of Pollutant Transport into Tributaries. Environmental Science and Technology, 48 (14): 7798-7806.

HUANG C, AO L, ZHANG Z, 2017. Phosphorus distribution and retention in lacustrine wetland sediment cores of Lake Changshou in the Three Gorges Reservoir area. Environment Earth Science, 76: 425.

HUISMAN J, OOSTVEEN P V, WEISSINGF J, 1999. Species Dynamics in Phytoplankton Blooms: Incomplete Mixing and Competition for Light. The American Naturalist, 154 (1): 46-68.

HUISMAN J, SOMMEIJER B P, JEF H L, 2002. Simulation Techniques for the Population Dynamics of Sinking Phytoplankton in Light-Limited Environments. Modelling, Analysis and Simulation, 2: 1-18.

HUMBORG C, COLEY D J, RAHM L, et al., 2000. Silicon retention in river basins: far-reaching effects on biogeochemistry and aquatic food webs in coastal marine environments. Ambio, 29 (1): 45-50.

HUNSAKER C T, GRAHAM R L, SUTER G W, et al., 1990. Assessing ecological risk on a regional scale. Environmental Management, 14 (3): 325-332.

HUO S, ZHANG J, YEAGER K M, et al., 2014. High-resolution profiles of dissolved reactive phosphorus in overlying water and porewater of Lake Taihu, China. Environmental science and pollution research international, 21 (22): 12989-12999.

JARVIE H P, JÜRGENS M D, WILLIAMS R J, et al., 2005. Role of river bed sediments as sources and sinks of phosphorus across two major eutrophic UK river basins: the Hampshire Avon and Herefordshire Wye. Journal of Hydrology, 304 (1): 51-74.

JOSHI S R, KUKKADAPU R K, BURDIGE D J, et al., 2015. Organic matter remineralization predominates phosphorus cycling in the mid-Bay sediments in the Chesapeake Bay. Environmental Science and Technology, 49 (10): 5887-5896.

JUSTIC D, RABALAIS NN, TURNER R E, et al., 1995. Changes in nutrient structure of rive-dominated coastal waters: stoichiometric nutrient balance and its consequences. Estuarine Coastal and Shelf Science, 40: 339-356.

KABEYA N, KUBOTA T, SHIMIZU A, et al., 2008. Isotopic investigation of river water mixing around the confluence of the Tonle Sap and Mekong rivers. Hydrological Processes, 22 (9): 1351-1358.

KARP-BOSS L, BOSS E, JUMARS P A, 1996. Nutrient fluxes to planktonic osmotrophs in the presence of fluid motion. Oceanography and marine biology, 34 (1): 71-107.

KELLY V J, 2001. Influence of reservoirs on solute transport: a regional-scale approach. Hydrological Processes, 15: 1227-1249.

KOLKWITZ R, MARSSON M, 1909. Kologie der tierischen Saprobien. Beitrge zur Lehre von der biologischen Gewsserbeurteilung. International Review of Hydrobiology, 2 (1-2): 126-152.

KRONVANG B, HEZLAR J, BOERS P, et al., 2004. Nutrient Retention Handbook//Software Manual for Euroharp Nutret and Scientific Review on Nutrient Retention, Euroharp Report 9-2004, NIVA report SNO

4878/2004, Oslo, Norway: 103.

LAI X, LIANG Q, JIANG J, 2014. Impoundment Effects of the Three-Gorges-Dam on Flow Regimes in Two China's Largest Freshwater Lakes. Water Resources Management, 28 (14): 5111-5124.

LEHTORANTA J, EKHOLM P, PITKÄNEN H, 2009. Coastal Eutrophication Thresholds: A Matter of Sediment Microbial Processes. Ambio, 38 (6): 303-308.

LI Y H, GREGORY S, 1974. Diffusion of ions in sea warer and in deep-sea sediments. Geochimica et Cosmochimica Acta, 38: 703-714.

LI Z, WANG S, GUO J, 2012. Responses of phytoplankton diversity to physical disturbance under manual operation in a large reservoir, China. Hydrobiologia, 684 (1): 45-56.

LIPTON J, GALBRAITH H, BURGER J, et al., 1993. A paradigm for ecological risk assessment. Environmental Management, 17 (1): 1-5.

LITCHMAN E, 2008. Trait-based community ecology of Phytoplankton. Annual Review of Ecology Evolution and Systematics, 39 (39): 615-639.

LIU L, LIU D, JOHNSON D M, et al., 2012. Effects of vertical mixing on phytoplankton blooms in Xiangxi Bay of Three Gorges Reservoir: Implications for management. Water Research, 46 (7): 2121-2130.

LIU Y, LIU D, HUANG Y, et al., 2015. Isotope analysis of the nutrient supply in Xiangxi Bay of the Three Gorges Reservoir. Ecological Engineering, 77: 65-73.

MA W W, ZHU M X, YANG G P, et al., 2017. In situ, high-resolution DGT measurements of dissolved sulfide, iron and phosphorus in sediments of the East China Sea: Insights into phosphorus mobilization and microbial iron reduction. Mar Pollut Bull, 124 (1): 400-410.

MACHEL H, 2006. Bacterial and Thermochemical Sulfate Reduction in Diagenetic Settings-Old and New Insights. Agu Fall Meeting, 140 (1): 143-175.

MAGEAU M T, COSTANZA R, ULANOWICZ R, 1995. The development and initial testing a quantitative assessment of ecosystem health. Ecosystem Health, 1 (4): 201-213.

MEGILL R E, 1977. An Introduction to Risk Analysis. Tulsa: Petroleum Publishing Company.

OECD, 2003. Environmental indicators: Development measurement and use. Paris: OECD Publication.

PAN G, KROM M D, HERUT B, 2002. Adsorption-desorption of phosphate on airborne dust and riverborne particulates in East Mediterranean seawater. Environmental science & technology, 36 (16): 3519-3524.

PAN G, KROM M D, ZHANG M Y, et al., 2013. Impact of suspended inorganic particles on phosphorus cycling in the Yellow River (China) . Environmental Science and Technology, 47 (17): 9685-9692.

PANTHER J G, TEASDALE P R, BENNETT WW, et al., 2011. Comparing dissolved reactive phosphorus measured by DGT with ferrihydrite and titanium dioxide adsorbents: anionic interferences, adsorbent capacity and deployment time. Analytica chimica acta, 698 (1-2): 20-26.

PASSARGE J, HOL S, ESCHER M, 2006. Competition for nutrients and light: stable coexistence, alternative stable states, or competitive exclusion? Ecological Monographs, 76 (1): 57-72.

PATRIEIA M M, 1998. Ecological Security and The UN System: Past, Present and Future.

PENG C R, ZHANG L, 2013. Seasonal succession of phytoplankton in response to the variation of environmental factors in the Gaolan River, Three Gorges Reservoir, China. Chinese Journal of Oceanology and Limnology, 31 (4): 737-749.

PETTICREW E L, AROCENA J M, 2001. Evaluation of iron-phosphate as a source of internal lake phosphorus loadings. The Science of the total environment, 266 (1-3): 87-93.

PIRAGES D, 1996. Ecological Security: Micro-Threats to Human Well-Being. Occasional Paper No. 13, Harrison Program on the Future Global Agenda.

PIRAGES D, 1999. Ecological security: micro-threats to human well-being//People and their Planet. London: Palgrave Macmillan UK: 284-298.

PORAT R, 2001. Diel Buoyancy Changes by the Cyanobacterium Aphanizomenon ovalisporum from a Shallow Reservoir. Journal of Plankton Research.

RANX B, YU Z G, CHEN H T, 2013. Silicon and sediment transport of the Changjiang River (Yangtze River): could the Three Gorges Reservoir be a filter? Environmental Earth Sciences, 70 (4): 1881-1893.

RAPPORT D J, 1989. What constitutes ecosystem health? Perspectives in Biology and Medicine, 33 (1): 120-132.

RAPPORT D J, 1995. Ecosystem health: exploring the territory. Ecosystem Health, 1 (1): 5-13.

RAPPORT D J, GAUDET C, KARR J R, et al., 1998. Evaluating landscape health: integrating societal goals and biophysical process. Journal of Environmental Management, 53 (1): 1-15.

RAPPORT D J, BOHM G M, BUCKINGHAM D, et al., 1999. Ecosystem health: the concept, the ISEH, and the important tasks ahead. Ecosystem Health, 5 (2): 82-90.

REYNOLDS C S, 2002. Towards a functional classification of the freshwater phytoplankton. Journal of Plankton Research, 24 (5): 417-428.

REYNOLDS C S, 2006. The Ecology of Phytoplankton. Cambridge: Cambridge University Press.

REYNOLDS C S, PADISSÁK J, SOMMER U, 1933. Intermediate disturbance in the ecology of phytoplankton and the maintenance of species diversity: a synthesis. Hydrobiologia, 249 (1-3): 183-188.

REYNOLDS C S, DESCY J P, PADISÁK J, 1994. Are phytoplankton dynamics in rivers so different from those in shallow lakes? Hydrobiologia, 289 (1-3): 1-7.

REYNOLDS C S, VERA H, CARLA K, et al., 2002. Towards a functional classification of the freshwater phytoplankton. Journal of Plankton Research, (5): 417-428.

ROBARTS R D, ZOHARY T, 1987. Temperature effects on photosynthetic capacity, respiration, and growth rates of bloom-forming cyanobacteria. New Zealand Journal of Marine Freshwater Research, 21 (3): 391-399.

ROBERT G W, 1978. Photosynthesis, productivity and growth: The physiological ecology of phytoplankton. Aquatic Botany, 9: 98-99.

ROZAN T F, TAILLEFERT M, TROUWBORST R E, 2002. Iron-sulfure-phosphorus cycling in the sediments of a shallow coastal bay: Implications for sediment nutrient release and benthic macro algal bloom. Limnol Oceanogr, 47 (5): 1346-1354.

Salmaso N, Buzzi F, Garibaldi L, et al., 2012. Effects of nutrient availability and temperature on phytoplankton development: a case study from large lakes south of the Alps. Aquatic Sciences, 74 (3): 555-570.

SCHAEFFER D J, HERRICKS EE, KERSTER H W, 1988. Ecosystem health: I. Measuring ecosystem health. Environmental Management, 12 (4): 445-455.

SHA Y, WEI Y, LI W, 2015. Artificial tide generation and its effects on the water environment in the backwater of Three Gorges Reservoir. Journal of Hydrology, 528: 230-237.

Shen Z, Niu J, Wang Y, 2013. Distribution and Transformation of Nutrients in Large-scale Lakes and Reservoirs//Distribution and Transformation of Nutrients and Eutrophication in Large- scale Lakes and Reservoirs. Hangzhou: Zhejiang University Press.

SHEPARD F P, 1954. Nomenclature Based on Sand-silt-clay Ratios. Journal of Sedimentary Research, 24 (3): 151-158.

SIN Y, ANDERSON W I C, 1999. Spatial and temporal characteristics of nutrient and phytoplankton dynamics in the York River Estuary, Virginia: Analyses of long-term data. Estuaries, 22 (2): 260-275.

STOCKDALE A, DAVISON W, ZHANG H, 2008. High-resolution two-dimensional quantitative analysis of phosphorus, vanadium and arsenic, and qualitative analysis of sulfide, in a freshwater sediment. Environmental Chemistry, 5: 43-149.

STRASKRABA M, TUNDISI J G, DUNCAN A, 1993. State-of-the-art of reservoir limnology and water quality management. Netherlands: Kluwer Academic Publishers: 213-288.

STRAŠKRABA M, TUNDISI J G, DUNCAN A, 1993. State-of-the-art of reservoir limnology and water quality management//Comparative Reservoir Limnology and Water Quality Management. Dordrecht: Springer Netherlands: 213-288.

STRSKRABA M, TUNDISI J G, 1999. Guidelines of lake management: reservoir water quality management (Vol. 9). Shiga, Japan: International Lake Environment Committee.

TIAN Z B, LIU D F, YAO X J, et al., 2014. Effect of water temperature stratification on the seasonal succession of phytoplankton function grouping in xiangxi bay. Resources and Environment in the Yangtze Basin, 26 (2): 354-369.

ULANOWICZ R E, 1995. Ecosystem integrity: A causal necessity//Environmental Science and Technology Library. Dordrecht: Springer Netherlands: 77-87.

USEPA, 1998a. National Strategy for The Development of Regional Nutrient Criteria. EPA 822-R-98-002, Washington DC.

USEPA, 1998b. Guidelines for Ecological Risk Assessment. FRL-6011-2.

USEPA, 2000a. Nutrient Criteria Technical Guidance Manual: Lakes and Reservoirs. EPA-822-B00-001, Washington DC.

USEPA, 2000b. Ambient water quality criteria recommendations information supporting the development of state and tribal nutrient criteria lakes and reservoirs in nutrient ecoregion II. EPA-822-B00-007 December 2000, Washington DC.

VANNOTE R L, MINSHALL G W, CUMMINS K W, et al., 1980. The river continuum concept. Canadian Journal of Fishery and Aquatic Science, 37 (1): 130-137.

Vink S, Chambers R M, Smith S V, 1997. Distribution of phosphorus in sediments from Tomales Bay, California. Marine Geology, 139 (1-4): 157-179.

WALLACE BB, HAMILTON D P, 1999. The effect of variations in irradiance on buoyancy regulation in Microcystis aeruginosa. Limnology and Oceanography, 44 (2): 273-281.

WANG J, CHEN J, DING S, et al., 2016. Effects of seasonal hypoxia on the release of phosphorus from sediments in deep-water ecosystem: A case study in Hongfeng Reservoir, Southwest China. Environmental Pollution, 219: 858-865.

WANG Y, SHEN Z Y, NIU J F, et al., 2009. Adsorption of phosphorus on sediments from the Three-Gorges Reservoir (China) and the relation with sediment compositions. Journal of Hazardous Materials, 162: 92-98.

WANG Y, DING S M, GONG M D, et al., 2016. Diffusion characteristics of agarose hydrogel used in diffusive gradients in thin films for measurements of cations and anions. Analytica Chimica Acta, 945: 47-56.

WELS C, CORNETT R J, LAZERTE B D, 1991. Hydrograph separation: a comparison of geochemical and isotopic tracers. Journal of Hydrology, 122: 253-274.

WENTWORTH M, RUBAN A V, HORTON P, 2003. Thermodynamic investigation into the mechanism of the chlorophyll fluorescence quenching in isolated photosystem II light-harvesting complexes. Journal of Biological Chemistry, 278 (24): 21845-21850.

WILHELM S, ADRIAN R, 2008. Impact of summer warming on the thermal characteristics of a polymictic lake and consequences for oxygen, nutrients and phytoplankton. Freshwater Biology, 53 (2): 226-237.

WU X, KONG F, CHEN Y, 2010. Horizontal distribution and transport processes of bloom-forming Microcystis in a large shallow lake (Taihu, China). Limnologica, 40 (1): 1-15.

WU Y H, WANG X X, ZHOU J, et al., 2016. The fate of phosphorus in sediments after the full operation of the Three Gorges Reservoir, China. Environmental Pollution, 214: 282-289.

XIAO Y, LI Z, GUO J, 2016. Succession of phytoplankton assemblages in response to large- scale reservoir operation: a case study in a tributary of the Three Gorges Reservoir, China. Environmental Monitoring and Assessment, 188 (3): 153.

XU D, WU W, DING S M, et al., 2012. A high-resolution dialysis technique for rapid determination of dissolved reactive phosphate and ferrous iron in pore water of sediments. Science of the Total Environment, 1 (421-422): 245-252.

XU Y, ZHANG M, WANG L, et al., 2011. Changes in water types under the regulated mode of water level in Three Gorges Reservoir, China. Quaternary International, 244 (2): 1-279.

YANG L, LIU D, HUANG Y, 2015. Isotope analysis of the nutrient supply in Xiangxi Bay of the Three Gorges Reservoir. Ecological Engineering, 77: 65-73.

YANG Z J, LIU D F, JI D B, et al., 2010. Influence of the impounding process of the Three Gorges Reservoir up to water level 172. 5 m on water eutrophication in the Xiangxi Bay. Science China Technological Sciences, (4): 1114-1125.

YAO Y, WANG P F, WANG C, et al., 2016. Assessment of mobilization of labile phosphorus and iron across sediment- water interface in a shallow lake (Hongze) based on in situ high- resolution measurement. Environmental Pollution, 219: 873-882.

YE L, CAI Q H, LIU R Q, et al., 2009. The influence of topography and land use on water quality of Xiangxi River in Three Gorges Reservoir region. Environmental Geology, 58 (5): 937-942.

ZHANG J L, ZHENG B H, LIU L S, 2010. Seasonal variation of phytoplankton in the DaNing River and its relationships with environmental factors after impounding of the Three Gorges Reservoir: A four-year study. Procedia Environmental Sciences, 2: 1-1490.

ZHANG J, ZHANG Z F, LIU S M, et al., 1993. Human impacts on the large world rivers: Would the Changjiang (Yangtze River) be an illustration? Global Biogeochemical Cycles, 13: 1099-1105.

ZHANG L, WEI J J, FU L, et al., 2015. Temporal and Spatial Variation of Nutrients and Chlorophyll a, and Their Relationship in Pengxi River Backwater Area, Three Gorges Reservoir. Environmental Science, 36 (6): 2061-2069.

ZHAO Y Y, ZHENG B H, WANG L J, et al., 2016. Characterization of Mixing Processes in the Confluence Zone between the Three Gorges Reservoir Mainstream and the Daning River Using Stable Isotope Analysis. Environmental Sciences and Technology, 50 (18): 9907-9914.

ZHOU H, FANG F, LI Z, 2014. Spatiotemporal variations in euphotic depth and their correlation with influencing factors in a tributary of the Three Gorges Reservoir. Water and Environment Journal, 28 (2): 233-241.

ZHU K, BI Y, HU Z, 2013. Responses of phytoplankton functional groups to the hydrologic regime in the Daning River, a tributary of Three Gorges Reservoir, China. Science of the Total Environment, 13: 450.

ZURLINI G, MÜLLER F, 2008. Environmental security//Encyclopedia of Ecology. Amsterdam: Elsevier: 1350-1356.